SHIPIN BAOZHUANG YUANLI JI JISHU

食品包装原理及技术

⊙ 杨福馨 主编 ⊙ 吴龙奇 雷 桥 副主编 ⊙ 金国斌 主审

化学工业出版社

·北京·

内容提要

本书共分十章，全面系统介绍了食品包装概论、食品污染变质与包装原理、食品包装技术要求、包装食品腐败反应原理、食品包装保质期预测理论与方法、典型食品包装工艺与质量控制，食品包装安全、食品包装标准与法规、食品包装迁移理论、食品包装促销设计技术与应用等内容。

本书可作为高等学校包装工程专业及相关专业教材，同时可作为食品与包装相关专业的科研、设计、生产技术人员和商贸流通领域有关管理人员的实用参考书。

图书在版编目（CIP）数据

食品包装原理及技术/杨福馨主编. —北京：化学工业出版社，2019.10

ISBN 978-7-122-35238-5

Ⅰ.①食… Ⅱ.①杨… Ⅲ.①食品包装-包装技术 Ⅳ.①TS206

中国版本图书馆CIP数据核字（2019）第202060号

责任编辑：赵卫娟　　装帧设计：韩　飞

责任校对：栾尚元

出版发行：化学工业出版社（北京市东城区青年湖南街13号　邮政编码100011）

印　　装：北京印刷集团有限责任公司

710mm×1000mm　1/16　印张20　字数389千字　2020年8月北京第1版第1次印刷

购书咨询：010-64518888　售后服务：010-64518899

网　　址：http://www.cip.com.cn

凡购买本书，如有缺损质量问题，本社销售中心负责调换。

定　　价：98.00元

前言

PREFACE

食品包装技术在国民经济和人们日常生活中具有重要的地位。食品包装是实现食品高附加值且加快消费的主要技术。包装是保护食品价值和形态的重要手段，只有利用先进的理论与方法研究食品包装技术，才能保证食品在流通贮藏过程中的质量和卫生安全。食品的包装形象能直接反映品牌和企业形象，对提高商品附加值和竞争力起着越来越重要的作用，已成为企业营销策略的重要组成部分。

本书编写主要注重四个方面的问题：成熟性、前沿性、实用性和避免重复性。成熟性是指内容尽可能是成熟的，而且是系统的，切忌将一些有争议的观点和知识编入书中；前沿性是指能反映食品包装的最新科技成果，将国内外最新研究动态及包装产业中新技术、新工艺、新理念尽可能编入书中，如食品包装技术要求与食品包装安全等知识；实用性是指对食品包装产业的现实指导性，即将那些在经济生活中具有指导作用的技术与知识选入书中，如典型食品包装和食品促销包装技术等；避免重复性就是消除编写内容上的重复，对其它包装相关教材中已有的内容避免在本书上重复出现，即使有重复的地方，也必须在论述的侧重面和方法上有所区别。

本书由上海海洋大学杨福馨教授担任主编，吴龙奇、雷桥教授担任副主编，金国斌教授担任主审。书中全面系统地介绍了食品包装概论（历史、现状和发展趋势）、食品污染变质与包装原理、食品包装技术要求、包装食品腐败反应原理、食品包装保质期预测理论与方法、典型食品包装工艺与质量控制、食品包装安全、食品包装标准与法规、食品包装迁移理论、食品包装促销设计与应用等内容。本书可作为包装工程、食品科学与工程、物流工程等专业教学用书，也可作为食品与包装相关专业的科研、设计、生产的技术人员和商贸流通领域有关管理人员的实用参考书，还可作为食品与包装相关领域的专业培训教材。

本书共分十章。第一章、第二章、第十章由上海海洋大学杨福馨教授撰写；第三章由上海海洋大学杨福馨教授与杭州电子科技大学吴龙奇教授共同撰写；第四章由上海海洋大学雷桥副教授撰写；第五章由湖南工业大学向贤伟教授撰写；第六章由杭州电子科技大学吴龙奇教授撰写；第七章由上海海洋大学丁勇博士撰写；第八章由上海海洋大学樊敏博士撰写；第九章由上海大学黄秀玲博士撰写。另有程龙、隋越、姜悦、汪志强、杨菁卉、李绍菁、王金鑫、杨婷、杨尚洁、司婉芳、陈祖国等人参加了本书书稿的文字整理和资料收集工作，在此表示感谢。

食品包装科学属于多学科交叉的综合性应用技术学科。所涉及的知识内容十分广泛，加之编者学识水平有限，书中难免出现不当之处，恭请广大读者不吝指正。

编者

2020 年 6 月

目录

CONTENTS

第一章

食品包装概论

第一节 食品包装的特点、技术及其基本要求

一、食品包装的特点

食品包装的特点是：广度与深度相结合；高度综合性；知识的跨越性；技术难度与复杂性；缺乏相应的理论；研究手段欠缺。

1. 广度与深度相结合

食品包装技术涉及的内容，既有广度又有深度。例如某种食品在包装后进入消费或流通领域，影响其品质变化的因素和参数很多，这就体现在广度上；而某种参数究竟如何影响，其机理如何，怎样找出其规律，如何检测与测定等，这就体现在深度上，有的长达几十年甚至上百年都未曾彻底解决。

2. 高度综合性

包括知识的高度结合与研究内容的综合。要将某一种食品进行很好的保护，需要综合多方面的知识。研究内容表现在食品品种多样化、包装材料的多样化及包装处理技术的多样化，而且要将它们加以综合。

3. 知识的跨越性

食品包装所用到的知识与技术具有很大跨越性，涉及化学、生物、环境、物理、材料等学科；某些技术的研究应用历史跨越数十年到百年，甚至有的虽在民间得到应用，但至今无法用理论加以解释。

4. 技术难度与复杂性

食品包装效果通常用时间来衡量。食品包装后进行流通与转移过程中，很多参数都在变化，人们所作的模拟试验很难真实反映出其变化规律。而且同一种食品在不同的条件下表现出来的表观性状和相关物性也不尽相同。这些都无形中增加了食品包装的难度。

5. 缺乏相应的理论

我国在食品生产和包装方面，一直都是粗放型经营，更多地注重实用而忽视

理论，也没有专门的机构和人员对食品包装进行系统的研究。很多研究只是自发性的、低水平的应用研究。因此，食品包装缺乏相应的理论进行指导。

6. 研究手段欠缺

与发达国家相比，我国的食品包装研究缺乏相应的手段，很多食品保鲜包装用的仪器、设备及材料需要进口，严重影响了保鲜包装的研究进程。

二、食品包装技术

包装是为在流通过程中保护产品、方便贮运、促进销售，按一定技术方法而采用的容器、材料及辅助物等的总体名称；也指为了达到上述目的而采用容器、材料和辅助物的过程中施加一定技术方法等的操作活动。

食品包装技术是针对食品的特性，为保护其价值和形态所施加的技术处理和操作活动。首先分析所包装的食品在流通和贮存过程要求保护的特性与营养成分，然后选择合适的包装材料、包装容器和包装工艺，再经过设定的时间后测试其食品特性参数与营养成分变化值，最终对食品包装保护效果进行评价。

食品包装技术包括如下五大内容。

(1) 食品特性参数分析。

(2) 食品营养成分检测。

(3) 包装材料及容器选择。

(4) 包装工艺确定。

(5) 包装保护效果评价。

三、食品包装的基本要求

食品包装的基本要求就是实现食品包装的四大功能：保护、便利、促销、增值。

(1) 保护就是保护食品的营养、形态、品质。

(2) 便利就是方便食品的流通、贮存、使用。

(3) 促销就是促进食品的销售，引导和刺激消费。

(4) 增值就是实现食品的物尽其用，产生经济效益。

第二节　食品与包装的关系

食品离不开包装，包装借助于食品而得以发展。很多新包装都是根据食品的要求而产生；借助食品的性能、特征、流通与贮藏才使得包装的研究内容更加丰富，使得包装更加多样化，功能和作用更为齐全。同样，有了更好的包装技术、包装材料和包装设备，才能使食品更好地成为商品，以满足人们的生活需要。

图 1-1 为水果奶茶包装，体现了食品与包装有密不可分的关系。食品与包装的关系具体体现在如下几方面。

图 1-1 水果奶茶包装

一、量变引发关系

量变引发关系就是食品的量变推动包装产生的关系。食物只有在相对丰富（丰盛）的时候才显示出包装的重要性。一般而言，在物质或食物紧缺的年代里是不怎么需要包装的。特别是在远古的时代，人只能靠采摘天然食物（如狩猎）来维持生产和生活。

在原始社会，是不需要包装的，那时候谈论包装也是没有意义的。当社会和科学技术进步之后，人类能生产更多食物，且食物需要长时间贮藏，这时，包装就成为亟待解决的问题，于是就有了包装。这就表明，丰富的食物或食品促进了包装的产生，从而有了食品与包装的量变引发关系。

食品与包装量变引发关系还体现在数量与质量的引发上。食品的数量多了，需要把食品保存下来，这就对包装数量提出了要求。更重要的还表现在质量上，随着人们生活水平的提高，还要求在保证包装数量的前提下去保证包装质量，这就要求有更好、更先进、更适用的包装。因此，食品与包装的量变引发关系是包装得以产生和发展的根源。

二、带动发展关系

带动发展关系是指某些食品的产生或需求带动包装的发展，同样某种包装的出现又带动新食品的产生。

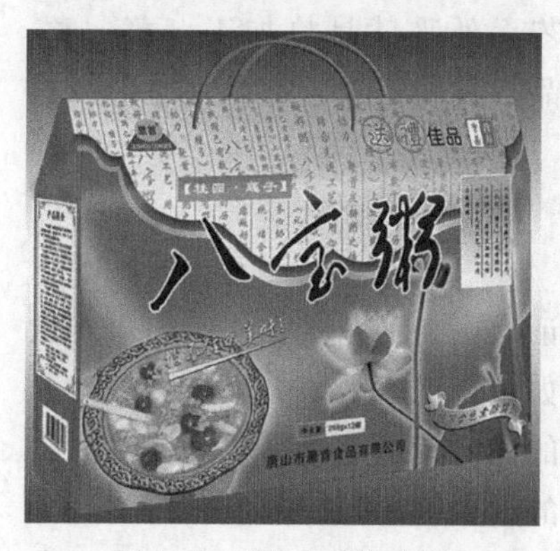

图 1-2 “八宝粥”包装

新食品的出现带动新包装的产生。为了满足人类消费和生活水平提高的需要，食品工作者随时都在研究和开发新的食品加工技术和工艺，由此产生了不同的食品品种和类型。新食品一旦出现，企业和商家就会将其推向市场，就会有消费者去品尝和购买，这时就必须有与此配套的包装出现。“八宝粥”和“茶饮料”之类的产品都是典型的范例。图 1-2 为“八宝粥”的包装。

人们对食品的需求是在不断变化的，同样

需要有满足其变化需求的包装，由此带动了新的包装出现。罐头的发明就是一个很有代表性的实例。当年如果拿破仑发动的战争不持续那么久，拉的战线不是那么长，就不会有罐头包装的发明。罐头包装是为满足对食品跨季节、远距离需求而产生的。

除了食品带动包装外，包装也会带动食品的发展和新食品的出现。一种新的包装技术和包装材料的出现很快就会带动新的食品品种出现。例如，休闲食品就是由于真空包装技术和阻隔性塑料包装的出现而发展起来的。

三、互为依存关系

食品与包装互为依存关系是指食品与包装谁都离不开谁，相互依赖而共存。现实生活中很多食品与包装都是有机的结合体，只有两者紧密结合才形成一种公认的食品，一旦去掉两者之一，这种食品也就不复存在，同样这一包装也就失去意义。粽子、香肠、火腿肠（图 1-3）等食品就是典型实例。

图 1-3 “火腿肠”包装

按包装和食品的概念分析粽子这种食品很难将它们分别开。一般而言，食品是要先经加工而成为具体的形体和品味，并可直接食用，而包装则是服务和依附于产品，并作为一种技术处理所留下的一种形态。但粽子却具有两者的含义而又不能分开独立表现出自己原有的概念。粽子是先将生糯米浸泡后直接用竹叶进行包装再经煮熟而得，如果包装前将糯米煮熟再包装，那是糯米饭；如果将煮熟的粽子去除包装进行销售，也是糯米饭，果真如此，那将不会有流传几千年的粽子这种食品了。所以说粽子是包装和食品互为依存的典型。

凡是未加工成熟的原料经包装后再通过食品加工工艺而获得的食品，都可归为食品与包装的互为依存关系。其食品加工工艺无外乎就是热加工（蒸、煮、炒、烘、烤等）和发酵。作为互为依存关系的食品，其加工工艺都是在包装后进行，最后形成具有独特风味的食品。

四、保护促进关系

保护促进关系指包装是食品质量和安全的保证，在某种意义上讲，包装与食品的关系，犹如鱼水关系，有了包装，食品就有如鱼获得了水。

食品生产后面临许多侵蚀与危害。食品所受的危害将影响食品的质量和人的健康，这些危害来自各个方面，如自然的、生物的、人为的等。只有很好地避免这些危害，才能使食品在转移给消费者之前能保证其价值和形态。有关食品的危

害性及保护问题，也就是食品的安全性问题。

食品安全问题要通过包装来解决，这是食品与包装保护促进关系的根本体现。食品要成为商品，进行远距离和长时间流通与消费，包装是关键。

五、流通保证关系

流通保证关系指食品流通必须依靠包装，并保证食品的货架寿命。食品要被大众所消费，并在尽可能大的区域扩大市场，产生经济效益，就必须进行流通。特别是省际、区际和国际间的远距离、大范围流通，包装与食品的关系就显得尤为紧密。

食品生产与经营企业最大的难题就是如何延长货架寿命。通过包装科学的发展与应用，可使食品的货架寿命大大延长，但随着食品品种的增多、新食品的出现、气候的变化，并未完全或从根本上解决食品的货架寿命问题。因此，食品与包装的一个重要关系就是流通保证。

很多食品的货架寿命是通过包装来实现的。从粗加工到精加工、从天然食品到热加工食品、从生食到熟食，无一例外。

现代包装技术使得食品的货架寿命越来越长。特别是过去很难保藏的含油含脂类食品更是如此。例如，蛋糕类食品，在过去是很难贮藏的。以前蛋糕的保质期最多是十天，如今已达几个月以上，这是蛋糕类食品保鲜包装技术的一大飞跃，这样一来蛋糕就能进行大范围、远距离和长时间（相对而言）的流通和消费了。图 1-4 为蛋糕包装示意图。

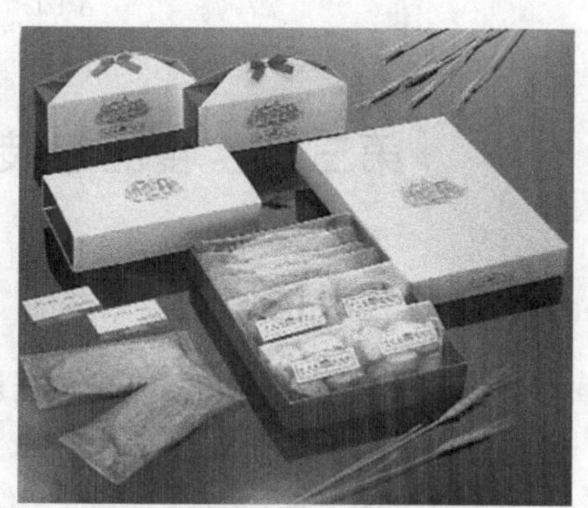

图 1-4 蛋糕包装示意图

六、增值转换关系

增值转换关系指包装可使食品增值，同时在某些关键时期挽救食品产业。

食品加工技术现已十分发达，但要想在众多加工方法几乎相似的食品中，实现增值，创出更好的经济效益，实在不是一件容易的事。例如很多生产同样产品的企业，有的壮大了，有的却从市场上消失了。失败与成功可能因素很多，但包装是一重要因素。也就是说，包装与食品具有增值转换的关系。

包装可使一类食品从无利润到丰厚利润。例如，在我国刚刚改革开放的年代里，很多企业生产榨菜而且都用坛装，由于众多企业竞争，几乎无利可图，后来某些企业将坛装改袋装或小瓶装，结果使榨菜大大增值。

包装还可挽救某一食品产业。例如，曾在香港产生过糖果业面临倒闭的一幕，当时流传着一句话："糖果对人体无益"，且糖果业竞争激烈，使很多企业生存困难。后来，通过采用多种形状、各种色彩的包装，并在包装取名和宣传上情感化，例如每一粒糖果上都有一句情感语言"爱""天长地久""好想你""甜蜜蜜""好爱你"等，使人们将消费糖果作为一种时尚，特别是年轻人、恋人更是如此。最终，通过改变包装振兴了香港糖果业。图 1-5 为糖果的造型包装。

图 1-5　糖果的造型包装

第三节　食品包装的历史、现状与发展趋势

一、食品包装的历史

食品包装是一古老而现代的话题，也是人们自始至终在研究和探索的课题。无论是在远古的农耕时代，还是科学技术十分发达的今天，食品包装随着社会的进步、科学的发展而日新月异。

1. 早在远古人类就开始探索食品包装

在远古时代人类就开始探索食品包装。古时候人们为使食物得以长期保存，或便于携带，便将食品装入树叶或树藤所制篮中，或装入瓦罐竹筒里。在南方，常用新鲜荷叶去包裹熟肉，这种食品包装除了方便外，还可使肉在食用时有一丝淡淡清香。中国几千年来一直沿用竹叶包粽子，到包装新材料、新技术迅猛发展的今天仍在沿用，这种包装造型别致（多为四角体），如图 1-6 所示，不但方便携带，还有益贮藏。还有闻名于世的陶坛，用于酒的包装，几十年乃至几百上千年不变质，且陈放的越久越香，由此有了"酒是陈的香"，如果没有陶坛包装的发明，也就不可能有这一词汇的产生。

2. 食品包装由两次重大技术革命推向新的发展阶段

食品包装与保鲜技术以及各种新型包装材料与技术在促进人类饮食文化进

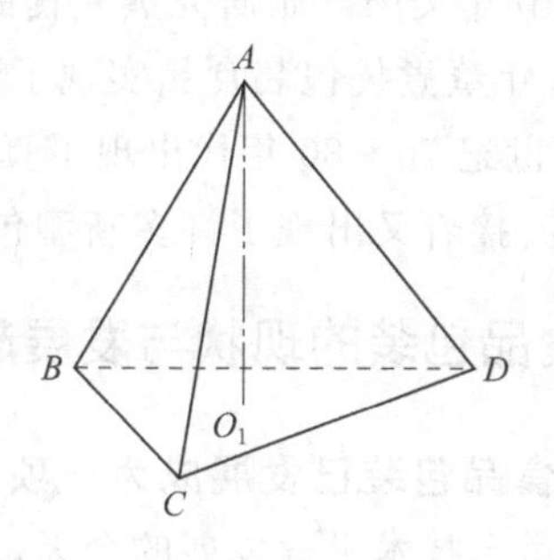

图 1-6 粽子包装示意图

步、改善人类食物结构、满足人类食用需要、促进人类健康等方面经历了一个漫长的发展历程。从上古时代到近代历史的长河中，食品贮藏保鲜出现了两次重大技术革命，并由此促进了食品包装材料与包装技术的一系列革新。第一次是十九世纪后半期的罐藏、人工干燥、冷冻三大主要贮藏技术的发明与应用；第二次是二十世纪以来快速冷冻及解冻、冷藏气调、辐射保藏和化学保鲜等技术的出现。在第一次贮藏保鲜技术革命以前，人类对食品的保存完全依赖于自然，如干制食品靠阳光日晒，冷藏食品靠天然冰块。而进入十九世纪后半叶人们才摆脱了自然的束缚，发明了罐藏、人工干燥、机械制冷、人工冷冻技术。这些技术的发明与应用，表明食品包装贮藏已由过去的依靠自然气候条件进入人工控制阶段，这是食品包装与贮藏史上的一次质的飞跃。

食品包装贮藏保鲜第二次技术革命则是质与量相叠加的二维飞跃，也就是十九世纪的发明技术在二十世纪得到了完善和丰富，同时一些新的技术与方法也被发明，并得以应用。从下面一些实例便足以证明。

图 1-7 食品瓦楞纸箱运输包装

1902 年世界上首次开发出钢桶容器。

1905 年美国普遍采用瓦楞纸箱运输食（物）品。图 1-7 为食品的瓦楞纸箱运输包装。

1916 年德国的普兰克提出了食品速冻方法，并于 1929 年设计出了多极冷冻式装置，结合食品的冻结贮藏和解冻方法的研究，进一步提高了冷冻食品的质量。

1922 年英国的凯德研究了气体贮藏法，将其与冷藏方法相结合，称为 CA 贮藏（气调贮藏），该法对于贮藏蔬菜、水果等活鲜食品有良好效果。

1940 年美国开始研究蒸煮食品包装，1950 年研究成功了蒸煮食品的软包装，到 1972 年蒸煮袋包装食品实现了商品化。

20 世纪 70～80 年代出现了真空包装和枕式包装，带来了休闲食品产业的蓬勃发展。接着又出现了许多新型包装，如贴体包装、泡罩包装等。

二、食品包装的现状与发展趋势

1. 食品包装已发展成为一项工程技术

在科学技术迅速发展的今天，包装材料与包装技术已不再是那么简单和直观的东西，无论是那些融入各学科技术而开发出的功能性包装材料，还是那些应用十分普及的真空包装、活性包装、无菌包装等技术，都需借助于理论性与应用性极强的包装工程。因此，现代包装已成为一项工程，而这一工程的重点是包装材料与包装技术。

从古到今，包装材料在不断涌现与更新，包装技术在不断完善与创新。但离不开包装的食品也千姿百态、特性各异，对包装的要求也各不相同。实际上，没有一种包装材料和包装技术是尽善尽美的。正因为如此，食品包装材料与包装技术一直是人们不断研究、不断探索、不断创新的热点课题。

对于某种食品，采用何种包装材料，采用何种包装技术，才能使其更完好地保存，便于运输转移，促进销售，进而增值或减少损失；或者如何改进已有的包装，选用更理想的包装材料与包装方法，使其更加完美，是我们亟待研究和解决的问题。

2. 现代科技发展与社会进步给食品包装提出了新的课题

在科学技术十分发达的今天，随着各种新型食品的出现以及人们消费意识的改变，食品包装贮藏技术及包装材料已被赋予新的含义，为食品包装与包装技术研究带来了新的课题。食品与包装已融为一体，包装已成为食品开发和创新的重要技术。

食品包装将食品加工技术、包装材料、包装工艺、包装机械紧密结合，突出了技术的综合性和集成性。

3. 食品包装的发展趋势

未来食品包装技术的课题将围绕食品安全、包装新材料、包装新工艺而展开，具体表现在下列几个方面。

(1) 新型食品呼唤新型包装材料与包装技术。冻干食品、微波食品、膨化食品、绿色食品等新型食品的出现，迫切需要与其相适应的包装新材料、新技术。

(2) 人类生存与社会发展矛盾凸显，环境保护已是世界性重大课题，迫使人们寻找对环境、对人类生存无害的绿色包装材料、环保包装材料以及与之相匹配

的包装技术。

（3）消费观念的改变需要新的包装材料与包装技术。人们已从过去对食品包装的视觉、触觉、味觉的保护要求转向内在品质和营养，消除不可视或潜在的污染与危害等深层要求，使得食品包装材料与包装技术实现抗拒包装外围环境污染与消除包装内在食品的潜在污染与质变。

（4）包装功能的实现要求从过去的静态转向动态。针对鲜活食品要求从加工前的成长、流通与转移便采取相应的包装技术与包装材料，以达到防止污染、保鲜保质等要求，像水果未采摘前的套袋保鲜包装、海（水）鱼类的加氧包装、鲜花食品的远距离运输包装等均属此类。

（5）包装从单一技术转向与加工相结合的一体化技术。不再将包装与加工分割，而是将包装技术延伸到加工领域，实现包装加工一体化。

（6）全新概念的包装材料已经出现，例如防光污染包装材料、防菌包装材料、可溶性包装材料、可食性包装材料、活性包装材料等。

（7）全新概念的包装技术，如防放射性污染的包装技术、非外加能源的速冷（速热）包装技术、化学污染及重金属离子消除包装技术、食品环境自适应（温度、湿度等）包装技术等。这些包装技术也许目前尚存在一些难题，但经过攻关定会突破。

（8）古老的神奇性工艺与民间技术在食品包装与技术中的作用机理有待破译。例如中草药物、食物相克、天然香料等在食品贮藏中的作用机理。

（9）现代新技术，特别是生物技术与基因技术在食品包装中发挥重要作用。如酶技术、维生素、发酵剂、各类食品添加剂、各种气体吸收剂、抗氧化剂、活性剂等在食品包装中的作用等。

总之，食品包装材料与包装技术的研究和开发已成为多学科、多技术的结合点。

第二章
食品污染变质与包装原理

食品的变质主要是由污染所造成的。食品本身并无使其产生变质的因素，只是在加工、贮藏、运输、销售的各个环节中，受到某些污染，导致食品产生变质，乃至腐烂。食品常见的污染有生物污染、化学污染、农药残留污染，以及气体污染等。食品包装的目的就是在于避免污染，防止变质。

第一节　生物污染变质与包装原理

致使食品变质的因素有微生物、寄生虫、虫卵等。这些因素多属于生物的危害，其中有代表性的是细菌、霉菌、病毒与酵母菌。

使食品遭受污染而变质的因素主要是微生物。食品原料由植物性原料、动物性原料以及合成原料所构成。这些食品原料总难免在收购、运输、加工、贮藏过程中，遭受微生物的污染。污染到食品上的微生物，适应环境的便寄生下来，一旦条件适宜，这些微生物的生命活动便开始，随之出现食品的变质。因微生物的作用，使食品失去原有的营养价值，并逐渐转变成为不符合卫生要求的食品，严重的会引发中毒。因此，在食品生产和流通过程中，控制微生物的败坏，对食品保质保鲜、食品营养、食品卫生等都是非常必要的。

一、食品中常见细菌及危害

与食品有关的细菌种类较多，其特点也各不相同。

(1) 假单胞菌属　属革兰氏阴性菌，需氧，无芽孢。该菌属在自然界中分布极为广泛，常见于水、土壤和各种植物体内。图 2-1 为假单胞菌。

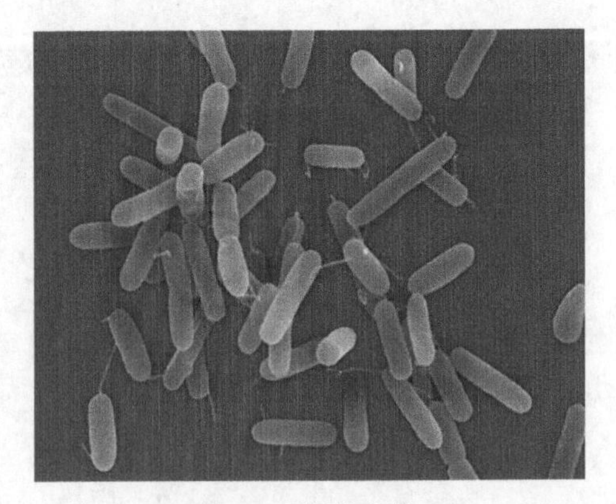
图 2-1　假单胞菌

假单胞菌属利用碳水化合物作为能源，只能利用少数几种糖，能利用简单的含氮物质。它们污染食品后，便会在食品表面迅速繁殖生长，一般都能产生

水溶性荧光色素、氧化物质和黏液，引起食品变味、变质。某些菌株具有强力分解脂肪和蛋白质的能力。另外该菌属在低温下也能很好生长，因此，容易引起贮藏食品的腐败变质。该菌属菌种很多，不同菌种对食品的危害见表 2-1。

表 2-1　假单胞菌主要菌种对食品的危害

菌种名称	主要危害
荧光假单胞菌	能在低温下生长，使肉类食品腐败
生黑色腐败假单胞菌	能在动物性食品上产生黑色素
菠萝软腐假单胞菌	可使菠萝果实腐烂，被污染的组织变黑并枯萎

（2）醋酸杆菌属　该菌属幼龄菌为革兰氏阴性菌，成熟后的老龄菌为革兰氏阳性菌。无芽孢，有的能动有的不能动，需氧繁殖。

该菌属的危害性是它的氧化能力较强。它可使粮食发酵、水果腐败、蔬菜变腐、酒类和果汁变质。它的最大特点是将乙醇氧化成醋酸，这对醋酸生产有利而对酒类饮料的生产与包装贮藏极为不利。最常见菌种有纹膜醋酸杆菌和白膜醋酸杆菌以及许氏醋酸杆菌。图 2-2 为常见醋酸杆菌。

（3）棒状杆菌属　该菌属细胞为杆状或棒状。无芽孢，呈革兰氏染色阳性，也有呈阴性反应者，好氧或厌氧，从葡萄糖中产酸，少数由乳酸糖中产酸；只有两个厌氧菌种发酵糖产气，其余均不产气。它们生长的最适宜温度为 26～37℃。其最大的危害是使葡萄糖、蔗糖、麦芽糖迅速产酸。从另一方面来看却是优点，它们是谷氨酸的高产菌。

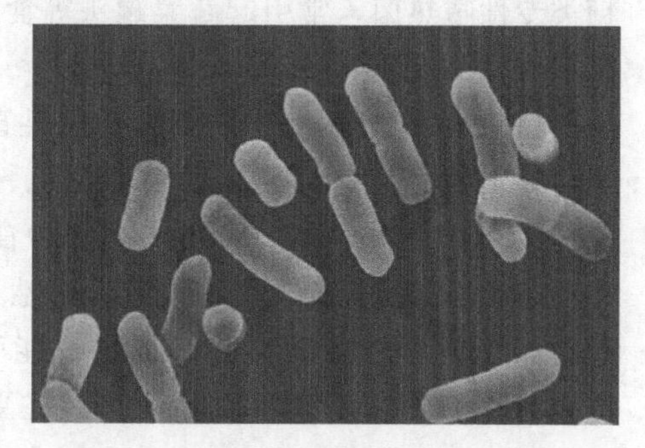

图 2-2　醋酸杆菌

（4）乳酸杆菌属　为革兰氏阳性菌，不能运动，常呈链状排列，无芽孢。常出现在牛乳和植物产品中，能发酵糖类而产生乳酸，常被用作乳酸、干酪、酸乳等乳制品的发酵菌种。常见的有德氏乳酸杆菌、植质乳酸杆菌、双歧乳酸杆菌、干酪乳酸杆菌、保加利亚乳酸杆菌、嗜酸乳酸杆菌和嗜热乳酸杆菌等。

（5）链球菌属　为革兰氏阳性菌，呈短链或长链排列。该菌属中有些属于人或牲畜的病原菌，而另一些是引起食物变质的细菌。例如粪链球菌和液化链球菌就会引起食物变质。同时还有一些是制造发酵食品的菌种（乳链球菌和乳酪链球菌可用于乳制品发酵）。图 2-3 为链球菌。

（6）明串珠菌属　为革兰氏染色阳性菌，菌体为圆形和卵圆形，常以链排列。能在含糖量高的食品中生长，常存在于水果、蔬菜之中。

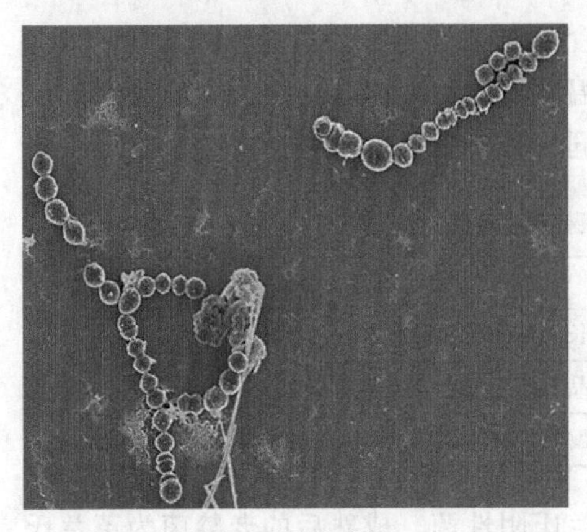
图 2-3 链球菌

(7) 芽孢杆菌属 为革兰氏阳性菌，需氧，能产生芽孢。该菌属在自然界中分布极广，常见于土壤及空气中。该菌属中的炭疽杆菌是毒性很大的病原菌，它可引起人、畜患炭疽病。该菌属中的其它菌是食品中常见的腐败菌，如枯草芽孢杆菌、罩状芽孢杆菌等。

(8) 埃希氏杆菌属和肠细菌属 属革兰氏阴性菌，运动或不运动，一般无荚膜，无芽孢。广泛存在于人畜肠道中，水和土壤是这类菌分布的重要场所。此菌属是食品中重要的腐生菌，它们均归属于大肠菌群，是食品卫生学检验的一个重要指标菌群，它们的多少可以反映出食品被粪便污染的情况。

(9) 梭状芽孢杆菌属 属革兰氏阳性菌，厌氧或弱需氧菌，能产生芽孢。此菌属中的肉毒梭状芽孢杆菌是毒性极大的病原菌；糖解嗜热梭状芽孢杆菌是分解糖类专性嗜热菌，常引起蔬菜罐头等食品变质。另有腐败梭状芽孢杆菌等可引起蛋白质食品变质腐败。

(10) 黄色杆菌属 属革兰氏阴性菌，有鞭毛，能运动，可在低温中生存，产生脂溶性色素，颜色有黄色、橙色、红色等，在碳水化合物上作用较弱。有强力的蛋白质分解能力，可引起多种食品（如乳、禽、鱼、蛋等）腐败变色。

(11) 产碱杆菌属 属革兰氏阴性菌，该菌属能产生灰黄色、棕黄色或黄色色素，但不能将糖类分解成酸，能引起乳品及其它动物性食品产生黏性变质；且在培养基上产生碱。此类菌主要存在于水、土壤、饲料和人畜肠道内，分布很广。

(12) 无色杆菌属 属革兰氏阴性菌，有鞭毛，能运动，主要分布于水和土壤之中。该类菌属多数能分解葡萄糖和其它糖类，将糖分解产生酸而不产气。禽、肉和海产品等食品污染后会变质发黏。

(13) 变形杆菌属 属革兰氏阴性菌，无芽孢，有鞭毛，能运动。分布于土壤、水、动物和人的粪便中。对蛋白质有强力的分解作用，是食品的腐败菌，可引起人类食物中毒。

(14) 沙门氏菌属和志贺氏菌属 属革兰氏阴性菌，无芽孢，系肠杆菌科中一大属细菌。此类菌属是人类重要的肠道病原菌，它们可引起痢疾、伤寒等肠道传染病或食物中毒。其病原菌可在水、乳、肉类等食品中生存数日，特别是在病死牲畜肉体中生存能力极强。人们吃了被其病原菌感染的（不新鲜）的鱼、肉、蛋、奶就有可能引起沙门氏菌中毒。

(15) 小球菌属和葡萄球菌属　属革兰氏阳性球菌，需氧或兼有厌氧性。广泛分布于自然界，如空气、水和不洁器具以及动物的体表。某些菌株能产生色素，其中金黄色葡萄球菌致病力最强，可引起化脓性病灶和败血症。受这些细菌感染后的食品会变色。球菌具有较高的耐盐性和耐热性；有些球菌能在低温下生长，引起冷藏食品的腐败变质。葡萄球菌中的金黄色葡萄球菌产生肠毒素，它能引起食物中毒，而引起肠毒素中毒的食品主要为肉、奶、蛋、鱼类及其制品等多种动物性食品。

二、食品中常见霉菌及危害

霉菌分布广、种类多、危害大。霉菌多以寄生或腐生的方式生长在阴暗、潮湿和温度较高的环境中，在一定条件下，常引起基质的腐败变质，对食品的品质有极大的影响与危害。受霉菌污染的食品，会改变其正常的营养成分。霉菌会在食品上积累毒性并形成致癌的霉菌毒素，直接危害人、畜健康和生命安全。因此，霉菌是食品包装与贮藏中应重点研究和解决的问题。

食品中常见的霉菌有十多属、几百种。到目前为止，经人工培养查明的霉菌毒素已达100多种，这些霉菌毒素是食品在生产、贮存、运输、销售中应加以防止和控制的。

(1) 毛霉属　在自然界中分布很广，空气、土壤和各种物体上都有。该菌为中温性，适宜生长温度为25～30℃，因种类不同而适温差异较大。如总状毛霉最低生长温度为−4℃左右，最高生长温度为32～33℃。毛霉喜欢高温环境，其孢子萌发的最低水活度为0.88～0.94，因此，在水活度较高的食品和原料上易分离得到。该菌对蛋白质和糖化淀粉有很强的分解能力。在食品上出现的主要有总状毛菌、大毛霉及鲁氏毛霉等种类。

(2) 根霉属　该属菌广泛分布于自然界的空气中，是空气污染菌。该霉菌属生长适宜温度为25～38℃，其孢子萌发的水活度为0.84～0.92。该霉菌属对淀粉、果胶、蛋白质的分解力很强，是污染水活度较高的食品、粮食及水果的有害菌类，被污染的食品将霉烂或软腐。其中，黑根霉是食品的主要污染菌。

(3) 曲霉菌　该霉菌属在自然界中分布极广，属中温性、中生性菌类。有些菌群对环境水活度要求较低，水活度在0.65～0.8之间便可进行生命活动。因此，该霉菌往往导致一些水活度低的食品和原料霉变；有的曲霉菌产生毒素，使食品被污染而带毒，其毒素均有较强的致癌致畸作用。图2-4为黑曲霉的培养物。

表2-2为食品中常出现的曲霉菌群。

表 2-2 食品中常见曲霉菌群特征及危害

曲霉菌群	灰绿曲霉群	黑曲霉群	白曲霉群	黄曲霉群	土曲霉群
特征	生长适宜温度为25～30℃；生长最低水活度为0.62～0.75。菌落为絮状，呈灰绿色，菌丛中有黄、橙色颗粒，背面呈黄褐色或紫色	生长适宜温度为35～37℃，最高可达到50℃，水活度为0.8～0.88。菌落初为白色，然后变为黑色，背面无色或黄褐色	生长适宜温度为20～35℃，生长最低水活度为0.72～0.76。菌落常有暗褐色菌核，菌落为奶油色，背面无色或浅黄色	中温、中生性霉菌，生长适宜温度30～38℃，生长最低水活度为0.8～0.86。在各种食品上均能产生黄曲霉毒素，毒性很强	中温、中生性霉菌，系常见土壤真菌，生长较快。菌落呈肉桂色至沙褐色。背面及基质呈纯黄色至褐色
常见曲霉种类	在食品上分离到的曲霉有葡萄曲霉、薛氏（谢氏）曲霉、赤曲霉、阿姆斯丹特曲霉			米曲霉、环纹曲霉、棒状黄曲霉、溜曲霉、燕麦曲霉等	栖土曲霉等
危害	危害水活度较低的食品	危害性不大，主要用于工业生产	导致水活度较低的食品霉坏变质，分解蛋白质和果胶	使食品污染而带毒，黄曲霉毒素毒性很强，有致癌致畸作用	生霉材料上出现而产生霉变

(4) 青霉属　该霉菌属在自然界中广泛分布，一般可在较潮湿冷凉的基质上分离得到。该霉菌对有机质有很强的酶系分解力，食品一旦受其污染，将产生霉腐变质。有的还会产生毒素，引起人、畜中毒。图 2-5 为青霉菌。

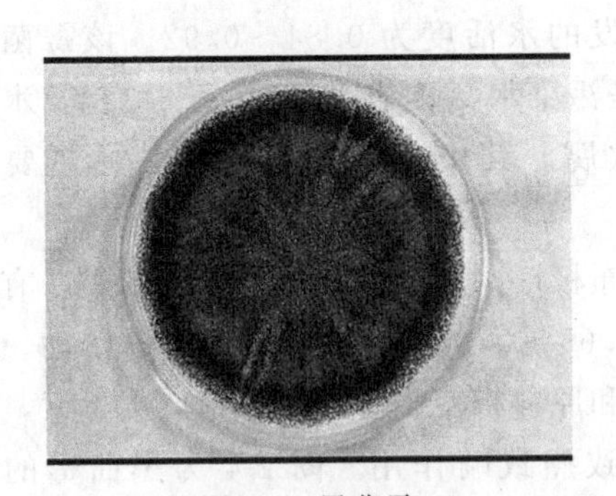

图 2-4　黑曲霉

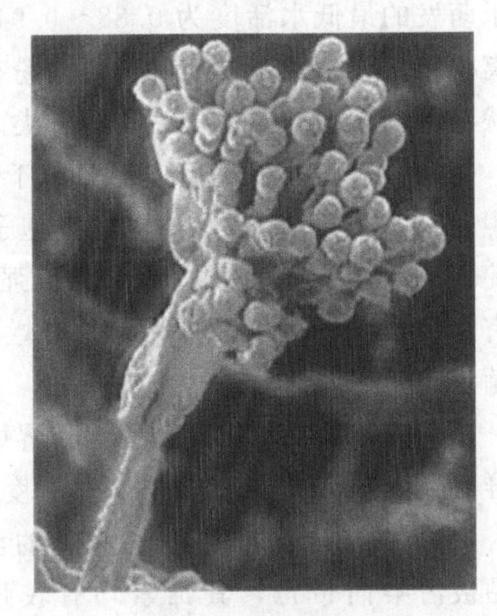

图 2-5　青霉菌

表 2-3 为食品上主要出现的青霉菌。

表 2-3　食品上主要的青霉菌种类及毒性

青霉种类	黄绿青霉	产黄青霉	桔青霉	岛青霉	娄地青霉
特征	属单轮生组、斜卧青霉素。0℃可生长，发育适宜温度为25～30℃，生长最低水活度为0.75～0.8，生长期限10～12d，呈黄色或微绿色	属不对称组、绒状亚组、产黄青霉系。生长适宜温度为20～25℃，最低温度为－4℃，最低水活度为82～0.84，呈灰绿、蓝绿灰色等	属不对称组、绒状亚组、桔青霉系。生长适宜温度25～30℃，最高发育温度37℃，生长最低水活度0.8～0.85。生长期限10～14d，呈艾绿色至黄绿色等	属双轮生对称组、绳状青霉系，生长温度0～40℃，最佳温度25～30℃，最低水活度0.75～0.8。生长期限12～14d，呈橙黄色、橘红色、褐色、暗黄绿色等	属不对称组、绒状亚组、娄地青霉系，中温、中生性菌类，呈暗黄至绿色或黑色
危害	对含水量低的食品危害大。如大米，含水量在15%时就产生黄病米，有毒	可使低温存放的食品及大米发热变质	一般大米产区均有此菌产生，危害大米使其黄变、有毒	大米和玉米上较多，受害米易碎且呈溃疡状黄褐色病斑	具有分解油脂和蛋白质的能力
毒素类别	黄绿青霉素	青霉素	桔青霉素	产生多种毒素，如黄天精、岛青霉毒素、环绿素等	

(5) 交链孢霉属　是种子皮下重要的寄生菌，在新收获的各类种子上较多。寄生在粮食上的主要是该属中的细交链孢霉，它属于低温、高湿性菌类，生长最低温度为6℃，最适温度为25～30℃，最低水活度0.85～0.94。呈暗绿色、黑色、暗褐色等。此菌群（如互隔交链孢霉）可引起蔬菜食品变质。

(6) 葡萄孢属　又称灰霉。腐生或寄生在许多植物上引起“灰霉病”。通常存在于食物种子尤其玉米籽粒及其枯死籽粒表面。属低温、湿生性霉菌（代表性的有灰色葡萄孢霉）。发育最低温度为－5℃，最低水活度为0.92～0.94，呈灰色、褐色等。该霉菌属是蔬菜食品上常见的腐败菌，同时还可以引起水果败坏。

(7) 芽枝霉　又称枝孢霉素，多腐生菌，发育最低温度为－7℃，生长适宜温度18～28℃，最高温度30～32℃；最低水活度0.88～0.94。呈棕绿色、黑色、黑褐色等。危害粮食及肉类食品，特别是水分含量高的粮食及肉类在低温贮藏时极易被此菌危害而腐烂变质。

(8) 镰刀菌属　该霉菌属种类很多，在自然界分布很广。该菌属在粮食上大量存在。其菌多数为中温性，少数为低温性。发育温度为4～32℃，最适宜温度为25℃，高于37℃则不易萌发，水活度为0.8～1.0。该菌在低温下易引起高水活度的食品和粮食变质，引起谷物及果蔬霉烂，有的还可以产生毒素，误食则导致人、畜中毒。

(9) 地霉属　该霉属中最常见的是白地霉。地霉属多见于泡菜、动物粪便、有机肥料、腐烂的果蔬及其它植物残体中。该霉属可引起果蔬霉烂。

(10) 复端孢霉属　属于中温、湿性霉菌。发育最低水活度为0.9。菌落初为白色而后变为粉红色。该菌分布于粮食种子内、外部，玉米和霉坏的花生上也很多。能使果蔬、粮食产生霉变。最常见有粉红复端孢霉。

(11) 枝霉属　属于低温、湿性霉菌。最佳生长温度6～7℃，高于32℃则不能生长。菌落初为浅灰色，后变为青灰褐色。该霉属分布在土壤和空气中，常出现在冷藏的肉和腐败的蛋中（最常见的有美丽枝霉）。美丽枝霉在空气和各种粪便中也常存在，它是冷藏肉和蛋的危害菌类。

(12) 分枝孢属　又称侧孢霉属。是一种低温、高湿性霉菌。菌落呈奶油色泽，时间长后为干燥粉末状。常出现在冷藏肉品中，在肉上生长，形成白斑（如肉色分枝孢霉）。有些种类可寄生于人、畜皮肤上，引起孢子丝菌病。

(13) 红曲霉属　属中温性菌类，最适生长温度32～35℃，最适pH值为3.5～5.0，能耐pH值2.5和浓度10%的乙醇，对食品的危害性不大。

三、病毒与酵母菌

1. 病毒

病毒是目前所知道最小的生物，无细菌结构，主要由蛋白质和核酸组成。只有在电子显微镜下才能看到病毒形状，其形状有砖形、球形、线形、蝌蚪形等。病毒能通过细菌滤器，所以又称滤过性病毒。

病毒缺乏完整的酶系，不能独立生活，不能在人工合成的培养基上生长，靠寄生生长。根据寄生对象，可分为细菌病毒（噬菌体）、植物病毒与动物病毒。

① 细菌病毒（噬菌体）。细菌病毒在工业生产上有很大的危害，一旦被噬菌体污染就会造成很大的损失。如食品工业原料中制造干酪、酸乳用的乳酸杆菌、乳酸链球菌受污染后，很快就失去发酵作用，整个发酵被破坏。因此，噬菌体对发酵工业、制药工业、食品工业等都有很大威胁。而且目前对已污染噬菌体的发酵液还无法阻止其溶菌作用，故只能预防其感染。图2-6为噬菌体的结构。

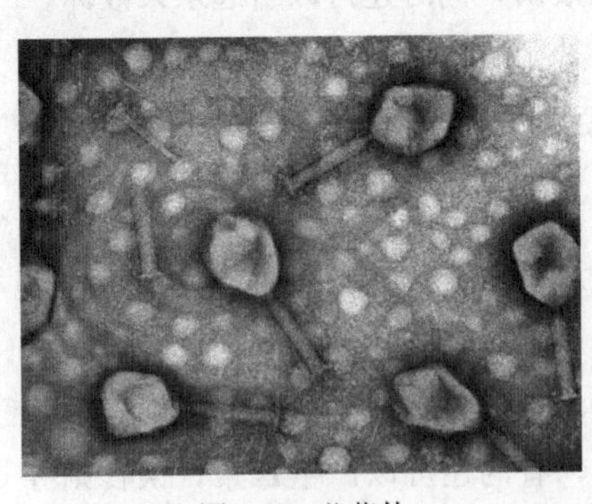

图2-6　噬菌体

② 植物病毒与动物病毒。植物在栽培过程中，因施肥与灌溉水的关系，有可能受到寄生虫和虫卵的污染，也即植物病毒。某些肉类、鱼类也可能有寄生虫和虫卵；苍蝇、蟑螂、老鼠等生物也带有大量病毒。食

品在运输、贮藏、销售过程中有可能接触脏水、灰尘和不洁器具，将会受到寄生虫和虫卵污染。这些植物和动物病毒一旦污染食品，人、畜食后会导致很多的病害，如人的天花、麻疹，禽畜的鸡瘟、猪瘟、口蹄疫、猪气喘等。

2. 酵母菌

酵母是人们发现和应用最早的微生物。早在3600年前的殷商时代，人类就利用酵母酿酒；6000年前的埃及人已用其作出酸啤酒。酵母菌是一类单细胞的真核微生物。酵母不是分类上的名词，而是人们的俗称，一般指以芽殖或裂殖进行无性繁殖的单细胞真菌。酵母菌多数属于腐生菌，少数是寄生菌。分布于含糖质较高的偏酸性的环境中，如果实、蔬菜、花蜜、谷物及果园的土壤中。如图2-7为正在进行出芽生殖的酵母菌。

酵母菌除为数不多的几种有害外，大部分都是食品工业上有益的酵母。现对几种有害的酵母进行简述。

① 鲁氏酵母和蜂蜜酵母。能在高浓度糖溶液的食品中生长，可引起高糖食品（如果酱）变质，也能抵抗高浓度的食盐溶液，如果出现在酱油中，酱油表面即生成灰白色粉状的皮膜，时间长后皮膜增厚变成黄褐色。这种酵母是引起食品败坏的有害酵母。

② 汉逊氏酵母。该酵母是常见的酒类饮料污染菌，它可在饮料表面生长成干皱的菌醭，是酒精发酵工业的有害菌。

③ 红酵母。以黏红酵母和胶红酵母为代表的红酵母，在空气中经常能看到。污染食品后，在肉、酸菜及泡菜上形成红斑使食品着色；在粮食上也可分离得到。另外还有几种红酵母是人及动物的致病菌。图2-8为红酵母的纯培养物。

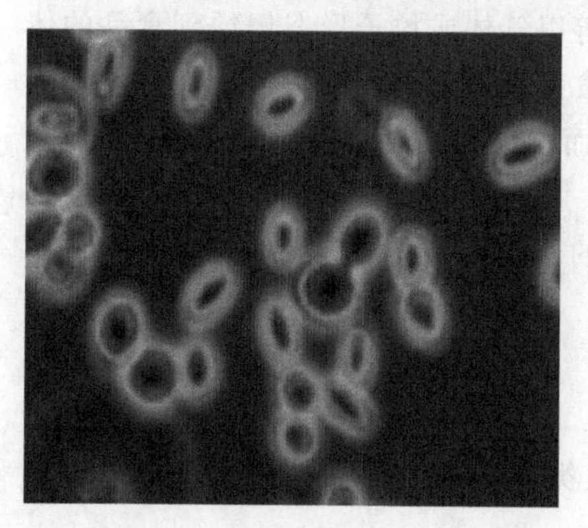

图2-7 酵母菌的出芽生殖

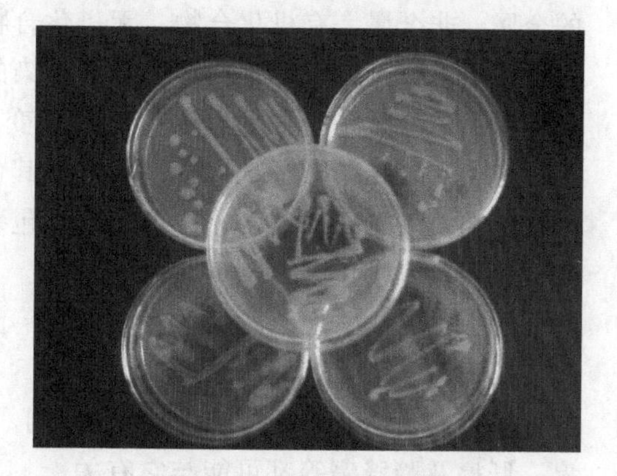

图2-8 红酵母的纯培养物

四、控制生物污染的包装原理

生物污染将导致食品的发霉等变质问题。主要原因是在加工冷却、包装和流通环节，食品被空气中的微生物污染。

控制生物污染的包装原理就是消除微生物生存与繁殖条件，具体可以通过下列几方面实现。

（1）包装前期微生物控制。在食品包装前的加工与工序转移中控制微生物，包括与食品接触的器具、设备等的消毒杀菌，尽可能减少微生物。

（2）包装环境微生物控制。食品加工、贮存和流通过程中使微生物尽可能少。采用高电压空气消毒机，可有效提高空气的卫生质量，预防空气中微生物污染等食品问题的发生，从而保障食品的卫生质量。

（3）包装过程微生物控制。物料在加工成型、杀菌之后，一般需经过冷却后再包装，并经检验合格后，才能作为食品成品出厂销售。尽可能在无菌条件下完成全部包装过程，或者对包装后的食品二次杀菌后再出厂销售。

（4）通过包装机理控制微生物。按现代食品加工条件完成加工与包装，绝大多数食品经高温杀菌后，其中的微生物基本被杀灭，能达到商业无菌的要求。这样的食品在适宜的条件下贮藏，在生产企业承诺的保质期内不会变质。但是也有在保质期内产生变质的情况。因此需要包装技术与包装材料在机理上具有微生物控制的特殊功能，使微生物在保质期内无法繁殖。

第二节　化学污染变质与包装原理

食品中的化学污染主要来源于食品原材料生长繁殖环境的污染，还有加工过程中的污染、加工设备污染、存放环境污染等。无论是哪种污染，都是因为不同的金属、非金属、有机化合物、无机化合物等以气体或粒子形态侵蚀到食品的体内或表层。一旦人、畜食用这种化学污染的食品，会引起各种不良反应且导致疾病。食品的变质是指食品失去价值的质变，而不仅仅是外观视觉和触感（物理）上的变化和破坏。除了从直觉上去辨别其色、香、味的变化，更主要的是判断其内在的品质上有无不良变化。可见食品包装的作用在于保护食品的形态和内在品质（仪器检测）。

一、亚硝胺类化合物

亚硝胺类化合物是动物的强致癌剂，人类某些癌，如鼻咽癌、食道癌、胃癌、肝癌及膀胱癌等都可能与它有关。

在食品中天然存在的亚硝胺含量极其微小，不足10μg/kg，但其前体物质亚硝酸盐等则广泛存在于自然界，在适宜条件下，它们便可形成亚硝胺。很多细菌和霉菌，如大肠杆菌、普通变形杆菌、黏质沙雷氏菌、黄曲霉及黑曲霉等可促进亚硝胺合成。在食品包装和贮藏时，应防止食品被这些细菌和霉菌侵蚀，以消除

亚硝胺存在（生成）的条件。

二、多氨联苯化合物与多溴联苯化合物

多氨联苯化合物与多溴联苯化合物是稳定的惰性分子，具有良好的绝缘性和阻燃性。它可作为软化剂等加入塑料、橡胶、油墨、纸及其它包装材料中。它们不易通过生理和化学途径分解，却极易随工业废弃物而污染环境。鱼类是这两类化合物的来源，家禽、乳和蛋中也常含有这类物质。这两类化合物进入人体后主要积蓄在脂肪组织和各种体内脏器中，中毒后表现为皮疹、色素沉积、浮肿、无力、呕吐等。

美国规定家禽体内的多氯联苯化合物残留量与体重的比例在5mg/kg以内。

三、多环芳烃类化合物

多环芳烃类化合物（简称PAH），也称稠环烃类化合物。它是在煤炭、汽油、木柴等物质燃烧过程中产生的烃热解物，也可以在生物体内合成。PAH的种类很多，目前发现的约200余种，其中有很多种具有致癌作用，并在人类环境中出现。食品中天然存在的PAH含量极微，主要来自加工污染。其中苯并芘是PAH中一种主要的食品污染物。

食品中PAH的来源如下。

① 食品在烟熏、烧烤和烘焙过程中与燃料燃烧时产生的PAH直接接触而受污染。

② 食品中脂类在高温下热解而产生PAH。

③ 食品加工器械中的润滑油污染食品，使PAH进入到食品中。

④ 包装石蜡中的PAH转移到食品中。

环境中的PAH易导致皮肤癌和肺癌，而食品中的PAH则易导致胃癌。如图2-9为烧烤的肉类。

图2-9 烧烤类食物

四、酶化学污染

酶对食品的作用过度会使食品腐败变质。酶是一种生物催化剂，水果成熟后变得酥软而后腐烂失去价值，就是内源酶类过度作用的结果。在食品的加工与贮藏中，由酚酶、过氧化物酶、维生素C氧化酶等氧化酶类引起的酶促褐变反应对

许多食品的感观质量具有极大的影响。

酶对食品营养价值产生影响。例如，脂肪氧化酶催化胡萝卜素降解而使面粉漂白，在蔬菜加入过程中则使胡萝卜素破坏而损失维生素 A 原；在一些用发酵原理加工的鱼制品中，由于鱼和细菌中的硫胺素酶的作用，使这些制品缺乏维生素 B_1；果蔬中的抗坏血酸氧化酶及其它氧化酶类是直接或间接导致果蔬在加工和贮藏过程中维生素 C 氧化损失的重要原因之一。

酶有时会致毒。任何动植物和微生物来源的新鲜食品，均含有一定的酶类。在收获蔬菜、捕捞鱼贝或屠宰牲畜时，有时会引起酶的产生，这主要是在动植物体内原有的与生理作用有关的各种酶在起作用。食品学家研究酶学的贡献主要是如何控制和利用酶。控制酶的目的是使之不与相关化学物质反应而产生毒素。在生物材料中，一些酶和底物处在细胞的不同部位，当生物材料破碎时，酶和底物相互作用就会出现致毒现象，有时底物本身是无毒的，但经酶催化后便生成有害物质。例如，木薯含有生氰糖苷，虽然它本身无毒，但在其内源糖苷酶的作用下便产生剧毒的氢氰酸。其反应式如下：

$$(CH_3)_2C(CN)(OC_6H_{11}O_5) \xrightarrow[H_2O]{\text{亚麻芳苷酶}} (CH_3)_2C{=}O + C_6H_{12}O_6 + HCN$$

又如，十字花科植物的种子及皮和根含有葡萄糖芥苷，在芥苷酶的作用下会产生对人和动物体有害的化合物。如菜籽中的原甲状腺肿素在芥苷酶作用下产生的甲状腺肿素能使人和动物体的甲状腺代谢增大。所以在利用油菜籽饼作为植物蛋白质原料时，必须去除这类有毒的物质。其分子式为：

$$\underset{\text{原甲状腺肿素}}{CH_2{=}CH{-}CH(OH){-}CH_2{-}C(S{-}C_6H_{11}O_5){=}N{-}OSO_3^-} \xrightarrow{\text{芥苷酶}} \underset{\text{甲状腺肿素}}{S{=}C\underset{O}{\overset{HN-CH_2}{\diagup\;\diagdown}}CH{-}CH{=}CH_2} + C_6H_{12}O_6 + HSO_4^-$$

五、脂肪氧化及加热产物

脂肪类食品最严重的变质是脂肪氧化引起的变质。由微生物或酶的作用产生腐败变质，是可以用各种手段加以防止的，而对于脂肪类食品的油脂氧化现在还没有能完全防止的方法。

所谓脂肪氧化是指其油脂与空气中的氧气接触而产生的氧化现象，有自动氧化、热氧化和酶促氧化。

一般食品在保存中都不可避免地产生脂肪氧化现象。含脂肪越多的食品越容易产生脂肪氧化。脂肪氧化会使食品产品异味，引起色变，降低油质，减少溶解性，失去营养价值，严重的会产生毒性而使人畜食物中毒。例如吃下严重腐败的油脂会引起腹泻、腹痛之类的急性中毒症状。即使摄取微量也会给人体器官或组织带来损害，成为肝硬化或动脉硬化等症状的主要诱因。

食品包装的主要目的是防止食品的自动氧化与酶促氧化。自动氧化是不饱和脂肪酸与氧作用，自发地进行氧化作用的现象。酶促氧化是由于酶的作用产生的特异氧化现象。所涉及的氧化酶为脂肪氧化酶，存在于豆类和各种蔬菜中，另外一些霉菌（棒曲霉、镰刀霉、酒曲酶）中也存在。无论哪种氧化都需要氧和水分以及脂肪酸。特别是食品中的油脂在脂肪酶作用下，加水后分解生成游离脂肪酸，游离脂肪酸很容易氧化，脂肪氧化酶加水分解，其结果是助长了自动氧化。因此食品包装中为防止氧化，应尽量避免与空气接触。图 2-10 为容易发生氧化作用的含脂肪较多的猪肉。

图 2-10 含脂肪较多的猪肉

油脂在 200℃ 以上高温下可发生分解、聚合等反应，产生有毒的乙二烯环状化合物。用高温处理后的油脂喂食大鼠时，生长受抑制，降低了食品成分的利用率，并引起肝脏肿大。因此，食品应避免 200℃ 以上高温处理。

六、重金属的污染

几乎任何食品都含有元素周期表中 80 种左右的金属和非金属的大多数。在这些金属和非金属中，仅少数几种可称为所谓的营养素，而大多数是不重要的营养素，而且有一些是有毒有害的。这些有毒或有害的金属存在食品中的现象被称为金属污染。金属污染在食品加工、储运、包装等过程中是应尽量避免和剔除的。

目前被检定出来对人体有毒的金属污染物主要是重金属，如汞、铅、镉、砷、锑等。

重金属主要因工业污染而进入环境（食物环境），并经过各种途径进入食物链，人和动物在进食时导入机体且逐渐富积于体内。金属污染对人及动物机体损害的一般机理是与蛋白质、酶结合成不溶性盐而使蛋白质变性。当人体的功能性蛋白，如酶类、免疫性蛋白等变性失活时，将对人体产生极大危害，严重可能出现中毒症状，甚至可致死亡。现就汞、铅、砷、锑几种重金属污染加以分析。

1. 汞

汞的毒性取决于其化学状态［无机汞（金属汞）、有机汞化合物、甲基汞等]。有机汞比无机汞毒性大，特别是甲基汞比无机汞毒性大得多，且对机体的损伤是不可逆的。

食品被汞污染主要是由水质的汞污染造成的，当金属汞释放到环境中时，经过了许多的化学变化。在土壤中，硫化/还原细菌的作用可以将汞转化为硫化物。被人体吸收的汞主要是甲基汞化合物。甲基汞是水生微生物作用于元素汞或二价汞化物生成的，并且多在海底或湖底沉积处进行。这种由于微生物作用而生成的汞和从工业生产废料中释放出来的汞，很快地被生物有机体所吸收，再经浮游生物的过滤性吸收而供给水底无脊椎动物体，从而进入了食物链。汞在水中有机物中的进一步扩散主要来源于生物体对甲基汞的吸收，并随后对其进行分解，生成挥发性二甲基汞，并且释放到空气中。在大气中，由于酸性雨水的作用，二甲基汞有可能分解为一甲基汞，并再次返回到带水的环境中。从造纸厂和氯碱化工厂释放出来的汞，经生物和化学作用，也可能导致甲基汞的增加，这就是汞的污染过程。人体吸收到的多为甲基汞，也就是人类食用鱼类食品时而吸收到汞。这是因为鱼在污染水中吃进了那些带甲基汞的浮游生物。

被汞污染的食品无论怎么处理也很难将汞除净。人吸收了微量的汞不会引起危害，可经粪便和汗液排出体外，如果吸入量过多，会导致慢性病与急性病，如产生神经中毒症状，严重者会产生精神紊乱，进而疯狂、痉挛致死。

成人每周汞的摄入量不得超过 0.05mg/kg 体重，其中甲基汞每周摄入量不得超过 0.0033mg/kg 体重。国际上规定大多数食品含汞量不得超过 0.005mg/kg。人体器官中汞含量达 10～70mg/kg 时，可导致肾脏损伤；不发生中毒的肾脏中汞含量为 0.1～3mg/kg。

2. 铅

在多种有害的重金属中，铅是最早被认为有害和有毒的金属。

人们所摄取的铅量取决于生活的环境（空气和水等）以及所消费的食品（主食与副食）和饮料（酒和液体饮料）。铅的污染主要来源于汽车尾气、工厂排放的气体和污水、被铅污染的饮用水和食品。美国科学家研究认为，每个美国人每天从食品中摄取约 0.3mg 铅，从水和其它饮料以及污染的大气层中摄取约 0.1mg 铅。英国人的计算认为每个人每天从食品和饮料中摄取铅量约 0.2mg。世界卫生组织认为每人每天从食品中摄取的铅量为 200～300μg。食品包装中防止铅污染主要是防止来自空气（大气）和水的污染。另外食品加工、贮藏、运输所用的含铅器械也是值得注意的。图 2-11 为铅的主要污染途径。

铅对人体十分有害。摄取大量的铅会引起急性铅中毒。长期吸收铅，哪怕是少量的也会引起慢性肾病。铅主要损害神经系统、造血器官和肾脏。常见症状为食欲不振、胃肠炎、失眠、头昏头疼、关节肌肉酸痛、腰痛、贫血等。

成人对铅的承受量为0.05mg/kg体重。

图2-11 铅的主要污染途径

3. 镉

镉是一种高毒性的重金属。镉溶于有机酸，容易进入食物中，对人体造成伤害。食品中的镉主要来源于环境污染和含镉镀层的食品容器等。生物，尤其是鱼类，可富积镉。镉能生成很多无机化合物，而这些无机化合物大多数能溶解于水。因此，水质受镉的污染而成为食品的重要污染源。

镉在所有食品和饮料的金属污染物中，是最严重的一种，对人体危害极大。镉被人体摄入后很容易被吸收，其中一部分以金属蛋白质复合物的形式贮存在肾脏中。从食品或饮料中吸收镉，在几分钟内就会产生恶心、呕吐、腹部痉挛以及头痛等症状，严重时还会发展为腹泻和休克。水和其它饮料中含有15mg/L的镉，就能引起上述症状。贮存在镀镉容器、自动售货机和陶质容器中的水果汁、饮料及其它酸性水果汁，因镉从容器表面浸出，常常是产生镉中毒的原因。长期接触过量的镉可导致肾小管损伤，其毒性反应为贫血，肝功能损害和睾丸损伤，可致畸胎，同时会影响与锌有关的酶而干扰代谢功能，改变血压等。

成人每周对镉的承受量为0.0067～0.0083mg/kg体重。

4. 砷

砷是一种有毒的准金属。砷普遍存在于动植物的细胞组织中，而且广泛分布于周围环境中，几乎所有的土壤中都有砷存在。

砷污染主要来源于环境（水质等）及食品加工中使用的不纯的酸、碱类和不纯的食品添加剂等。砷能引起急性和慢性中毒，常见人们意外食用被砷污染的食品而引起中毒的情况。

慢性砷中毒会导致食欲下降及体重下降、胃肠障碍、末梢神经炎、结膜炎、角膜硬化及皮肤黑变病。对皮肤色素的影响是长期受砷侵害的特征，而且可能与皮肤癌的发生有联系。

人体每日容许砷的摄入量为0.05mg/kg体重；急性中毒量为5～700mg/kg体重。

5. 锑

锑和砷一样被认为是一种有毒的准金属。

锑的污染主要是水质及食品加工与贮藏容器。某些食品含锑量过高主要是用涂有含锑瓷釉的容器贮存或生产所致。研究表明，用1/100柠檬酸溶液可从搪瓷容器中溶解出多达100mg/L的锑。一般河水和海水中锑的可测得浓度为0.1～0.2mg/L。

人们从空气中吸入被锑污染的粉尘和烟气及饮用了锑污染的饮料后，会导致中毒。其中毒的症状是腹痛、恶心，伴有低的或不规则的呼吸以及低温等。

美国已限制饮用水的含锑量。一般限定为不超过0.1mg/L，长期饮用不得超过0.01mg/L。另外一些国家已限定饮料和其它食物中锑的最高含量。澳大利亚和新西兰两国饮料中限定为0.15mg/L，而澳大利亚对其它食品限定为1.5mg/kg以下，新西兰则把此数降到1.0mg/kg。

除以上几种重金属外，硒金属元素也应加以限制。研究表明，人日均摄硒量应为60～120μg，长期摄入量超过3000μg/d，人就会中毒。澳大利亚已制定了食品中硒的最高含量：饮料和液体食品为0.2mg/kg，食用内脏为2.0mg/kg，其它食品为1.0mg/kg。

七、控制化学污染的包装原理

控制化学污染的包装原理主要是中和与识别。具体可以通过下列几方面实现。

（1）食品加工、贮存和流通销售过程中阻隔各种毒害化学物质渗透入包装内。

（2）设计的包装容器与包装材料具有对毒害化学物质的吸收和识别功能。

（3）设计的内包装材料可以散发某种气体，使之具有中和毒害化学物质的功能。

（4）在包装容器或包装材料表面涂覆对人体无害的化学保护剂，使之对毒害化学物质具有降解作用。

第三节　农药残毒污染变质与包装原理

农药残毒是指对农作物所施的农药、化肥、生长调节剂等滞留于土壤或植物体上的物质的总称，实际为化学与生物的残留。图2-12为农药污染的途径。

一、农药残毒污染

农田大量使用化肥、农药使土壤中积累了部分有毒、有害物质，造成农药残毒，使土壤遭受污染，进而影响农作物产品质量；有的是农药直接喷洒于植物茎秆及叶与果（花）上，使作为食品原料的农作物直接受污染，从而威胁人体健康。

各种杀虫、杀菌及除草农药中，以有机氯、有机磷、有机汞及无机砷制剂的残留毒性最强。粮食是农药污染最广的一种食物，其次是水果和蔬菜。图 2-13 为相关人员对蔬菜中农药残留进行检测。

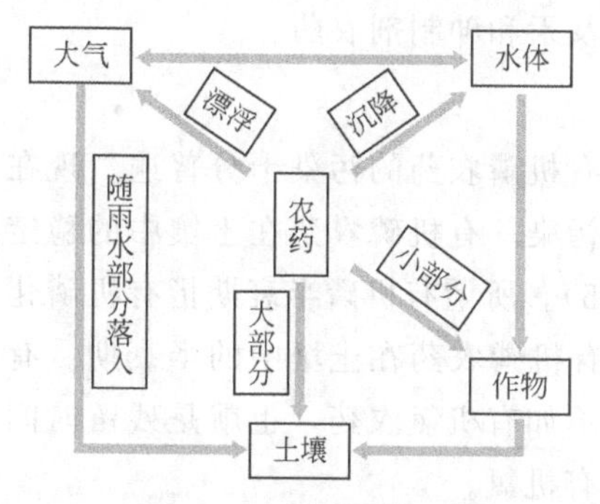

图 2-12　农药污染途径

图 2-13　农药残留检测

1. 农药残毒主要成分及来源

农药残毒污染食品的主要成分有几十种，现列出主要的几种及其来源。

汞及有机汞，主要来源于氯碱化工、含汞农药、汞化物生产。

砷及砷的化合物，主要来源于含砷农药、硫酸、化肥等。

镉及其化合物，主要来源于肥料杂质。

铅及其化合物，主要来源于农药。

锌及其化合物，主要来源于含锌农药、磷酸盐肥料等。

氟及其化合物，主要来源于氟硅酸钠及磷肥生产的工业废水，化肥污染等。

酚类，主要来源于化肥、农药生产的工业废水。

氯化物，主要来源于化肥生产及施用。

三氯乙醛及三氯乙酸，主要来源于农药厂的废水。

有机农药，主要来源于农药生产及施用。

以上这些农药残毒首先进入大气环境或滞留于土壤（或植物体上），然后被植物吸收，最终使食品原料（植物及其果实）带毒（残毒成分），进入人体后给人体健康带来不良影响。

2. 有机氯农药残留

有机氯农药主要指滴滴涕之类的农药。这类农药用量占农药总量约 50%，其性质比较稳定，脂溶性大，易在生物体脂肪中积累。几种有机氯农药施入土壤一年后的残留率见表 2-4。

表 2-4　有机氯农药施用一年后的土壤残留率

名称	滴滴涕	狄氏剂	林丹
一年后土壤残留率/%	88	75	60

有机氯农药残留是对人体危害最严重的农药残留，食用受其污染的食物后，会使人体发生急性或慢性中毒。目前我国规定对茶叶、水果、蔬菜等农作物，禁止和限制使用有机氯制剂滴滴涕和六六六以及汞和砷制剂农药。

3. 有机磷农药残留

有机磷农药较多，使用较为普及，因此有机磷农药的污染十分普遍。现在一些水果及叶类蔬菜的食物中毒多为这种残毒污染。有机磷农药在土壤中的稳定性可由有机磷在土壤中的半衰期表示（见表 2-5）。所谓有机磷半衰期指有机磷化合物减少一半所需时间。表 2-5 是常用的几种有机磷农药在土壤中的半衰期。有机磷农药的毒性比有机氯农药大，但其稳定性不如有机氯农药，也就是残留时间相对短暂。总体而言，有机磷的污染程度不如有机氯。

表 2-5　几种常见有机磷农药在土壤中的半衰期

名称	半衰期/d	名称	半衰期/d	名称	半衰期/d
甲拌磷	2	氯硫磷	36	二嗪农	6～184
敌敌畏	17	甲基对硫磷	45	乐果	122
甲基内吸磷	26	内吸磷	54	敌百虫	140
三硫磷	170	对硫磷	180	乙拌磷	290

不同类别的农药在土壤中的残留半衰期不一样，具体见表 2-6 所列。农药对食品的污染程度表现在农药在土壤中的残留上，一般用半衰期进行衡量。农药在土壤乃至食物中的残留性主要与农药理化性质、药剂用量、植被以及土壤类型、结构、酸度、含水量、金属离子含量、有机质含量及微生物种类、数量等有关。农药品种不同，则它们在土壤中的残留期也各不相同，汞、砷制剂农药几乎永远残留于土壤中；滴滴涕等一类有机氯农药的残留少则几年，多则几十年；有机磷类残留性较小的农药，若长期使用，特别是使用量过高，则几年后土壤中也还能检测到残留。实际上农药在土壤中的残留情况也就是农药残毒对农作物及食物的污染情况。

表 2-6　各类农药在土壤中的残留半衰期

农药种类	半衰期/年	农药种类	半衰期/年
含铅、铜、汞或砷等农药	10～30	氨基甲酸酯类农药	0.02～0.1
有机氯农药	2～4	其它农药	0.01～0.05
有机磷农药	0.02～0.2		

4. 三氯乙醛和三氯乙酸

三氯乙醛和三氯乙酸都是由农药厂废水和废酸及施用磷肥等所带来的污染。

例如，磷肥厂多使用化工厂的废硫酸为原料，而化工厂的废硫酸中常含有大量的三氯乙醛和三氯乙酸，在磷肥使用后，就会导致其污染。这两种农药残留具有较强的酸性脂肪酸，易溶于水，对作物的危害极大。它们通过植物根部吸收进入植物体内，扰乱植物酶系统，使植物变形、枯萎。它们对小麦、大麦、水稻、玉米、土豆、黄瓜等均十分有害。

二、植物生长调节剂残留污染

农作物广泛使用生物激素用于生长调节，实际上就是一种生物激素药物，在农业领域广泛用于果蔬等经济作物。

生长调节剂随着可食性植物部分进入人体，或随着饲料转移到家畜、家禽体内富积起来，然后随着动物性食品进入人体。各种有残毒的生长调节剂大多是油溶性化学毒素，在人体不能代谢分解，大部分蓄积在人体脂肪中而不能排除到体外。动物性试验表明，有些生长调节剂可致肝癌、病变。因此，生长调节剂的大量使用，造成的公害值得重视。

三、控制农药残毒污染的包装原理

控制农药残毒污染的包装原理是吸收和识别，具体可以通过下列几方面实现。

（1）食品加工、贮存和流通销售过程中阻隔农药及残毒渗透入包装内。

（2）设计的包装容器与包装材料具有对农药残毒的吸收和识别功能。

（3）设计的包装材料可以散发某种气体，使之具有中和农药残毒的功能。

（4）在包装容器或包装表面涂覆对人体无害的化学保护剂，使之对农药残毒具有降解作用。

第四节　其它污染变质与包装原理

除前述各类污染外，还有一些其它方面的污染，对食品的变质起很大的作用，例如热的污染、光的污染、水的污染、放射性物质的污染等。

一、热污染及变质

1. 热污染概念及其表现形式

热污染一般指由于人类活动影响热环境的现象。

热污染的表现形式有以下几个方面。

（1）燃料燃烧和工业生产所产生废热向周围环境的直接排放，使周围环境温度增高。

(2) 室内气体排放，如空调、排气扇、烟气筒等排放物，通过大气温室效应引起环境增温。

(3) 消耗臭氧层物质的排放（氟利昂等）破坏了大气臭氧层，导致太阳辐射增强而使环境变热。

(4) 地表状态的改变与破坏（如森林植被的减少等），使热反射率降低，从而影响地表与大气间的热交换，进而使环境变热。

2. 热污染对食品的危害

(1) 热污染对食品环境的污染　热污染最终体现在环境的能量转换上，将其热量转换成温度，而温度又是通过水和大气反映出来。

以各种工业生产中所产生的废热分析。各种热力装置排放出的废热气体和温热水，都转入大气和水中。例如在核电站，能耗的33%转化为电能，其余67%均作为废热全部转入水中了。又如，火力发电厂，燃烧的燃料中，仅有40%转化为电能，12%热能由烟气排入大气，48%随冷却水排入水体之中。

由上可知，热污染通过大气和水体反应，使环境温度升高，从而破坏食品原料生存环境和食品贮藏环境。

(2) 热污染对食品的危害　热污染分对大气环境中食品的危害和水中动植物（食品原料）的危害。

① 对水中动植物（食品原料）的危害　大量的温热水排入水体中，会在局部范围内引起水温升高，使水质恶化，对水生动植物和人的生活、生产、发育等造成危害。特别对鱼类食品造成巨大危害，具体表现如下。

a. 影响水生生物生长。水温升高后会给鱼类生存带来影响，这是因为在高温水中，鱼类发育受阻，严重时导致死亡；另外水温升高后，水生动物的体质降低，抵抗疾病能力下降，从而不能正常生存和生长。

b. 降低水对氧的溶解度。水对氧的溶解度随着水温升高而降低。在水温升高时，鱼及水中动物代谢率增加并需要更多的溶解氧，但水温一高溶解氧却降低了，这势必威胁鱼类生存。图2-14为热污染对鱼类的影响。

图 2-14　热污染对鱼类的影响

c. 引起藻类及湖草大量繁殖而使水质恶化。水温升高使菌类、藻类和湖草大量繁殖，消耗大量水中溶解氧，使鱼缺氧，生存困难。同时这些菌类、藻类与湖草在水中极易枯腐，从而引起水变味，并可使人、畜中毒。

可见，热污染是鱼类食品污染的最大危害之一。

② 对大气环境中食品的危害

a. 在食品贮藏方面的危害（影响）较为突出。在适当的湿度和氧气等条件下，温度对食品中微生物繁殖和食品变质反应速度的影响都十分明显。一般在一定温度范围内（10～38℃），恒定湿度条件下，每升温10℃，许多酶促和非酶促的化学反应速度加快1倍，其腐败变质速度加快4～6倍。

b. 温度升高使食品贮藏时营养成分破坏速度加快。温度升高会破坏食品的内部组织结构，严重破坏其品质。过度受热会使食品中的蛋白质变性，破坏食品中的维生素C，或使食品过度失水而改变物性，进而影响其品质。

c. 使食品包装材料老化加速。气温升高能加速分子运动，使食品包装材料大分子发生氧化裂解或交联反应，在光、热共同作用下，热氧老化将会加速。温度越高，老化越快。

d. 温升对果蔬的成长与贮藏带来影响。温度高，作物生长快，产品组织幼嫩，但可溶性固形物含量降低。低温比高温时节收获的蔬菜、番茄、甜椒等容易贮藏。对同一蔬菜品种，温度高的年份的产品不易于贮藏，水果也是同样的。例如苹果，夏季的温度偏高，果实成熟早，则色泽和品质差，也不耐贮藏。又如，冬季温度太高，柑橘淡黄而不鲜艳，连续而适宜的低温则有利于柑橘的生长、增产和提高果实品质。

由上可知，由于环境温度近些年来不断升高，使得一些食品（植物等）的贮藏也带来新的问题，某些食品还用传统的原理进行包装贮存，已很难达到预计的效果，不得不寻找新的原理或对原有的原理进行改进。

3. 控制热污染的食品包装原理

控制热污染的食品包装原理多种多样，有的原理是局部无法解决的；有的是可通过局部措施解决的；有的只能去通过改变自身条件而不被污染所吞没的。热污染的主要控制原理应考虑如下内容。

（1）改进热能利用技术，提高热能利用率。

（2）利用温水冷却循环使用，减少温水排入工厂外部，这主要靠工厂的技术创新和投入来实现。

（3）加强废热利用，减少排放。这需要限制废热排放，促使企业自觉利用废热。

（4）环保政策的实施，如废热的排放限制、植树造林增加植被，限制产生废热温水排放的工业、交通工具、生活设施等。

（5）从食品本身角度讲，加强新产品的开发和研究。研究耐高温的食品原料品种；研究能降温吸热（避热、隔热）的新型包装材料；包装中放入吸热剂；食品存放尽量避开热源位置；食品库房采取通风降温设施等。

二、光污染及变质

1. 光污染概念及其表现形式

光污染是指过量光辐射对人类生活和生产环境造成不良影响的现象。对于食品包装而言，光对食品的过量辐射使食品（或植物类食品）的生存、发育、成长、贮藏保质环境受到不良影响的现象称为食品的光污染。

光污染主要有可见光污染、红外光污染、紫外光污染等几种。

2. 光污染对食品的危害

光污染对食品的危害很大，它可以引发并加速食品中营养成分的分解，产生变质反应。主要危害有如下几方面。

（1）强光影响果蔬的耐藏性。光照强度直接影响植物的光合作用，如叶的厚薄、叶肉的结构、节间的长短、茎的粗细等，从而影响蔬菜的耐藏性。如番茄和青椒等在炎热夏天受强烈日光照后，会产生日晒病，不能进行贮藏。图 2-15 为番茄的日晒病。

图 2-15　番茄的日晒病

（2）促使食品中油脂的氧化反应而发生氧化性酸败。

（3）使食品中的色素发生化学变化而变色。使植物性食品中的绿色、黄色、红色及肉类食品中的红色发暗或变成褐色。

（4）引起光敏感性维生素的破坏，如维生素 B_2 和维生素 C 极易在强光下分解而损失。同时还会与其它物质发生不良化学反应而使食品变质变味。

（5）引起食品中的蛋白质和氨基酸的变性。

（6）引起包装材料老化而使包装食品污染变质。特别是塑料和纸包装食品，均会受到光污染的危害。特别是紫外光会引起光化学反应，一般紫外光越强，其老化破坏速度越快。另外太阳光中的红外线，被食品及包装吸收后，会转变为热能，加快食品的变质。

3. 光污染食品的一般规律举例

例一：光对食品中维生素的破坏。维生素 B_2 在强光作用下很快分解，且分解速度随 pH 值的升高而加快。食品中有多种维生素共存，某些维生素可保护另一些维生素的光照破坏。比如当维生素 B_2 与维生素 C 共存时，维生素 C 可保护维生素 B_2 不被强光破坏，但维生素 C 则因与维生素 B_2 共存而很快被破坏分解。

如牛奶含有维生素 C 和维生素 B_2，而当牛奶在日光下暴晒后，维生素 C 含量显著减少，原因就是维生素 B_2 促进了维生素 C 的破坏。表 2-7 为维生素 B_2 在水溶液中的光分解程度与 pH 值的关系。

表 2-7 维生素 B_2 在不同 pH 值溶液中经光照 30min 后的保存率

pH 值	维生素 B_2 保存率/%	pH 值	维生素 B_2 保存率/%
4.0	42	6.0	46
4.6	40	6.6	35
5.0	40	7.0	27
5.6	46	7.6	20

例二：光污染对氨基酸与蛋白质的破坏。

光污染破坏的氨基酸主要是色氨酸，它经强光暴晒后而着色褐变，经紫外光照射后可生成氨基丙酸、天冬氨酸、羟基邻氨基苯甲酸。此外，色氨酸、胱氨酸、甲硫氨酸、酪氨酸等如与荧光类物质、荧光黄、维生素 B_2 等共存时，经强光照射后将引起分解破坏。

例三：光污染对食品的渗透危害规律。

光污染对食品的渗透实际是光能在食品内部穿透而产生热量，从而使其内部发生一系列化学变化。食品对光能吸收越多，传递穿透越深，食品变质就越快、越严重。无论是哪种形式的光，其密度越高，透入食品中的能量越大，对食品变质危害也就越严重。食品或包装材料对光波（能量）的吸收量与波长有关，短波长的光（如紫外光）穿入食品和包装材料的深度较浅，所吸收的光能（变为热能）也就少；长波长的光（如红外光）穿入食品和包装材料的深度较深，对食品的危害就大。

4. 控制光污染的食品包装原理

控制光污染的食品包装原理是阻隔、过滤、吸收相结合。

（1）食品加工、贮存和流通销售过程中利用包装阻隔光线透射。

（2）尽量缩短食品与光源或光污染空间的接触时间。

（3）设计屏蔽防护包装，选用能吸收或阻挡光线的材料包装食品。

（4）在包装容器或包装表面涂布化学保护剂，反射光线或者过滤有害光线以保护被包装食品免遭光线透射。

三、放射性污染与危害

1. 放射性污染的概念与特性

放射性污染是放射性核素进入环境中而对食物、空气、水源和人体所带来的危害。我们知道，在自然资源中存在着一些能自发地放射出某些特殊射线的物质，这些物质具有很强的穿透性，如铀、钍等。这些物质也是用于核能的核原料，被统称为放射性物质。因此，放射性污染也就是放射性物质的污染。

放射性污染具有如下特性。

(1) 危害作用具有持续性　放射性污染与一般的化学污染明显不同，每一种放射性核素具有一定的半衰期，在其放射性自然衰变期间，它们都会放射出具有一定能量的射线，该射线持续地产生危害。

(2) 无法抑制和破坏其核素射线危害性　放射性物质除进行核反应外，到目前为止，采用任何化学和物理的原理，都无法有效破坏其核素而改变其放射性。

(3) 危害具有长时间的潜伏性　放射性污染危害，在某些情况下不能马上显示出来，而是要经过一段较长时期的潜伏才能表现出来。

综上所述，目前放射性污染对环境、食品和人体的危害是最为复杂的，也是最难发现和难以克服的，放射性污染是通过射线而对人体、食物和环境造成危害的，包括α射线、β射线和γ射线。其中γ射线穿透力最强，危害最大。

2. 放射源

环境中所具有的放射源主要有两大类，即天然的与人工的，人类一诞生就处在这两种放射源的包围之中。只是在不同的地区和空间所受辐射程度不同而已。

(1) 天然放射源　首先是地球上的天然放射物质，最主要的有铀、钍核素以及钾、碳和氚等；其次是空间高能粒子构成的宇宙射线，以及进入大气层中的氧、氮原子核碰撞产生的次级宇宙线。

(2) 人工放射源　人工放射源是随着核技术与核工业的发展而逐渐产生的。主要包括核爆炸的沉降物（核武器爆炸、核试验等）、核工业过程排放物（核燃料生产过程、核反应堆运行过程、核燃料后处理过程的废水、废气、废渣排放物）、医疗射线及各种含放射性材料的元器件等。

3. 放射性污染的方式与途径

产生放射性污染的放射性废物多种多样。按其物理形态可分为放射性废气、放射性废水和废液、放射性固体废物。放射性物质（或废物）产生的射线就像我们周围任何一件东西（如水、火、电……）一样，无时无刻不在，它既能造福于人类，同时也给人类带来危害和灾难，甚至夺去生命。

放射性污染的方式主要通过放射线的生物效应进行的。这种射线的生物效应又分直接效应和间接效应。我们知道生命最基本的单元是细胞，活细胞中最重要的分子是细胞核中的脱氧核糖核酸（DNA）分子，由它控制细胞的再生过程。当DNA分子在射线的直接照射下受到破坏时，这种细胞不能再分裂（还有可能生存），只能一直工作下去直到死亡，此过程中不再有细胞来接替，这样就会造成这些细胞组成的生物组织的功能失常，乃至整个组织坏死。如果这些组织是构成生物器官的主要部分，那么整个器官就会过早退化或死亡。这就是所谓的射线生物效应中的直接效应。间接效应是生物体中某些不重要的分子（如水）在射线照射下分裂成活泼的离子和自由基，通过这些离子和自由基再去和DNA分子发生作用，最终产生与直接效应相同的结果。放射性污染是通过射线的生物效应进行的，但射线并非在任何情况和任何剂量下都会对人体造成危害，只有在射线照射超过一定剂量时才会对人体某些组织和器官造成危害。其实食品被放射性污染后对人体的危害，是放射线在人体内长时间积累的结果（污染特别严重的食品例外），也就是射线剂量在人体内达到一定量便产生了对人体（组织或器官）的危害。

放射性污染主要通过放射性物质对人体的照射或通过食物链（其食物已受污染）经消化道进入人体，再就是放射性尘埃经呼吸道进入人体。其具体途径是放射性沉降物或核工业废物进入大气或水源：①水中生物（动植物）受污染，从而使水产食品受污染（即污染水产食品）；②土壤污染后使植物受污染，产生了各种污染食品（肉眼看不到）；③水源污染后动物也受污染，又产生了动物食品的污染，同时污染水源也使需要水才能成活的植物（如蔬菜等）受污染。最终因食品的污染而使人类受危害。

4. 控制放射性污染的食品包装原理

控制放射性污染的食品包装原理是阻隔、远离、吸收相结合。

（1）食品加工、贮存和流通销售过程中使食品成品或原料远离放射源。

（2）尽量缩短食品与放射源或放射污染空间的接触时间。

（3）设计屏蔽防护包装，选用能吸收或阻挡射线的材料包装食品。

（4）在包装容器或包装表面涂布化学保护剂，以保护被包装物免遭污染。

（5）研究和开发能消除食品放射性射线的包装机械，使食品在包装前将射线消除或减弱。

（6）放射性射线有很多种，不同射线的放射强度和穿透力也就不尽相同。例如γ射线，其穿透力较弱，用几张纸或铝箔便可阻碍或吸收；β射线用有机玻璃、烯基塑料或普通玻璃及铝板可阻碍与吸收；γ射线则需用较厚的金属铝、铁（钢）板和混凝土来屏蔽。

除上述各类污染外，其实还有很多因素会对食品造成污染。例如湿度与水分、电磁辐射、各种添加剂等。这方面对食品的污染可参照有关资料，在此不再做详细分析。

第三章

食品包装技术要求

食品包装有许许多多的技术要求。根据食品的种类、特性、使用场合、运输与转移的途径和环节、运输方式等不同，对食品包装技术的要求也有所不同。食品包装所要求的技术条件越苛刻，相应的包装费用就会增加，同时也会影响产品的市场销量。因此，有的要求是最基本而必须的，有的则不一定都要满足。这就为人们设计食品包装、选用包装材料和包装技术提供了选择的依据。那么食品包装究竟有哪些要求呢？为什么要研究食品的包装技术要求呢？

第一节　食品包装技术要求

一、食品包装技术要求的概念、作用与意义

1. 概念

食品包装技术要求指食品包装技术应满足的条件，也就是保护食品品质和质量所采用的包装技术必须达到的各种条件。

2. 作用

食品包装技术要求的作用是为食品包装提供设计依据并确定有效的包装技术，同时找到食品变质及影响食品质量稳定的各种因素，为设计和开发科学实用的食品包装提供技术参考，利用包装保护食品品质和特性。

3. 意义

研究食品包装技术要求具有广泛的实际意义。主要表现在这些方面：可减少食品包装技术设计和操作上的失误；降低食品包装技术成本；提高食品包装技术的可靠性；达到包装设计要求的效果，最大限度地利用包装保护食品品质和特性。

二、食品包装技术要求的研究方法

研究食品包装技术要求的方法就是要找到满足食品包装技术的各种条件。针对不同食品品种和特性列出它们所必备的条件，然后将这些条件和与之对应的食

品品质影响程度依次列出，在包装技术设计和实施时加以满足。

食品包装研究方法主要有列举法、排比法、筛选法。

1. 列举法

列举法是将影响食品变质及影响食品质量稳定的各种因素和条件逐条予以列出，并用图表表示，以便为研究和开发食品包装技术提供参考。

2. 排比法

排比法是将食品的各种特性进行细分，并将与每一种特性相关的条件进行排列比较，为研究和开发食品包装技术提供依据。

3. 筛选法

筛选法是将对食品包装质量有利或有害的各种因素列出，并将其有利或有害因素及有害程度进行筛选，再依次分析和比较影响因子。

三、食品包装技术要求的分类与实施

1. 分类

食品包装技术要求可分为三类：内在技术要求、外在技术要求和交叉性技术要求。每一种技术要求的内容和特征见表 3-1。从表 3-1 可以发现，食品包装内在技术要求主要是实现对食品的保护，也就是实现包装的保护功能。食品包装外在技术要求主要是在流通和消费过程实现食品便利和促销。食品包装交叉性技术要求是利用包装鉴别食品和方便消费。

表 3-1　食品包装技术要求的内容和特征

类型	内容	特征
内在技术要求	食品包装在内部及机理上的要求	保护食品品质和性能安全稳定
外在技术要求	食品包装在流通和消费过程的要求	实现食品的视觉表现和便利
交叉性技术要求	食品包装内部和外部结合形成的要求	利用外部包装表现食品内部性能并提供便利

2. 实施

食品包装技术要求的实施可以从如下三个方面进行。

（1）对食品包装技术设计进行细致分析、充分论证。

（2）对食品包装工艺足够重视，充分认识包装工艺过程。

（3）在食品包装外部加以提示，具有简明易懂的图文信息说明。

总体而言，食品包装技术要求无外乎是内在和外在两个方面的要求相结合，另外为流通和消费提供辅助性使用与操作要求，从而表现为三类技术要求。在一般的食品包装中多注重前两者，而现在包装中后者已越来越受到重视。

第二节 食品包装内在要求

食品包装的内在要求指通过包装，使食品在其包装内实现保质保量的技术性要求。它主要包括强度、阻隔性、呼吸性、营养性、耐温性、避光性等要求。

一、强度要求

1.食品包装强度要求概念

强度是物体抵抗外力破坏的能力。物体的强度与所用的材料、断面形状和断面面积大小等因素有关，设计零件时一般都要进行强度计算，做到安全可靠而且经济。食品包装的强度要求指将食品包装后，保护其在贮藏、堆码、运输、搬运过程能抵抗外界的各种破坏力。这些破坏力有可能是压力、冲击力、振动力等。强度要求对食品包装而言，就是一种力学保护。

2.强度要求相关因素

食品包装强度要求相关因素很多，主要有运输、堆码和环境三类因素。

(1) 运输因素　运输因素包括了运输方法、装卸方式和运输距离等转移过程。运输方法主要有汽车、火车、飞机、轮船、人力车或畜力车（马车等）。装卸方式有机械和人工两种。运输距离有长有短，运输距离越长越会有遭受破坏的可能。

运输方式与强度要求有很大的关系。即使是一种非常易破碎的物品，在将它运往国外时，如果由人把它带上飞机并抱在怀里，则这件物品就可以得到充分的保护，尽管它的包装哪怕是一层纸或一层塑料袋。但多数情况下，商品的运输是委托专门的公司和运输商来完成的，一旦进入运输环节，就离开了厂家和用户的管辖，有可能会由对包装物品毫不关心或缺乏责任心的人来装卸与运输。这有可能使商品难以得到保护，为使其商品的破损减少到最少，包装必须有一定的强度。

上述谈及“由人把易破碎的物品带上飞机并抱在怀里，则这件物品就可以得到充分的保护”。这实际上就是将商品置于最理想的“包装”中。我们设计包装的最终效果就是要达到上述要求。运输条件越恶劣越需要对商品包装的强度加以考虑。

在装卸方式中，人工装卸使其商品破损的可能性大于机械装卸，其包装更要考虑强度要求。

(2) 堆码因素　无论是何种包装结构形式（袋、盒、桶、箱等），对所包装物品（食品）的力学保护性都与其堆码方式有关，也即堆码因素影响着包装对所

包食品的力学保护。堆码方式按堆码层数分有双层堆码、多层堆码和单层堆码（陈列）；按层与层之间的交叉方式分有杂乱堆码、交叉堆码（垂直、非垂直、正中交叉或一端平齐堆码）、错边堆码、骑缝堆码、井字堆码等。包装堆码方式见表 3-2。

表 3-2 包装堆码方式表

单层堆码	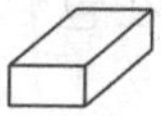	交叉堆码	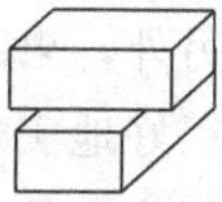
双层堆码	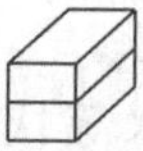	井字堆码	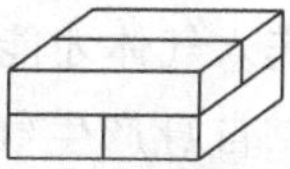
多层堆码	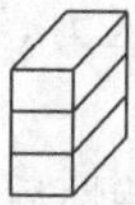	骑缝堆码	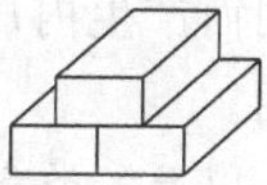
杂乱堆码	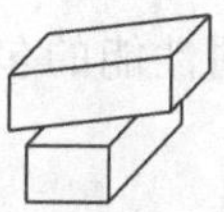	错边堆码	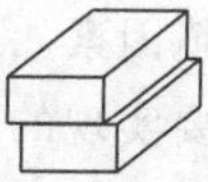

在各种堆码方式中，单层堆码仅用于陈列商品，其它几种堆码方式中杂乱堆码很少用。平齐多层堆码对提高包装强度有利，但稳定性差（特别是高层堆码）。因此，能同时提高包装强度和稳定性的堆码方式是骑缝堆码和井字堆码。

（3）环境因素　食品包装强度与环境因素有很大的关系。这里主要介绍运输环境、气候条件、贮藏环境和卫生条件。

影响食品包装强度的运输环境是指运输道路平整程度、路面等级、海运的航海水面条件等。路面或海面条件越差，则设计食品包装时，越需考虑其强度问题。

与食品有关的气候条件是温度、湿度以及温差与湿差。温度越高，湿度越大，食品的包装强度越易减弱。温差与湿差越大，也越易使食品包装强度降低，最终因包装强度的降低而导致包装内食品的变形与变质。

贮藏环境指食品在仓储期间的仓库或货房中的地面与空间的潮湿程度、支承商品平面的平整性、通风效果等，只有这些贮藏条件优良，才有可能提高其食品包装的强度。

卫生条件指商品贮藏与陈列等场合中的卫生效果。一旦有虫鼠出现，将损害包装和产品，进而影响食品包装强度和商品品质。

3. 强度要求突出的典型食品

强度要求突出的典型食品主要有禽蛋类、酒类、果蔬类、饼干糕点类、膨化食品类等。

禽蛋类食品包装是最典型的防外力作用的保护性包装，其强度要求抵抗外力的作用，同时还要防止内部相互碰撞。

酒类指瓶装或瓶盒套装酒，其抵抗外力与瓶内相撞问题均与禽蛋类相同。

另外，果蔬、饼干等食品都怕外力，只有在包装的刚性与防潮功能保护下，才能很好地实现产品的正常转移。

膨化食品类是最易破碎的食品，仅仅靠包装的强度来保护是不够的，只有通过充入气体才能达到防振、防压、防冲击的要求。

自身产生气压的食品包装，如啤酒、汽水等饮料。因其内部有 CO_2 气体作用而产生内压，这类包装要承受内外双重压力，起到内外受力的双重保护作用。

以上各类食品的包装，分别在分析自身的特性后，针对运输因素、堆码因素和环境因素，采用不同材料、不同结构、不同性能的包装材料进行包装，才能满足所要实现的强度要求。

二、阻隔性要求

阻隔性是食品包装中重要的性能之一。很多食品在贮藏与包装中，由于阻隔性差，而使食品的风味和品质发生变化，最终影响产品质量。为达到食品包装效果，满足食品包装的阻隔性要求，一般都是通过包装材料来实现的。食品包装的阻隔性要求也就是食品对包装材料的阻隔性要求。

食品包装阻隔性要求是由食品本身特性所决定的，不同的食品对包装阻隔性要求的特征也不一样。食品包装阻隔性特征表现如下。

1. 对外阻隔

所谓对外阻隔就是将食品通过包装容器（包装材料）包装后，使包装外部的各种气味、气体、水分等不能侵入包装内的食品中。很多食品需要采用对外阻隔材料进行包装，以保证在一定时间内达到保护食品原有风味的目的。实际上这种对外阻隔是防止食品受环境空间中各种不良成分污染的包装措施。这种阻隔对覆盖面广、销售和运输条件较为恶劣的场合极为重要。

对外阻隔是一种单向阻隔技术在食品包装上的应用，可使包装内物品排出的气体向外渗透，而不让包装外的有关成分与物质向包装内渗入。

2. 对内阻隔

对内阻隔是通过包装容器（包装材料）阻隔所包装食品的气味、水分、油脂

及有关挥发性物质向包装外渗透。主要是保护包装内食品的各种成分不逸出。

对内阻隔主要用于那些自身呼吸速度和呼吸强度很低的食品。而且这类食品在销售、运输、陈列时所处的环境较为优良，其环境空间中无不利于食品贮藏的物质和成分。

3. 互为阻隔

互为阻隔包含两种含义：一个是在大包装内的小包装食品，而且这种小包装食品各具特征，为防止不同特性的食品在包装内串味，必须要求内包装具有阻隔性；另一个含义是通过包装使包装内食品和各种包装物质不互相渗透，即包装内的物质不向外逸出，而包装外的各种物质也不渗入。

很多的食品需要互为阻隔性能，互为阻隔越好，其货架寿命越长。

4. 选择性阻隔

选择性阻隔是近些年才出现的。可根据食品的性能，利用包装材料，使内外物质有选择性地阻碍有关成分的渗透，让某些成分渗透通过，而另一些成分受阻碍不能通过。实际上是利用不同物质的分子直径，当某些物质的分子直径大于某个值，则该物质的分子便受阻隔，当分子直径小于某个值，则该物质便可通过。包装材料主要起分子筛的作用。

有很多食品是需要选择性阻隔来达到其包装目的的。例如果蔬类食品的保鲜就需要其包装具有这种特性。

5. 阻隔成分与物质

影响食品贮藏品质并利用阻隔来给予排出的物质有很多，主要有空气、湿气、水、油脂、光、热、异味及不良气体、细菌（微生物）、尘埃等，这些物质一旦渗透到包装内食品中，轻则使食品的外观产生变化（如变形、变色等），严重时会使食品变味，产生化学反应形成有害物质，最终使食品腐烂变质。如图3-1，为了使牛肉干保持其品质而采用高阻隔性的拉伸膜进行包装。

6. 阻隔性要求应考虑的问题

阻隔性是保证食品品质的重要技术措施。对食品包装最重要的一点是包装材料与包装容器在具备阻隔性能的同时，还必须保证自身无毒，无挥发性物质产生，也就是要求自身具有稳定的组织成分。另外在包装工艺的实施过程中，也不能产生与食品成分发生化学反应的物质和化学成分。再就是包装材料与包装容器在贮藏和转移的过程中，不随气候

图 3-1 牛肉干的包装材料——高阻隔性拉伸膜（EVOH 拉伸膜）

和有关环境因素的变化而产生化学变化。

综上所述，阻隔性要求应考虑的问题有三点：

其一，包装卫生无毒，不能带异味、异臭；

其二，包装材料与容器成分稳定，不易分解；

其三，包装材料与包装容器不因外在条件变化而产生化学变化，也不能因包装加工过程而使其产生不良化学成分。

三、呼吸性要求

有很多食品，例如活鲜食品，非加工类生鲜食品等，在包装贮藏过程中必须保持呼吸状态。

1. 呼吸概念

呼吸是活鲜食品在贮藏与包装中的一种复杂生理生化过程，也就是其细胞组织中复杂的有机物质在酶作用下缓慢地分解为简单的有机物质，同时释放出能量的过程。这种能量一部分用来维持自身正常的生理活动，一部分以热的形式散发出来。因此，呼吸是一种营养消耗的过程，实质上也是一种缓慢的生物氧化过程。

食品的呼吸靠吸收氧气、排出二氧化碳来进行，食品的正常呼吸是在包装与贮藏中使其保证质量，延长货架寿命的必备条件。活鲜食品可通过包装来控制其呼吸强度、供氧量，使之得到好的保藏。

2. 呼吸的强度与包装作用

呼吸强度指呼吸作用的强弱或呼吸速度的快慢。一般指 1kg 活性体（食品等）在 1h 内消耗的氧气或释放出的二氧化碳的 mg（mL）量。

呼吸强度对食品包装与贮藏有很大影响，呼吸强度越大，食品内积存的有机质消耗就越多，产生的呼吸热也越多，这样就会加快活性食品的衰老进程。过多的呼吸热可使贮藏环境的温度升高，造成产品受热变质乃至腐败，从而缩短商品的保质期。反之，呼吸强度越小，呼吸作用就越微弱，而过于微弱的呼吸会使正常的生命活动受到破坏，导致生理性病害的发生，降低对微生物的抵抗力，同样也会加速活性食品的衰老进程，进而大大缩短商品的保质期。由上可知，活性食品的呼吸强度太大或太小都会影响食品的贮藏期或货架寿命。与呼吸有关的因素有活性食品的成熟度、贮藏环境温度、环境与包装内的气体成分等。

3. 呼吸形式及包装作用

活性食品的呼吸形式分有氧呼吸与无(缺)氧呼吸。

(1) 有氧呼吸　有氧呼吸是在有氧供给条件下进行的呼吸。活性食品靠呼吸作用吸收周围大气中的氧（也可专门提供的），把体内积蓄的糖分、碳水化合物、蛋白质、脂肪、有机物质氧化分解为二氧化碳和水，同时放出能量，有氧呼吸放出的能量大部分变成了呼吸热。在通风不良或无降温措施时，这种呼吸热会逐渐积累，使活性食品体内温度升高，促使呼吸作用加强，进而使释放的热量增多，呼吸随之进一步加强，由此产生恶性循环，最终导致活性食品的衰老和腐烂变质。由此可见，有氧呼吸是正常呼吸形式，但为了达到较长的保质期的目的，必须控制其氧分含量，使之处于适当低水平状态。在包装措施上就是利用包装透氧（气）量来实现，也可利用包装的隔热（散热）等功能来降低呼吸热，以延长货架寿命。

（2）无(缺)氧呼吸　无(缺)氧呼吸是缺氧条件下进行的呼吸。活性食品无(缺)氧呼吸在一段时间后，体内有机物不被彻底氧化，而变成乙醇、乙醛和乳酸等，同时释放出少量的能量。研究表明，无(缺)氧呼吸时提供的能量很少，活性食品为了获得维持其生理活动的能量，只能分解更多的呼吸基质，也即消耗更多的养分，这些养分的消耗使活性食品逐渐衰老并加速腐烂。另外，所产生的乙醇、乙醛和乳酸等积累到一定程度后，会引起细胞中毒而死亡，使整个新陈代谢活动受阻，最后导致活性食品的腐烂变质。实际上，无(缺)氧呼吸就是发酵。为了较好地贮藏和包装，应避免无(缺)氧呼吸，或在无(缺)氧呼吸包装内加入有关成分控制发酵。

4. 包装作用

食品的呼吸要求就是对包装材料或包装容器的透气性、包装与贮藏环境的温度、气体成分提出的要求。包装控制呼吸的具体方法包括控制呼吸强度；调节和控制包装内各种不同气体比例。如图 3-2 所示，活鲜水产品采用活性透气袋进行包装。

图 3-2　海鲜水产品专用活性透气袋

四、营养性要求

食品包装贮藏过程中，会随着时间的推移，逐渐变质腐败，最后失去价值。食品失去价值，表面上看，是其发生了一系列的物理化学变化，从根本上看，是其失去了营养成分。因此，我们可以说，食品失去价值的关键所在是失去了营养。

食品在包装贮藏过程中，会逐渐损失营养，所以，食品对包装有营养性要求。也就是说，食品的包装应有利于营养的保存，更理想的是能通过包装对营养加以补充（难度更大）。

1. 食品包装营养性要求的理论依据

(1) 食品包装贮藏中的理论　食品包装营养变化就是消耗营养素的过程。食品在贮藏过程中会发生一系列的物理化学变化，例如水分子的散发（失）、糖分的增减（先增加后减少）、有机酸和淀粉的变化、维生素和氨基酸的损失、色素及芳香物质的失去等。所有这些均属于食品（尤其是果蔬食品）的营养成分。

传统的食品保藏只注重减少营养损失而未进行营养补充。传统的食品保存理论建立在微生物的基础上，强调消灭细菌等微生物是食品贮藏的关键。作为高水分含量的食品，特别是果蔬类食品，其组织有生命延续，有适应外界温度（及湿度）的呼吸和新陈代谢，有酶的活性，一旦组织受到物理损伤即会引起酶化学变化和微生物的变质，从而很快使其失去食用价值，变质腐败。

过去对食品的价值的衡量多以感官质量和是否有微生物或昆虫污染、侵扰等为标准。并通过高温杀菌方式或密封方式加以保证。实际上这些方式只能达到减少营养损失或减少污染的目的，并没有采取补充营养的措施。

(2) 食品包装贮藏中补充营养　通过试验和研究可知，在食品包装贮藏过程中加入营养补充剂，便可实现较好的保存效果。

食品在包装时加入具有营养补充作用的保鲜剂，使用具有保鲜作用的包装材料等，都是针对营养消耗进行补充的措施与方法，可使食品的营养消耗与外界补充暂时平衡，最终使食品有较长的货架寿命。

营养补充的方式是将所需的特别的成分（剂）直接放入包装内或直接加入包装原料中制取包装（材料），而特别的成分必须是食品所必需的且易于消耗的，主要是糖分、氨基酸、维生素等。

2. 食品营养性要求的有关因素

(1) 不同的食品在包装贮藏中营养损失的速度有所不同，但总体而言，随着贮藏时间的延长，其损失也逐渐增加。

(2) 较低的温度、较弱的光照有利于营养损失的减少。

(3) 理想的包装技术与良好的包装材料（功能性包装材料）具有减少或补充营养损失的作用。

(4) 加入食品所含的营养成分保鲜有利于减少营养损失和进行营养补充。

(5) 包装的目的之一（是最重要的）是保存食品的营养成分（营养素）。在包装材料中加入营养成分是最理想的营养补充方式。

3. 现代食品的包装营养性要求

(1) 视觉上的完美不一定是内在的营养不被破坏，正像烹饪一样，有的工艺在注重色香味的同时，却把营养成分破坏了，包装也是一样。

(2)“眼见为实”已不能体现营养的实实在在。例如，超过食品有效保存期的很多食品，从包装上看与有效期内的食品并无两样，而实际上其品质已完全破坏。因此，必须通过专门的仪器来检测包装内容物的营养所在。

(3) 食品包装已从单一的营养保护转向营养保护与营养补充相结合。

(4) 通过保鲜包装来实现食品保质和营养保护。

(5) 包装技术、包装材料与包装辅料（加入微量补充元素）相结合是保护食品营养或补充营养的最好办法。

五、耐温性要求

耐温是现代食品包装的重要特征之一。很多食品承受不了高温，为了避免因温度的升高而使包装内的食品变质，常需要选择耐温耐热的包装进行隔温隔热。

1. 需要耐温耐热的场合

(1) 包装加工处理的耐温　很多食品是通过包装后进行高温杀菌处理而延长其货架寿命的。例如罐头食品及蒸煮袋小食品，均需要进行高温杀菌。

(2) 商品储运及陈放的耐温　很多食品保质期较长，一般在 6 个月到 9 个月，这样就很难避免经过炎热的夏天，因夏天气温高（最高可达到 40℃以上），而且承受高温时间长，这就必须有能够隔热或耐温保鲜的包装与技术。

(3) 特殊环境及条件下的耐温　有的食品在使用条件下会遇高温，例如冶炼工人食用食品（常将方便食品带入操作车间）、野战食品（在战场上或特种训练场地与哨所），以及发动机驾驶人员随身所带方便食品等，随时有可能遇到短时或长时间偶然高温。

2. 耐温隔热的包装材料

传统的耐温隔热包装材料主要有金属、玻璃、陶瓷及其组合材料。

现代包装材料中的耐温隔热材料主要是特种塑料、金属箔与其它材料复合的多层材料。

3. 耐温隔热的包装技术

(1) 材质耐温隔热　有些包装材料自身具有耐温隔热特性，可选取这些材料制作耐温包装（容器），如金属、玻璃、陶瓷及其组合等。

(2) 真空耐温隔热　在包装容器内抽真空，或在包装容器夹层中加入真空胶囊粒子，使之具有隔热耐温的作用，例如传统的保温瓶和发泡塑料（EPS）等就是利用真空而实现耐温隔热的。

(3) 材料复合耐温　利用某些材料所具有的耐温与隔热性，将包装材料进行复合，使其具有耐温性。例如纸或塑料铝箔的复合，特别是利乐包之类的液体包装容器就是利用复合而达到耐温目的的。

六、避光性要求

光线，特别是强光，尤其是紫外光，对食品有较大的破坏性，其破坏性体现在对食品营养和食品色香味的损害。因此，食品包装中必须考虑避光的问题。

1. 光线对食品影响的表现

光线直接照射食品（带包装食品或无包装食品），会加快食品营养损失并产生腐败现象。光线对食品的影响具有如下表现。

（1）使食品中的油脂氧化而导致酸败。这是因为光线中的紫外线会引起光的化学反应，紫外线被食品吸收后转变为热能，从而使食品中细菌加速繁殖，最终使食品变质。

（2）使食品中的色素发生化学变化而变色。例如，长时间的光照，特别是强光照射下，可使果蔬及植物类食品中的绿色、黄色及肉类食品中的红色发暗或变成褐色。

（3）使食品中的维生素遭到破坏。维生素对光照十分敏感，例如维生素 B 和维生素 C 在光照下容易与其它物质发生不良反应而导致其损失与破坏。典型的是牛奶经日光暴晒后维生素 C 大幅度降低。

（4）引起食品中蛋白质和氨基酸的变化。食品中的蛋白质（如酪蛋白等）在光照下，会大量遭到破坏。氨基酸中的色氨酸、胱氨酸、甲硫氨酸等在日光照射下，会因光照分解而损失。

（5）引起食品干硬老化或软化，如面粉类食品中的面包、饼干等极易在光照下变干变硬而失去口感；又如糖类食品在强光照射下很快会融化而失去商品价值。

2. 避光包装技术

为了减少光线对食品的影响，可通过包装材料与包装技术来实现。

（1）用隔光阻光材料包装食品。利用包装材料对光线的遮挡与阻碍，或者将光线吸收或反射，来减少或避免光线直接穿过食品（如图 3-3）。

图 3-3　牛奶的阻氧避光膜包装

（2）在包装材料中加入光吸收剂或阻光剂。在包装材料加工过程中，直接加入光吸收剂或阻光剂，使制造出的包装材料可以吸光或阻光。

（3）在包装内加入保护剂，例如在塑料包装材料中加入色素，使其颜色变深，或在玻璃包装材料中加入色素，或在包装材料中加入纳米材料，使其对紫外线等具有较强的阻隔性能。

(4) 包装表面着色或印刷。在塑料或纸包装材料表面进行着色、涂布遮光层，或进行深色印刷，可实现遮光，阻隔光线对食品的直接照射。

七、其它要求

关于食品包装的其它要求还有很多，例如防碎要求、保湿要求、防潮要求等。

防碎要求指将易碎的食品，如饼干类食品，通过一定的方法与技术，利用包装材料与包装容器使之得到固定和缓冲保护。

保湿要求是指对那些必须含有一定水分或油性的食品，如面包类食品，利用包装的特性而使之水分不易很快挥发，以保证其柔软性和弹性，从而保证应有的色、香味等。

防潮要求是指吸潮性食品，如油炸或烤制面点食品，通过包装材料进行阻隔以避免外界的水分或气体渗入，从而保证其应有的脆性和香味。

此外还有防串味要求，防变色要求等。

第三节 食品特性与包装外在要求

食品包装的外在要求是利用包装反映出食品的特征、性能、形象。食品包装外在要求是食品的视觉表现通过相应的技法而予以实现，主要包括安全性、促销性、便利性、识别性等。

一、安全性要求

食品包装的安全性要求组成部分见图 3-4。

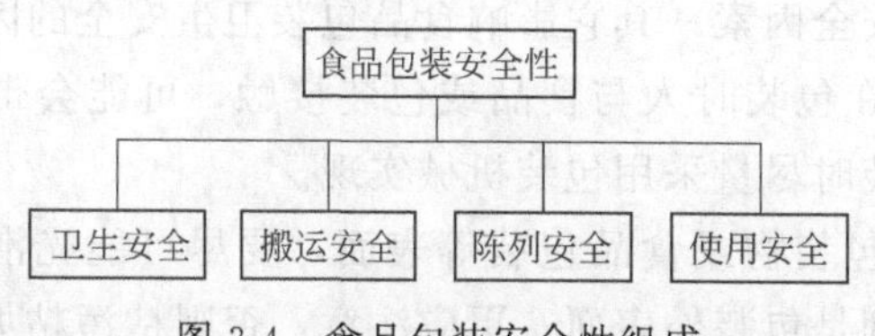

图 3-4 食品包装安全性组成

食品包装的安全性要求是极其重要的，很多商品就是因为在包装上忽视了安全性，而使得本来质量过硬、具有良好品质和潜在市场的商品未能得到用户的信任。在研究和开发食品包装时，可从图 3-4 中所列几个方面对其安全性加以重视。

1. 卫生安全

(1) 包装材料的卫生　选用包装材料时应考虑卫生性，有毒或残留有毒成分的包装绝对禁止选用。多年来，人们对不同的包装材料建立起了不同的信任度，见表 3-3。

表 3-3 包装材料安全信任度情况表

1	2	3	4	5	6
玻璃	陶瓷	纸	金属	塑料	木材
大——————————————————————→小					

表 3-3 表明，消费者对包装材料安全信任度最大的是玻璃，其次是陶瓷，而安全信任度最小的是木材和塑料。本来木材与塑料也是较为安全的包装材料，之所以对它们的信任度低，可能与环保宣传和国外对木质包装的某些限制有关。

包装材料的卫生安全还与包装材料的生产工艺与处理方法有关。以纸包装材料为例，纸的着色剂中含有荧光染料，在各种填充剂、胶黏剂、纸浆防腐剂中均有带毒性的残留物质，使用时必须进行严格的检验。经荧光染料处理着色的纸不能用于包装食品。蜡纸过去用于包装糖果食品，经验证，蜡纸含有残留单体，某些蜡含有致癌物质，因此，现代包装中，蜡纸已被禁止用于包装食品。

(2) 包装技术的卫生　不同的包装处理技术，其卫生效果也不一样。现代包装技术中，人们一般认为高温杀菌处理后的包装食品最为卫生和安全，其次是低温速冻处理的包装食品。纯粹从包装技术方法上看，一般认为真空包装的食品卫生安全，但是有些食品是可以通过高温处理或进行真空包装的，而有些食品则不能。因此，能够通过高温处理的包装食品或经过高温处理的食品，在包装上一定要突出人们最信赖的处理过程或技术。能用真空包装的尽可能采用真空包装。

现代技术不断应用于现代食品包装，通过处理后卫生效果极佳，但处理后的食品在营养成分、色、味多方面应尽可能得以保存。例如辐射处理、微波处理等均属理想的技术。

(3) 其它卫生安全因素　其它影响食品包装卫生安全的因素还有如下几种。

① 人为因素。在包装时人与食品或包装接触，可能会带来细菌或其它污染物，因此，食品包装时尽量采用包装机械实现。

② 表面因素。包装物或食品包装等表面，要尽可能光滑平整，以免夹残杂物，引起污染。特别是包装外表面，更应注意，否则粘污粘垢，或吸尘，会导致带菌或视觉卫生污染问题。

③ 匹配因素。不同的食品与不同的包装相匹配，主要是在化学物性或色彩上的匹配。例如食品的成分与包装材料的成分不能在包装后的一段时间内产生有害的化学反应；又如，食品的颜色与包装的颜色搭配上，不能造成人的视觉上的误导（霉变色问题）。

2. 搬运安全

搬运安全指运输和装卸过程中的安全问题，同时还包括消费者在购物时的提取和购后的携带等安全。这些安全问题可从如下方面考虑。

（1）有良好的稳定性，不会倾倒或移动。

（2）有良好的固定性，不会散架或渗透或外流（液体类食品）。

（3）不带伤人的棱或角及毛刺。

（4）有专设的手提装置，尽量减少临时性的附带物（如绳、袋或其它）。

（5）搬运通用性广，可机械也可人工搬运。

（6）所占空间尽可能小。

3. 陈列安全

陈列安全指食品包装必须达到陈列的要求，既不影响自身也不影响周边陈列的商品。具体达到下列几方面要求。

（1）最好能适应多种形式的陈列　如平置陈列、竖置陈列、挂式陈列等。

（2）陈列品质有保证　如陈列期间不渗漏（水、气等）、不变色、不变形、不变质等。

（3）陈列能有透视性　可通过不同包装结构或使用方法，展示包装中的食品。如通过包装外表画面展示与包装中食品相符的食品图案，难以实现的，可在外包装上贴附食品样品；或者通过透明包装（或开透视窗）使消费者能看到内包装食品的质地、色泽、形体，让消费者有安全感与信赖感。

4. 使用安全

最典型的食品包装安全性可以通过罐头或口服液的包装改进得到体现。过去曾流传一句顺口溜“罐头好吃盖难开”，如今提倡使用安全性，这种局面已得到改观。玻璃瓶装口服液也是如此，拉环式口服液包装已成为当今的主流。食品包装的使用安全可从如下几方面考虑。

（1）使用操作方便，无伤害　使用时对使用者不会造成伤害，自动操作方便安全。不需附件或工具（如钻子、启子、刀子等），仅用手的拉、压、挤等便可实现开启与启用；附带在包装中的开启工具，在使用时有可靠的安全保证。

（2）食用调节温度安全　食用时可能有加热或冷却，加热或冷却不能引起伤害，最好不需加热之类的（烧伤是加热所致）方法，以免烧伤或烫伤消费者。

（3）考虑儿童与老人安全性　对儿童或未成年人食用品的包装，即使不能按说明开启也不会使他们受伤害。对儿童不宜的食品，其包装应不让他们产生好奇或轻易开启而误食。应为儿童或老人设计便利安全的食品包装。

（4）考虑安全性提示　食品包装应可能设计成非复用型的一次性包装，或注明安全性提示字样。以免因借用其使用后的包装去包装农药之类的有毒性商品而误食。最好能设计成食品保质期到后或食品变质后具有自动提示的保质提示性包装，以保质、保安全。

二、促销性要求

包装的功能之一是促销，食品包装是食品促销的最佳手段之一。

食品的性能、特点、食用方法和营养成分不可能像古代商品交换那样，靠品尝来加以鉴别。在现代社会中，只能靠宣传与说明，而在包装上加以说明就是最好的宣传，这就是食品包装的促销性。很多食品包装都有促销性要求，食品包装促销性要求组成见图 3-5 所示。

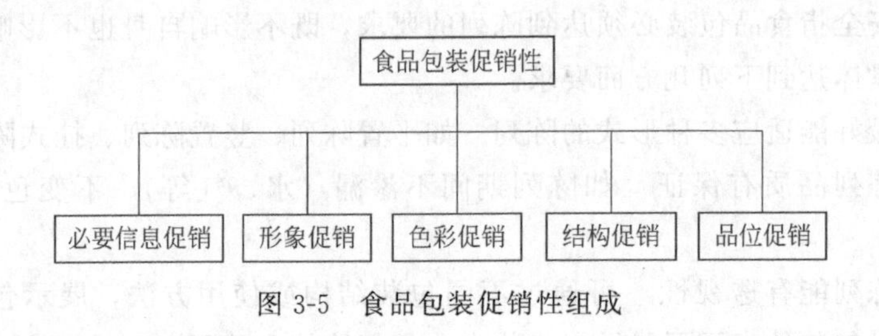

图 3-5 食品包装促销性组成

1. 必要信息促销

必要信息指有关法规明文规定的必须在食品包装上标明的内容。如食品的名称、商标、生产厂标、主要成分、净含量、出厂日期（生产日期）、保质期、产地（厂址）等。将这些必要信息标注到包装上，消费者购买后，包装和商品一道伴随消费者的足迹被带往各地，无形中起到了宣传促销的作用。

另外，不同的厂家和经营者还在包装上加入其它一些必要信息，如代理商名称、地址、电话号码（或通讯方式）、产品标准号、产品简介、贮藏方法等。这样就进一步发挥了其宣传与促销作用。特别是在产品简介中，选择合适的文字、恰当的言语，通过简洁而具吸引力的陈述，会有更大的促销效能。它实际上起到了一个推销员的作用。因此有“包装是无声的推销员”之说。

2. 形象促销

对于食品包装的形象，很难用一句话加以表达，构成食品包装的形象是综合机能的表现。对于一件高档的食品包装可将其形象表达为形状之好、颜色之美、材料之精良、合适的容量、别具一格的造型、清洁感、典雅气质、别致新颖等。

形象促销是利用包装体现内在食品魅力的促销方法。一旦某种产品进入市场后，从其外观包装就可在消费者中确定一种形象。通过包装促使消费者产生购买欲望，消费者第一次消费感到满意就会再次购买，而且每当他看到同样的包装或类似的包装时就会联想到第一次使用时的满足感。

现在社会中人们的消费动机具有多样性，人们不只是购买生活需要的最小限度的商品，同时还购买自己爱好而生活并非急需的商品。因此，商品的交换成功是靠包装的形象促成的。

形象促销的关键是做好商品定位，然后再确定其包装的形象。商品定位指的是礼品、珍藏品、日常消费品、休闲食品、自用必需品等。

例如，国酒茅台的声誉响遍全球，人们一听到茅台酒，就会联想到高端典雅的包装，从内包装的瓷瓶到外包装的精美彩盒。实际上茅台酒的整体形象是由包装构成的（如图3-6）。如果哪一天将茅台酒具有中国特色的包装换成“洋装”，那么将会产生何种情形，谁还会去接受换装后的茅台！

图3-6　茅台的内包装与外包装

食品包装的形象促销与商品的品牌定位、取名、消费群体、材质及包装方式等均密切相关。一般而言，软包装中的塑料包装食品不能作为高档礼品的形象选用；将硬盒包装、木制包装用于珍藏品、高档礼品的形象选用。包装形象促销还应注意如下一般原则：

需要再次造型包装的食品（如粉料及面食类）宜选用非透明的软包装或硬包装；

形体和色彩较好的食品（如糖果及果脯类）宜选用透明或非透明的硬包装（盒类）；

高档礼品食品（如珍贵中药材——人参、保健品等）宜选用透明或非透明的硬包装（盒类）；

液体类食品——饮品，低档自用型宜选用单层硬包装或软包装；高档非自用型则宜选用多层组合硬包装。

总之，包装形象促销应根据食品的不同食用场合和特性，针对消费者的不同要求来吸引消费者（心理作用）和打动消费者（视觉），并起到感召作用，从而使包装在食品销售中扮演重要角色。

3. 色彩促销

很多食品自身的色彩并不美丽，需要通过各种手法加以表现，使其造型与色彩更加完美和丰富，只有这样才能使其更受消费者欢迎。

我们可以把食品和人作类似的比较分析。食品的包装就类似于人的服装与化妆美容一样，食品的色彩促销就像人的服装色彩搭配和化妆选色一样，在体现美感的同时突出个性。

食品包装的色彩对促销具有积极的作用，这主要与各种色彩对人的心理作用有关。下面简单阐述色彩（光谱色和调和色）带给人的心理作用表现。

（1）光谱色对人的心理作用表现　光谱色包括红、橙、黄、绿、蓝、紫等，这里主要针对食品包装的心理作用加以分析。

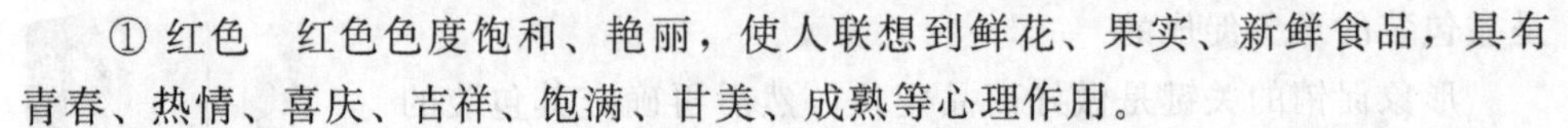

① 红色　红色色度饱和、艳丽，使人联想到鲜花、果实、新鲜食品，具有青春、热情、喜庆、吉祥、饱满、甘美、成熟等心理作用。

② 橙色　橙色的波长仅次于红色，明度却高于红色。它可使人联想到植物、水果、灯光、鲜花等，带给人成熟、丰收、饱满、芳香、华丽和富于营养等感觉。

③ 黄色　黄色是食品中常见的色彩，是鲜花、五谷、水果、食物、食用油等食品的典型色彩。它给人芬芳、活跃、愉快、丰硕、娇嫩、甜美、香酥等感觉。

④ 绿色　在阳光中，绿色光占50%以上，人眼对绿色光波长微差的分辨能力最强，对绿色的反应最平静。绿色很容易使人联想到草原、瓜果、蔬菜等自然植物的色彩，因此，此类食品或相关食品的包装多采用绿色。纯净绿色能给人以成长、茂盛、清新、舒适、安全、新鲜的感觉。鲜嫩的绿色是叶绿素的颜色，用其作食品包装主色，会引起食欲。

⑤ 蓝色　蓝色是心理上的冷色，有寒冷、后退、远逝的感觉，还有沉思、智慧和信仰的感觉。它很容易使人联想到天空、海洋、湖泊、远景、冰雪、严冬等。蓝色常常是冷饮和海洋水产品包装中的主色。

⑥ 紫色　紫色在自然界中不多见，从而显得高贵和庄重。明度高的紫色更显优雅，可产生较大的魅力，让人感到香甜，属于女性化的色彩。在女性专用食品包装中多以紫色作主色。

(2) 调和色应用及心理表现　除上述所讲的光谱色以外，还可利用黑、白、灰及金、银等调和色来中和各光谱色彩，以给人在视觉上留下对比、补色调节的余地。

在食品包装中，多以调和色为基色，特别是黑色和灰色，很少用于食品主体的表现色，而且，在作基色的食品包装中，其食品和品牌字样的表现都要以白色或其它浅色作对比或套边，以增强视觉明度。

① 黑色　用黑色色彩的食品包装较少。笔者曾对超市的300种食品包装做过统计，黑色包装的仅占1%。采用黑色包装的食品自身多为黑色，如咖啡、可可、黑豆、黑米等；或者是外观不太美观的食品，如膨化食品、陈皮及粉状食品；也有一些传统民间手工加工类食品，采用整体黑白色作包装画面。采用黑色包装多为不透明包装。黑色可给人沉静、安宁、休息、幽深、庄重、严肃、坚毅、朴实等感觉，雄浑粗壮的黑色轮廓线能调和所有的对比色，黑白组合，光感最强，最朴实和分明。

② 白色　白色是纯粹和洁白的象征，常和洁白、清白联系在一起。同时白色又是冰雪、牛奶、白莲、面粉、白糖、食盐、味精的主色，这些食品多选用白色作主色包装。白色可依照所选配的色彩环境而变冷变暖。白色与各种色相配合

使用时，可提高其它色相的明度且有偏冷感。如果大面积使用白色，因光线反射强，会给人以炫目的冲击感，同时可提高食品在货架上的视觉效果。

③ 灰色 灰色是典型的中性色，与其它色彩配合使用，不会影响其色彩效果，且能将其它色彩原意表达出来。因此，灰色是最理想的背景色彩，通常不作为食物和品牌文字的表达色彩。灰色会给人以高雅、含蓄、精致、寻人寻味的感觉。使用灰色时要注意与食物色的搭配并提高印刷效果，因灰色类似于灰尘，有时会给人以脏、旧、消极、单调、沉闷和无生气的印象。

④ 金银色 金色与银色属于光泽色，其光泽胜过所有其它鲜艳的色彩。金银色具有很好的反光效果，常给人以华丽、高贵、灿烂、高档、精致等感觉。因此，它们既可作大面积的底色背景，也可作品牌文字的专色，主要作为高档保健品或礼品的首选色彩（尤其是金色）。

综上所述，食品包装中的色彩促销应根据食品色彩、食品的档次和消费场所对色彩加以选择，同时也离不开下列准则。

食品应尽量采用鲜明、丰富的色调。

用红色、黄色、橙色等强调味觉，突出食品的新鲜、美味和营养。

用蓝色、白色表示食品的卫生或清凉。

用透明或无色显示食品的纯净、安全。

用绿色表示食品（如果蔬）的新鲜、无污染。

用沉着古朴的色调显示传统食品工艺的历史与神奇感。

用红色、金色表示食品的高贵与价值。

但也有不在准则之列的现象，如绿色，国内外普遍认为是生命之色，而挪威的研究认为，在食品包装中使用绿色，会使消费者联想到发霉和变质，因此对易于发霉的食品如肉制品、蛋制品、面包和糕点类，应谨慎使用绿色。另外，天然食品最好选用无色透明的包装，因为自身的自然美观和新鲜就是一种很好的促销。

4. 结构促销

食品包装的结构促销，我们可以从“加加酱油”的瓶嘴结构促销得到启发。“加加酱油”打入市场时，在广告上大举进行宣传的就是其不易滴漏的塑料瓶嘴，也就是以那小小的瓶嘴作为促销的突破口的。由此可见，包装的特殊结构可起到促销的作用。

包装促销的结构多种多样，主要有如下几大类。

（1）整体结构 整体结构是指整个包装的造型都十分别致，与众不同，例如特殊的造型结构、全封闭式包装结构、整体功能性包装结构等。特殊是食品包装整体结构促销的关键，可以通过特殊来表现与众不同以引起消费者的关注。

例如，对一般食品的包装瓶（玻璃、陶瓷或塑料瓶），多以下大上小的圆形结构出现，而且均开口在上，并且开口均为圆形。但如果将瓶体一改旧观，设计成异形（如圆形、腰鼓形、棱形、动物形、球形、组合形、果物形等），并将物料出口设在非顶部的侧面和底部，这就很可能勾起消费者的购买欲。

（2）局部结构　局部结构是指包装的某一部位采用特殊的结构。最常见的局部结构是包装的封口和包装的出口结构，还有就是包装的局部特设的结构标志和附加结构。如包装的某部位设置特殊的提手、开孔（手提用或透气用），加密于内层的有奖识别或开启方法等。通过这些局部的特殊结构勾起消费者的购买欲。附件（加）结构，指包装的必须附加（如瓶盖、瓶塞及封合标签等）或附带附加（如开启器等）。这些附件结构可利用其造型和功能来引起购买者的注意（有时在消费时产生）而产生促销效果。

（3）隐形结构　在包装内部或局部看不到而在使用时得以体现。例如牙膏挤出口大小和流体（特别是油类或带色的流体食品）的出口形状与结构。当牙膏的挤出口小时，使用者可能会感受到其经久耐用，有量多实惠的感觉。流体包装出口在使用时不会产生污染。这些都可能成为促销的潜在因素。

结构促销所采用的方法就是观察、总结、分析、对比。

求变是结构促销的第一步。对同类商品或类似商品，在包装设计时应在包装结构上有根本的改变，变化和差异越大越好。

仿生、仿物、仿古是结构促销成功的重要手段。在与众不同的食品包装中，根据不同的消费群体和消费地域，采用与众不同的仿生、仿物、仿古等结构设计，投消费者所好。

很多商品得以成交，不是因为它的质量有多好，也不一定是消费者很急需，而很可能是消费者被商品的特殊包装结构打动了。特别是超级市场日益盛行的今天更为显见。

5. 品位促销

品位促销是以品牌为代表的促销方式。

品牌促销是利用包装设计体现食品内涵的促销方法，有些食品（包括其它产品）品牌名称极其响亮，以致成为该类产品的代名词，使人们看到相近或类似的包装色彩、字样、图案，便马上联想到曾经消费或使用过的产品。例如产品名称为“可口”，人们自然而然就会想到可乐类饮料；当你听到“可口”或“可乐”也会想到饮料中的可乐类产品；当你看到与可乐包装类似的瓶型或字样也会想到可乐类的饮料。

包装促销的关键问题是怎么设法在众多的食品或同类的产品中引起消费者注意。现代食品包装创立品牌形象和其它商品打造品牌一样，但是更为突出的是食

品可通过有形的包装在立体与平面相结合的基础上加以实现。

食品包装的品牌促销设计策略主要有如下几种。

（1）食品品名滑稽化 食品品名滑稽化包括字体的滑稽、发音的滑稽、组合与颜色的滑稽等，这样可让消费者增加记忆。有的在包装上用音乐来强化消费者对其产品名称的记忆或者在品牌名称上冠以最著名的事件、人物、故事等。还有将业主的名称或照片贴于包装上进行促销的，例如，影星保罗·纽曼自组公司出售沙拉酱、调味酱、爆米花、辣椒酱等产品，所有的包装瓶罐上都贴上他的名字和照片，从而使他的产品在市场上长期畅销不衰。

（2）商标、图案的象征性 商标、图案有明显的象征性。因为品牌的观念源自商标的创始与使用，商标与图案是消费者识别不同产品和厂商的凭记。在行销研究领域中，厂商有可能投下巨资去寻找一个象征图标，此图标必须具有说服力和影响力，最耀眼、最易于让人铭记心中，又最能反映产品的特性和品质，更多的是通过它可提升品位。

商标及标识是通过包装传递给消费者的，应使商品或公司标识尽量简化并在众多商品中脱颖而出。在设计时有可能提出众多图案和表现手法，商标与标识上的所用文字也会经过无数的字形测试与评估，才能从中挑选出最有象征意义的。一个成功的商标和标识推出后，人们只凭商标或标识就能认出该产品，即使产品名称不出现也能产生同样的效果。

还可以将象征标识通过产品包装灌输到大众的潜意识里，比如在商品以外地方带上属于他们的标志，像帽子、夹克、钥匙链、背包、酒具、手(毛)巾等促销馈赠产品上，使消费者随时想到某公司的某种食品。这种视觉上的连续性刺激，效果十分惊人。

（3）特殊的色彩 包装表面特殊的形状及专用的模压微记都是利用包装实现品牌促销的手法。因为品牌形象的确定，特别是食品随时在更新，从其内容，味道到造型时在这主要得靠包装的设计与广告的宣传，使消费者能相中感兴趣的食品品牌。精致的包装形体，突出的色彩（例如银色或金色），包装表面凸起的文字、专用的特殊微记，都是引人注目的包装促销方法。

（4）其它食品包装品位促销可考虑的问题与法则

在包装上体现大众品位的改变；

在包装上运用消费者得到免费或优惠的手法。如量不变而开包有奖，标明成分及分量并注明价格等；

在包装上表达对顾客的谢意及问候语；

在包装上注明消费者用后的意见反馈方式；

在包装上注明使用后包装可作他用的办法。

三、便利性要求

便利性要求是食品包装强调的重要因素之一，不考虑便利性的食品包装将很难被市场和消费者所接受。食品包装的便利性要求主要包括使用、形态、场所、携带、操作和选择等。适用且便利的包装，常常是消费者选择食品及其它商品的重要依据。

1. 使用便利

使用便利性可从厨师在厨房使用各种调料的情形中得到体现。厨师使用调料时，要求在快速的动作中达到准确、及时而又不相互参差，不遗漏、不混同，实现眼快手快。这些调料有液体、粉料和各种黏稠体，如食盐、味精、食糖、酱油、料酒、醋、豆豉及花椒之类的各种香料。现在这些调料在包装时，因不同的厂家和设计者，都不同程度考虑了使用的便利问题。

很多调味食品的包装在设计时，都针对其性能、形状，开发出了使用方便的包装。对带油性的流体食品（如食用油、酱油等）包装，在出料口只要轻轻用力一压一挤，一定量的流体食品就出来了，一松手又退（流）回包装容器中。对于像酒或醋之类的也设计了带有喷雾嘴的包装，用一只手便可完成物料水剂的取出。对于粉料或颗粒料，在出料口设计了自动计量的功能机构，在使用时只要轻轻一抖，便可自动按定量给出。所以这些包装的便利设计，把使用者的动作简化到了再也不能简化的地步，取一定量的物料，只要那么一个或两个动作便可完成，不再像传统的包装那样，还需借用其它工具（刀、钳、锉等），以及双手甚至牙齿（咬）的配合。使用的便利就意味着“手到擒来”和“得心应手”。

2. 形态便利

食品形态多种多样，有立体状的食品（如水果、瓜果、糖果、糕点等）、液体食品、颗粒状食品、粉状食品等。除了水果（包括干果）、瓜果（包括果脯类）、糖果、糕点等立体状食品外，其它形状的食品均需要通过包装来实现其形态的再定形，以达到便利消费的目的。

形态便利是将微小形态或不规则形态的食品，通过包装使其再次造型。再次造型的食品具有美观、适用、便于食用的特点。形态便利包括形状的便利和数量的便利，形状的便利是指将无规则的形体进行一定的组合变成有利于使用和美观的规则体，数量的便利是按一次或一顿（餐）定量（单位），在使用时能顺利而快捷地取出某一单元而不影响相邻成分（部）的变化（变质、变潮、散架等）。

酥糖和绿豆饼是形态便利型包装食品的代表。这两种食品（糖）本身成分形态为粉状的芝麻粉、绿豆粉、白糖及香料等，均不能回潮，且相互间的粘接性差，只能靠包装进行造型。造型多为长方体或正方体单元。如不使用一次单元的

包装，很不便于食用，而且一旦开包取用后会使未曾食用的部分受潮而变质变味。另外，药品上的胶囊包装可称为便利上的杰作，这种胶囊包装也可用于食品的便利性包装，只是存在着价格偏高的问题。

3. 场所便利

食品包装的场所便利性要求指该包装使其内容物适宜于不同场所使用。这主要受食品本身特性、不同使用场所的环境条件、季节性气候变化等因素的限制。

食品包装的场所便利包括陈列场所便利、使用场所便利、装运场所便利、贮藏场所便利等。

（1）陈列场所便利　陈列分为家庭陈列、展示陈列和销售陈列。家庭陈列是指有些消费者将食品购回后，舍不得马上食用或食用后将包装作为一种艺术品或纪念品而进行陈列。这种食品包装具有艺术性，并有稳定性和耐久性，不易变形变色，能保持原有的整体艺术效果和物理机械性能。针对家庭，其包装体积应小巧精致，制作也必须考究。

展示陈列主要用于橱窗或大型展览以及纪念性的展馆陈列场所，这种陈列的便利主要体现在直观、稳定、结构牢固等。

销售陈列是指那些在商场货架或展销会上的商品的陈列。这种陈列便利要求其包装具有别致而独特的结构，全方位反映出内装食品的优良品质，最好能任意放置，包括横放、竖放、侧放等，在不同的方位上或放置方式上均可达到理想的视觉和安全效果。由于这种陈列随时会因顾客的搬动、选择而改变放置，因此在封口结构、封口方式、开启方法和材料选用上，都必须考虑不能破损、不能脱色、不能渗漏、不能倾倒。

（2）使用场所便利　食品多种多样，消费及使用场所也多种多样，有在旅途中使用（消费）的，有在家庭中消费（使用）的，有在宴席上消费（使用）的，有在野外旅游中消费（使用）的。有作生活必需品的，有作休闲食品的，有作礼品的等。在这些不同的使用场所中，均应考虑其便利性。例如，休闲食品，多在野外、室外或旅途中使用，这种食品包装的便利是人们最关心的问题。它的便利表现在所占体积尽可能小，重量尽可能轻，开启或食用不需要附带工具，用力尽可能小，使用时动作尽可能简单。具备这些便利功能的包装可能是塑料及其复合材料制作的软包装。再如，在宴席上消费的食品，其便利主要是取料方便，再封性（用去一部分后剩下部分的保存封存性）好，大小和重量适宜，放置稳定，不易倾斜或倾倒，这类食品包装典型的是那些有固定强度和刚性的容器型包装，如玻璃、陶瓷、金属所制成的瓶、罐、盒、桶等。另外使用场所便利还体现在开启和封合的快捷和密封效果上，对于不能简封的包装，必须使其包装容量能做到餐（一餐用完）包装或顿（一顿用完）包装。

(3) 装运场所便利　食品包装的装运场所便利性主要针对不同的运输装置（汽车、火车、轮船、飞机、集装箱、专用货柜等）和装卸工具（叉车、人工等），具有方便性与可靠性。消除包装设计或加工不合理（不过关）所导致的“滴、跑、漏”现象，通过不同的运输装置和装卸工具，无论是人工装卸还是机械装卸，均可便利而保质保量地送达目的地或消费者手中。不能为了某一方面的便利而忽视了另一方面的便利。例如为了在运输或装卸过程中使包装中的物料便利到达目的地，而采用坚不可破的特种材料制成密封性包装，却让消费者在使用时无法开启包装取出物料，虽然安全、结实却忘了开启使用的方便。

装运便利性还必须考虑便于堆码，少占空间，减少辅助因素（支架、附加垫块、加固缠线绳带等），既便利又节省不必要的辅助费用。

(4) 贮藏场所便利　某些食品在贮藏时条件较为苛刻，受到温度、湿度和光线强度制约；有些食品在开启（开包）后必须放入冰箱中存放；有的食品则必须开启后全部一次用完等。先进可靠的包装可改变食品的贮藏条件，或使贮藏条件降低。例如，气调包装、真空包装大大降低了食品的贮藏条件，防氧化包装以及避光包装使很多食品在较长时间内不被氧化。

食品包装贮藏场所便利可达到三个目的：一是改善食品贮藏的环境条件，使其不因外界环境条件变化而损害包装内食品的品质；二是对包装食品在不同过程中所需要的环境条件（参数）通过包装予以提示，使消费者或销售商按提示说明进行妥善处理；三是提示顾客根据自己所具有的贮藏条件去选择和贮藏食品。

4. 携带便利

在食品包装中，携带便利性也是非常重要的。对于携带便利性，应从食品特性、食用场合、消费习惯和消费心理等多方面加以分析，考虑包装的大小、整体的重量、造型结构、强度、稳定性和安全性等多种因素，同时要应用人机工程学的原理使消费者在携带便利的同时，具有安全与舒适感。

食品包装携带便利性设计时，应设法做到以下几点。

(1) 根据食品包装结构及大小等选择便利的携带结构　这些携带结构有单手及双手携带结构、单孔或多孔携带结构、手提环状或手提绳携带结构等。一般较重的食品包装箱可用对称布置的单孔或多孔双手携带结构孔（环）；小型或轻型食品包装箱（盒）可选用单手环状或孔状手提环，也可选用线、绳手提；对于软包装食品则多为单手孔状或环状手提环。

(2) 根据食品包装的特征选择便利携带材料与尺寸　对于作为礼品用的食品其携带材料（特别是附加部分）选用高档红色带喜气的材料制作。对于大众消费食品选用主体包装材料或直接在原包装体上设置携带便利结构。对于老年或儿童食品包装的携带便利用材或结构一定要对其手部有保护作用，而且儿童专用的其尺寸与结构应偏小等。

(3) 从美学角度和力学角度综合考虑携带结构的大小及造型　对于用绳或带作携带结构（装置）的，在满足强度的同时还应适当加大尺寸，以免携带时过细的线、绳、带割伤携带者的手。另外，对于较大尺寸的食品包装采用过小的携带结构，也会在整体美观上不协调。

(4) 根据使用场合的不同设计便于携带的包装　随着人们旅游的日益频繁，很多食品都从小型化、软性化（软包装）角度出发，设计出便携的各类食品包装。如酒类包装，一改过去的500g传统瓶装，出现了50g、100g等各种各样的小型包装，各类10g装、20g装的鱼、肉、干果等食品软包装越来越多。随着与国际市场的接轨，很多饮料（如奶品、果酱类）也采用了单元式餐（顿）包装。

此外，为便于携带和食用，很多果脯类及禽蛋类食品也采用了单件包装，甚至将一个苹果之类的瓜果酱食品分成1/2～1/4的单元包装，这些都大大提高了携带的方便。同时一些过去易破碎的包装容器也改成了不脆的软性包装容器（如聚酯等）。未来便于携带的各种新包装将会得到更进一步的发展。

5. 操作便利

食品包装的操作便利指在使用或配制食品时，使食用的程序和动作简便化。食品包装的操作便利应包括省时便利、适量便利、准备便利、组合便利等。这些便利都是在操作中体现出来的。

(1) 省时便利　表现为消费者和销售者的省时便利，也就是消费者在使用操作上快捷方便，商品销售时的操作也简单迅速。例如，袋泡茶的包装，就是在传统大包装茶的基础上改进而得的一种操作上省时便利的包装。更具有代表性的是碗装方便面，吃过方便面的人都体会到其操作的便利，不过这种碗面的食用操作还未达到最大的便利，如果将其内小袋包装材料改成可食包装材料，那么就省去了撕袋的操作，同时更有利于环境保护。

对于销售商品的操作便利，就是让包装标准化、形体规格化等，通过这些使其可用于自动售货机而代替人工销售，使销售人员从繁杂的售货操作中解放出来，同时还可大大降低人工费用和延长开店时间。

(2) 适量便利　过去很多食品在使用时，其食用量靠消费者在食用时自行计量取料，其操作十分不便而且费时，计量也不准确，另外还会影响包装中未用完的食品质量（如回潮、结块、多味等）。现代食品包装中，大部分都考虑了计量操作不便的问题，在大包装中包含适量的小包装（即大袋套小袋、大包套小包等的包装形式）。

豆粉、咖啡、豆奶粉、黑桃粉、芝麻糊等作为快餐的冲饮食品，都是考虑了消费者使用时操作便利的食品包装。另处，很多口服液、保健食品也都是便利食

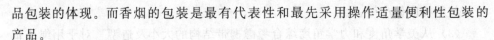

品包装的体现。而香烟的包装是最有代表性和最先采用操作适量便利性包装的产品。

操作适量便利就是要在包装设计时考虑最少的量（包装的最小单元）和使用量（一次或一餐用量)。同时考虑最起码量与使用量之间的关系，即一次或一餐用量需要多少最起码的量，而且包装选材或设计包装容器时，单元包装尽可能轻、小、薄，最好能自融或可食。

(3) 准备便利　食品包装的准备便利是指在使用或食用时，准备动作最少或准备时间最短。利用蒸煮袋包装的火腿肠及自热式包装容器包装的八宝粥等，只要将蒸煮袋放入热水中 3min，便可吃到可口的火腿食品，或只要将八宝粥饮料罐的下部浇上自来水或将其拉热线一拉，罐底便可发热，从而得到加热的食品。还有一种适合于中国传统泡茶的速溶茶，只要将瓶盖一拧，便将加入盖内层的茶叶（处理后的）放入瓶盖内的水中，几分钟就得到了与开水冲泡相同的茶水。

以上这些食品包装，在操作准备上十分便利，节省了大量的准备时间。这种准备便利性，体现了想吃时就能马上到口的快速性。

(4) 组合便利　食品包装的组合便利，就是多种不同的食品或同种不同规格（风味）的食品进行组合包装，满足食用或使用多样性的需求。

组合便利的食品包装有很多成功的范例。以厨房为例，中国家庭的传统日常事务是柴、米、油、盐、酱、醋、茶。其中能放于厨房案板上的是油、盐、酱、醋。因此，厂家便设计出将这四种食用料进行组合包装的“调味宝”，大大地便利了厨房操作人员的配料与烹饪。此外，前面所讲到的碗装方便面也是一种理想的食品组合便利包装。

食品包装的组合便利设计可根据消费者的消费习惯、产品销售地区、产品本身特性进行。食品包装的组合便利有同类组合便利、异类组合便利、规格组合便利等。

以饼干为例，同类组合便利的饼干包装是将形状、色彩完全相同而味道各不相同（咸、甜、酸等）的饼干进行一体包装。异类组合便利的饼干包装是将饼干与其它非饼干食品组合（如饼干与果脯、凉果、巧克力等）的便利包装。规格组合便利的饼干包装是将不同规格、不同形状、不同色彩的饼干组成一体进行包装。

此外还有交叉组合便利，根据不同的消费场合、消费心理，将上述几种再进行组合。

组合便利的食品包装，给消费者带来很多的便利，节省更多的购物时间，也节约了购物费用（买一种包装可享受到多种风味食品），这样可大大地促进产品的销路。

操作的便利性所包含的内容是十分广泛的，一种新的包装形式可能给一种食品的使用带来全新操作方式，例如传统罐头的开启一直困扰着生产厂家和商品，同时也给消费者来了无穷的烦恼，而易拉罐的出现，因那一小小的、十分简单的开罐拉环，便使问题得到了彻底解决。从此易拉罐与易拉盖得到市场的认同并最终普及。

6. 选择便利

食品包装的选择便利性也是决定其市场占有量的因素之一。

现代食品新产品的出现，很多是靠包装来进行的，也就是说，很多新的食品并非在工艺及配方、口味品质方面进行了重新设计或本质上的改变，而主要靠包装的改变。因此，选择便利就要求其食品包装在众多的同类品种中有独特的形象，使消费者在选购食品时产生兴趣和购买欲。

选择便利包装就是要在众多食品的货架上，有突出的特征、有诱惑力、有冲击力和刺激性。为达到这些要求，设计包装时可从如下几方面入手。

(1) 按有关法规，在规定或明显的部位进行便于识别和选择的说明。例如美国就有专门的“美国食品标示规定”。其规定中强调食品标贴必须按法定资料标示，同时以外文及英文标示。这些标示包括下列有利于识别的内容：

制造商、包装商或经销商名称及其所在城市、国家和邮政区号。

净重或净含量，法定衡量单位为磅或加仑，但为了业务需要，可在英制单位后注明公制单位。净重超过 1 磅未达 4 磅的食品包装，应先标明净重总数，并在括号中标明磅数。液体食品 1 品脱以上而少于 1 加仑时，先标总液量（磅、盎司等），在其后括号内标夸脱。40 盎司为 1.5 夸脱。如食品中充填不供食用的液体，如泡瓜果的盐水等，则必须标明固形量。

名称（食品品名）不得以一部分代替全名。产品形态也应一并标明，如整体、切片、粉粒等。

食品成分，应按所占百分比多少排列进行标示，有关添加剂及色素成分也必须列入成分表中。

营养标示，食品中加入营养成分作强化或补充，或通过权威机构测定具有特殊营养成分，也均应标示出来。

(2) 我国对食品包装说明也有明确规定。结构造型要利于识别和选择，做到与众不同，最好能表示情趣性和独特性。可在广泛调查和收集资料基础上，设计特殊的结构造型，达到独树一帜的效果。

(3) 图案利于识别和选择，在包装上的图案和标志有个性和醒目。

(4) 文字及介绍具有吸引力，但不宜太多。

(5) 色彩具有冲击力，具有排它效果以实现优先识别与选择。

(6) 借助于现代仪器与现代技术，在包装上实现声光等动态识别，吸引消费者前往识别与选择。

另外还可加入条码以及警示符号或标志，这些都有助于选择和识别。

7. 其它要求

除前面所述的安全性要求、促销性要求和便利性要求等外，还有一些其它方面的要求。

(1) 提示性要求　例如，为防止包装容器所引起的事故，需在包装外表上标明小心轻放、小心装卸、请勿倒置的标记等。

(2) 趣味性说明要求　例如，某种食品开发中有趣的经历与过程，传统食品(尤其是特产与地方名产)的传说故事等。

(3) 情感性说明要求　例如，保存方法、食用的方法、防止假冒的方法、包装后的处理方法等说明，这都是对消费者表示关心的情感说明，并非是规定要求。

(4) 包装的利用及包装食品价格说明　有的包装当食用完其内食品后，可用于剪纸或作它用，有的食品在包装上注明统一销售价格等。

综上所述，食品包装外在要求的内容较多，但总体而言，这些要求均属信息类，有些信息是有关法规规定的，有些是生产厂商自行提供的。未来的食品包装，提供的信息量越来越多，但对包装的总要求越来越简洁明了。因此，如何巧妙地处理大量信息与包装画面之间的矛盾成为未来包装设计的重要课题之一。

第四节　食品包装的交叉性要求

食品包装技术要求除了外在要求和内在要求外，还有交叉性要求。交叉性要求既不属于外在要求也不属于内在要求，是将外在要求和内在要求相结合、相互渗透的包装技术要求。食品包装交叉性要求包括三个方面的内容：品质透视要求、附加品质要求、用后洁净要求。

一、品质透视要求

品质透视要求就是在包装上采取技术措施来观察包装内部食品，以便了解其品质和性能，达到增强真实性和信任度的目的。品质透视要求技术方法多种多样，归纳起来主要有材质透视、结构透视、仪器透视三种，其原理和特点见表3-4。

1. 材质透视

材质透视是利用包装材料透光性能从包装外部观察食品的包装技术。这种包

表 3-4 品质透视技术原理和特点一览表

种类	原理	特点
材质透视	利用包装材料透光性能从包装外部观察食品	大面积、全方位观察
结构透视	利用包装结构形成透视窗口从包装外部观察食品	观察面积有限，只能局部观察
仪器透视	利用仪器对包装材料的穿透性能从包装外部观察食品	借助科学仪器，属于间接性观察

装技术随着透光性包装材料的不断发展和食品消费需求而得到重视，可满足食品包装功能和防伪的需要，同时也是食品包装技术中应用最多的技术。

(1) 技术与方法　食品包装材质透视技术是把透明的包装材料预先制成包装成品，然后把食品充入包装内，再进行封口。可以利用单一透明材料制成整体透视食品包装，也可以将透明材料与非透明材料结合制成局部透视食品包装。透视食品包装有软包装和硬包装两种，单一透明材料制取整体透视食品软包装可以在包装生产线完成。

常见透视包装有包装袋、包装瓶、包装托盘（杯、碗、桶等）。

(2) 材料　食品包装材质透视技术使用的材料主要有无机材料和有机材料两大类。

无机材料以硅酸盐制取的玻璃为代表，如各种满足透视要求的包装瓶、包装罐等。

有机材料以热塑性塑料为代表，制取满足各种透视要求的包装，如单质的、复合的包装薄膜、包装袋、包装瓶、包装托盘等。

利用无机材料和有机材料制取透视食品包装时还要加入各种添加剂，以改善包装加工性能和提高包装效果，如流动系、成膜性、封口性等。

(3) 应用实例　食品包装材质透视技术的应用包括两方面：包装方法和包装产品。

① 包装方法　材质透视技术的包装方法应用实例如下。

a. 单一材质整体包装方法。仅仅利用一种透明的包装材料实现食品整体、全方位透视，从不同角度观察都能看到包装内食品的形体和特征，非常直观、真实（如图 3-7）。

b. 单一材质局部包装方法。用一种透明的包装材料实现食品的整体包裹，但包装的某些部位印刷了图案或者设置了不透明的内衬，而不能全方位透视，只能从局部观察到包装内食品的形体和特征。在选购食品时给鉴别带来一定的局限性。

图 3-7　粽子的单一材质整体包装

c. 单一材质组合包装方法。用一种透明的包装材料对食品进行多次或多层包裹，但从不同角度观察都能看到包装内食品的形体和特征，因此也很直观、真实。

d. 多种材质整体包装方法。用两种或两种以上不同性质的透明包装材料对食品进行整体包裹，达到整体透视，如玻璃瓶加塑料包装薄膜等。具有单一材质整体包装方法的透视效果，还具有立体感强、提高品质的效果。

e. 多种材质局部包装方法。用两种或两种以上不同性质的透明包装材料对食品进行局部包裹，包装由非透明的局部与透明的整体组成，形成非整体透视，如托盘加塑料包装薄膜等。具有单一材质局部包装方法的透视效果，同时还具有更高的强度和更好的保护效果。

f. 软软结构整体包装方法。用两种或两种以上不同性质的透明软包装材料对食品进行整体包裹，达到整体透视。也可以设计成“多种材质局部包装方法”的“非整体透视”。

g. 软硬结构局部包装方法。用两种或两种以上软硬不同的透明包装材料对食品进行整体包裹，达到整体透视，如玻璃瓶加塑料包装薄膜等。也可以设计成“多种材质局部包装方法”的“非整体透视”。

② 包装产品　材质透视技术的包装产品应用实例如下。

a. 饮料食品。如各种果汁饮料、碳酸饮料、矿泉水等。多采用单一材质整体包装方法或多种材质局部包装方法。

b. 酒类食品。如各种白酒、黄酒、葡萄酒等。多采用单一材质整体包装方法、单一材质局部包装方法、多种材质局部包装方法与软硬结构局部包装方法。

c. 肉类食品。包括生鲜肉类和加工肉类食品，特别是超市销售的肉类食品。多采用单一材质局部包装方法和单一材质整体包装方法。

d. 新鲜食品。如各种水果、蔬菜、禽蛋等。多采用单一材质整体包装方法。

e. 休闲食品。如各种风味熟食。多采用单一材质整体包装方法和单一材质局部包装方法。

f. 其它食品。如各种粮食、油料、糕点等。多采用单一材质局部包装方法和单一材质整体包装方法。

2. 结构透视

结构透视要求是借助包装结构的透光性能从包装局部观察食品的包装技术。利用包装结构形成透视窗口从包装外部观察包装内部食品，这种包装技术是将包装材料与包装结构巧妙结合的设计技术。结构透视在高档食品包装中得到重视，是保健食品和礼品包装中应用最多的技术。

(1) 技术与方法　食品包装结构透视技术是把不透明的包装去除部分材料，

然后把透明的包装材料粘贴于去除部位形成透视窗口，得到可观察内部食品的包装。这种结构透视要求是将透明材料与非透明材料结合制成局部透视食品包装，分为主体结构和辅助结构，不透明的包装部分为主体结构，透视窗口部分比例较小，为辅助结构。结构透视包装成品可设计成各种结构和形状，常见的有包装袋、包装箱、包装盒。透视窗口可设计成各种形状。

(2) 材料　食品包装结构透视技术使用的材料有非透明材料和透明材料两大类。非透明材料是主体结构包装材料，主要用瓦楞纸板、各种硬纸板、发泡塑料等。透明材料是辅助结构包装材料，主要用透明效果好的塑料薄膜和塑料片材。

(3) 应用实例　食品包装结构透视技术的应用包括两方面：包装方法和包装产品。

① 包装方法　结构透视技术的包装方法应用实例主要是透视窗口形状和位置。透视窗口形状根据食品档次、食品特性、销售对象设计成几何方、圆等形状和动物、果实、花、叶、卡通等图像，透视窗口可以是单个，也可以是多个。透视窗口位置根据视觉可以设置在能暴露食品突出部位的上部、正面、侧面、端面，还可以设置成多个或单个透视窗口。

② 包装产品　材质透视技术的包装产品应用主要为保健品和礼品。如各种补品（见图 3-8）、海产品、贵重山珍海味等。

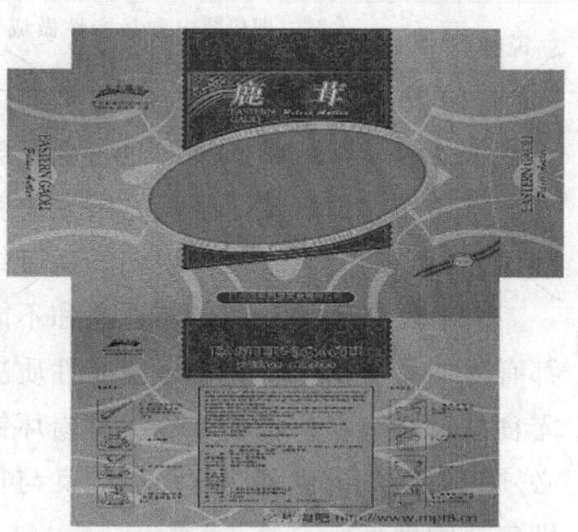

图 3-8　鹿茸的透视窗口设计

3. 仪器透视

仪器透视技术是借助于专业透视仪器从包装外部观察食品的包装技术。这种包装技术是随着防伪包装技术的不断发展和食品消费需求而得到发展和应用的，是食品包装功能和防伪的需要。

(1) 技术与方法　食品包装仪器透视技术是把专用的透视仪器固定在包装成品上，然后把食品充入包装内，再进行封口而得到包装食品。购买食品后可以利用仪器透视食品，以便判断包装内食品是否与包装说明相同，也可以判断其真伪。透视仪器固定方法有两种：一种是在销售包装表面设置透视仪器存放空间，把透视仪器放入并加以固定；另一种方法是直接把透视仪器粘贴到销售包装加以固定。

(2) 仪器　食品包装仪器透视技术使用的仪器主要是薄片放大镜、微型激光器。

(3) 应用实例　食品包装仪器透视技术一般用于高端食品包装产品，如高端白酒（茅台酒、五粮液等）、保健品等。

另外，仪器透视要求在防伪包装上有大量应用。

二、附加品质要求

食品包装附加品质要求就是在包装上采取附加技术措施，通过观察附加品来了解其品质和性能，达到增强真实性和信任度的目的。食品包装附加品质技术方法多种多样，归纳起来主要有样品贴体附加法、样品另带附加法、说明另带附加法三种。附加品质要求技术种类、原理和特点见表 3-5。

表 3-5　附加品质要求技术种类、原理和特点

种类	原理	特点
样品贴体附加法	把包装内食品取少量样品贴附于包装外部	可独立观察品尝，不增加体积
样品另带附加法	把包装内食品取少量单独小包装捆绑在主体包装上	可独立观察品尝，不影响主体
说明另带附加法	把包装内食品特性做成独立的说明附件捆绑于包装外部	详细说明并具有装饰性

食品包装附加品质技术是古老品尝销售技巧与现代包装技术结合的产物。

古老品尝销售技巧坚持“眼见为实”，现在人们购物仍然希望看到内部实物，现代包装靠的是广告宣传说明。两者结合就有了食品包装的附加品质要求技术。

对于那些不能利用包装透视和不能拆开包装完成包装内食品鉴别的食品包装都有附加品质要求。有很多食品性质决定了其不能见光，有的是设计需要不能暴露食品表面来观察食物，也不能损坏销售包装，无法感知包装内食品品质，而又必须让人们认识包装内食品的优良与货真价实，这就必须通过附加品质要求来鉴别包装的食品。

1. 样品贴体附加法

样品贴体附加法是利用包装内少量食品作为鉴别样品，以便从包装外部确认食品品质的包装技术，这种包装方法随着食品消费需求而得到重视，是食品包装功能和防伪的需要，同时也是食品促销的技术需要。

(1) 技术与方法　食品包装样品贴体附加技术是将包装内食品取样（样品），用包装材料简单包装后贴附于包装表面，一起进行流通和销售。取样可以是食品的一个基本单元，也可以是基本单元的一部分，但必须能反映所包装食品的本质特征。样品包装尽可能小而薄，用不干胶粘贴不能影响销售包装的原型。

制作样品的包装成品可分别设计成各种结构和形状的包装，且具有趣味性和装饰性。

（2）应用实例

① 包装贴附方法　食品包装样品贴附采用不干胶粘贴。食品包装样品贴附位置选择在不影响销售包装的非主体平面处，如上部、侧面或背面（见图 3-9）。

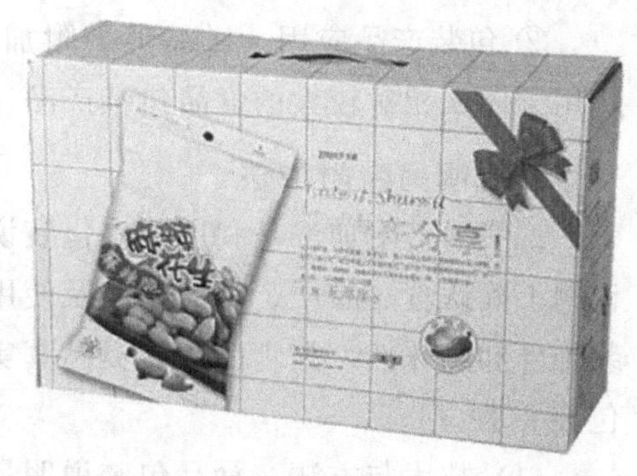

图 3-9　休闲食品样品贴附销售包装侧面

② 包装产品应用　样品贴体附加法应用于体积相对较大的食品包装产品。重要有如下几类：

液体：一些贵重液体类食品，如保健饮料、口服液等；

粉料：一些贵重粉料类食品，如咖啡、奶粉、各种香料等。

即食礼品：加工后带有小包装的风味鱼、肉等大包装食品。

2. 样品另带附加法

样品另带附加法是将食品装成小包装，与主体包装食品配套作为鉴别样品，以便从包装外部确认食品品质的包装技术。这种包装方法的食品样品独立包装，随着食品包装主体一道销售，但是不贴体于食品包装主体，也不进入计量和计价，仅供消费选购和鉴别用，是食品包装功能和防伪的需要，同时也是食品促销的技术需要。

（1）技术与方法　食品包装样品另带附加技术是把包装内食品取样（样品）进行包装，供消费选购和鉴别用，具体方法就是把包装内食品取少量单独包装并捆绑于主体包装上，或者由商品销售方提供给消费者。消费者可独立观察、品尝，不影响食品包装主体。

用该技术独立包装后的小包装食品要捆绑在主体包装上或者跟随主体包装流通销售，但不一定贴附于销售包装表面。取样可以是食品的一个基本单元，也可以是基本单元的一部分，但必须能反映所包装食品的本质特征。

小包装样品可分别设计成各种结构和形状的包装。理想的小包装应该与食品包装主体结构和形状一致，并具有趣味性和装饰性。

（2）应用实例　食品包装样品另带附加法技术的应用包括两方面：包装另带附加法和包装产品应用。

① 包装另带附加法

a. 食品包装另带附加法采用绳索捆绑。

b. 食品包装样品放置于销售包装内，但不能影响销售包装形状和功能。

c. 将食品包装样品和销售包装一起流通，由销售员在销售商品时提供给消费者。

② 包装产品应用　样品另带附加法与样品贴体附加法应用基本相同。主要运用于体积相对较大的食品包装产品。

3. 说明另带附加法

说明另带附加法是利用独立包装说明作为包装内食品品质的鉴证，以便从其说明上确认食品品质、有关特性及使用方法。可以详细说明包装内食品，并具有装饰性和趣味性，是食品包装提高真实性和信任度的方法，也是食品促销的一种包装要求。

(1) 技术与方法　食品包装说明另带附加技术就是把包装内食品信息进行强化，把销售包装上无法表达的内容用精致的图文载体予以表达。该附加法要求的技术与方法发展非常快，主要有如下几方面。

① 精美卡片　把包装内食品信息，包括食品性能、特征、营养成分、使用方法、注意事项等内容印制成精美卡片。其卡片的色彩、造型应对消费者产生吸引力。

② 卡通故事　把包装内食品信息，包括食品性能、特征、研制与开发过程、有关传说等用卡通故事表现出来，给消费者带来情趣。

③ 漫画图书　把包装内食品信息，包括食品性能、特征、研制与开发过程、有关传说等，用漫画图书表现出来，给消费者带来趣味性，产生购买欲望。

④ 精致标牌　把包装内食品信息，包括食品性能、特征、营养成分、使用方法、注意事项等内容印制到精致标牌上。精致标牌用后可以留传，主要指各种门标牌（房屋、办公室、汽车、冰箱等）。

⑤ 装饰标贴　把包装内食品信息，包括食品性能、特征、营养成分、商标等内容印制到精美的装饰标贴上。装饰标贴主要为交通工具、家用电器、家具、文化用品等。

⑥ 声光贴片　把包装内食品信息，包括食品性能、特征、营养成分、使用方法、注意事项，以及消费者感兴趣的内容制作成声光贴片，对消费者产生购买鼓动力。

⑦ 指示图片　把包装内食品信息，包括食品性能、特征、食物形态以及其它相关信息制成指示图片，让消费者消费食品后保留指示图片供日常使用，同时对消费食品产生记忆力而继续购买。指示图片包括城市交通图、购物指南、旅游图等。

⑧ 随身用品　把包装内食品信息，包括食品性能、特征、商标、形象标志等内容印制到精美的随身用品上，吸引消费者选购食品，同时消费后作为随身用品，具有长期广告效应。随身用品主要有钥匙扣、开瓶器、公文包挂件等。

⑨ 喜庆饰品　把包装内食品信息，包括食品性能、特征、营养成分、使用

方法、生产企业名称等内容印制到精美喜庆饰品上。喜庆饰品的色彩、造型精美，可使消费者产生亲切感。喜庆饰品主要有对联、灯笼、贺卡等。

（2）材料　食品包装说明另带附加法的图文载体所用材料比较复杂，常用的有纸制材料、塑料、纸塑复合材料、金属、木材等。

（3）应用实例　食品包装说明另带附加法的应用非常广泛，几乎所有食品包装都可以采用。应用最多的是民族特色食品、地方特产、儿童食品、老年专用食品等几大类。

三、用后洁净要求

现代食品包装为日常食用带来了方便，但食用后总会有食品残留物沾在手上或者其它物品上。因此，对现代食品包装又提出了新的要求——用后洁净要求，就是对包装食品食用后或食用时提供文明洁净的方法，类似使用洁净便利。

食品包装用后洁净要求的概念就是在包装上采取附加的洁净技术措施，通过附加具有清洁作用的附件，达到用后洁净的目的。食品包装用后洁净要求技术方法多种多样，归纳起来主要有洁净器具贴体法、洁净材料贴体法、护洁用品附加法三种。食品包装用后洁净要求的技术种类、原理和特点见表 3-6。

表 3-6　用后洁净技术种类、原理和特点一览表

种类	原理	特点
洁净器具贴体法	将洁净器具粘贴在包装外部，利用洁净器具实现用后清洁	洁净器具有用后清洁、食品促销和增强记忆的作用
洁净材料贴体法	将洁净材料黏附于包装外部，利用洁净材料实现用后清洁	洁净材料轻巧、实用、方便，易于实现
护洁用品附加法	将护洁用品黏附于包装外部，利用护洁用品实现用后清洁	护洁用品品种多，能有效避免食品污染手指

具有清洁作用的附件主要是能进行清洁和消除脏物的各种器具（工具）、清洁材料、特制的清洁用品。器具必须是微型简易的，清洁材料必须是使用有效的，清洁用品必须是简单实用的。所有附件必须保证价格低、体积小。

1. 洁净器具贴体法

洁净器具贴体法是将各种能进行清洁的器具（工具）粘贴于包装外部的技术方法。这种包装技术随着消费文明和环境卫生水平的提高得到不断发展和重视，是人们生活水平提高对食品包装功能创新的需要，同时也是食品包装技术进步的要求。

（1）技术与方法　食品包装洁净器具贴体法是把能进行清洁和消除脏物的各种器具（工具）贴于销售包装表面，以便食用后进行清洁处理，利于食用者保持个人卫生和环境卫生。

洁净器具贴体的具体方法类似于食品包装样品贴体附加法，就是把微型清洁器具（工具）贴附于销售包装表面，然后一道进行流通和销售。可以在销售包装表面局部设置容纳器具的空间，食品包装时将清洁的器具（工具）放入后进行粘贴，但不能影响销售包装的原型。

微型清洁器具（工具）应设计成各种结构和形状，且具有趣味性和装饰性。能为食品选购和消费者带来乐趣、方便，并能增加记忆。

（2）洁净器具　洁净器具种类多种多样，能进行清洁和消除脏物者即可，主要有橡皮擦、喷雾器、微型去湿机、微型臭氧机、微型吸尘器等。

（3）应用实例　食品包装洁净器具贴体法主要应用于三大类食品。

① 富含油汁类食品。如油炸食品、即食休闲食品，加工后带有小包装的风味鱼、肉等大包装休闲食品等。

② 富含水汁类食品。如泡菜酱汁食品、即食休闲罐头食品等。

③ 富含粉尘类食品。如油炸食品、糕点类休闲食品、酥糖、绿豆糕等。

2. 洁净材料贴体法

洁净材料贴体法是将各种能进行清洁和清除污染的材料粘贴于包装外部的技术方法。洁净材料贴体法是人们生活水平提高和社会文明对食品包装功能提出的要求，同时也是中国传统礼仪文明在食品包装技术上的应用。

（1）技术与方法　食品包装洁净材料贴体法是把能进行清洁和消除脏物的各种材料贴附于销售包装表面，并一道流通与销售，以便食用后进行清洁处理。

洁净材料贴体的具体方法类似于食品包装洁净器具贴体法，就是把洁净材料和销售包装贴附于一体，可以和食品一起放置到包装内（类似于饼干包装内干燥剂），或者在销售包装某一局部封合形成连体，也可以在销售包装表面局部设置容纳材料的空间，食品包装时将洁净材料放入但不占食品内包装空间，也不能影响销售包装的原型。

（2）材料与结构　洁净材料贴体可设计成各种结构和形状，关键是要有清洁和消除脏物的作用，并具有趣味性和装饰性。结构主要是平面结构；形状有很多，如几何图形、动物图形、花、叶形状等。

洁净材料贴体所用材料主要为吸收性材料，即吸水和吸油性能好的纸（餐巾纸）、海绵、无纺布等。

（3）应用实例　食品包装洁净材料贴体的应用与洁净器具贴体法的基本相同。

3. 护洁用品附加法

护洁用品附加法是将各种能清除沾污的用品与销售包装相粘连的技术方法，

也就是在食品包装中配置护洁用品，将它们作为取用食品的工具，以保证使用或食用时双手不被弄脏，提供消费卫生便利，实现消费文明并保持环境卫生。

（1）技术与方法 食品包装护洁用品附加技术是把能保护双手卫生的用品贴于销售包装表面或内部，利于食用者保持个人卫生和环境卫生。

护洁用品附加的具体方法类似于食品包装洁净材料贴体法，就是把护洁用品贴附于销售包装表面或内部，一道进行流通和销售。可以在销售包装表面局部设置容纳护洁用品的空间，食品包装时将护洁用品放入后，进行粘贴，但不能影响销售包装的原型。

护洁用品应在保证实用的前提下设计成各种结构和形状，且具有趣味性和装饰性。使用护洁用品就是利用它们取用食品，让双手不与食物接触。

（2）护洁用品 食品包装护洁用品的种类多种多样，能保护清洁的一次性用品都可作为护洁用品，如牙签、一次性叉子、勺子、塑料手套、手指套（大母子、食指）等。

（3）应用实例 食品包装护洁用品附加技术的应用与洁净器具贴体法相近。主要用于三大类食品：富含油汁的油脂类食品，如油炸加工后的带有小包装的风味鱼、肉等大包装休闲食品；富含水汁的果蔬类食品，如泡菜酱汁食品、汤汁含量多的即食休闲罐头食品等；富含粉尘的食品，如油炸与烘烤类食品、牛肉干（粒）、肉松、糕点类休闲食品、酥糖、绿豆糕等。

第四章

包装食品腐败反应原理

包装食品的腐败主要取决于包装食品所处的内部环境、外部环境及其传递变化过程。食品包装技术除了要求能够保护食品品质，减少或防止某些物质传递外，还要求防止产品机械损伤，避免消费者误用。

研究食品包装不能与食品加工、保藏、食品市场及分布隔离开来，这些因素以一种复杂的形式相互作用，不能以牺牲其它因素为代价而只关注于某一种因素。

包装在两个方面与食品安全直接相关。首先，包装材料要为食品提供保护性屏障，以防止微生物对食品造成污染。其次，在某种情况下，一些包装材料中潜在的有毒化合物可能会向食品迁移，从而带来安全隐患，迁移的某些物质尽管对人体健康无害，但也会影响产品质量。

食品的品质特征主要包括质地、风味、颜色、外观及营养价值，且这些特征在加工及保藏过程中会产生变化（见表4-1）。除了营养价值外，其它特征的变化无论是在食用前还是食用时，对消费者来说都是显而易见的。包装将影响这些品质变化的速度。

表4-1　食品不良变化的分类

特征	不良变化
质地	溶解性损失
	持水性损失
	老化
	软化
风味	腐臭产生（水解或氧化）
	产生烧煮或焦糖味
	其它变味
颜色	变暗
	漂白
	产生其它不良变色
外观	粒径增大（结块）
	粒径减小
	粒径非均匀化
营养价值	维生素、矿物质、蛋白质等的损失及分解

包装食品在贮藏过程中会产生许多化学和物理变化，这些变化均与环境因素紧密相关。

第一节　环境因素对包装食品品质的影响

包装食品的品质包括食品的色、香、味和营养价值，应具有的形态、重量及应达到的卫生指标。食品是一种品质最易受环境因素影响而变质的商品，从加工出厂到消费的整个流通环节中所处环境是复杂多变的。它要受到生物性和化学性污染，受到光、气体成分、水分和温度等的影响。图 4-1 显示了包装食品在流通过程中由环境因素影响而发生的质变。这些因素对食品品质直接和间接的影响规律是我们对食品进行保护性包装设计的重要依据。

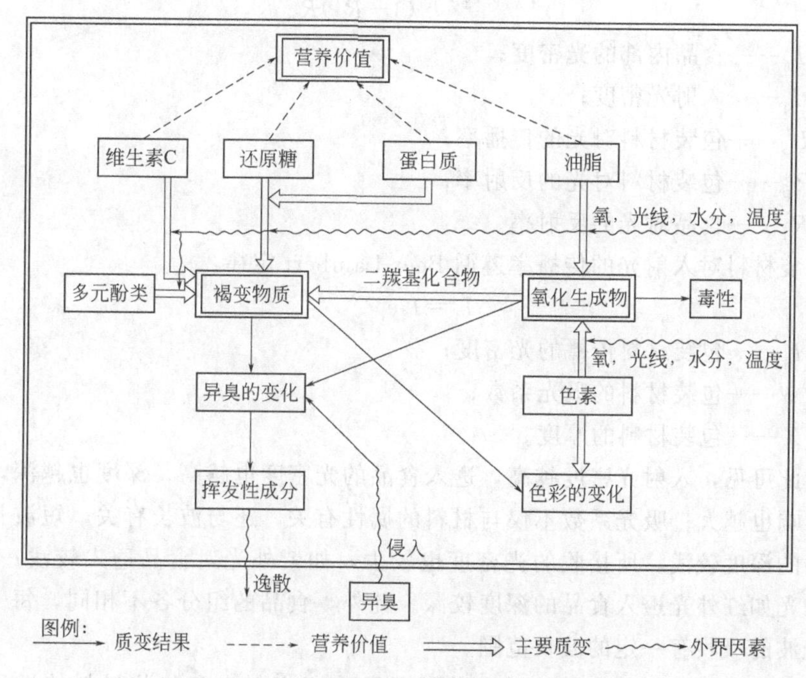

图 4-1　包装食品在流通过程中可能发生的质变

一、光对包装食品品质的影响

许多食品的变质是由光引发并加速的。具有催化效应的光大多数为紫外光谱和可见光谱中波长较小的光。光的密度和波长是引起包装食品变色和变味的重要因素。

光的催化作用对包装食品成分的不良影响如下。

(1) 促使食品中的油脂因氧化反应而发生氧化性酸败。

(2) 使食品中的色素发生化学变化而变色，使植物性食品中的绿色、黄色、红色及肉类食品中的红色发暗或变成褐色。

(3) 引起光敏感性维生素的破坏，并和其他物质发生不良的化学反应。

(4) 引起食品中蛋白质的变性。

光照能促使食品内部发生一系列变化是因为光具有很高的能量，食品中对光敏感的成分在光照下迅速地吸收并转换光能，从而激发食品内部发生腐败化学反应。食品对光能吸收量越多，转移传递越快，食品腐败速度越快，腐败程度也越深。

在光的作用下，包装食品的总吸光量计算公式如下：

$$I_a = I_i T_p \frac{1 R_f}{(1-R_f)R_p} \tag{4-1}$$

式中 I_a——食品内部的光密度；

I_i——入射光密度；

T_p——包装材料对光的传播率；

R_p——包装材料对光的反射率；

R_f——食品对光的反射率。

包装材料对入射光的传播率遵循 Beer-Lambert 定律：

$$I_t = I_i e^{-\alpha X} \tag{4-2}$$

式中 I_t——包装材料传播的光密度；

α——包装材料的吸光系数；

X——包装材料的厚度。

由此可见，入射光密度越高，透入食品的光密度也越高，深度也越深，对食品的影响也越大；吸光系数不仅与材料的属性有关，还与波长有关，短波长光透入食品的深度较浅，所接收的光密度也较少，如紫外光对食品透入较浅；反之，长波长光如红外光透入食品的深度较深。此外，食品的组分各不相同，每一种成分对光波的吸收有一定的波长范围。

因此，对一给定的包装，其光传播量取决于入射光和包装材料的性质及厚度。一些材料（如 LDPE）对可见光和紫外光的传播性能相似，而另一些材料（如 PVC）传播可见光，吸收紫外光。

对于塑料，可采用染色或涂布等方式来改善其吸光性；对于玻璃，也可采用添加着色剂或使用涂层等方法。通过不同方法处理，相同的基材可获得具有不同光传播特性的包装材料。

许多研究报道了包装材料的阻光性对食品腐败反应速率的影响，其中最为普遍的研究对象之一是液态奶，其变味的程度与见光间隔时间、光强度及见光面积有关。

光对脂肪氧化等自由基反应的催化作用的研究已很完备，这类氧化作用不仅降低了脂肪的营养价值，而且会产生有毒化合物，破坏脂溶性维生素，尤其是维生素A和维生素E。

不同包装材料的透光性差异显著，且在不同的波长范围内，也有不同的透光率，同一种材料内部结构不同时透光率也不同（见图4-2）。羊皮纸（A）的透光性为46%～64%；而黄色羊皮纸（B）在300～500nm波长范围内，其透光性下降至1%～17%，且在高波长范围内，透光性低于50%。镀铝纸的透光性低于10%，铝箔材料几乎不透光。因此，选用不同成分和不同厚度的包装材料，可以达到不同程度的遮光效果。

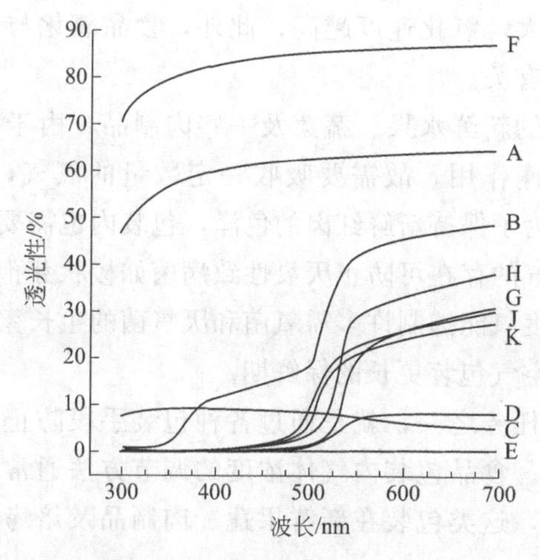

图4-2 不同包装材料的透光性比较（A、B、C、D为纸基；E为铝箔；F、G、H、J、K为聚乙烯类包装材料）

要减少或避免光线对食品品质的影响，主要的防护方法是通过包装直接将光线遮挡、吸收或反射回去，减少或避免光线直接照射食品。同时防止某些有利于光催化反应因素，如水分和氧气透过包装材料，从而起到间接的防护效果。

食品包装时，根据食品的吸光特性和包装材料的吸光特性，选择一种对食品敏感的光波具有良好遮挡效果的为包装材料，可有效地避免光对食品质变的影响。为了满足不同食品的避光要求，可对包装材料进行必要的处理来改善其遮光性能，如玻璃采用加色处理，对有些包装材料还可采用表面涂覆遮光层的方法改变其遮光性能。在透明的塑料包装材料中，可加入不同的着色剂或在其表面涂覆不同颜色的涂料，可达到同样的遮光效果。

二、气体成分对包装食品品质的影响

食品包装内的气体成分对食品品质的影响很大，这些气体包括氧气、二氧化碳、氮气、氩气、一氧化碳、二氧化硫等。

1. 氧气（O_2）

空气中的氧气通常会对食品中的营养成分产生不利影响，油脂氧化在低温条件下也能进行，产生过氧化物和环氧化物，不但使食品失去食用价值而且会发出异臭，产生有毒物质。氧气能使食品中的维生素和多种氨基酸失去营养价值；氧气可使食品的氧化褐变反应加剧，使色素氧化褪色或变成褐色。因此，包装内需要维持较低的氧浓度，或防止包装的连续供氧。

食品受氧气作用发生酸败、褐变等变质的程度与食品所接触的环境中的氧分压有关。油脂的氧化速率随氧分压的提高而加快；在氧分压及其他条件相同时，与氧气的接触面积越大，氧化速度越高。此外，食品氧化与食品所处环境的温度及与氧接触时间等也有关。

对于有呼吸作用的新鲜水果、蔬菜及一些肉制品，由于在贮运过程中仍进行呼吸，保持正常的代谢作用，故需要吸收一定数量的氧气，放出二氧化碳和水，并消耗一部分营养；为了保持新鲜红肉的色泽，包装内也需要一定浓度的氧气；海产品气调包装时，氧气的存在可防止厌氧性致病菌如梭状芽孢杆菌的繁殖；鲜切蔬菜气调包装时，高浓度氧能抑制许多需氧菌和厌氧菌的生长繁殖，抑制蔬菜内源酶引起的褐变，获得比空气包装更长的保鲜期。

食品包装的主要任务之一，就是通过各种包装手段防止食品中的有效成分受氧的影响而造成腐变。食品包装内气体浓度的调节方法通常是采用真空包装或改变气氛（气调）包装，这类包装在新鲜果蔬、肉制品及焙烤食品包装方面具有广阔的应用前景。

2. 二氧化碳（CO_2）

二氧化碳是一种气体抑菌剂，低浓度的 CO_2 能促使微生物繁殖，高浓度 CO_2（>30%）能阻碍引起食品腐败的大多数需氧微生物的生长繁殖。CO_2 能延长微生物繁殖生长的停滞期，延缓其对数增长期。CO_2 易与水发生反应生成碳酸，从而降低了食品的 pH 值，有利于食品的保藏。图 4-3 所示为（5±1）℃时，气调包装中翡翠贻贝的挥发性盐基氮（TVB-N 值）的变化。实验证明，包装中维持低浓度的 O_2 成分及高浓度的 CO_2 成分能够更好地保持食品的新鲜度。

3. 氮气（N_2）

氮气是惰性气体，与食品不起化学反应，用作充填气体可防止 CO_2 逸出后使包装坍落。采用充氮包装，可降低食品中的脂肪、芳香物和色泽的氧化速度。

4. 氩气（Ar）

氩气是无色无味的惰性气体，且具有明显的抑菌作用，微生物对氩气敏感并改变了微生物细胞的膜流特性，从而影响其功能。此外，氩气原子大小类似氧原

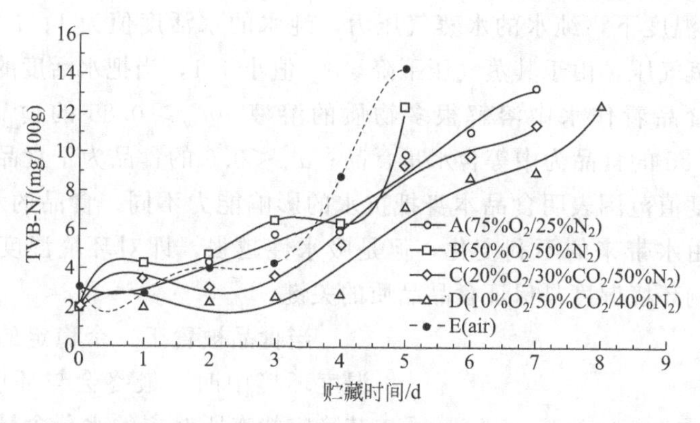

图 4-3　(5±1)℃时，气调包装中翡翠贻贝的 TVB-N 值的变化

子，氩气密度大于氧气，且溶解度较高，因而氩气可从植物细胞和酶的氧接收器中置换氧，从而抑制氧化反应和减缓呼吸速度。

5. 一氧化碳（CO）

一氧化碳能与鲜肉的肌红蛋白形成鲜红色的碳氧肌红蛋白而保持肉的新鲜色泽，1%CO 即可有效地抑制许多细菌、酵母和霉菌，尤其是嗜冷性细菌。由于 CO 有较高毒性，一些国家不允许 CO 用于气调包装，但美国允许采用低浓度的 CO 来控制叶菜的褐变。

6. 二氧化硫（SO_2）

二氧化硫具有抗菌作用，能抑制软水果中霉菌和细菌的繁殖，亦可抑制果汁、白酒、虾和泡菜中的细菌。SO_2 抑制埃希氏大肠杆菌和假单胞菌等革兰氏阴性菌比抑制乳酸杆菌等革兰氏阳性菌更有效。由于 SO_2 有特殊气味，不适合作气调包装气体，常用于果蔬包装前的杀菌处理。

包装内的气体浓度取决于食品包装的属性，完全密封的金属和玻璃容器能够有效地阻挡食品与外界气体的交换，而对软塑包装，气体扩散取决于包装材料的渗透性而非密封性。

三、湿度或水分对包装食品品质的影响

一般的食品都含有一定的水分，这部分水分是食品维持其固有性质所必需的。但水分对食品品质的影响很大：一方面，它能促使微生物繁殖，使酶活性增强，助长油脂氧化分解，促使褐变反应和色素氧化；另一方面，水的存在将使一些食品发生某些物理（质构）变化，如有些食品受潮继而发生结晶，使食品干结硬化或结块，有的食品因吸湿而失去脆性和香味等。

根据含水量，一般可将食品分为三大类，用水活度 a_w 表示。$a_w = P/P_0$，

P_0 为在一定温度下，纯水的水蒸气压力，纯水的水活度值为 1；P 为某种物质的水溶液的蒸气压，由于其蒸气压下降，a_w 值小于 1，当把水活度的概念用于食品时，可把食品看作水中溶解很多物质的溶液。$a_w > 0.85$ 的食品为湿食品；$a_w = 0.6 \sim 0.85$ 的食品为中等含水量食品；$a_w < 0.6$ 的食品为干食品。各种食品具有的水活度值范围表明食品本身抵抗水的影响能力不同。食品的水活度越低，越不易发生由水带来的不利变化，但是吸水性越强，即对环境湿度的增大越敏感。因此控制环境湿度是保证食品品质的关键。

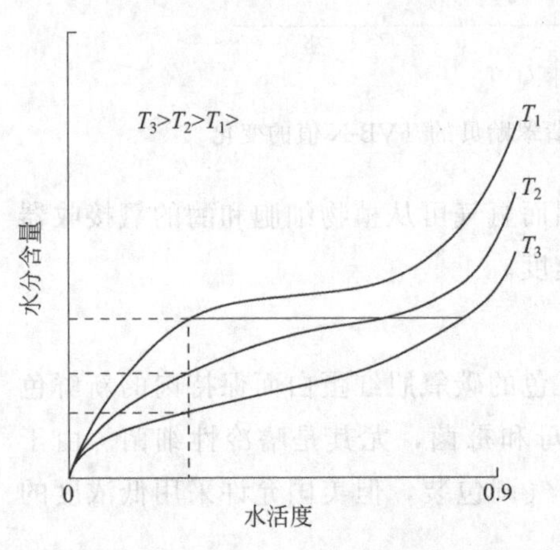

图 4-4　物料在不同温度下的等温吸湿曲线

当食品被置于一个稳定的温度和相对湿度环境中时，最终会与环境达到平衡，其稳定状态所对应的水分含量就是平衡水分含量。在一定的温度下，水分含量随相对湿度或水活度变化的曲线，称为等温吸湿曲线（见图 4-4），这类曲线有助于评价食品的稳定性和选择有效的包装。食品的水活度随温度而变化，在水分含量一定的条件下，a_w 随温度的升高而增大。

食品的水活度对于控制化学反应及酶反应速率十分重要，如图 4-5 所示，a_w 的细微变化可导致反应速率的巨大变化。

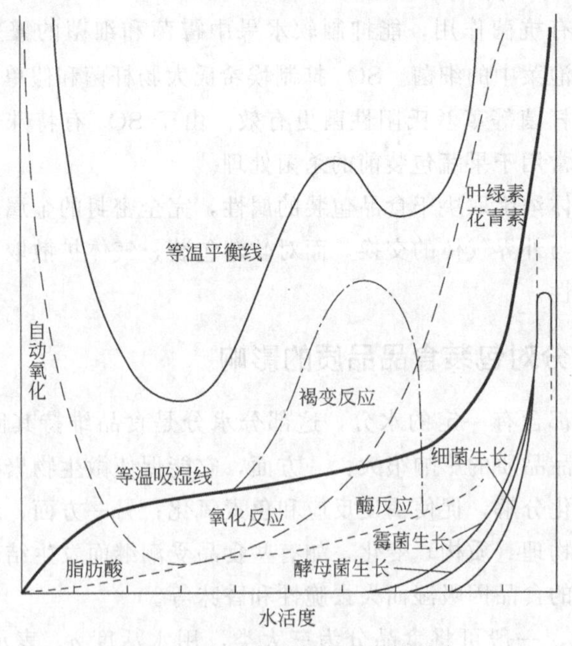

图 4-5　水活度对各类反应的影响

四、温度对包装食品品质的影响

温度是决定腐败反应速率的关键因素。在某些条件下，包装材料能够影响食品的温度，尤其是具有绝热性质的包装材料，主要用于冷藏及冷冻食品。

在适当的湿度和氧气含量下，温度对食品中微生物繁殖的影响和对食品腐变反应速率的影响都是相当明显的。一般来说，在一定温度范围内，食品在恒定水分含量条件下，温度每升高10℃，其腐变反应速率将加快4～6倍。为了有效地减缓温度对食品品质的不良影响，现代食品工业中采用了食品冷藏技术和食品流通中的低温防护技术，可有效地延长食品保质期。

温度对食品的影响还表现在某些食品由于温度的升高而发生软化或低温冻结，结果都将使食品失去应有的物态和外形，或破坏食品的内部组织结构，严重破坏其品质。如含巧克力的糖果食品贮运时应避免温度变化无常，否则会使巧克力产生霜斑。

关于温度对包装食品中微生物的影响，有许多理论模型进行描述，如，包装食品热处理温度与微生物致死率之间的关系可用线性方程来表达；温度对腐败反应速率的影响符合著名的Arrhenius方程；生物系统对温度变化的反应还可以用温-熵图来描述。图4-6所示为温度对食品货架期的影响。

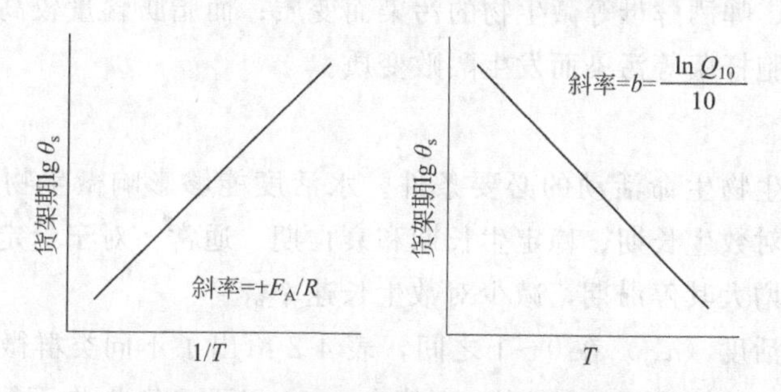

图4-6　温度对食品货架期的影响

光、氧、水分、温度等外界因素对食品品质的有害影响是相辅相成，共同存在的，采用科学有效的包装手段可避免或减缓这种有害影响，保证食品在流通过程中的质量稳定，延长食品的贮存期，这是食品包装科学所要研究解决的主要课题。

第二节　包装食品中的微生物及其控制

在食品的腐败变质过程中，微生物起着决定性的作用。如果某一食品经过彻底灭菌或除菌，不含活体微生物，就不会发生腐败；反之，若污染了微生物，且条件适宜，就会发生腐败变质。人类的生活环境，如土壤、空气、水及食品中都存在着无数的微生物。猪肉火腿和猪肉香肠，在原料肉、腌制加工后的肉中所含的活菌数一般为10^5～10^6个/g，其中大肠杆菌为10^2～10^4个/g。完全不存在微生物的食品只限于蒸馏酒、罐头食品和经过无菌处理的清凉饮料等少数几种食品。虽然大部分微生物对人体无害，但食品中的微生物繁殖量超过一定限度时，食品就要腐败。因此，抑制微生物在食品中的繁殖，有效地贮存食品，是食品包装要解决的首要问题。

一、环境因素对食品微生物的影响

影响食品微生物生长繁殖的环境因素主要有食品的营养成分、水活度、pH值、温度、气体成分等。

1. 食品的营养成分

食品中所含的蛋白质、糖类、脂肪、无机盐、维生素和水分等营养成分是微生物的良好培养基。由于各种微生物分解各类营养物质的能力不同，导致引起食品腐败的微生物类群也不同。如肉、鱼等富含蛋白质的食品，易于受到变形杆菌、青霉等微生物污染而发生腐败；米饭等含糖类较高的食品，易受曲霉属、根霉属、乳酸菌、啤酒酵母等微生物的污染而变质；而脂肪含量较高的食品，易受黄曲霉和假单胞杆菌等污染而发生酸败变质。

2. 水活度

水分是微生物生命活动的必要条件。水活度能够影响微生物四大主要生长期：停滞期、对数生长期、稳定生长期和衰亡期。通常，对于给定的食品，降低其水活度，能增大其停滞期，减少对数生长速率。

食品的水活度（a_w）在0～1之间，表4-2给出了不同类群微生物生长的最低a_w值范围，由表可知，食品的a_w值在0.60以下，微生物不能生长，一般认为食品a_w值在0.64以下，是其安全贮藏的防霉含水量。

表4-2 食品中主要微生物类群生长的最低a_w值范围

微生物类群	最低a_w值范围	微生物类群	最低a_w值范围
大多数细菌	0.99～0.90	嗜盐性细菌	0.75
大多数酵母菌	0.94～0.88	耐高渗酵母	0.60
大多数霉菌	0.94～0.73	干性霉菌	0.65

为了降低食品的水活度，抑制微生物的繁殖，可通过干燥食品，或在食品中添加盐、糖等易溶于水的小分子物质，即盐腌和糖渍等方法，以延长食品的货架期。

3. pH值

不同的食品具有不同的pH值（氢离子浓度），并且食品的pH值会随微生物的生长繁殖而变化。食品根据pH值可分成酸性食品（pH＜4.5）和非酸性食品（pH＞4.5）两类。动物食品的pH在5～7之间，蔬菜pH在5～6之间，一般为非酸性食品；水果的pH在2～5之间，一般为酸性食品。食品中的氢离子浓度可影响菌体细胞膜上电荷的性质，从而改变其吸收机制，影响细胞正常物质代谢活动和酶的作用，因此，调节食品的pH值，可控制微生物的生长繁殖。

适合微生物繁殖的pH值范围为1～11，其中，细菌为3.5～9.5，霉菌和酵母为2～11。大多数细菌最适宜的pH值为7.0左右，霉菌和酵母pH值在6.0左右。在酸性条件下微生物繁殖的pH值下限：细菌为4.0～5.0；乳酸菌更低一些，在3.3～4.0的范围也能繁殖；霉菌和酵母为1.6～3.2，因此，酸性食品的腐败变质主要表现为酵母和霉菌的生长。

4. 温度

微生物生存的温度范围较广，一般在－10～90℃。根据微生物对温度的适应性，可将微生物分为嗜冷（0℃以下）、嗜温（0～55℃）和嗜热（55℃以上）三类。每一类群微生物都有最适宜生长的温度范围，但都可以在20～30℃之间生长繁殖，且繁殖较快。

低温条件下如，低于5℃或－20℃，引起冷藏、冷冻食品变质的主要微生物为嗜冷菌，包括假单胞菌属、黄色杆菌属、无色杆菌属等革兰氏阴性无芽孢杆菌；小球菌属、乳杆菌属、小杆菌属、芽孢杆菌属和梭状芽孢杆菌属等革兰氏阳性细菌；假丝酵母属、隐球酵母属、圆酵母属、丝孢酵母属等酵母菌；青霉属、芽枝霉属、毛霉属等霉菌。

高温条件下（45℃以上）存活的微生物主要为嗜热菌，如芽孢杆菌属中的嗜热脂肪芽孢杆菌、凝结芽孢杆菌；梭状芽孢杆菌属中的肉毒梭菌、热解糖梭状芽孢杆菌；乳杆菌属和链球菌属中的嗜热链球菌、嗜热乳杆菌等。

食品在流通过程中所处的环境温度通常低于50℃，处于嗜冷性细菌和嗜温性细菌繁殖生长威胁之中，且随着温度的升高，细菌的繁殖速度加快。

5. 气体成分

微生物与氧的关系密切，氧的存在有利于需氧细菌的繁殖，食品变质速度快；在缺氧条件下，由厌氧微生物导致的食品变质速度较慢，氧存在与否决定着兼性厌氧菌是否生长及生长的快慢。需氧细菌的繁殖与氧分压（或氧浓度）有关，细菌繁殖速率随着氧分压的增大而急速增高；即使氧的浓度很低（＜0.1%），细菌的繁殖仍不会停止，这一现象，通常出现于真空包装、充气包装及脱氧包装食品中。

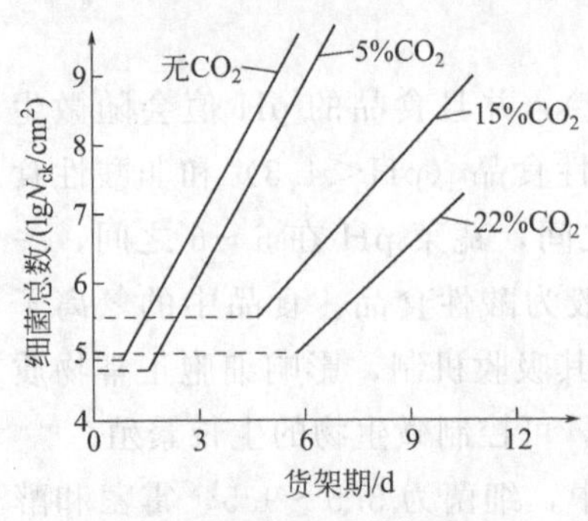

图 4-7　鸡肉在 4℃贮藏时 CO_2 浓度对细菌总数的影响

高浓度的 CO_2（>30%）能抑制大多数需氧菌、霉菌等的繁殖，延长微生物生长的停滞期和延缓其对数生长期，具有防霉、防腐作用，但不能抑制厌氧菌和酵母菌的生长繁殖。CO_2 溶于水形成碳酸，降低 pH 值，产生抑菌作用。如图 4-7 所示为鸡肉在 4℃贮藏时 CO_2 浓度对细菌总数的影响。食品加工后立即包装以及食品包装前污染的细菌处于潜伏期或污染很少时，CO_2 抑菌作用最有效。

N_2 作为一种惰性气体及充填气体，能阻隔氧气与食品的接触，抑制微生物的呼吸。

不同气体组合对食品中微生物的影响较大，如表 4-3 为扇贝在不同气调包装中的微生物指标。

表 4-3　扇贝在不同气调包装中的微生物指标（0～4℃）

贮藏时间/d	包装形式	葡萄球菌	极毛杆菌	嗜中温菌总数	厌氧菌总数	乳酸杆菌	细菌总数
0	A	2.1	3.7	4.6	2.2	2.5	—
	B	2.1	3.7	4.6	2.2	2.5	—
	C	2.1	3.7	4.6	2.2	2.5	—
7	A	1.9	5.9	7.1	3.0	2.9	—
	B	1.5	2.9	3.5	3.0	2.0	—
	C	1.4	2.9	3.0	3.5	2.0	—
14	A	4.0	5.9	7.0	4.3	4.5	1×10^7
	B	2.2	3.0	3.7	2.8	2.5	7×10^3
	C	1.7	3.9	4.3	3.8	3.3	2.6×10^4
21	A	3.0	5.1	6.8	6.4	6.0	1×10^7
	B	1.7	3.2	3.7	3.3	2.8	1×10^4
	C	2.5	3.9	5.0	3.9	3.7	1×10^5

注：1. A 为空气包装；B 为 50%CO_2/20%O_2/30%Ar；C 为 50%CO_2/20%O_2/30%N_2。
2. 表中数据是对单位重量（g）上的细菌数（个）所取的对数（lg）值。

二、包装食品的微生物控制

食品的微生物控制方法多种多样，这里主要介绍包装食品，即食品经过包装之后的微生物控制方法及灭菌方法。

1. 包装食品的低温贮存

在低温下，食品本身酶活性及化学反应得到延缓，微生物的生长和繁殖也被抑制，能较好地保持食品的品质。包装食品的低温贮存可分为冷藏和冷冻两种方式，前者无冻结过程，常用于新鲜果蔬和短期贮藏的食品，后者要将食品降温到冰点以下，使水全部或部分冻结，常用于动物性食品。

(1) 冷藏　冷藏温度一般设定在－1～10℃，在此温度下，嗜热性微生物不会发生增殖，嗜温性细菌增殖速度放缓，故冷藏是一种有效的、短期的食品保存方法。

对于动物性食品，冷藏温度越低越好，但对于新鲜果蔬来说，要考虑避免受到冷害，在不致造成细胞冷害的范围内，尽量降低贮藏温度。

目前，为了提高包装食品的贮藏效果，常常将低温冷藏方法与真空包装、气调包装、脱氧包装、冷杀菌技术结合使用来控制微生物对食品腐变的影响。

(2) 冻结　将包装食品的温度降低到冰点以下，其细胞组织内的水分就会冻结，普通食品在－5℃左右，其80%以上的水分就冻结了。但当温度降低到－10℃时，低温性微生物还能增殖。温度再下降，微生物就基本上停止繁殖，但化学反应和酶作用仍未停止。一般认为，食品在－18℃以下的冻结条件下，能达到一年以上的货架期。

冻结使食品中的水分成为冰晶而分离，残余水中的溶质浓缩，水活度（a_w）减小，使微生物失活。同时，微生物细胞内冰晶的形成，对细胞产生机械损伤而导致部分微生物裂解死亡。因此，对食品冷冻处理，能够灭杀食品中的部分微生物，并能使残余微生物的增殖得到抑制。

冻结速度决定了冰晶的大小，快速冻结形成的冰晶小，分布均匀，对细胞组织损伤小，解冻复原情况较好，蛋白质变性的程度也较低，有利于保持食品的品质。

冷冻调理食品包装所用的塑料及其复合材料必须具备优良的低温性能，如PA/PE、PET/PE、BOPP/PE、Al箔/PE等；托盘包装采用PP、HIPS、OPS等；对于高档的冷冻食品包装，可用铝箔内包装后再外装纸盒。

2. 包装食品的加热杀菌

微生物具有一定的耐热性。包装食品的热处理是以杀死各种致病菌和真菌孢子为目的，也可通过变性作用使酶失去活性。表4-4列出了湿热下微生物的耐热性，加热温度越高，微生物死亡所需的时间越短。

表4-4　微生物在湿热下的耐热性

微生物	加热温度/℃	死亡所需时间/min
肉毒杆菌孢子A型·B型	100 110 120	360 36 4
肉毒杆菌孢子E型	80 90	20～40 5

续表

微生物	加热温度/℃	死亡所需时间/min
枯草杆菌孢子	100 120	175～185 7.5～8
沙门氏菌	60	4.3～30
大肠杆菌	57	20～30
四链球菌	61～65	<30
葡萄球菌	60	18.8
乳酸菌	71	30
肠炎弧菌	60	30
霉菌丝	60	5～10
霉菌孢子	65～70	5～10
酵母营养细胞	55～65	2～3
酵母孢子	60	10～15

加热杀菌方法可分为湿热杀菌法和干热杀菌法，前者采用热水或蒸汽直接加热包装食品达到杀菌目的，是一种最常用的杀菌方法；后者利用热风、红外线、微波、通电加热等加热方法达到杀菌目的。

(1) 低温常压杀菌　低温杀菌最初是为了防止葡萄酒的变质而研制出来的杀菌方法，也叫巴氏杀菌（Pasteurization）。由于这种杀菌方法是在100℃以下进行，所以同蒸馏杀菌相比，食品在品质、弹性、风味等方面的质量较好。用巴氏杀菌法未能杀死的残存微生物，除了嗜热性乳杆菌外均为芽孢细菌的芽孢，而大部分芽孢细菌在5℃以下的低温环境中是不能繁殖的，所以在75℃左右加热杀菌的包装熟食品，再进行低温贮藏，其保存期也是较长的。

采用巴氏杀菌的包装食品包括乳酸饮料、果酱、果冻和袋装牛奶等。此外，Sous Vide包装技术（调理食品真空包装巴氏杀菌）具有广阔的应用前景，它是将生或半熟的原配料用塑料袋或塑料盒真空包装后，控制温度与时间进行蒸煮热处理，随后快速冷却、低温冷藏和食用前再加热的一种公共饮食服务系统。这种方法取得成功的关键在于塑料薄膜阻隔了风味物质的蒸发，且低温蒸煮杀菌抑制了需氧微生物繁殖，降低了其它化学反应速率，并保持了食品的营养物质与组织结构。

图4-8所示为7℃时不同包装鸡翅的巴氏灭菌效果比较，由图可知，采用Sous Vide（低温真空）包装，灭菌温度为90℃的样品的微生物控制效果较好，而普通包装，灭菌温度为75℃的样品的贮藏效果较差。

(2) 高温高压杀菌　这种方法适用于罐装、瓶装及蒸煮袋食品，即罐头食品。先将食品装入容器中完全密封后，用水蒸气或热水加压蒸馏杀菌。一般的罐头食品要在115℃左右温度下进行60～90min的杀菌处理，普通蒸煮袋食品要在115～120℃温度下进行20～40min的杀菌处理，高温蒸煮袋杀菌则可在121～135℃温度下进行8～20min杀菌处理，而超高温蒸煮袋采用135～150℃温度、2min的超高温杀菌处理。

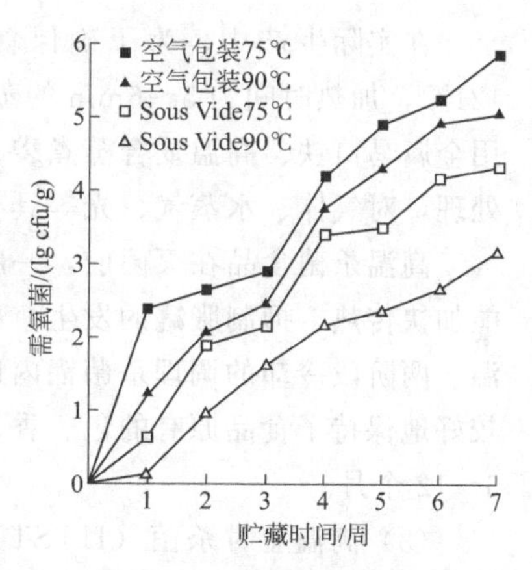

图 4-8 7℃时不同包装鸡翅的巴氏灭菌效果比较

不同食品所要求的蒸馏杀菌温度和时间各不相同，表4-5示出了几种袋装食品的蒸馏杀菌条件。从表中可知，炖牛肉的杀菌条件是121℃，30min；奶汁烤通心粉和鸡肉炒饭的杀菌条件是121℃，25min。

表 4-5 各种袋装食品的蒸馏杀菌条件

食品	蒸馏形式及加热媒介	包装品			蒸馏杀菌条件				
		重量/oz	长×宽/in	厚/in	IT/℉	f_h	蒸馏温度/℉	杀菌时间/min	全压力/psi
炖牛肉	水平式，水蒸气-空气（80%水蒸气）	7.5 (213)①	6.7×5 (17×12.7)②	0.5 (1.3)②	70 (21)③	6	250 (121)③	30	21 (1.5)④
素烧	同上	7.5 (213)	6.7×5 (17×12.7)	0.5 (1.3)	70 (21)	6	240 (115)	40	21 (1.5)
奶汁烤通心粉、鸡肉炒饭	同上	7.5 (213)	6.7×5 (17×12.7)	0.5 (1.3)	70 (21)	6	250 (121)	25	21 (1.5)
食用肉、意大利面	同上	7.5 (213)	6.7×5 (17×12.7)	0.5 (1.3)	70 (21)	6	245 (118)	35	21 (1.5)
炖牛肉、牛排	水平方式热水（起始温度70℉）	5.0 (142)	7.25×4.75 (18.4×12.1)	0.75 (1.9)	70 (21)	—	250 (121)	20	28 (2.0)
玉米、盐豆	连续方式水蒸气空气（水蒸气爆破筒）	8.3 (235)	7×5.5 (17.8×14)	1.25 (3.2)	150 (66)	6	255 (124)	13	24 (1.7)

① 括号内数据单位为g。
② 括号内数据单位为cm。
③ 括号内数据单位为℃。
④ 括号内数据单位为kgf/cm^2，1psi＝6.895kPa。

注：IT为食品初温；f_h加热曲线的斜率；1oz＝28.35g；1in＝0.0254m；$K=(℉-32)\times\frac{5}{9}+273$。

在实际生产中，为了确保食品在保质期内的质量，一般采用中心温度为121℃，加热时间为5～6min的蒸馏杀菌条件。高温杀菌食品的包装材料通常使用金属马口铁、高温复合蒸煮袋、铝箔袋等，要求能承受121℃以上的加热灭菌处理，对气体、水蒸气、光等具有高的阻隔性，且热封性好，封口强度高。

高温杀菌食品在灭菌前，一般采用真空包装，既能减少氧对食品的影响，又能加快传热、抑制胀罐的发生。部分产品采用含气蒸煮盒包装，然后在多阶段升温、两阶段冷却的调理杀菌锅内进行等差压杀菌，既能防止容器的变形破裂，又较好地保持了食品原有的色、香、味和营养成分，并可在常温下保存和流通长达6～12个月。

(3) 高温短时杀菌（HTST）和超高温瞬时杀菌（UHT） 这种方法适合于流动性液态或半液态食品的短时、连续杀菌，它能有效地保证食品原有的营养成分和风味，常用于无菌包装食品的杀菌。HTST的灭菌温度通常为100～110℃，灭菌时间为几秒钟到6min，主要适用于低温流通的无菌奶和低酸性果汁饮料的灭菌。UHT的灭菌温度为130～150℃，灭菌时间为2～8s（见图4-9），主要适用于常温流通液态奶及果汁饮料的灭菌。

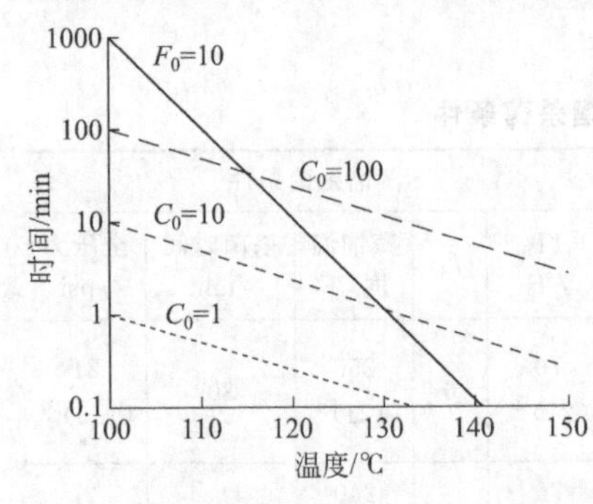

图4-9 酶和细菌孢子的钝化比较曲线

这种方法是将被包装的液态食品、包装材料（容器）分别灭菌，再在无菌环境条件下完成充填、密封，其最大的特点是被包装食品和包装材料（容器）分别灭菌。

3. 包装食品的微波杀菌

对进行包装食品微波辐射，既可在短时间内加热熟化食品，又可在较低温度下使细菌致死。其灭菌效果是微波热效应和非热力生物效应共同作用的结果，两种效应相互依存、相互加强。微波致死细菌的机理与传统加热杀菌致死完全不同，当微生物处于高强度的微波场中时，其细胞膜电位会发生变化，细胞的正常生理活动功能将被改变，以致影响细胞的存活。组成微生物的蛋白质、核酸和水介质作为极性分子在高频微波场中被极化的理论也是常见的微波灭菌机理的一种解释。

目前，用于食品工业的微波杀菌工艺有连续微波杀菌技术、多次快速加热和冷却的微波杀菌技术、微波加热与常规加热杀菌相结合的杀菌技术等，其应用也得到了广泛深入的研究。有研究表明，用微波对质量为3kg、体积为15cm×12cm×25cm的冰棍纸和60g糖纸杀菌，仅用5s即能杀灭（包括纸面表层）试验微生物，无菌实验效果也良好。

对包装食品进行微波加热杀菌时，由于包装内部气体压力随温度升高而升高，会胀破包装袋，因此整个杀菌过程应在反压力下进行，或将包装置于加压的玻璃容器中进行处理。

根据加工工艺的要求，微波处理食品的包装材料要求具有较高的耐高温性能、良好的耐低温冷冻性能、较低的脆折点及较高的内压强度。

4. 包装食品的超高压杀菌

包装食品的超高压处理杀菌（UHP）是将包装食品置于高压釜内，利用水压或液压对食品进行 100～1000MPa 的加压处理，从而达到杀灭微生物的目的。高压杀菌机理通常认为是在高压下，蛋白质的立体结构崩溃而发生变性使微生物致死，杀灭一般微生物的营养细胞只需室温下 450MPa 以下的压力，而杀灭耐压性的芽孢则需要更高的压力或结合其它处理形式。根据研究，压力每增加 100MPa，料温升高 2～4℃，温度升高与压力增加成一定比例，因此也有人认为其灭菌效果是压缩热和高压的联合作用。

超高压处理为冷杀菌，可较好地保持食品的原有风味，如经过超高压处理的草莓酱可保留 95%的氨基酸，在口感和风味上明显超过加热处理的果酱；超高压处理对蛋白质的变性及淀粉的糊化状态与加热处理有所不同，从而可获得新特性的食品。

超高压处理在果酱生产中已得到成功应用，日本明治屋食品公司在室温下采用 400～600 MPa 的压力对软包装密封果酱处理 10～30min，所得产品保持了新鲜水果的口味、颜色和风味。此外，超高压处理也在肉制品及水产品加工中得到应用，赋予了食品新的物性。

5. 抗菌包装系统

抗菌包装系统包括加入抗菌剂的包装材料和抗菌聚合物。

传统的食品包装功能是阻隔水蒸气和氧气，而抗菌包装除此之外还增加了阻隔微生物的功能（见图 4-10），它们都是应用包装材料阻止食品腐败的栅栏技术。

抗菌剂或抗菌聚合物的抗菌包装系统通常有 3 种类型：释放型、吸收型和固定型。释放型抗菌包装系统的溶质或气体抗菌剂迁移到食品中抑制微生物生长，但溶质类抗菌剂不能通过食品与包装间的空气迁移到食品，而气体类抗菌剂则可以渗透过空气而迁入食品。吸收型抗菌包装系统的特点是通过清除微生物生长的基本要素来抑制微生物生长，如利用氧吸收剂清除霉菌生长所需要的氧。固定型抗菌包装系统主要通过食品与包装材料上的抗菌剂接触才能抑制微生物生长，液体食品接触面比固体食品大，微生物抑制效果更好。

（1）抗菌剂类型　抗菌剂分为有机抗菌剂和无机抗菌剂两大类。有机抗菌剂

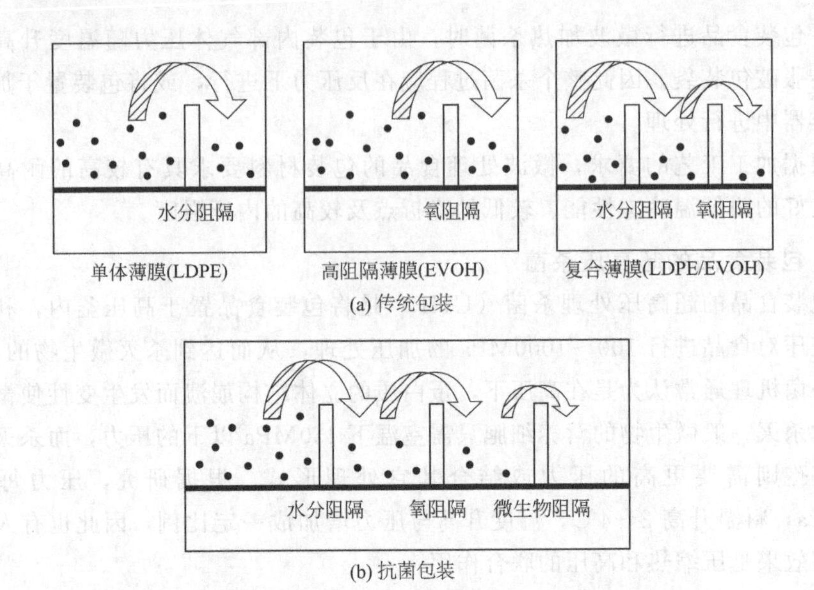

图 4-10 传统包装系统与抗菌包装系统的栅栏技术比较

包括有机酸及盐（如山梨酸盐等）、有机酯、酶（如葡萄糖氧化酶）、细菌素、天然聚合物（如壳聚糖）、植物天然提取物（葡萄籽提取物）、杀真菌剂等。无机抗菌剂包括抗菌性金属离子（如银、锌和铜，抗菌作用见表 4-6）、二氧化钛为代表的光催化型抗菌剂。各种抗菌剂可通过混入塑料薄膜、涂层、载体、小袋和气体等方式组成无菌包装系统。

表 4-6 聚乙烯与银-沸石（Ag-Z）共混薄膜对几种细菌的抗菌活性

细菌类型	样品	细菌数/(个/g)		
		0	24h	48h
埃希氏大肠杆菌 (escherichia coli)	a	1.7×10^5	<10	<10
	b	1.5×10^5	5.0×10^6	4.0×10^5
金黄色葡萄球菌 (staphylococcus aureus)	a	1.0×10^5	2.6×10^3	<10
	b	1.1×10^5	4.6×10^4	8.7×10^4
鼠伤寒沙门氏菌 (salmonella typhimurium)	a	2.8×10^4	3.2×10^2	<10
	b	3.6×10^4	3.6×10^6	4.4×10^6
肠炎弧菌 (vibrio parahaemolyticus)	a	2.8×10^4	<10	<10
	b	1.7×10^4	1.6×10^3	5.6×10^4

注：样品 a 为混入 1%Ag-Z 的聚乙烯薄膜；样品 b 为无 Ag-Z 的聚乙烯薄膜。

（2）**抗菌包装结构和包装形式** 抗菌包装结构有抗菌剂与包装材料混合的混合类型以及抗菌剂与包装材料结合的结合类型。混合型抗菌剂可从包装材料迁移到食品，而结合型抗菌剂不能迁移到食品。图 4-11 说明了不同抗菌包装结构中抗菌剂的释放方式，(a)、(b) 中的抗菌剂通过扩散方式释放，(c)、(d) 中的抗菌剂通过蒸发方式释放。(a) 是单层包装薄膜结构，抗菌剂混入或与包装材料化学结合；(b) 是双层复合薄膜结构，抗菌剂涂布在薄膜外层或内外层层合，内层作为控制抗菌剂释放的控制层；(c) 是有顶隙空间的包装，外层混入的挥发性抗菌剂通过蒸发释放到顶隙空间，顶隙空间抗菌剂被食品吸附后浓度达到平衡；(d) 有一层控制层来控制挥发性抗菌剂渗透到包装顶隙的速度，以保持包装顶隙有一定的抗菌浓度。

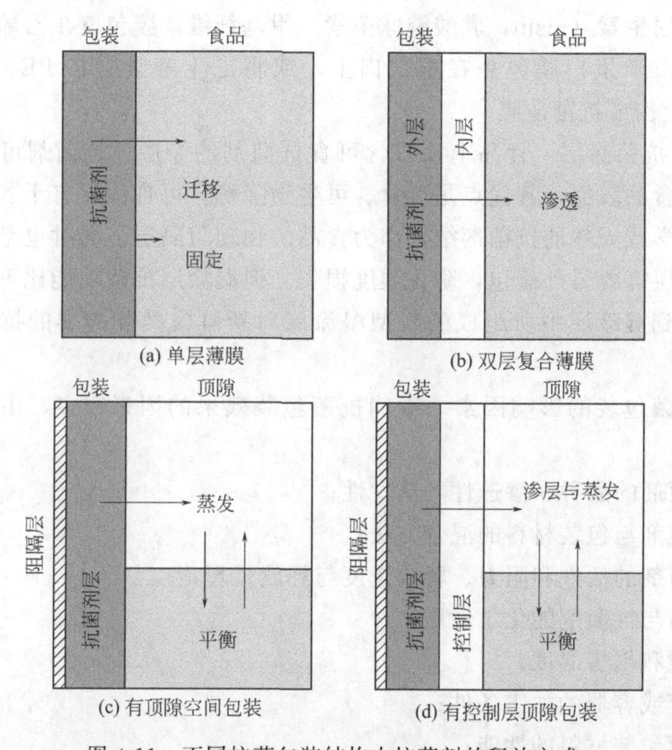

图 4-11　不同抗菌包装结构中抗菌剂的释放方式

抗菌剂与包装材料混合有以下类型：抗菌剂在塑料薄膜挤出前加入到塑料中；抗菌剂溶解于涂层溶剂；混合到纸或纸板充填材料中。当法规不允许食品与抗菌剂接触时，可采用抗菌剂共价键与包装材料化学结构相结合的方式，这种方式要求抗菌剂具有同包装材料结合的基团，如抗菌剂具有肽、酶、聚酰胺等功能基团。结合类型的抗菌剂通过与食品接触来抑制微生物繁殖。

抗菌包装的形式如下。

① 抗菌剂小袋和衬垫　商业应用的抗菌包装是在包装中加入含抗菌剂的小袋或衬垫，如包裹在二氧化硅微胶囊或小袋中的乙醇释放剂和含抗菌剂的吸收衬

垫。吸收衬垫主要应用在托盘包装的零售鲜肉中，可吸收肉产品流出的汁液，防止微生物繁殖，一般吸收垫中添加有机酸和表面活性剂。

② 抗菌塑料薄膜　在塑料薄膜加工中混入抗菌剂可加工成有抗菌功能的包装薄膜。抗菌剂添加量为0.1～5g/100g，以融化或溶解方式加入到塑料包装材料中。由于塑料薄膜加工温度很高，要求抗菌剂能耐高温，银离子抗菌剂可以耐受800℃高温，适合加工抗菌薄膜。一些不耐热的抗菌剂如酶类可通过溶解方式加入到包装材料中，如将溶菌酶溶解到纤维素薄膜中可防止溶菌酶变性。

③ 涂布或吸附抗菌薄膜　不耐热的抗菌剂可涂布或吸附在薄膜上制成抗菌薄膜。如将尼生素（nisin，乳酸链球菌素）甲基纤维素膜包覆在乙烯薄膜上或直接将尼生素玉米蛋白膜包裹在家禽肉上，或将尼生素吸附在PE、EVA、PP、PA、PVC上构成抗菌薄膜。

④ 可食抗菌涂层　食品上涂布含可食抗菌剂的涂层，抗菌剂可以从涂层有效地渗透到食品表面，其优点是可食、可生物降解。可食涂层有干、湿两种，干涂层可与化学或天然的抗菌剂结合作为食品的物理阻隔层，同时也是微生物阻隔层；而湿涂层需要另外裹包，防止湿度损失。但湿涂层抗菌功能比干涂层好，如乳酸菌混合到湿涂层中所组成的新型湿涂层对新鲜肉类和禽类的抗菌效果非常有效。

（3）抗菌包装的影响因素　影响抗菌包装效果的因素很多，主要有以下几方面：

① 抗菌剂的品种、渗透性、蒸发性；

② 抗菌剂与包装材料的混合方法；

③ 抗菌剂的活性和阻力、释放速度与释放机理；

④ 食品与抗菌剂的化学性质；

⑤ 贮藏和销售温度；

⑥ 薄膜或容器的加工条件；

⑦ 抗菌包装材料的性能；

⑧ 抗菌剂的感官、毒性以及相关法规。

第三节　包装食品的品质变化及其控制

一、包装食品的物性变化及其控制

包装食品的物性变化是因周围环境、相对湿度变化导致食品水分含量变化而引发的，具体表现为食品产生脱湿或吸湿作用，而判断食品在水蒸气作用下，质量是否会下降的依据是平衡相对湿度、等温吸湿曲线和临界水分值。

1. 平衡相对湿度

平衡相对湿度是指在既定温度下，食品在周围大气中既不失去水分又不吸收水分时的湿度。若环境湿度低于这个平衡相对湿度，食品就会进一步散失水分而干燥，若高于这个湿度，食品会从环境中吸收水分；当食品的水分含量不变时，食品的平衡湿度随温度的上升而增大。

不同的食品具有不同的平衡相对湿度，平衡相对湿度与食品的水活度直接相关，若某一食品的水活度（a_w）为0.6，则该食品的平衡相对湿度为60%。

食品的平衡相对湿度与周围环境相对湿度之间的差异，是产生食品物性变化的根本原因，由此还会引起食品的品质下降，直至失去商品价值。因此，选择高阻湿性的包装材料对于控制食品的物性变化十分必要。

2. 食品的脱湿

在一定的温度条件下，当环境中的相对湿度低于食品的平衡相对湿度时，由于水蒸气的压力梯度，食品中水分的释放速度高于吸收速度，食品就会失水，趋于干燥，形成脱湿作用，从而食品由表及里出现裂变、破碎、干燥、枯萎和硬化等现象；随着温度的升高，该作用加剧。

脱湿现象常见于水果、蔬菜、鱼、肉等高含水量的生鲜食品，以及面包、蛋糕、馒头、黄油等中等含水量的加工食品。适当的包装是解决脱湿问题的有效手段，图4-12表示了在30℃温度条件下，蛋糕水分蒸发与品质及商品价值的关系：水分蒸发率低于4%～5%是蛋糕的价值界限，否则表面出现裂纹和碎块，丧失商品价值。无包装的蛋糕贮存期不到3d；用防潮玻璃纸包装，能储存12d左右；用PVDC包装，放置20d，仍能保持完好品质。

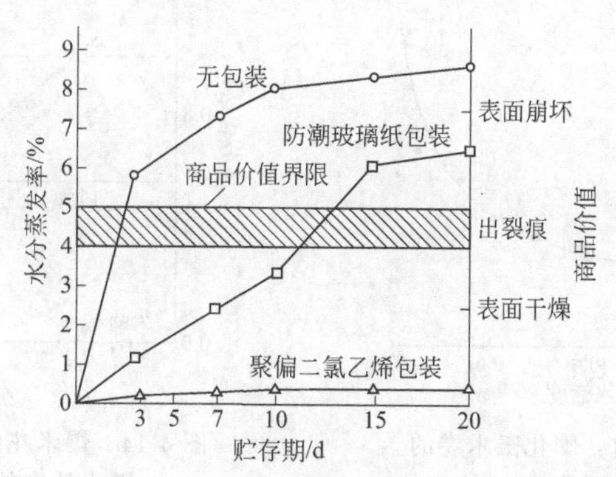

图4-12　蛋糕的水分蒸发率与商品价值

3. 食品的吸湿

在一定的温度条件下，当环境中的相对湿度高于食品的平衡相对湿度时，食品就会从环境中吸水（称为吸湿），产生潮解、固化、失去脆性等现象。

等温吸湿曲线是判断容易受到水蒸气影响的包装食品保藏性能的特征参数，它表示在恒定的温度下，某种食品的水分含量与平衡相对湿度之间的关系（如图4-4所示）。根据试验，可在等温吸湿曲线上表示出食品质量极限的某些点，一旦水分含量高于或低于这些点，食品质量下降就达到不能允许的程度。

不同性质的食品其等温吸湿特性完全不同，主要取决于食品中晶体部分的含量。对于结晶糖类等物料，当平衡湿度增大时，完全不吸湿或吸湿很少，当相对湿度超过一定值时，如80%，则开始急剧吸湿，直至试样完全溶解且浓度与外界的相对湿度平衡为止。大多数食品随着平衡湿度的增大，水分含量增加；周围环境湿度不变时，食品的水分摄取量随着温度的上升而下降。

食品的吸湿易发于干食品，如粉末食品、膨化食品及干燥食品等。

挤压膨化食品的变质主要是失去脆性，据报道，膨化玉米卷的临界水活度（a_w）为0.36，相对应的水分含量为4.2g/100g，而其初始的水活度（a_w）为0.082，对应的水分含量为1.83g/100g。爆米花的初始和临界水活度（a_w）分别为0.062、0.49，其对应的水分含量分别为1.70g/100g、6.1g/100g。如图4-13所示为膨化玉米卷的等温吸湿曲线，图4-14所示为爆米花的感官脆断强度随水活度的变化曲线。水活度对谷物脆片质地特性的影响研究表明，当水分活度超过临界值0.44时，谷物脆片老化并失去脆性。在选择适当的包装材料之前，获取这些数据是十分必要的。

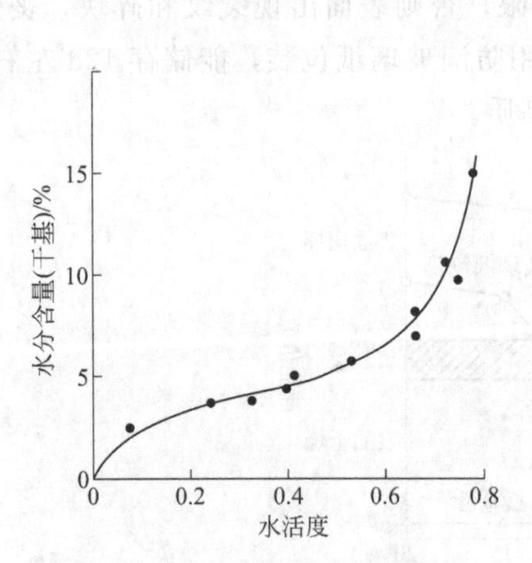

图4-13 20℃时，膨化玉米卷的等温吸湿曲线

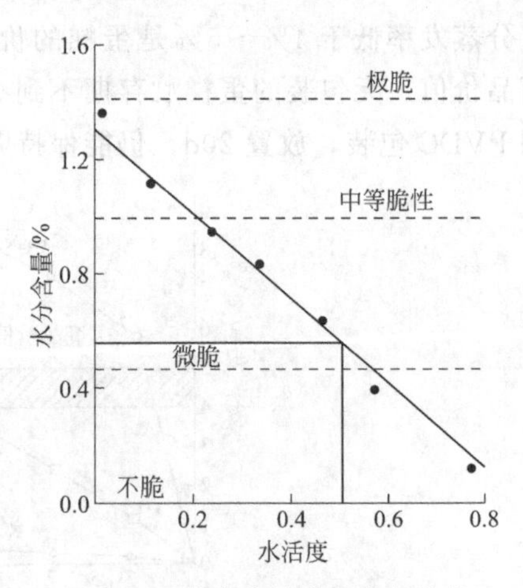

图4-14 爆米花的感官脆断强度随水活度的变化曲线

4. 食品的临界水分值

食品的临界水分值通常是指食品允许的最大水分含量或极限吸湿量，也是指食品酶反应和非酶反应速度突然迅速增加时的水分含量。

表 4-7 列出了几种食品在 20℃、相对湿度 90％条件下的临界水分值。临界水分值越低的食品，其防潮包装要求越高。

表 4-7 部分食品的临界水分值（20℃、相对湿度 90%）

食品	临界水分值/%	食品	临界水分值/%
椒盐饼干	5.00	洋葱干粉末	4.00
脱脂奶粉	3.5	可可粉末	3.00
奶粉	2.25	干燥肉	2.25
肉汁粉末	4.00		

为了控制食品的物性变化，要采用适当的防潮包装技术，选择高阻湿性的复合包装材料，如防潮玻璃纸/聚乙烯、聚酯/聚乙烯、玻璃纸/纸/聚偏二氯乙烯、玻璃纸/铝箔/聚乙烯等，或在包装内封入一定量的吸潮剂。

二、包装食品的褐变、变色及其控制

食品的色泽是食品品质的一个重要感官指标，食品色泽的变化往往伴随着食品内部色素、维生素、氨基酸、油脂等营养成分及香味的变化。

1. 食品的主要褐变及变色

褐变是指食品或原料加工或贮存时，失去原有色泽而变褐或发暗，是食品中普遍存在的一种变色现象。在某些食品加工过程中，适当的褐变是有益的，如酱油、咖啡、红茶、啤酒的生产和面包、糕点的烘烤，而在另一些食品，尤其是水果蔬菜的加工过程中，褐变是有害的，不仅影响风味，而且降低营养价值。因此了解食品褐变的反应机理，寻找控制褐变的途径有重要意义。

褐变反应有 3 种：食品成分由酶促氧化而引起的酶促性褐变；非酶促性氧化或脱水反应引起的非酶促性褐变；油脂因酶和非酶促性氧化引起酸败而褐变。在导致褐变的食品成分中，以具有还原性的糖类、油脂、酚、抗坏血酸等较为严重，尤其是还原糖引起的褐变，如果与游离的氨基酸共存，则反应非常显著，即所谓的美拉德反应。

酶促褐变多发生在水果、蔬菜等新鲜植物性食物中，是酚酶催化酚类物质形成醌及其聚合物的结果，如马铃薯、苹果、香蕉、茄子、山药等果蔬受伤去皮之后，其组织与氧接触引起的褐变，此外，虾类在冷藏过程产生黑斑的原因也是基于这一机理。采用加热处理使酶失活、降低 pH 值、使用二氧化硫及亚硫酸盐作护色剂、真空或充气包装、加酚酶底物的类似物等措施能有效减缓酶促褐变。

非酶褐变主要发生于干制及浓缩食品的贮藏过程中，非酶褐变或美拉德反应分为三个阶段。①起始阶段：不产生褐变；②中间阶段：产生挥发性或可溶性物质；③终止阶段：产生不可溶的褐变化合物。典型的非酶褐变有氨基-羰基反应和焦糖反应等，从影响食品质量的角度来分析，氨基-羰基反应又可分为几乎无氧条件下也能进行的加热褐变和在有氧条件下发生的氧化褐变；前者在食品加工过程中赋予食品令人满意的色香味，后者因褐变而呈暗色和产生异臭。

食品的变色是指食品中原有颜色在光、氧、水分、温度、pH 值、金属离子等因素影响下的褪色及色泽变化。如肉类在冻藏过程中，由于肌红蛋白和血红蛋白被氧化，生成变性肌红蛋白和变性血红蛋白，其色泽会发生从紫红色到亮红色，最后呈褐色的变化；旗鱼等鱼类由于细菌繁殖使鱼肉蛋白质分解产生 H_2S，H_2S 与肌肉中的肌红蛋白和血红蛋白等化合产生绿色的硫肌红蛋白和硫血红蛋白，形成绿变。此外，食品成分与金属包装容器反应，如与金属罐的金属锡、铁等离子反应，也会变色。

2. 食品褐变及变色的影响因素

光、氧、水分、温度、pH 值、金属离子等是影响食品褐变及变色的主要因素。

（1）光　光（尤其是紫外线）对包装食品的变色和褪色有明显的促进作用。天然色素中叶绿素和类胡萝卜素是在光线照射下较易分解的色素。图 4-15 和图 4-16 表示了光的波长对 β-胡萝卜素和叶绿素分解的影响。由图可知，波长 300nm 以下的紫外光对色素分解的影响最为显著。

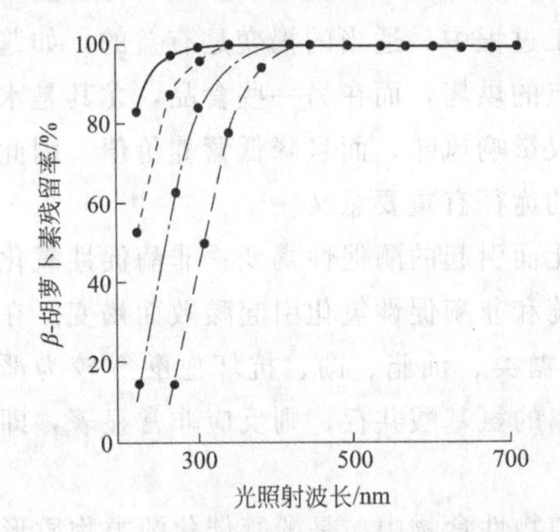

图 4-15　光的波长对 β-胡萝卜素分解的影响

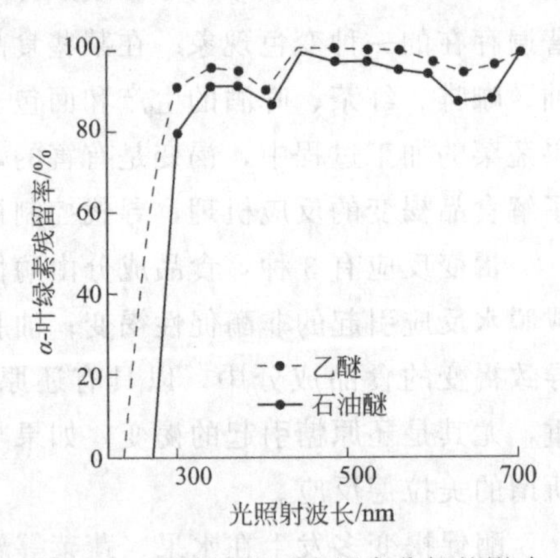

图 4-16　光的波长对叶绿素分解的影响

（2）氧气　氧是氧化褐变和色素氧化的必需条件。色素易于氧化，类胡萝卜素、肌红蛋白、血红色素、醌类、花色素等都是易氧化的天然色素。在苯酚化合物中，如苹果、梨、香蕉中含有绿原酸、白花色素等单宁成分，还原酮类中的维生素 C、氨基还原酮类，羰基化合物中的油脂、还原糖等，这些物质的氧化会引起食品的褐变、变色和褪色，随之而来的是风味降低、维生素等微量营养成分的破坏。

图4-17表示牛肉在不同气体条件下红度（a^*）值的变化，由图可知，在贮藏期间，牛肉的红度值逐渐下降，高氧、高二氧化碳浓度（>60%）或低氧、低二氧化碳浓度（<25%）都不利于保持牛肉的色泽，而气体浓度为45%O_2/30%CO_2/25%N_2时，其色泽保持较好。这是因为低氧条件下，牛肉中的氧合肌红蛋白变成还原肌红蛋白，而高氧条件下，氧合肌红蛋白形成了正铁肌红蛋白；同时，高浓度的二氧化碳还会对牛肉产生一定的漂白作用。因此，包装食品的氧化控制至关重要。

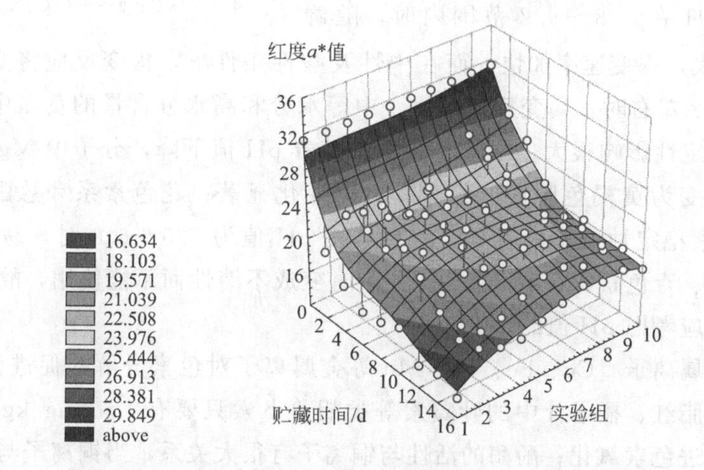

图4-17　4℃时，牛肉在不同气体条件下红度（a^*值）的变化

1—100%CO_2；2—10%O_2/90%CO_2；3—15%O_2/45%CO_2/40%N_2；4—25%O_2/75%CO_2；5—30%O_2/70%CO_2；6—40%O_2/60%CO_2；7—45%O_2/30%CO_2/25%N_2；8—60%O_2/40%CO_2；9—75%O_2/15%CO_2/10%N_2；10—90%O_2/10%CO_2

（3）水分　褐变反应的进行要依赖于一定的水分条件。一般认为：多酚氧化酶的酶促褐变条件是水分活度a_w>0.40，非酶褐变条件是a_w>0.25，其反应速率随a_w上升而加快，在a_w=0.55～0.90的中等水分含量中反应最快。若水分含量继续增加时，其基质浓度将被稀释而不易引起反应。

水分对色素稳定性的影响因色素性质不同而有较大差异。类胡萝卜素在活体上非常稳定，但经干燥后暴露在空气中就变得十分不稳定；叶绿素、花色素系色素在干燥状态下非常稳定，但在水分含量高于6%～8%时，迅速分解，尤其在光、氧存在的条件下快速褪色。

（4）温度　温度影响的是食品的变色速度。温度越高，变色反应越快。由氨基-羰基反应引发的非酶促褐变，温度每提高10℃，其褐变速度提高2～5倍。高温会使食品失去原有的色泽，如干菜、绿茶、海带等含有叶绿素、类胡萝卜素的食品，高温能破坏色素和维生素类物质而使风味降低，若长期贮存，应关注环境温度的影响。

此外，在肉类的低温冻藏过程中，温度对其褐变影响尤为显著，如图4-18所示，将金枪鱼贮藏在－35℃以下的温度时，变性肌红蛋白的产生几乎可以完全停止。

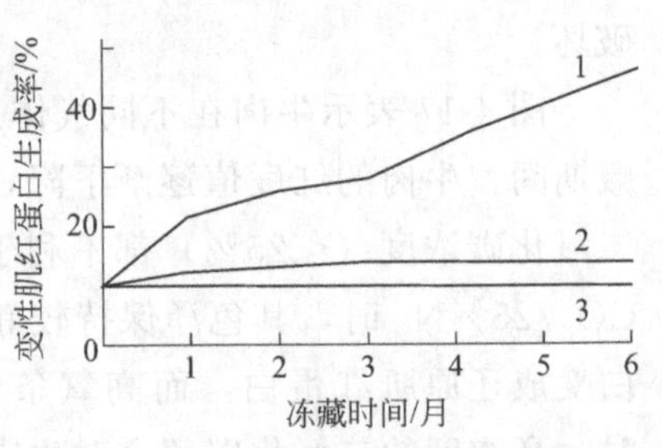

图4-18　金枪鱼冻藏时的变形肌红蛋白生成率

1——18℃；2——35℃；3——78℃

（5）pH值　pH值对褐变反应有明显的影响，当pH在7.8～9.2范围内时，随着pH值的增大，褐变速率加快；而在中性及酸性条件下，褐变反应将受到抑制；在pH值为3左右时，褐变反应最慢。中等水分和高水分含量的食品中，pH值对色素的稳定性影响很大。绿叶素和氨苯随着pH值下降，分子中Mg^{2+}和H^+离子换位，变为黄褐色脱镁叶绿素，色泽变化显著；花色素系和蒽醌系色素，pH值对色素稳定性的影响各异，红色素在pH值为5.5～6.0时，易变成青紫色，檀色素、青色素等在pH值为4左右时变成不溶性而不能使用，故包装食品的色泽保护应考虑pH值的影响。

（6）金属离子　Cu、Fe、Ni、Mn等金属离子对色素分解起促进作用，如，番茄中的胭脂红、橘子汁中的叶黄素等类胡萝卜素只要有1～2mg/kg的铜、铁离子就能促进色素氧化；酚酶的活性与铜离子有很大关系，当铜离子与酚酶的物质的量之比为1∶1.25时，酚酶的活性最大，酚酶将酪氨酸氧化成类黑精，是引起虾类黑变的原因；桃、葡萄等含花青素的食品罐藏时，与金属罐壁的锡、铁反应，颜色从紫红色变成褐色。

3. 控制食品褐变及变色的包装技术

（1）阻氧包装技术　包括封入脱氧剂包装、热收缩包装、真空包装和充气包装等形式。通常情况下，由于工艺条件的限制，热收缩包装、真空包装和充气包装能将包装内的氧气浓度降低到2%～3%左右；而封入脱氧剂包装则可通过化学作用除去吸附在食品内的氧及透过包装材料的氧，将氧气浓度降低到0.1%以下。低氧的包装环境，能够抑制食品的褐变变色。

阻氧包装要求采用高阻隔性的包装材料，如以PET、PA、PVDC、EVOH、Al箔等为主要阻隔层的复合包装材料。

（2）避光包装技术　避光包装技术的关键是选用优良的避光包装材料。利用包装材料对一定波长范围内光波的阻隔性，防止光线对包装食品的影响，且选用的包装材料既不失内装食品的可视性，又能阻挡紫外线等对食品的影响。

根据食品的光谱敏感性知识来选择包装材料的颜色，可达到不让或尽可能少

让临界波长通过包装材料（见表 4-8）。如类胡萝卜素的光线最大吸收值为 450nm 左右，在蓝光下的分解速度最大，所以选择黄色的包装材料可滤去蓝色光线；用褐色容器包装婴儿食品，即使在 20℃条件下用强光照射，也不会破坏食品中的维生素 A 和维生素 B_2。

表 4-8　不同波长光的吸收色与保护色

波长范围/nm	吸收色	保护色	波长范围/nm	吸收色	保护色
380～450	浅紫	绿黄	570～575	绿黄	浅紫
450～480	蓝	黄	575～580	黄	蓝
480～490	绿蓝	橙	580～590	黄橙	蓝
490～500	蓝绿	红	590～595	橙	绿蓝
500～530	绿	深紫红	595～620	红橙	蓝绿
530～570	黄绿	浅紫红	620～780	红	蓝绿

除了调整包装材料的颜色外，还可采用阻光、阻氧、阻气兼容的高阻隔包装材料，以大大延长食品保质期。对于罐藏食品，应使用涂料罐，以防止食品变色。

(3) 防潮包装技术　食品的脱湿、吸湿作用均能影响色素的稳定性，导致色变的产生。防潮包装能够阻隔外界水分或相对湿度变化对食品的影响，采用阻湿性好的包装材料或封入吸潮剂的防潮包装方法，能较好地控制因水分变化引发的褐变、色变。

三、包装食品的香味变化及其控制

香味是食品本身具有的或在加工过程中产生的，是人们所欢迎的挥发性成分或芳香物。在食品的感官指标中，香味或滋味是评判某种食品优劣的重要指标。包装食品的香味变化是由于内部食品的变质或包装材料本身所产生的异味造成的（见图 4-19），控制食品的香味变化也是食品包装所要研究和解决的重要课题。

1. 食品化学性变化产生的异味及控制

由于对包装材料的选择不当，使其渗透性过大，阻气、阻湿、遮光性不足或包装工艺不良，造成封口不严或封口破损，致使内充气体外泄及外部空气、细菌进入包装袋内部等，都会使包装食品的油脂、色素、碳水化合物等成分氧化或褐变，产生异味，导致食品的风味下降。

食品的这类氧化、褐变主要是由残留在包装内部或透过包装材料的氧所引起

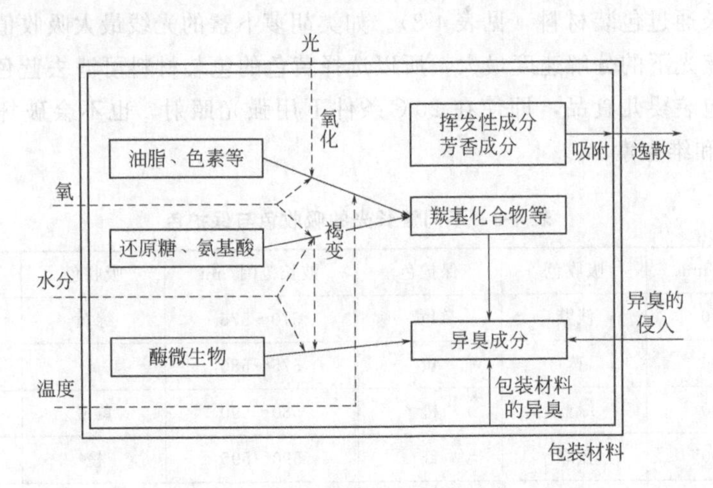

图 4-19 包装食品的香味变化

的，因此，应当采用高阻隔性，尤其是高阻氧性的包装材料来对食品进行包装，还可采用真空包装、控制气氛包装、遮光包装及脱氧包装等技术来控制氧化和褐变的产生。

2. 食品微生物或酶作用产生的异味及控制

食品杀菌阶段所采用的温度、时间等工艺条件不符合要求，或运输、贮藏的温度过高以及包装袋破裂等因素，均会导致微生物和酶的破坏作用，从而产生“异味”。这一因素可以根据食品的性质状态，选择加热杀菌、低温贮藏、调节气体介质、加入添加剂等各种适当的食品质量保全技术和包装方法来加以抑制和避免。

3. 包装材料本身的异味及控制

在包装材料的生产阶段，印刷、挤出复合、干法复合等工序均会导致“异味”的产生。具体表现如下。

在塑料复合材料的凹版印刷和溶剂型干法复合工序中需要使用大量的有机溶剂，如甲苯、乙酸乙酯、丁酮等。在实际生产中，由于各种原因总会有或多或少的溶剂没有完全挥发，即所谓的“残留溶剂”。“残留溶剂”通常是几种溶剂的混合体。当“残留溶剂”的含量低于某一数值时，如 $10mg/m^2$，人的嗅觉不会感觉到它的存在，也就不会对包装后的食品的味道产生影响。当“残留溶剂”的含量高于某一数值时，如 $90mg/m^2$，人的嗅觉就能感觉到它的存在，当消费者打开有这种高“残留溶剂”的包装材料包装的食品后，就可能闻到有别于食品发霉、腐烂味道的“异味”。要解决这一问题，应在薄膜加工时，尽量选用无异味溶剂或易汽化、低残留的溶剂，同时，在加工、印刷之后进行彻底干燥，使溶媒

蒸发之后再投放市场。

挤出复合是复合软包装材料的另一种复合工艺。在此工艺中，需要将粒状的母料在高温下熔化，并通过模头涂布在其他基材上，然后冷却成型。如果温度过高，母料就会氧化分解，产生所谓的“树脂氧化臭味”。如果用这种材料包装了食品，食品的香味也会发生一些变化。这种“异味”可通过严格控制生产工艺条件予以消除，在包装生产过程中要严格将加工温度、热封温度控制在适当的范围内。

包装食品的“异味”有多种表现形式，产生“异味”的原因也形形色色。在食品的生产、运输、贮藏、销售、消费的各个环节都有可能导致产生“异味”，并最终导致所生产的产品不能实现其价值，造成社会资源的浪费，或是对消费者的身心造成危害。

4. 包装食品香味的逸散及异味的侵入

包装食品香味的逸散是由于挥发性芳香物对不同包装材料的渗透性造成的，与玻璃和金属包装材料相比，塑料包装材料在这方面存在较大缺陷，不同塑料薄膜对挥发性芳香物的渗透性有很大差异。表 4-9 是各种包装材料的乙醇蒸气渗透率。由表可知，PVDC/PA/LDPE、OPP/EVOH/LDPE 等复合包装材料对挥发性物质有较高的阻隔性，保香性较好。

表 4-9　各种包装材料的乙醇蒸气渗透率

薄膜类型	乙醇蒸气渗透率（30℃）/[g/(m^2·d)]	薄膜类型	乙醇蒸气渗透率（30℃）/[g/(m^2·d)]
PVDC/PA/LDPE	0.7	OPP/PP	2.0
OPP/EVOH/LDPE	0.8	HDPE	4.1
PVDC/PET/PP	0.9	OPP	4.7
PVDC/OPP/PP	1.0	PP	8.0
Al/PET/LDPE	1.2	LDPE	19.0
PP/PVDC/PP	1.5	EVAL/LDPE	56.1
PET/PP	1.8		

渗透性物质与塑料薄膜间的亲和性不同，其渗透的难易程度也有变化。PE、PP 等疏水性薄膜容易渗透酯类疏水性分子；尼龙、PA 等亲水性薄膜易渗透乙醇等亲水性物质而不易透过酯类等疏水性物质。因此，风味食品选择包装材料时应考虑挥发成分的性质。由于环境温度、湿度对挥发性物质的渗透性有较大的影响，对亲水性物质的渗透性影响尤为显著。为防止温度、湿度带来的不利影响，可采用 PVDC、PE 等多层复合薄膜来包装含一定水分的风味食品。

外界环境中的异味入侵包装食品，是由于包装材料对挥发性异臭物质的渗透作用以及食品对异臭物质的吸附作用造成的。若食品贮存环境有异臭源，或者把包装食品存放在有异臭的仓库、货车或冷库等场所，常常会由于异臭成分的侵入及香味的逸散而导致食品风味下降。另一方面，食品中的蛋白质、脂肪等强极性分子易吸附环境气氛中的异臭分子，而蔗糖对挥发性物质的吸附性不大。因食品的性质及异臭的种类和性质不同，用塑料包装材料包装食品时对食品的异臭污染也有很大差异，实际应用中要有针对性地选择包装材料及包装技术。

第五章

食品包装保质期预测理论与方法

食品包装保质期及其预测对实现食品包装功能具有重要的价值。研究食品包装保质期预测理论与方法是包装科学的重要内容，同时也是社会经济和食品安全的需要，已越来越受到人们的重视。

第一节 食品品质表征与保质期含义

食品从加工完成到消费者消费完成，期间经历食品包装、仓储物流、产品上架销售等相关环节，每个环节都不可避免地出现这样或那样的产品品质的变化。因而，对于食品包装的保质期及食品品质的表征评价就显得尤为重要。

食品包装保质期预测是一门科学，是以推测已知或未知的事件为目的的一门学科。现代预测学科学或称预测的科学研究无所不在的不确定性，旨在控制随机性以及减少无知的程度。预测学通过开发数学模型和程序，对事物的未来发展进行可靠预测，揭示过去发生事件的准确结果。食品包装保质期预测方法，正是通过数学模型以及程序来预测食品发生变质的时间预期。

一、食品保质期及其标准

食品的保质期取决于食品的生产条件、包装材料和包装工艺，是一个十分复杂的问题。其具体含义是指食品在一定期限内不发生原有品质的变化，包括相关的物理变化和化学变化，即腐败、霉变、物理性破坏等。

相对食品的保质期而言，产品的生命周期则是指产品被加工完成到消费者消费结束的全过程。决定产品生命周期长短的主要因素是产品本身的品质（如食品中油脂的抗氧化能力、食品的抗微生物能力）、产品的包装质量。

产品的生命周期能有效指导产品的包装，并能很好地进行包装保质期的预测。对食品包装而言，包装或产品的生命周期的界定，对合理化包装和产品的有效包装保护至关重要。

保质期，又称最佳食用期，国外称为货架期，是指食品在标签指明的贮存条件下，保持食品质量的期限。在适宜的贮存条件下，超过保质期的食品，如果色、香、味没有改变，在一定时间内仍然可以食用。而另一种叫保存期，即产品可食用的最终日期。在保存期之后，食品可能会发生品质变化，不再具有消费者所期望的品质特性，不能食用，更不能用于出售。食品的保质期只能根据具体的生产条件、包装材料和包装工艺等确定，不可能由政府主管部门的行政命令简单划一，而国家或行业标准的有关规定，只是为企业提供了规范化操作的依据。这就意味着食品的保质期只有下限没有上限，企业完全可以根据自身技术水平、包装（容器）性能和包装工艺自行确定不低于国家或行业标准限定的保质期。

二、食品品质的评价

食品品质评价包括主观评价与客观评价。主观评价即感官评价，利用感官对食品进行评判分析。主观评价能直接反映消费者对产品的接受程度。但主观评价误差较大，实验结果的可靠性、可比性较差。因此，不少学者试图用客观方法把人们感官所能感觉到的品质特性表现出来。早在1861年，德国人就设计出世界上第一台食品品质测定仪，用来测定胶状物的稳固程度。Procter等（1955）提出了食品的标准咀嚼条件，用接近于口中感触的形式去研究食品的物理性质。之后，Szczeniak等（1963）确立了综合描述食品物性的“质构曲线解析法（TPA）”。由此可见，客观评价是基于食品的流变学特性，借助于客观手段对食品质构进行分析评判，具有一定的科学性与可比性。

质构仪是用于客观地评价食品品质的主要仪器。质构仪所反映的主要是与力学特性有关的食品品质，其结果具有较高的灵敏性与客观性，并可对结果进行量化处理，从而避免了人为因素对食品品质评价结果的主观影响。

在用质构仪评价食品的品质时，首先要根据测试样品选择探头形状、规格，再根据探头选择操作模式（压缩模式或拉伸模式）。

若选择压缩模式，一般采用质构剖面分析测试，一般自动循环测试两次，其测定结果主要反映样品的黏弹性。测试速度分为测试前速度、测试速度和测试后速度。测试前速度指从测试开始到探头接触到样品并感应到5g力时质构仪测试臂移动的速度；测试速度指从探头感应到5g力到两次穿冲样品达到一定变形阶段测试臂移动的速度；测试后速度指质构仪测试完毕自动返回到起始位置的速度。取点数是仪器自动采集数据的数目，取点数越多，越接近样品的实际变化。质构仪测试数据一部分可从质构仪测试曲线图的坐标中直接读出（如硬度等），而另一部分数据需经计算质构曲线所包围的面积得出（如黏聚性、黏着性等）。面积通过单位时间内从曲线中取点积分得出。

三、影响食品品质的相关因素

影响食品品质的因素主要包括环境、生物性破坏和非生物性破坏。环境因素

包括光线、温度、湿度和氧气等外界因素；生物性破坏主要指生物性腐败，或因细菌、酵母菌和毒菌等有关微生物变化所造成的有害影响；非生物性破坏主要是指由于食品的化学变质而引起的品质败坏。

四、货架寿命与包装

货架寿命理论产生于现代食品技术和包装技术，货架寿命概念中包含了食品学、包装学、材料学、市场营销学等多方面的知识。而国际上对货架寿命问题的卓有成效的研究成果又为食品科学和包装科学的进一步发展注入了活力。产品货架寿命的长短，主要取决于产品本身的品质、包装工艺与材料以及产品流通过程的环境条件等，其影响因素众多，形成机理与相互关系也较为复杂。图 5-1 为商品货架寿命的形成机理模拟关系图，比较清楚地表示了商品包装内部与外部各种因素的相互作用与关系。

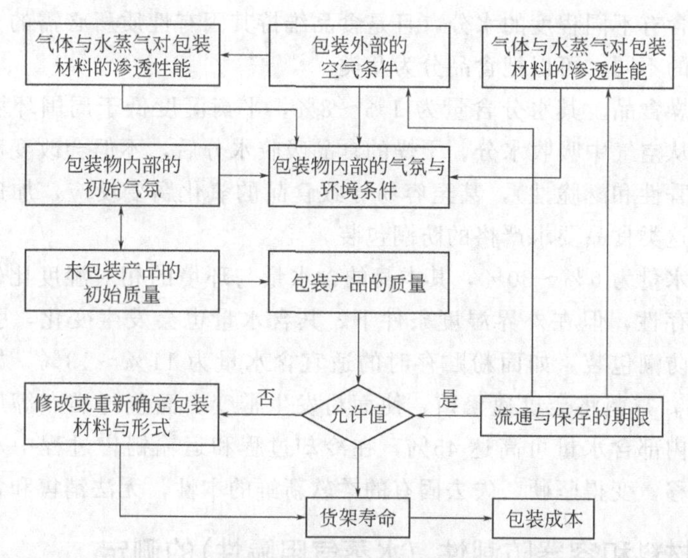

图 5-1　商品货架寿命的形成机理模拟关系图

如果用阻隔性差的渗透性或半渗透性材料来包装产品，则包装材料、容器结构、包装方式都会对商品货架寿命产生较大影响。对许多柔性包装，产品用阻隔性稍差的纸、塑材料包装，其货架寿命或保质期比较短；对于刚性包装，产品用非渗透性材料或阻隔性好的材料（玻璃、金属等）包装，一般情况下，产品变质主要因本身的化学变化引起，包装材料对商品保质期或货架寿命的影响较小。当然包装物导致食品变质的特殊情况也有，如玻璃容器可透光，光照会加速产品的氧化；又如金属罐质量有问题时，产品可能与内涂层材料甚至与金属本体材料发生反应。

第二节 食品防潮包装保质期预测理论与方法

防潮包装是指用不能透过或难于透过水蒸气的包装材料对产品进行包装的一种技术。常用防潮包装材料有纸材、塑料、金属、玻璃、陶瓷等。

地球的大气中含有多种气体以及水蒸气、污染物质等。空气中的水蒸气随季节、气候、湿源等各种条件的不同而变化，且在一定压力和温度下水蒸气还可凝结为水。为了防止某些产品及其包装容器从空气中吸湿受潮，避免商品质量受损或潮解变性，可靠的办法是采用防湿包装，也称防潮包装。同时，有些含水分多的产品脱湿后会引起干涸或变质，同样也可采用防湿包装。

一、包装食品的含水量、湿度与品质的相关性

食品都含有不同程度的水分，且是食品维持其固有性质所必需的。根据食品中水分含量的不同，可以把食品分为几类。

(1) 干燥食品。其水分含量为1%～8%，平衡湿度低于周围环境空气中的湿度，容易从空气中吸收水分。干燥的食品吸收水分后，不但会改变和丧失其固有性质（如香性和酥脆性），甚至容易导致食品的氧化腐变反应，加速食品的腐败。所以，这类食品要求严格的防潮包装。

(2) 含水量为6%～30%，其本身的含水量与环境的相对湿度比较接近，具有较好的贮存性，但在外界湿度条件下，其含水量也会发生变化，引起品质变化，须采取防潮包装。如面粉贮存时的适宜含水量为11%～13%，如果其含水量超过13%，霉菌将会迅速繁殖，使面粉发生霉变。面包与糕点等焙烤食品刚加工时，其内部含水量可高达45%，在冷却过程和运输销售过程中水分会逐渐向外表面转移，变得坚硬，失去固有的柔软新鲜的本性，无法销售和食用。

二、包装材料和容器防潮性（水蒸气阻隔性）的测定

包装材料的透湿度测定可以采用JIS-Z208，ASTM（美国材料试验学会）E-96，ISO（国际工业标准化组织）R-1195，GB1037—1988方法测定，而对于具有高阻潮性能的材料的测定可采用LYSSY法（利用温度传感器的测试方法，L-80型）及模型控制法（Modern controls法，即利用IR检测器测试方法，IRD-2C型）。

对实际包装容器的防潮性能试验，通常采用JIS-Z222或ASTM-D895规定的重量法。试验方法如下：在包装容器内填充无水氯化钙或具有吸潮性的制品，在温度为（40±1）℃，湿度（90±2）%的条件下，以适当的间隔来称量容器因透湿而增加的重量，以求得容器的透湿度。这个方法由于能取得符合实际的近似值，

而且操作简单，用于推定商品的保质期很有效果。

三、防潮包装食品保质期预测研究

为预测包装食品保质期进行的试验，关系着包装制品的开发、改良、容器包装的设计。所以通常在模拟流通过程的苛刻保存条件下进行试验，根据产品质量的变化，预测食品的保存寿命。

以防潮食品包装为对象的保存寿命试验，就是测定制品的内部水分保持在维持商品价值所允许的吸潮或干燥的时间，把它作为食品特性值，用于对包装的实际防潮性能和食品的保质期进行预测和评价。

如果从包装本身的防潮效果来看，在一定条件下，通过透湿度为 q [g/(m^2·24h)] 的包装容器，内装食品（重量 W）的水分从 M_0（%）（填充时的制品水分）变为 M_c（允许界限水分）所需要的时间 t 可用下式表示：

$$t=W(M_c-M_0)q^{-1} \tag{5-1}$$

或

$$q=W(M_c-M_0)A^{-1} \tag{5-2}$$

从式（5-2）可以求出防潮包装材料所要求的透湿度值。

1. 从透湿度预测包装食品保质期

吸湿等温曲线反映了食品的吸潮性能，如图5-2所示。

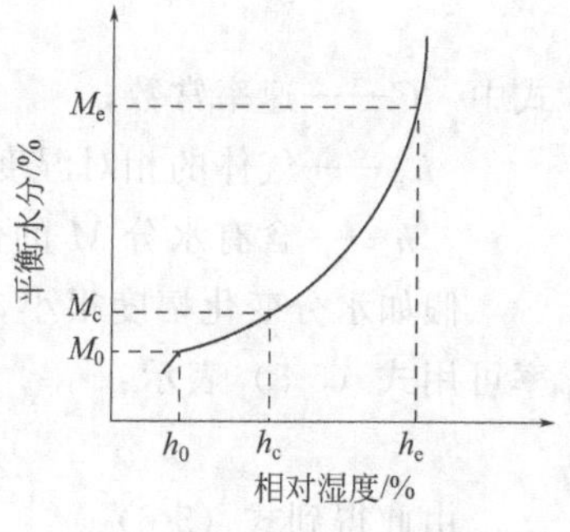

图 5-2 食品的吸湿等温曲线

包装初期食品水分为 M_0（%），包装内部的相对湿度为 h_0（%），容许界限水分值为 M_c（%），而平衡状态的相对湿度为 h_c（%）。

则该包装食品在 θ℃，相对湿度 h_e（%）的保存条件下的保质期 T（防潮保存可能日数）为：

$$T=[4.98W(M_c-M_0)(P_{40}/P_\theta)]/[RA(h_1-h_2)P_\theta] \tag{5-3}$$

式中 W——内包装食品的净重，kg；

M_0——包装内食品的初期水分，%；

M_c——包装内食品的容许界限水分，%；

A——包装的外表面积，m^2；

h_1——贮存环境的相对湿度，%；

h_2——包装内的平均相对湿度，%；

P_θ——包装贮存环境温度条件为 θ℃时的饱和水蒸气压，Pa；

R——包装容器在温度为40℃，湿度为90%时JIS规定的透湿度，g/(m^2·24h)。

(P_{40}/P_θ) ——温度分别为40℃和θ℃时包装容器的透湿系数的比值，即温度依存系数。

根据保质期 T 的值，就能推算出包装容器的透湿度，从而推算出包装材料的透湿率，由此指导防潮包装的设计和防潮包装材料的选择。

应用上式确定 h_2 的值时，一般取 $(h_0+h_c)/2$，但此值只是概略值，最好采用从 M_0 向 M_c 变化的水分积分平均值。另外，有必要先求出 (P_{40}/P_θ) 的值，即包装容器透湿系数 P 的温度依存系数。单个材料可以引用工业标准规格手册中规定的数值，对于复合材料则必须事先求出数据。

2. 利用吸湿速度求包装食品的保质期

对装有含水分为 M_0 食品的防潮包装 $(t=0)$，设在 t 时间后含水分为 M（设保存中的气体温度，相对湿度是固定的）。经过一定时间后，包装食品的含水量变为 M_E，最后和周围气体达到平衡状态。

则吸湿或干燥速率同气体与包装食品的水蒸气压成比例，可用式（5-4）表示

$$dM/dt=-C(h-h_e) \tag{5-4}$$

式中 C——速率常数；

h_e——气体的相对湿度；

h——含有水分 M 的包装食品的平衡相对湿度。

假如水分变化幅度很小，M 可看作 h 的函数，则食品和包装体系的吸潮速率可用式（5-5）表示：

$$dM/dt=-K(M_e-M) \tag{5-5}$$

由此得到式（5-6）

$$(M_e-M)=(M_e-M_0)e^{-Kt} \tag{5-6}$$

比例常数 K 可看作与干燥或吸潮速度有关的包装食品的特性值，(M_e-M_0) 则表示包装食品的吸潮饱和量，代表制品的吸潮性。

对式（5-6）取对数，可得式（5-7）

$$\lg(M_e-M)-\lg(M_e-M_0)=-Kt \tag{5-7}$$

由此得式（5-8）

$$\lg[(M-M_e)/(M_0-M_e)]=-Kt \tag{5-8}$$

如果包装食品的容许水分界限为 M_c，包装食品的保质期（防潮保存可能日数）T 可由式（5-9）求出

$$T=1/K\cdot\lg[(M_e-M_c)/(M_c-M_0)] \tag{5-9}$$

因此，如果用 $\lg(M_e-M)$ 或者 $\lg[(M-M_e)/(M_0-M_e)]$ 与 T 作图，可得到斜率为 K 的直线，特别在吸潮、干燥试验中，初期食品水分 M_0，即使采样

略有差异，但采用$\lg[(M-M_e)/(M_0-M_e)]$的值来作图时，因为该直线通过坐标的原点，可避免出现差异。

3. 食品防潮包装保质期应用举例

以饼干为例，预测其保质期。各种参数如下：重量100g；贮存条件为25℃，相对湿度65%。使用材料为BOPP/VMCPP，经检测其渗透系数为$0.51\times10^{-15}\mathrm{g\cdot cm/(cm^2\cdot s\cdot Pa)}$，薄膜厚度45μm，包装总面积为390cm²，25℃时饱和水蒸气压为3.167kPa。实验测得饼干的初始含水率为3.95%，在GB 7100—2015《食品安全国家标准　饼干》中规定饼干的水分含量≤6.5%，即最大允许含水率为6.5%。

根据费克定律：

$$J(x)=-A\frac{\mathrm{d}y}{\mathrm{d}x} \tag{5-10}$$

式中　$J(x)$——沿x轴方向的流量；

A——比例系数；

$\mathrm{d}y/\mathrm{d}x$——x轴方向的梯度。

根据亨利定律：

$$P=kx \tag{5-11}$$

式中　P——溶质在气相中的平衡压力，Pa；

k——x浓度下的亨利系数；

x——溶液中溶质的物质的量分数。

由式（5-10）和式（5-11）可得：

$$m=P\frac{(P_1-P_2)}{d} \tag{5-12}$$

式中　m——水蒸气在单位时间、单位面积上的渗透量，$\mathrm{cm^3/(s\cdot cm^2)}$；

P——水蒸气透过包装材料的渗透系数，$\mathrm{g\cdot cm/(cm^2\cdot s\cdot kPa)}$；

P_1、P_2——包装材料外侧、内侧的压强，Pa；

d——包装材料的厚度，cm。

另外，水蒸气渗透量（透湿率）q_{MW}与m之间的关系为：

$$m=\frac{q_{\mathrm{MW}}}{St} \tag{5-13}$$

式中　S——包装总面积，cm²；

t——时间，s。

则由式（5-12）和式（5-13）可得：

$$\frac{q_{\mathrm{MW}}}{St}=\frac{P(P_1-P_2)}{d} \tag{5-14}$$

又有 $P_1-P_2=P_H(RH_1-RH_2)$，代入式（5-14）得：

$$\frac{q_{MW}}{t}=\frac{PP_HS(RH_1-RH_2)}{d} \tag{5-15}$$

式中，P_H 为饱和水蒸气压，kPa；RH_1、RH_2 为包装外侧、内侧的相对湿度，%。

含水率随时间的变化率为：

$$\frac{dq_{MW}}{dt}=\frac{PP_HS}{d}(RH_1-RH_2) \tag{5-16}$$

又由 Modifed Oswin（MOS）模型可知：

$$RH_2=\frac{1}{1+[(A+BT)M]^c} \tag{5-17}$$

式中　T——绝对温度，K；

A、B、C——与物料性质有关的常数。

将式（5-17）代入式（5-16）得：

$$\frac{dq_{MW}}{dt}=\frac{PP_HS}{d}\left(RH_1-\frac{1}{1+[(A+BT)M]^c}\right) \tag{5-18}$$

又因含水率 $M=\frac{q_{MW}}{W}$，则式（5-18）可改写成：

$$\frac{dq_{MW}}{dt}=\frac{PP_HS}{d}\left(RH_1-\frac{1}{1+[(A+BT)W/q_{MW}]^c}\right) \tag{5-19}$$

整理积分得到饼干的防潮包装保质期预测模型：

$$t=\frac{d}{PP_\theta S}\int_{q_1}^{q_2}\frac{dq_{MW}}{RH_1-\frac{1}{1+[(A+BT)W/q_{MW}]^c}} \tag{5-20}$$

式中　q_1——初始透湿量，g；

q_2——临界透湿量，g。

由给出的饼干的相干参数代入式（5-20）计算得：

$$t=\frac{cm^2\cdot s\cdot Pa\times 0.0045cm\times 3.9231g}{0.51\times 10^{-15}g\cdot cm\times 390cm^2\times 3.167\times 10^3Pa}\approx 325(d)$$

四、食品防潮包装设计方法

1. 食品防潮包装设计

防潮包装就是采用具有一定隔绝水蒸气能力的防湿材料对物品进行包封，隔绝外界湿度变化对产品的影响，同时使包装内的相对湿度满足物品的要求，保护物品的质量。根据流通环境的湿度条件和物品特性，选择合适的防潮包装材料和

合理的防潮包装结构，或采用附加物，防止水蒸气通过或者减少水蒸气通过，可达到物品防潮的目的。

依据被包装商品的性质、贮运期限与贮运过程的温湿条件，防潮包装可分三级，如表 5-1 所示。

表 5-1　防潮包装等级分类表

等级	贮运期限	气候种类	内包装物性质
一	1年以上两年以下	A	贵重，精密，对湿度敏感，易生锈，易变质
二	半年以上一年以下	B	较贵重，较精密，对湿度轻度敏感
三	半年以下	C	对湿度不大敏感

为满足各个等级防湿包装的技术要求，应特别注意以下事项。

防潮包装的有效期限一般不超过两年，在有效期内，防湿包装内空气相对湿度在 25℃时不超过 60%。

商品以及进行防潮包装的操作环境应干燥、清洁，湿度不高于 35%，相对湿度不大于 75%，且温度不应有剧烈的变化以免产生凝露，使产品含水多。商品若有尖突部，应预先采取包扎等措施，以免损伤防湿包装器。

防潮包装操作应尽量连续进行，一次完成包装操作。若需中间停顿作业，应采取临时的防湿措施。

商品运输条件差，易发生机械损伤，应采取缓冲衬托卡紧、支撑或固定，并尽量将上述附件放在防湿层的外部，以免擦伤防湿包装容器。

不言而喻，防潮包装应采用密封包装，可以根据商品性质与实际流通条件，恰当地选择包装方式。

（1）绝对密封包装。

（2）真空包装。

（3）充气包装。

（4）贴体包装。

（5）热收缩包装。用热收缩塑料薄膜包装商品后，经加热，薄膜可紧裹商品，并使包装内部空气压力稍高于外部空气，从而减缓外部空气向包装内部的渗透。

（6）泡罩包装。采用全塑的泡罩包装结构并热封，可避免商品与外部空气直接接触，并减缓外部空气向包装内部的渗透。

（7）泡塑包装。将商品先用纸或塑料薄膜包裹，再放入泡沫塑料盒内或就地发泡，这样可不同程度地阻止空气渗透。

（8）油封包装。机电商品涂以油脂或进行油浸后，金属部件不与空气直接接触，可有效地减缓湿气的侵害。

(9) 多层包装。采用不同透湿度的材料进行两次或多次包装，从而在层与层之间形成拦截空间，不仅可减缓水蒸气的渗透，且可使内部气体与外界空气掺混而降低湿度。多层包装阻湿效果较好，但操作麻烦，然而，在一般情况下，比采用复合材料的成本低。

(10) 使用干燥剂的包装。

2. 食品防潮包装方法

每种食品都有相应的临界水分，例如奶粉为2.25%，茶叶为5.5%，当环境湿度超过临界水分时，食品就会吸湿，而导致品质下降甚至严重变质，失去食用功能。从防潮功能来说，食品可以采用真空防潮包装，也可以采用干燥剂防潮包装。

(1) 真空防潮包装　真空防潮包装对被包装产品的干燥程度有严格要求，对包装材料的阻挡性也有严格要求，在满足这两个条件的情况下，防潮效果基本能达到设计要求。但是这种防潮方法对包装材料的阻隔性要求比较高，不能有水蒸气透过，一般价格较高，适于无棱角的产品包装。系统流程为：产品干燥→产品充填到包装袋中→抽真空并封口→产品取出→产品装箱。

(2) 干燥剂防潮包装　干燥剂防潮包装是在包装容器中装入相应数量的干燥剂，以吸收产品中存在的水分和因包装材料阻挡性不好或者下降带入的水分，干燥剂包装要求选用合适的干燥剂，以免引起食物中毒及其他事故。干燥剂防潮包装适宜包装材料阻挡性不好的案例，对于食品类产品，尽量不用这种包装方式，以免引起食品卫生和安全问题。干燥剂是指能吸附水分的一类物质，干燥剂防潮包装需要对干燥剂本身及包装材料进行严格选择。

目前在食品包装中使用的干燥剂主要有三种，分别是硅胶干燥剂、分子筛干燥剂、活性氧化铝。

① 硅胶干燥剂　硅胶干燥剂的主要成分是二氧化硅，大多为半透明的非晶体，成粒状或者珠状。质地坚硬，无毒，无味，无腐蚀性，有较强的化学稳定性和热稳定性。硅胶干燥剂最合适的吸湿环境为室温（20～32℃）、湿度60%～90%，硅胶干燥剂在吸湿后由蓝色变为红色。硅胶干燥剂种类很多，包括细孔硅胶、粗孔硅胶、B型硅胶等。硅胶干燥剂是食品包装中最常使用的一种干燥剂。

② 分子筛干燥剂　它是人工合成的具有三方晶格的多水合硅铝酸盐。不溶于水和有机溶剂。分子筛是通过筛分分子大小的方式选择性吸收，将大于孔径的分子阻挡在外，小于孔径的分子吸进孔内，如果分子大小相同时，优先选择极性高或不饱和度较高的分子。分子筛可以加工成球形、片状等。

分子筛干燥剂在相对湿度较低或温度较高时，其吸湿能力比硅胶干燥剂或活性氧化铝强。

③ 活性氧化铝干燥剂，又名铝凝胶，主要原料是α-三水铝石，为白色或淡红色小球，化学性能稳定，耐高温，对水的吸附能力强，适宜深度干燥。

（3）包装材料

① 包干燥剂的包装材料。对干燥剂的包装材料与对产品的包装材料的要求存在很大差异，包干燥剂的包装材料要求水蒸气透过率高，通过产品包装材料进入包装袋内的水蒸气、产品逸出的水分子、包装袋内的水分子等都可以透过包干燥剂的包装材料进入干燥剂袋内，被干燥剂吸收。

同时包干燥剂的包装材料要有一定的阻挡性，因为大多数干燥剂吸水后变为粉状，易于透过包干燥剂的薄膜，会给产品带来污染，所以，对包干燥剂的包装材料要求既能透过水分子也要能阻挡粉状干燥剂透过。

② 产品包装袋对包装材料的阻挡性要求较高，主要是防止在货架期内水分子大量进入包装袋内，因此要选用阻挡性较好的包装材料。金属和玻璃都具有很好的阻挡性，但要注意瓶盖材料对水分子的阻挡性。对于塑料包装材料，要选择那些对水分具有良好阻挡性的类型。

干燥剂用量的计算考虑两个方面，一是保质期内透过包装材料的水蒸气的量，二是干燥剂在保质期内吸收的水蒸气量，只有前者小于后者，才能保证防潮包装的效果。详细的干燥剂用量计算公式可以在有关书籍上查到。

系统流程为：用透湿性好的包装膜包装干燥剂→将干燥剂袋装入包装袋中→产品充填到包装袋中→封口→装箱。

3. 防潮包装的经济评价

对每一种防潮包装方案的经济性进行评价并找出最好的方案，是防潮包装系统解决方案的基本策略。表5-2列出了几种防潮包装解决方案，根据不同地区及产品规模，可以从中找出最经济的系统防潮包装解决方案。

表5-2　防潮包装解决方案

序号	产品是否干燥处理	是否封入干燥剂	PVDC塑料薄膜包装材料	聚乙烯塑料薄膜包装材料
1	√		√	
2		√	√	
3		√		√

在满足产品保质期的前提条件下，哪一种经济效益最好，就应该成为最优的防潮包装系统解决方案。

4. 防潮包装试验

无论采用何种防潮包装方式，要达到理想的防潮包装效果，必须进行防潮包装试验，只有在试验的基础上才能进行良好的防潮包装设计。这些试验包括包装材料的透湿性试验、软包装密封试验、封口试验、包装容器透湿度试验、干燥剂性能试验等。

第三节　食品抗微生物腐败的保质期预测理论与方法

一、引起食品腐败变质的基本条件

食品发生变质的因素主要包括物理因素（高温、高压和放射性污染等）、化学因素（化学反应和污染）、生物因素（微生物、昆虫、寄生虫污染）及动物或植物食品组织内的酶的作用，其中微生物引起食品腐败最普遍。从某种意义上讲，食品腐败变质是指在一定环境条件下，由微生物的作用而引起食品的化学组成成分和感官性状发生变化，使食品降低或失去营养价值和食用价值的过程。如肉类的腐败，油脂的酸败，果蔬的发酵、腐烂，粮食的霉变等均是微生物引起的有害变化。

食品从原料生产到成品出厂销售要受到不同来源微生物的污染，因而食品中总是存在一定种类和数量的微生物。然而微生物污染食品后，能否导致食品的腐败变质，以及变质的程度和性质如何，受多方面因素的影响。一般来说，食品发生腐败变质，与食品本身的性质、微生物的种类和数量以及食品所处的环境等因素有密切的关系。它们三者之间是相互作用、相互影响的。

1. 食品的基质特性

(1) 食品的营养成分　食品含有蛋白质、糖类、脂肪、无机盐、维生素和水分等丰富的营养成分，是微生物的良好培养基。因而微生物污染食品后很容易迅速生长繁殖，造成食品的变质。但由于不同的食品，上述各种成分的比例差异很大，而各种微生物分解各类营养物质的能力不同，这就导致了引起不同食品腐败的微生物类群也不同。如肉、鱼等富含蛋白质的食品，容易受到对蛋白质分解能力强的变形杆菌、青霉等微生物的污染而发生腐败；米饭等含糖类较高的食品，易受到曲霉属、根霉菌、乳酸菌、啤酒酵母等对碳水化合物分解能力强的微生物的污染而变质；脂肪含量较高的食品，易受到黄曲霉和假单胞杆菌等分解脂肪能力很强的微生物的污染而发生酸败变质。

(2) 食品的氢离子浓度　各种食品都具有一定的氢离子浓度。根据食品 pH 值范围，可将食品划分为两大类：酸性食品和非酸性食品。pH 值在 4.5 以上者，属于非酸性食品；pH 值在 4.5 以下者为酸性食品。例如动物食品的 pH 值一般在 5～7 之间，蔬菜 pH 值在 5～6 之间，它们为非酸性食品；水果的 pH 值在 2～5 之间，为酸性食品。

各类微生物都有其最适宜的 pH 值范围，食品中氢离子浓度可影响菌体细胞膜上电荷的性质。当微生物细胞膜上的电荷性质受到食品氢离子浓度的影响而改变后，微生物对某些物质的吸收机制会发生改变，从而影响细胞正常物质代谢活动和酶的作用，因此食品 pH 值高低是制约微生物生长，影响食品腐败变质的重要因素之一。

大多数细菌最适生长的 pH 值是 7.0 左右，酵母菌和霉菌生长的 pH 值范围较宽，因而非酸性食品适合于大多数细菌及酵母菌、霉菌的生长；细菌生长下限一般在 4.5 左右，pH 值 3.3～4.0 以下时只有个别耐酸细菌，如乳杆菌属尚能生长，故酸性食品的腐败变质主要是酵母和霉菌的生长。

另外，食品的 pH 值也会因微生物的生长繁殖而发生改变；当微生物生长在含糖与蛋白质的食品基质中，首先分解糖产酸，使食品的 pH 值下降；当糖不足时，蛋白质被分解，pH 值又回升。由于微生物的活动，使食品基质的 pH 值发生很大变化，当酸或碱积累到一定量时，反过来又会抑制微生物的继续活动。

(3) 食品的水分　水分是微生物生命活动的必要条件，微生物细胞组成不可缺少水，细胞内所进行的各种生物化学反应，均以水为溶媒。在缺水的环境中，微生物的新陈代谢发生障碍，甚至死亡。但各种微生物生长繁殖所要求的水分含量不同，因此，食品中的水分含量决定了所生长微生物的种类。一般来说，含水分较多的食品，细菌容易繁殖；含水分少的食品，霉菌和酵母菌容易繁殖。

食品中的水分以游离水和结合水两种形式存在：微生物在食品上生长繁殖，能利用的水是游离水，因而微生物在食品中的生长繁殖所需水不是取决于总含水量（%），而且取决于水活度。因为一部分水是与蛋白质、碳水化合物及一些可溶性物质，如氨基酸、糖、盐等结合，这种结合水对微生物是无用的。

(4) 食品的渗透压　渗透压与微生物的生命活动有一定的关系。如将微生物置于低渗溶液中，菌体吸收水分发生膨胀，甚至破裂；若置于高渗溶液中，菌体则发生脱水，甚至死亡。一般来讲，微生物在低渗透压的食品中有一定的抵抗力，较易生长，而在高渗食品中，微生物常因脱水而死亡。当然不同微生物种类对渗透压的耐受能力大不相同。

绝大多数细菌不能在较高渗透压的食品中生长，只有少数种能在高渗环境中生长，如盐杆菌属中的一些种，在 20%～30%食盐浓度的食品中能够生长；肠膜明串珠菌能耐高浓度糖。酵母菌和霉菌一般能耐受较高的渗透压，如异常汉逊氏酵母菌、鲁氏糖酵母菌、膜醭毕赤氏酵母菌等能耐受高糖，常引起糖浆、果酱、果汁等高糖食品的变质。霉菌中比较突出的代表是灰绿曲霉、青霉属、芽枝霉属等。

食盐和糖是形成不同渗透压的主要物质。在食品中加入不同量的糖或盐，可以形成不同的渗透压。所加的糖或盐越多，则浓度越高，渗透压越大，食品的 a_w 值就越小。为了防止食品腐败变质，常用盐腌和糖渍方法来较长时间地保存食品。

完好无损的食品，一般不易发生腐败，如没有破碎和伤口的马铃薯、苹果等，可以放置较长时间。如果食品组织溃破或细胞膜碎裂，则易受到微生物的污染而发生腐败变质。

2. 微生物

在食品发生腐败变质的过程中，起重要作用的是微生物。如果某一食品经过彻底灭菌或过滤除菌，则食品长期贮藏也不会发生腐败。反之，如果某一食品污染了微生物，一旦条件适宜，就会引起该食品腐败变质。所以说，微生物的污染是导致食品发生腐败变质的根源。

如前（第二章）所述：引起食品腐败变质的微生物种类很多，主要有细菌、酵母菌和霉菌。一般情况下细菌比酵母菌占优势。在这些微生物中，有病原菌和非病原苗；有芽孢菌和非芽孢菌；有嗜热性菌、嗜温性菌和嗜冷性菌；有好气菌或厌气菌；有分解蛋白质、糖类、脂肪能力强的菌。容易引起食品腐败变质的微生物如表 5-3 所示。

表 5-3　部分食品腐败类型和引起腐败的微生物

食品	腐败类型	微生物
面包	发霉	黑根霉、青霉属、黑曲霉
	产生黏液	枯草芽孢杆菌
糖浆	产生黏液	产气肠杆菌、酵母属
	发酵	接合酵母属
	呈粉红色发霉	玫瑰色微球菌、曲霉属、青霉属
新鲜水果和蔬菜	软腐	根霉属、欧文氏杆菌属
	灰色霉菌腐烂	葡萄孢属
	黑色霉菌腐烂	黑曲霉、假单胞菌属
泡菜、酸菜	表面出现白膜	红酵母属
	腐败	产碱菌属、梭菌属普通变形菌
肉	变黑	荧光假单胞菌、腐败假单胞菌
	发霉	曲霉属、根霉属、青霉属
	变酸	假单胞菌属、微球菌属、乳杆菌属
鱼	变绿色、变黏	明串珠菌属
	变色	假单胞菌属、产碱菌属、黄杆菌属
蛋	腐败、绿色腐败、褪色腐败、黑色腐败	腐败桑瓦拉菌、荧光假单胞菌、变形菌
浓缩橘汁	失去风味	乳杆菌属、醋杆菌属

3. 食品的环境条件

食品中污染的微生物能否生长，主要看环境条件，例如，天热饭菜容易变坏，潮湿粮食容易发霉。影响食品变质的环境因素和影响微生物生长繁殖的环境因素一样，也是多方面的。有些内容已在前面有关章节中加以讨论，故不再重复。在这里，仅就影响食品变质的几个重要因素，例如温度、湿度和气体等进行讨论。

（1）温度　根据微生物对温度的适应性，可将微生物分为3个生理类群，即嗜冷、嗜温、嗜热三大类微生物。每一类群微生物都有最适宜生长的温度范围，但这三类微生物又都可以在20～30℃之间生长繁殖，当食品处于这种温度的环境中，各种微生物都可生长繁殖而引起食品的变质。

① 低温对微生物生长的影响　低温对微生物生长极为不利，但由于微生物具有一定的适应性，在5℃左右或更低的温度（甚至、20℃以下）下仍有少数微生物能生长繁殖，使食品发生腐败变质，我们称这类微生物为低温微生物。低温微生物是引起冷藏、冷冻食品变质的主要微生物。低温下生长的微生物主要有假单胞杆菌属、黄色杆菌属、无色杆菌属等革兰氏阴性无芽孢杆菌；小球菌属、乳杆菌属、小杆菌属、芽孢杆菌属和梭状芽孢杆菌属等革兰氏阳性细菌；假丝酵母属、隐球酵母属、丝孢酵母属等酵母菌；青霉属、芽枝霉属、葡萄孢属、毛霉属等霉菌。

② 高温对微生物生长的影响　高温，特别在45℃以上，对微生物生长是十分不利的。在高温条件下，微生物体内的酶、蛋白质、脂质体很容易发生变性失活，细胞也易受到破坏，这样会加速细胞的死亡。温度越高，死亡率也越高。

然而，在高温条件下，仍然有少数微生物能够生长。通常把能在45℃以上温度条件下进行代谢活动的微生物，称为高温微生物或嗜热微生物。嗜热微生物之所以能在高温环境中生长是因为它们具有与其他微生物所不同的特性，如它们的蛋白质对热的稳定性比中温强得多；它们的细胞膜上富含饱和脂肪酸，由于饱和脂肪酸比不饱和脂肪酸容易形成更强的疏水键，从而使膜能在高温下保持稳定；它们的生长曲线独特，和其他微生物相比，延滞期、对数期都非常短，进入稳定期后，迅速死亡。

在食品中生长的嗜热微生物，主要是嗜热细菌，如芽孢杆菌属中的嗜热脂肪芽孢杆菌、凝结芽孢杆菌；梭状芽孢杆菌属中的肉毒杆菌、热解糖梭状芽孢杆菌、致黑梭状芽孢杆菌；乳杆菌属和链球菌属中的嗜热链球菌、嗜热乳杆菌等。霉菌中的纯黄丝衣霉耐热能力也很强。

在高温条件下，嗜热微生物的新陈代谢活动加快，所产生的酶对蛋白质和糖类等物质的分解速度也比其他微生物快，因而使食品发生变质的时间缩短。由于它们在食品中经过旺盛的生长繁殖后，很容易死亡，若不及时进行分离培养，就会失去检出的机会。高温微生物造成的食品变质主要是酸败，是分解糖类产酸而引起的。

(2) 湿度　空气中的湿度对于微生物生长和食品变质也起着重要的作用，尤其是未经包装的食品。例如把含水量少的脱水食品放在湿度大的地方，食品易吸潮，表面水分迅速增加。长江流域梅雨季节，粮食、物品容易发霉，就是因为空气湿度太大（相对湿度70%以上）的缘故。

a_w 值反映了溶液和作用物的水分状态，而相对湿度则表示溶液和作用物周围的空气状态。当两者处于平衡状态时，$a_w \times 100$ 就是大气与作用物平衡后的相对湿度。每种微生物只能在一定的 a_w 值范围内生长，但这一范围的 a_w 值要受到湿度的影响。

二、各类食品的腐败变质

食品从原料到加工成产品，随时都有被微生物污染的可能。这些污染的微生物在适宜条件下即可生长繁殖，分解食品中的营养成分，使食品失去原有的营养价值，成为不符合卫生要求的食品。

1. 乳及乳制品的腐败变质

各种不同的乳，如牛乳、羊乳、马乳等，其成分虽各有差异，但都含有丰富的营养成分，容易消化吸收，是微生物生长繁殖的良好培养基。乳一旦被微生物污染，在适宜条件下，就会迅速繁殖引起腐败变质而失去食用价值，甚至可能引起食物中毒或其他传染病的传播。

如牛乳在挤乳过程中会受到乳房和外界微生物的污染，包括乳房内的微生物和环境中的微生物。环境中的微生物包括挤奶过程中细菌的污染和挤后食用前的一切环节中受到的细菌的污染。

2. 肉类的腐败变质

肉类食品，如畜禽的肌肉及其制品、内脏等，由于营养丰富，有利于微生物生长繁殖。家畜、家禽的某些传染病和寄生虫病也可通过肉类食品传播给人，因此保证肉类食品的卫生质量是食品卫生工作的重点。

参与肉类腐败过程的微生物是多种多样的，常见的有腐生微生物和病原微生物。腐生微生物包括细菌、酵母菌和霉菌。细菌主要是需氧的革兰氏阳性菌，如蜡样芽孢杆菌、枯草芽孢杆菌和巨大芽孢杆菌等；需氧的革兰氏阴性菌，如假单胞杆菌属、无色杆菌属、黄色杆菌属、产碱杆菌属等；酵母菌和霉菌主要包括假丝酵母菌、丝孢酵母菌、交链孢酶属、曲霉属等。病畜、禽肉类可能带各种病原菌，如沙门氏菌、金黄色葡萄球菌、结核分枝杆菌、炭疽杆菌和布氏杆菌等，它

们对肉的主要影响并不是使肉腐败变质，严重的是传播疾病，造成食物中毒。

肉类腐败变质时，往往在其表面产生明显的感官变化，如发黏、变色、霉斑、气味等。

3. 鱼类的腐败变质

一般情况下，鱼类比肉类更易腐败，因为通常鱼类在捕获后，不是立即清洗处理，而是带着容易腐败的内脏和鳃一道进行运输，这样就容易引起腐败。其次，鱼体本身含水量高（70%～80%），组织脆弱，鱼鳞容易脱落，细菌容易从受伤部位侵入，而鱼体表面的黏液又是细菌良好的培养基，因而造成了鱼类死后很快就发生腐败变质。

4. 鲜蛋的腐败变质

通常新产下的鲜蛋里是没有微生物的，新蛋壳表面又有一层黏液胶质层，具有防止水分蒸发，阻止外界微生物侵入的作用。其次，在蛋壳膜和蛋白中，存在一定的溶菌酶，也可以杀灭侵入壳内的微生物；故正常情况下鲜蛋可保存较长的时间而不发生变质。然而鲜蛋也会受到微生物的污染，当母禽不健康时，机体防御机能减弱，外界的细菌可侵入到输卵管，甚至卵巢，产蛋后，蛋壳立即受到禽类、空气等环境中微生物的污染，如果胶质层被破坏，污染的微生物就会透过气孔进入蛋内，当保存的温度和湿度过高时，侵入的微生物就会大量生长繁殖，造成蛋的腐败。鲜蛋的变质有两种类型。

（1）腐败　主要是由细菌引起的鲜蛋变质。侵入到蛋中的细菌不断生长繁殖并形成各种相适应的酶，然后分解蛋内的各组成成分，使鲜蛋发生腐败和产生难闻的气味。主要由荧光假单胞菌所引起，使蛋黄膜破裂，蛋黄流出与蛋白混合（即散蛋黄）。如果进一步发生腐败，蛋黄中的核蛋白和卵磷脂也被分解，产生恶臭的 H_2S 等气体和其他有机物，使整个内含物变为灰色或暗黑色。

（2）霉变　霉菌菌丝经过气孔侵入后，首先在蛋壳膜上生长起来，逐渐形成斑点菌落，造成蛋液黏壳，蛋内成分分解并有不愉快的霉变气味产生。

5. 罐藏食品的腐败变质

罐藏食品是将食品原料经一系列处理后，再装入容器，经密封、杀菌而制成的一种特殊形式保藏的食品。一般来说，罐藏食品可保存较长时间而不发生腐败变质。但是，有时由于杀菌不彻底或密封不良，也会遭受微生物的污染而造成罐藏食品的变质。

引起罐藏食品变质的主要微生物有芽孢杆菌、非芽孢杆菌、酵母菌、霉菌等。

6. 果蔬及其制品的腐败变质

水果和蔬菜的表皮和表皮外覆盖着一层蜡状物质，这种物质有防止微生物侵入的作用，因此一般正常的果蔬内部组织是无菌的。但是当果蔬表皮组织受到昆虫的刺伤或其他机械损伤时，微生物就会从此侵入并进行繁殖，从而促进果蔬的腐烂变质，尤其是成熟度高的果蔬更易损伤。

水果与蔬菜的物质组成是以碳水化合物和水为主，水分含量高（水果85%、蔬菜88%），这些是果蔬容易引起微生物变质的一个重要因素；其次，水果pH值<4.5，蔬菜pH值5～7之间，这决定了水果蔬菜中能进行生长繁殖的微生物的类群，引起水果变质的微生物，开始只能是酵母菌、霉菌，引起蔬菜变质的微生物是霉菌、酵母菌和少数细菌。

7. 糕点的腐败变质

糕点类食品由于含水量较高，糖、油脂含量较多，在阳光、空气和较高温度等因素的作用下，易引起霉变和酸败。引起糕点变质的微生物类群主要是细菌和霉菌，如沙门氏菌、金黄色葡萄球菌、粪肠球菌、大肠杆菌、变形杆菌、黄曲霉、毛霉、青霉、镰刀霉等。

糕点变质主要是生产原料不符合质量标准、制作过程中灭菌不彻底和糕点包装贮藏不当而造成的。

三、食品抗微生物腐败包装保质期预测理论

对于食品、药品等易受微生物作用而变质的产品，包装保存期主要依据微生物活菌含量。当这类物品微生物活菌含量达到或超过其标准规定的上限或下限时，则该物品已不符合标准。

物品所允许的微生物活菌含量的最高上限或最低下限，一般由物品的微生物含量检测实验或有关文献、标准以及专家评议确定。微生物的繁殖遵循一级动力学反应历程。食品保存期内微生物的增殖速率可表示为：

$$\frac{\mathrm{d}N}{\mathrm{d}t}=K_{\mathrm{G}}N \tag{5-21}$$

当 $t=0$ 时 $N=N_0$，$t=t$ 时 $N=N_t$，对式（5-21）积分得：

$$\int_0^t \mathrm{d}t=\frac{1}{K_{\mathrm{G}}}\int_{N_0}^{N_t}\frac{\mathrm{d}N}{N} \tag{5-22}$$

式中 N_0——最初微生物活菌含量；

N_t——时间 t 时微生物活菌含量；

K_{G}——与温度、水活度、pH值等因素有关的微生物增殖速率常数。

在实际应用中，检测物品微生物含量时，一般用每克产品（净重）所含的活菌个数 n（个/g）表示，假定时间 $\mathrm{d}t$ 时，每克产品（净重）所含的活菌量为 $\mathrm{d}n$，则微生物的增殖速率可表示为：

$$\frac{\mathrm{d}N}{\mathrm{d}t}=\frac{W\mathrm{d}n}{\mathrm{d}t} \tag{5-23}$$

当 $t=0$ 时 $n=n_0$，$t=t$ 时 $n=n_t$，由式（5-22）和式（5-23）可得积分式：

$$\int_0^t \mathrm{d}t=\frac{1}{K_G}\int_{n_0}^{n_t}\frac{\mathrm{d}n}{n} \tag{5-24}$$

当式（5-24）中的 n_t 是微生物含量规定的最高上限时，则时间 t 即为物品包装保存期，对上式整理可得：

$$t=\frac{1}{K_G}\int_{N_0}^{N_t}\frac{\mathrm{d}N}{N} \tag{5-25}$$

但式（5-21）～式（5-24）仅限于熟食品、新鲜食品等物品在保存期限内，微生物的繁殖情况。由 Labuza 的理论可知，乳酸菌类食品在保存期限内微生物死亡速率遵循二级动力学历程，对于乳酸菌类食品的包装保存期预测，一般不能应用式（5-24），而须用二级动力学公式：

$$\frac{\mathrm{d}N}{\mathrm{d}t}=K_D N^2 \tag{5-26}$$

当 $t=0$ 时 $N=N_0$，$t=t$ 时 $N=N_t$，对式（5-26）积分整理得：

$$\int_0^t \mathrm{d}t=\frac{1}{K_D}\int_{N_0}^{N_t}\frac{\mathrm{d}N}{N^2} \tag{5-27}$$

当 N_t 为物品乳酸菌含量的最低下限时，则时间 t 即为物品包装保存期：

$$t=\frac{1}{K_D}\int_{N_0}^{N_t}\frac{\mathrm{d}N}{N^2} \tag{5-28}$$

式中，K_D 是与温度、水活度、pH 值以及其他因素有关的速率常数。对式（5-28）整理取对数后，基本上类似于如下公式：

$$\lg t=2.9633-1.5102\lg x-\frac{1}{1.8247}\lg(A_L+12.93) \tag{5-29}$$

式中　x——包装乳酸菌类食品的水分含量，%；

A_L——乳酸菌活菌残留率，%。

式（5-29）是统计经验公式，当贮存环境的温度与酸度等因素变化时，用式（5-29）预测出的包装保存期与实际贮存期限误差较大。式（5-28）由于考虑了温度、水活度、pH 值以及氧等多种影响因素，预测出的包装保存期比较接近实际，误差较小。在实际应用中，可根据需要来决定采用哪种方式进行包装保存期预测。

四、食品抗微生物腐败的包装方法

随着人们对食品防腐保鲜研究的深入，对于保鲜理论也有了更新的认识，研究人员一致认为，没有任何一种单一的保鲜措施是完美无缺的，必须采用综合保鲜技术。目前保鲜研究的主要理论依据是栅栏因子理论。

栅栏因子理论是德国肉类食品专家Leistner博士提出的一套系统科学地控制食品保质期的理论。该理论认为，食品要达到可贮性与卫生安全性，其内部必须存在能够阻止食品所含腐败苗和病原菌生长繁殖的因子，这些因子通过临时和永久性地打破微生物的内平衡（微生物处于正常状态下内部环境的稳定和统一），来抑制微生物的致腐与产毒，保持食品品质。这些因子被称为栅栏因子。这些因子及其交互效应决定了食品的微生物稳定性，这就是栅栏效应。在实际生产中，可运用不同的栅栏因子，科学合理地组合起来，发挥其协同作用，从不同的侧面抑制引起食品腐败的微生物，形成对微生物的多靶攻击，从而改善食品品质，保证食品的卫生安全性，这一技术即为栅栏技术。

将栅栏技术应用于食品的防腐，各种栅栏因子的防腐作用可能不仅仅是单个因子作用的累加，而是这些因子的协同效应，使食品中的栅栏因子针对微生物细胞中的不同目标进行攻击，如细胞膜、酶系统、pH值、水活度值、氧化还原电位等，这样就可以从数方面打破微生物的内平衡，从而实现栅栏因子的交互效应。这意味着应用多个低强度的栅栏因子将会起到比单个高强度的栅栏因子更有效的防腐作用，更有益于食品的保质。这一“多靶保藏”技术将会成为一个大有前途的研究领域。

除有效应用栅栏技术之外，严格的食品生产质量管理体系和微生物预报技术也是食品抗微生物腐败的有效措施之一。

第四节　食品抗油脂氧化包装的保质期预测理论与方法

油脂是日常消费和食品加工中的重要原料，广泛用在各种食品加工上，用于改善产品性质，赋予食品良好的风味和质地。作为人类3大营养素之一，油脂具有极高的热能营养素，在人体内具有重要的生理功能。但是含油脂食品在贮运加工中极易发生氧化，油脂氧化的产物会对含油脂食品的风味、色泽以及组织产生不良的影响，以至于缩短货架期，降低这类食品的营养品质。同时，油脂的过氧化还会对膜、酶、蛋白质造成破坏，甚至可以导致老年化的很多疾病，还可以致癌，严重危害人体健康。

一、油脂的氧化机理

油脂的主要成分是各种脂肪酸和甘油酸，由于其中含有一些具有双键的不饱和脂肪酸，因此在通常贮存条件下易发生氧化。在油脂氧化4种主要类型中，自动氧化是油脂最主要的变质途径。

1. 油脂的自动氧化

油脂的自动氧化是指不饱和油脂和空气中的氧，在室温下，未经任何直接光

照、未加任何催化剂等条件下的完全自发的氧化反应。自动氧化一般是以较大的速率作分级自动催化的链反应。氧化过程首先从相对于双键位的H原子分裂出来的均裂原子团开始的，形成的碳原子团与氧反应生成过氧化原子团，然后过氧化原子团进入链反应，形成一级产物有机过氧化物。过氧化物作为脂类自动氧化的主要初期产物是不稳定的，它经过许多复杂的分裂和相互作用，产生二级产物，最终形成小分子挥发性物质，如醛、酮、酸、醇、环氧化物或聚合成聚合物，产生强烈的刺激性气味，同时促进色素、香味物质和维生素等的氧化，导致油脂完全酸败。

油脂自动氧化过程具体可分为4个阶段：诱导→发展→终止→二次产物的产生。这4个阶段并非绝对化，它们有相互包含的关系，只不过在某一阶段，以某个反应为主，在其量上某个反应占优势。如在诱导期，有的初级产物就分解成二次产物，而在二次产物期，也有新自由基的产生，只是在量上占绝对劣势而已。油脂的氧化反应一旦开始，就会一直进行到氧气耗尽或自由基与自由基结合产生稳定的化合物为止，添加抗氧化剂只能延缓反应的诱导期和降低反应速率。

2. 油脂的光氧化

油脂的光氧化也是油脂氧化的另一个主要类型。光能的吸收靠一种称为光敏剂的物质，当油脂中含有光敏性物质时，如果有光直接照射，就会产生光氧化反应。

在油脂中，主要的光敏剂有叶绿素、脱镁叶绿素、酸性红、甲基蓝、核黄素和卟啉等。光能将光敏剂的基态引发到激发态，激发态还能返回到基态。光能还能将光敏剂进一步引发到能量较高、较不稳定、具有振动性的三态水平。该状态能够转化它的能量给氧的最低振动能量态（最稳定三态$^3O_2$）。这种能量的转化引起$^3O_2$到较高的振动能级态，定为基态$^1O_2$。$^1O_2$比$^3O_2$更亲电子，$^1O_2$将攻击电子的高密度区（C═C），产生过氧化基，形成氢过氧化物。后者分解成为自由基并引发自动催化氧化。上述过程被定义为光诱导氧化。

光敏剂在光照下产生激发态氧$^1O_2$。激发态氧$^1O_2$直接进攻任一油脂的双键，双键发生位移最后形成氢过氧化物。光氧化速度很快，一旦激发态氧$^1O_2$生成，反应速度是自动氧化的千倍，生成的氢过氧化物极易分解，特别在有金属离子存在下分解更快。由于光氧化的机理不同，其与自动氧化的区别主要在于氧化速率和氧化产物不同。

3. 油脂的酶氧化

油脂的酶氧化是由脂氧酶参加的氧化反应。不少植物中含有脂氧酶，脂氧酶催化的过氧化反应主要发生在生物体内以及未经加工的植物种子和果子中。脂氧酶有不同的催化特性，一种脂氧酶催化甘三酯的氧化，而另一种只能催化脂肪酸的氧化。在脂氧酶的活性中心含有一个铁原子，而必需脂肪酸又是它们主要的氧化反应物。因此这些酶能有选择性地催化多不饱和脂肪酸的氧化反应。

4. 油脂的金属氧化

食用油脂通常含有微量的金属离子。有研究表明，质量分数为 2×10^{-6} 的三价铁能大大地加速油脂的氧化速度，使得醛类和酚类抗氧剂的抗氧化能力极大地受到了抑制，因为三价铁是非常强的自由基引发剂，能极有效地诱发自由基的连锁反应。

各种金属的氧化催化能力的强弱与其本身的特性和所处的条件有关，有氧化催化能力的金属主要是一些变价金属，如铜、铁、镍、钴、钒、锰、钛等。其中催化能力最强的为铁，其次为镍、铜、钴。另外，浓度、温度、水分、杂质（包括氧化剂的种类）及所加金属离子的价态也关系到氧化能力。

二、油脂食品抗氧化包装的货架寿命理论

1. 塑料包装材料的渗透理论

对于油脂食品包装的货架寿命，这里以塑料包装材料为例进行介绍。

塑料薄膜或多或少地具有透气性，当某种气体的分压在薄膜两侧不同时，该气体就会从分压高的一侧向分压低的一侧逸去。含气包装时，最初袋内外氧分压相等，但是，当油脂一吸收氧，袋内的氧分压就会降低，反之，氮分压却上升。由于分压差的存在，氧就透进袋内，而氮却逸向袋外。从袋外透进来的氧继续被油脂吸收（见图 5-3）。图 5-3 还表明，若在某分压下吸氧速度一定时，则在相同的氧分压下，吸氧速度和透氧速度就达到了平衡。

氧和氮的透过速度表示如下：

$$\frac{\mathrm{d}x}{\mathrm{d}t}+\frac{\mathrm{d}Q}{\mathrm{d}t}=-P_x(P_0-C_t)A \tag{5-30}$$

$$\frac{\mathrm{d}y}{\mathrm{d}t}=-P_y(P_n-C_2)A \tag{5-31}$$

式中 Q——油脂的吸氧量，mL；

t——贮存天数，d；

x——袋内氧的体积，mL；

y——袋内氮的体积，mL；

P_x——氧的透过度，$\mathrm{m^3/(m^2 \cdot 24h \cdot atm)}$，1atm＝101325Pa；

P_y——氮的透过度，$\mathrm{m^3/(m^2 \cdot 24h \cdot atm)}$；

P_n——袋内氮分压，atm；

P_0——袋内氧分压，atm；

C_t——空气中的氧分压，0.2095atm；

C_2——空气中的氮分压，0.7809atm；

A——袋的表面积，m^2。

设吸氧速度（dQ/dt）不变时，就可对方程求解。下面再设氧的透过度 $P_x=1000m^3/(m^2\cdot 24h\cdot atm)$，袋内的表面积（$A$）$=0.05m^2$，吸氧速度（$dQ/dt$）$=5mL/24h$，封入袋内的空气量为100mL，通过计算，其结果见图5-3，从而证明了上述理论。吸氧速度与透氧速度达到平衡时氧分压虽然大致接近，但在此时，吸氧速度略大于透氧速度，袋内的氧的体积渐趋减少。

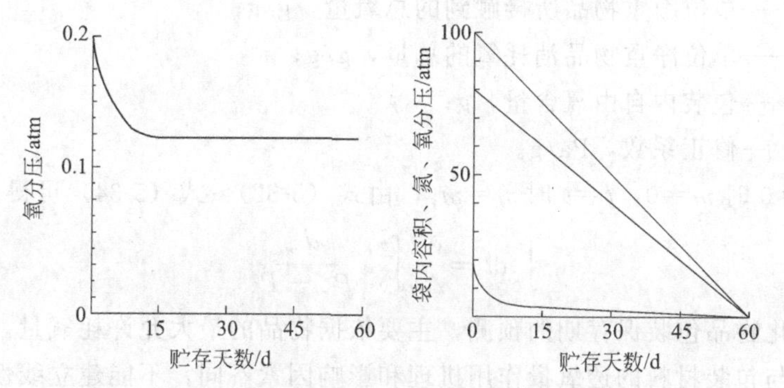

图5-3　含氧包装油脂食品时的氧分压及袋内容积变化示意图
（1atm＝101325Pa）

2. 食品油脂抗氧化包装预测理论

对于油炸类、油脂类、乳酸类、蛋白质类食品以及药品，化妆品等易被氧化的物品，其质量变化主要与包装内的含氧量有关，氧可使上述物品氧化变质。所以这类物品的包装保存期主要依据物品最大允许的耗氧量进行预测。当包装材料透氧量超过物品最大允许耗氧量时，此类物品很容易因氧作用而导致变质。所以用包装材料的透氧速率公式导出包装保存期预测公式。

根据费克-亨利定律得出包装材料的渗透率公式：

$$\frac{dq}{dt}=A\rho\frac{P_c-P_i}{l} \tag{5-32}$$

式中　q——t 时间内透过的氧气量，g；

$\frac{dq}{dt}$——透氧速率，g/d；

ρ——包装材料的透氧系数，$g\cdot mm/(m^2\cdot d\cdot Pa)$；

P_c——包装外部氧分压，Pa；

P_i——包装内部氧分压，Pa；

一般包装材料的透氧速率很小，所透过的氧，很易通过溶解或吸附的方式与物品接触。假如 dt 时间内，单位净重物品所能接触到的氧的增量为 dm 时，则包装材料透氧速率可表示为：

$$\frac{dq}{dt}=\frac{W\,dm}{dt} \tag{5-33}$$

式中 W——物品净重。

另外，又因 P_i 不仅与物品内的自由氧，以及氧消耗速度有关，还与透进的氧量有关，则 P_i 可表示为：

$$P_i=kg(Wm-WV_0+f_0) \tag{5-34}$$

式中 m——单位净重物品所接触到的总氧量，g/g；

V_0——单位净重物品消耗氧的总量，g/g；

f_0——包装内自由氧含量，g；

kg——修正系数，Pa/g。

当 $t=0$ 时 $m=0$，$t=t$ 时 $m=m_t$，由式（5-32）～式（5-34）可得：

$$\int_0^t dt=\frac{Wl}{A\rho}\int_0^{m_t}\frac{d_m}{P_c-P_i} \tag{5-35}$$

易氧化物品包装保存期的预测，主要依据物品的最大允许耗氧量。由于物品的耗氧量与包装材料的透氧量作用机理和影响因素不同，不能建立线性关系，因而不能直接应用最大允许耗氧量进行预测。为计算方便，必须用包装物品的单位净重最大允许透氧量 m_t 取代物品单位净重最大允许耗氧量。一般 m_t 可参照最大允许耗氧量，通过文献资料，实验或专家评议方式确定。物品包装保存期的预测公式：

$$t=\frac{Wl}{AK\rho}\int_0^{m_t}\frac{d_m}{P_c-P_i} \tag{5-36}$$

式中 ρ—包装材料标准状态（25℃，60%）下的透氧系数，g·mm/m^2·d·Pa；

K——与温度有关的修正系数；

m_t——单位净重物品的最大允许透氧量，g/g。

式（5-36）中的 P_i 忽略了物品溶解氧和吸附氧，因为溶解氧和吸附氧对 P_i 影响不大，为计算方便，一般将其忽略不计，在实际计算可根据实际情况进行取舍。式（5-36）适用于各种物品的抗氧化包装保存期预测计算。

第六章

典型食品包装工艺与质量控制

食品种类和形态很多。可以把食品分成液体产品、固体产品、粉体产品、加工产品和生鲜产品等。本章重点分析液体产品、固体产品、粉体产品、生鲜产品的包装工艺与质量控制。

第一节　典型食品包装工艺概述

一、食品形状分类

包装食品的产品种类繁多，一是食品种类多，二是食品的包装物种类多，三是食品的包装方法种类多。为了更好地设计食品包装工艺、进行质量控制、设计和选择包装机械，将食品产品按照一定的形态进行分类，见表6-1。

表6-1　食品按照产品形态分类一览表

形态分类	形态细分	产品名称
粉剂产品	流动性较好产品	干燥奶粉、咖啡、小米、大米等
	流动性较差产品	普通奶粉、面粉等
液体产品	含气饮料	汽水、啤酒等
	不含气饮料	矿泉水、牛奶、果奶、白酒、果酒等
	黏稠体	食用油、芝麻酱、果酱、火腿肠等
颗粒产品	可计数	糖果、大豆、禽蛋等
	不可计数	颗粒冲剂、小米、食盐等
块状产品	片状	糕点、饼干、茶叶、山楂片、方便面等
	柱状	香烟、长条糖果
	叶条状	茶叶、挂面、口香糖等
	球状	烧鸡、禽蛋等

一般来说，根据表6-1形态细分的结果，就可以选用同样的食品包装工艺或者同样的食品包装机械来完成相应的食品包装任务。

二、食品包装物分类

食品包装物分主要食品包装物和辅助食品包装物。主要食品包装物包括内包装物、中包装物、外包装物等；辅助包装物包括捆扎带、胶黏剂等。食品包装物材料主要是木材、玻璃、金属、塑料、纸、复合材料等。从工艺设计和设备选型方面考虑，将主要食品包装物分为袋、盒、箱、容器等，见表 6-2。

表 6-2　食品包装物分类

名称	用途	食品包装举例
袋	常用作内包装	袋装奶粉、液体饮料、方便面等
盒	常用作中包装	销售包装酒盒、糕点盒等
箱	常用作运输包装	运输包装瓦楞纸箱等
容器	常用作内、外包装	瓶装酒、罐装豆腐乳、奶粉等

三、食品包装形式

食品包装形式多种多样，主要与食品本身、包装物情况、包装技法等因素有关。以广泛应用的塑料成型包装为例，同样的塑料包装物，同样的块状食品，可以有多种食品包装形式。表 6-3 列出了一些常用的塑料成型包装技术。

表 6-3　塑料成型包装技术与形式

包装技术	食品包装对象	食品包装材料	食品包装工艺	包装形式图例
贴体食品包装	鲜肉 熏鱼片 日用小件物品等	底板材料：涂布黏合剂的纸板、硬塑料片材等 上膜材料：较薄的软质膜，要求透明性好，光泽度高	底板材料计量供送、产品计量供送、上膜材料计量供送、黏合、真空吸塑、切断等工序	
泡罩食品包装	片剂 丸剂 胶囊等	气压成型泡罩材料：聚氯乙烯（PVC）硬片、聚酯（PET）、聚乙烯（PE）、聚丙烯（PP）、复合片材等 模压成型泡罩材料：铝塑复合 OPA/Al/PVC 等。 覆盖材料是以铝箔为基材的复合膜等	泡罩食品包装涉及食品包装物的计量、供送、充填；泡罩材料的计量、供送；覆盖材料的计量、供送；成品的切断、输出等工序	

续表

包装技术	食品包装对象	食品包装材料	食品包装工艺	包装形式图例
热收缩食品包装	啤酒和饮料 盛装物品的托盘 装箱后的产品等	聚乙烯（PE） 聚丙烯（PP） 聚氯乙烯（PVC） 聚酯（PET） 聚苯乙烯（PS） 乙烯-醋酸乙烯共聚物（EVA）等	裹包、封口、加热收缩等工序	
拉伸食品包装	水果盘等	拉伸食品包装膜多采用聚乙烯材料	托盘装产品供送，拉伸膜供送，拉伸开始与食品包装，拉伸缠绕裹包，拉伸膜自粘，成品送出等	

四、食品包装工艺流程

食品包装工艺流程是指产品和食品包装物由原始状态到食品包装成品的工序的组合，也叫工艺路线。食品包装工艺流程涉及多道食品包装工序，如产品计量、充填、封口、裹包、清洗、干燥、杀菌、贴标、打印、捆扎、集装、供送、选择、定位、预热、冷却、去磁等。将产品和食品包装物结合，或者说将产品用包装物进行包装，可以有多种方式，例如奶粉的包装，既可以用先制袋后充填封口的包装方式，也可以用制袋、充填一次完成的包装方式，两种方式形成了不同的食品包装工艺。因此如何选择食品包装工艺在食品包装中具有重要意义。

食品包装工艺一般采用合流的工艺流程，就是将包装材料和产品分别进行供送和计量，然后进行包装。图 6-1 是常用的制袋、充填、封口自动包装机的工艺流程，是具有代表性的食品包装工艺流程。

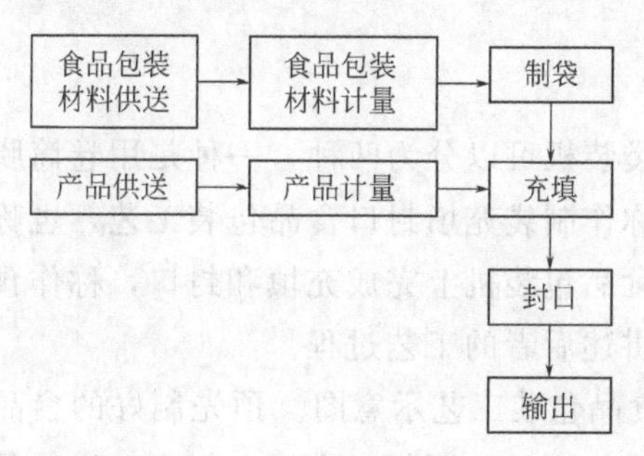

图 6-1　自动制袋、充填、封口的食品包装工艺流程示意图

图 6-1 是典型的合流包装工艺流程图，为了完成不同的工艺过程，根据不同的产品和包装材料，图上的内容可以增加或者减少，但合流的基本工艺路线不变。

表 6-4 列出了裹包机常用的食品包装工艺流程，包括直线型、旋转型、阶梯型和混合型等，可根据不同的包装目的选用。

表 6-4 裹包工艺流程类型

名称	特点	图示
直线型	工艺直观，工序简明，基本是模拟人手的动作，往复机构多，机构庞大，占地面积大，比较适合间歇式裹包工艺，在裹包机械中常用	
旋转型	结构紧凑，体积小，占地面积小，易于实现连续工艺，效率高	
阶梯型	为了满足翻身、转向、堆码等工序的要求，经常采用阶梯式工艺流程	
混合型	对于各工序之间耗费时间差异比较大的情况比较实用，例如液体灌装机，其灌装工序耗费时间长，因此常采用此工艺	

第二节 食品包装典型工艺过程

一、袋装工艺过程

按照供袋方式，袋装机可以分为两种，一种是用卷筒膜在食品包装机上直接制袋、充填、封口，称作制袋充填封口食品包装工艺，也称为现制袋包装；另一种是预先制袋，只在食品包装机上完成充填和封口，称作预制袋包装。前者的工艺在后面讲述，这里讲述后者的工艺过程。

图 6-2 是预制袋食品包装工艺示意图。预先制好的食品包装袋成叠放置在袋斗内，经过取袋、送袋、夹袋、开袋、充填、封口、送出等工序完成袋装，主要工序盘六工位水平布置，每工位相隔 60°，间歇运转，食品包装袋在六个工位上

旋转一圈后完成装袋并被封口。这些工艺都在一台给袋式食品包装机上完成。主要工艺过程如下。

① 真空取袋　预先制好的食品包装袋水平叠放在袋斗内，真空吸盘从最上层取袋并将其转位 90°送到工序盘工位 1。

② 印刷　工序盘转 60°到工位 2，完成印刷日期等内容。

③ 真空开袋口　工序盘夹住袋子，旋转到工位 3，真空吸开袋口并充填物料。

④ 充填辅助物料　工序盘旋转到工位 4 充填辅助物料。

⑤ 封口　在工位 5 完成封口。

⑥ 送出工位　在工位 6 将食品包装袋送出。

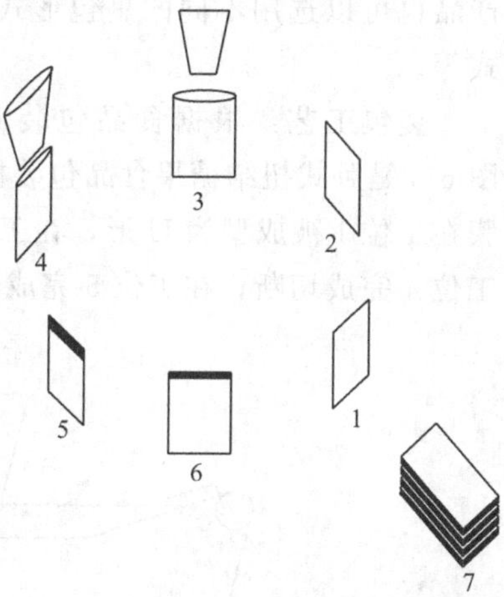

图 6-2　预制袋食品包装工艺示意图

一般来说，给袋式食品包装机的食品包装效果比较好，因为食品包装袋在专门的机器上预先制成，食品包装后比较美观。但由于工序盘间歇运动，影响食品包装效率，所以对于比较小的袋装产品，适于使用制袋—充填—封口食品包装机，对于较大的袋装产品，使用给袋式食品包装机比较好。

随着技术的发展，越来越多的袋装产品使用立式或者卧式制袋—充填—封口机完成，给袋式食品包装机的使用在逐渐减少。

二、裹包工艺过程

裹包是在挠性食品包装材料上放置块状的被包装食品，而后根据食品的形状完成折叠等工序的一种食品包装形式。裹包的封口可以采用热熔合、胶带、黏合剂等形式，也可以采用扭结的形式，还可以采用折叠的形式。

裹包对象：裹包适合块状、棒状、颗粒状的物品，例如方便面、香烟、糖果、糕点、饼干等。

裹包材料：裹包材料基本上是挠性材料，例如塑料薄膜、纸、铝箔、复合纸和复合塑料膜等。裹包材料的特点是印刷精美、装潢性好，物品裹包后给人以豪华的感觉。

裹包形式：根据裹包封口方式不同，可以将裹包分为折叠式裹包、扭结式裹包、热封口式裹包等。

裹包特点：裹包产品大多以食品包装对象的形状展示，例如糖果；有些裹包产品以盒的形式展示，例如香烟；有些以袋的形式展示，例如方便面。裹包的特点是食品包装形式多样，可以根据消费者的爱好选用不同的形式。同样的产品也可以选用不同的裹包形式，例如糖果可以采用扭结式、折叠式、热封合式等。

裹包工艺：根据食品包装对象和食品包装要求不同，裹包工艺有多种，图 6-3 是卧式扭结糖果食品包装机的裹包工艺示意图。图 6-3 中，挠性食品包装膜在工位 1 被成型为 U 形，在工位 2 充填糖果，在工位 3 完成筒状折叠裹包，在工位 4 完成切断，在工位 5 完成转位，在工位 6 完成两端扭结。

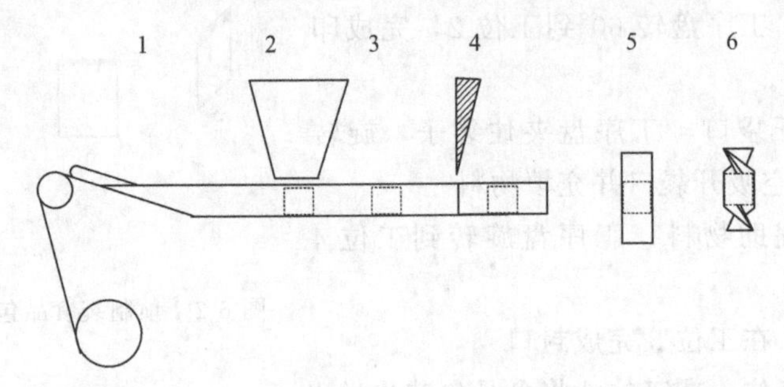

图 6-3　卧式扭结糖果食品包装机裹包工艺示意图

三、装盒（箱）工艺过程

盒装产品一般属于二次食品包装的产品，例如盒装的袋泡茶、盒装酒等，都是完成内食品包装后的再次食品包装。

根据产品对象和盒子制作情况，盒装工艺分为由上向下的充填式、由前向后的水平推入式及折叠裹包式，见表 6-5。

表 6-5　装盒（箱）工艺

工艺名称	包装图例
充填式	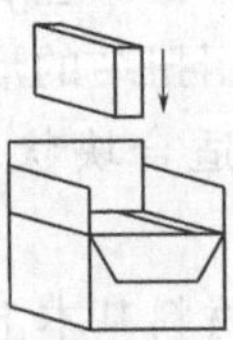
推入式	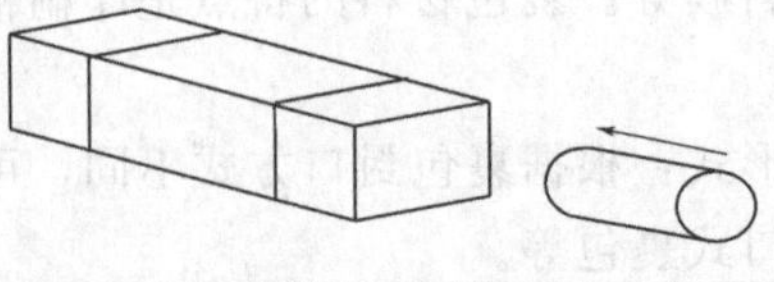
裹包式	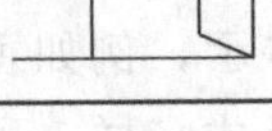

第三节 液体食品包装工艺与技术

液体按照是否含气分为含气液体和不含气液体；按照流动性分为黏稠体和非黏稠体；按照食品包装物不同分为瓶装、罐装、软食品包装和盒装等。液体食品包装工艺根据液体的性质和食品包装物的性质而设计。对于特殊要求的液体，还需要有相应的工艺，例如果汁食品包装中，为了保护维生素不流失，常采用真空食品包装等工艺。

液体食品包装工艺主要包含三个方面：计量、灌装和封口。不同的计量方法、不同的灌装工序、不同的封口方法的组合，不仅带来了多样的食品包装工艺，而且也形成了相应的食品包装机械。传统的液体食品包装工艺是指瓶装和罐装的产品，本节讨论液体食品包装工艺中的几个主要工序。

一、计量

1. 计量方式

从多单位液体中快速精确地分离出单个单位液体称为液体食品包装的计量。这里的液体单位是广义的，可以是重量，也可以是容积。液体食品包装的计量与生活中的称量有不同的要求，食品包装的计量要求快速和准确，而普通的称量则主要要求精确。虽然称量可以达到相应的精度，但如果没有一定的速度，就难以达到食品包装机所要求的高效率，所以在液体食品包装计量中很少使用称量的方法，大多使用液位和容积计量的方法。表 6-6 列出了常用液体的计量方式。

表 6-6 液体计量方式

液体类型	灌装名称	计量方式	特点
不含气液体	常压灌装	食品包装容器或者定量杯	瓶和贮液箱都在大气压力下
含气液体	等压灌装	等压式食品包装容器计量	瓶和贮液箱的压力相等且高于大气压
黏稠体	压力灌装	压力式容积泵计量	充填时计量泵中的液体压力高于大气压
易氧化液体	真空灌装	负压式食品包装容器计量	贮液箱的压力高于或者等于瓶的压力

2. 计量原理

液体计量采用食品包装容器计量、定量杯计量、计量泵计量等方式。图 6-4 是定量杯计量原理图，图 6-5 是计量泵计量原理图。

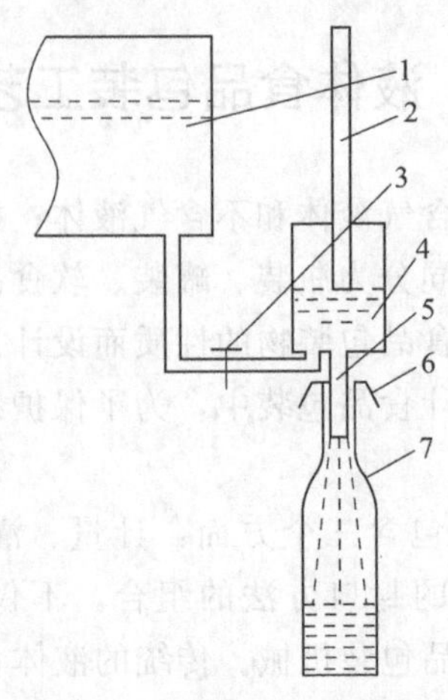

图 6-4　定量杯计量原理图

1—贮液箱；2—排气管；3—阀门；4—定量杯；
5—灌装管；6—对中罩；7—食品包装容器

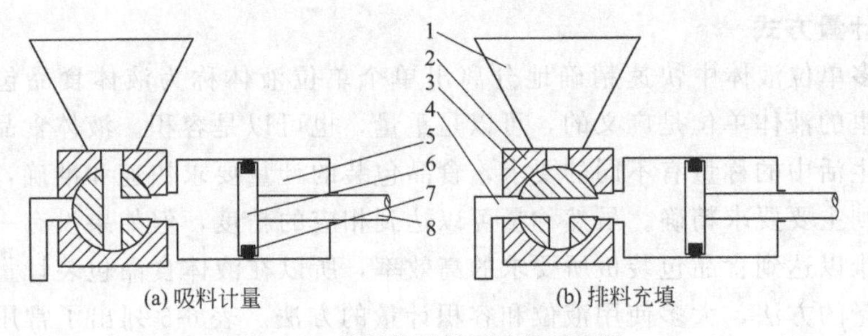

图 6-5　黏稠体计量泵计量原理图

1—料斗；2—阀体；3—阀芯；4—出液管；5—泵体；
6—活塞；7—密封圈；8—活塞杆

图 6-4 中，灌装开始，阀门 3 打开，液体靠重力流入定量杯 4，当液面上升到排气管 2 的下沿时，杯中液面不再上升，而管中液体继续上升到与贮液箱 1 液面相同的高度，这时灌装阀关闭，计量完成。容器进入对中罩中（对中罩与瓶口不密封），灌装阀（图中未示）打开，液体流入食品包装容器 7 中，灌装完毕，灌装阀关闭，完成整个灌装过程。然后，阀门打开，进入下一次循环灌装。

黏稠体的食品包装大多使用旋塞式阀门与容积式计量泵组合的计量方式。图 6-5 是这种计量机构的示意图。

图 6-5 中，阀体 2 中的旋塞阀芯 3 做往复 90°旋转，在图 6-5(a) 位置时，接通泵体 5 和料斗 1，活塞 6 向右运动，将料斗中的黏稠体吸入泵体中，当活塞到达定量泵的下止点后吸料完成，旋塞阀芯顺时针旋转 90°，接通出液管 4 和泵体 5。

在图6-5(b)位置时，泵体中物料在左行活塞的压迫下通过出料管排出，活塞到达上止点，计量完成。旋塞逆时针旋转，活塞后行，重复下一计量过程。

二、灌装

1. 液体灌装方法

液体物料的灌装可以采用压差灌装也可以采用等压灌装。等压灌装实际是重力灌装的一种。对每种物料采用何种灌装方法，主要根据物料的性质和特点进行选择，一般在下列四种情况中进行选择。

(1) 真空食品包装常采用负压压差灌装、负压重力灌装；

(2) 不含气液体常采用重力灌装；

(3) 含气液体常采用等压灌装；

(4) 黏稠物料常采用压力计量和灌装。

2. 等压灌装

等压灌装是含气液体的基本食品包装工艺。所谓等压灌装就是首先建立贮液箱与食品包装容器间相等的压力，接着在密闭的情况下按照重力灌装原理进行灌装，灌装完成后要使灌装阀缓慢离开瓶嘴，以避免发生与快速开啤酒瓶一样的泡沫出现，影响灌装精度。

为了满足含气饮料等压灌装的工艺要求，设计了许多灌装阀，这些灌装阀不仅结构复杂而且种类繁多，例如顶杆启闭气阀、圆盘旋转阀、拨叉启闭气阀、长管式三室等压灌装阀、短管式预真空等压灌装阀等，这些灌装阀都在生产实践的某一时期得到了广泛应用。但随着新阀型的不断出现，一些老式产品正在逐渐被淘汰。目前比较先进的是长管式三室等压灌装阀、短管式预抽真空等压灌装阀等。

含气液体灌装过程中要解决的工艺问题大概有四点，一是如何避免食品包装容器中空气与液料接触而氧化或者其它原因影响料液的质量；二是建立等压的过程；三是快速灌装问题；四是灌装后避免产生气泡问题。每一种灌装阀的设计都要考虑如何解决这些问题，使其满足灌装工艺的要求。

(1) 长管式三室等压灌装阀灌装工艺过程

① 充气背压　将CO_2或无菌空气充入食品包装容器中，食品包装容器中的空气经置换进入回气室。

② 慢速灌装　在液面接触长管出液口以前要慢速灌装，以免液体飞溅产生泡沫。

③ 快速灌装　管嘴被淹没后，灌装变成淹没出流，灌装比较稳定，可以快速灌装。

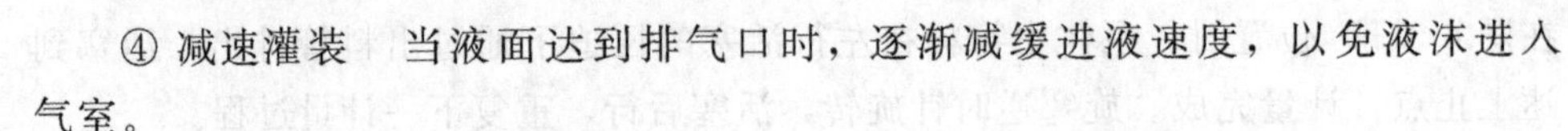

④ 减速灌装　当液面达到排气口时，逐渐减缓进液速度，以免液沫进入气室。

⑤ 卸压回滴　灌装达到要求的包装量后，缓慢卸掉瓶口处压力，以免产生泡沫，同时管中余液回滴到瓶中。

（2）短管式预抽真空等压灌装工艺过程

① 预抽真空　将食品包装容器中空气抽出。

② 充气等压　建立食品包装容器与贮液箱的等压状态。

③ 重力灌装　贮液箱内的液体在重力作用下进入食品包装容器中。

④ 卸压回滴　灌装到规定量后，卸压阀打开，瓶内气体压力降低，防止泡沫产生。

三、液体灌装工艺

常压式灌装、等压式灌装、真空式灌装、压力式灌装是四大主要灌装方法，基本能满足各种流体的灌装要求。这里重点讨论真空灌装工艺。

1. 单室真空灌装（等压灌装）工艺

真空灌装需要贮液箱和真空室，单室灌装就是将贮液箱和真空室设计为一体，室的下部是待灌液体，上部是真空气室。图 6-6 是单室真空灌装机构示意图，单室真空灌装机灌装工艺如下。

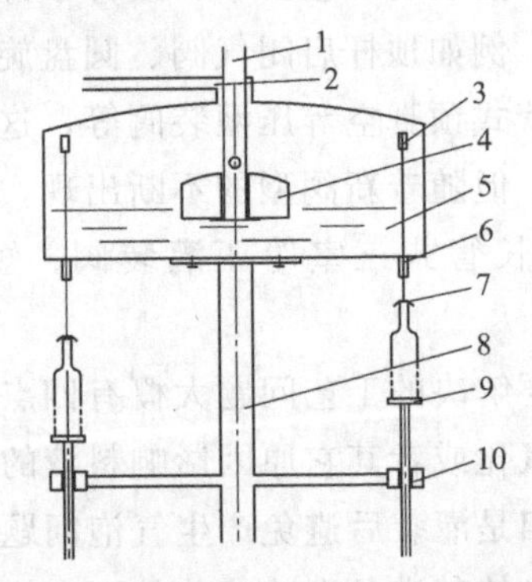

图 6-6　单室真空灌装机构示意图

1—输液管；2—真空管；3—气阀；4—浮子；5—贮液箱；6—液阀；7—灌装头；8—主轴；9—托瓶台；10—回转台

（1）灌装瓶密封　托瓶台将罐装瓶升起，瓶嘴被密封，为抽真空做好准备，瓶嘴如果不能严密密封，则抽真空后贮液箱与罐装瓶不能建立等压或差压状态，就不能灌装。如果罐装瓶破损，也不能抽真空，不能灌装。

（2）真空抽气　罐装瓶在上升一定高度后，顶开抽气阀门，开始抽真空，瓶中空气通过排气管进入贮液箱后被抽走。

（3）液体灌装 当瓶中真空度和贮液箱真空度相等时，进液阀被打开，液体在等压状态下灌装到瓶中，而后在排气管中上升到一定高度后，进液停止。

（4）余液封存 罐装瓶下降，液阀关闭，气阀关闭，排气管中的液体被封存，避免滴下污染瓶口和灌装台。

2. 双室真空灌装（压差灌装）工艺

将贮液箱与真空室分开设计，瓶中的真空度不受贮液箱影响，贮液箱与大气相通，灌装在压差下完成。图 6-7 是双室真空灌装机构示意图。灌装工艺如下。

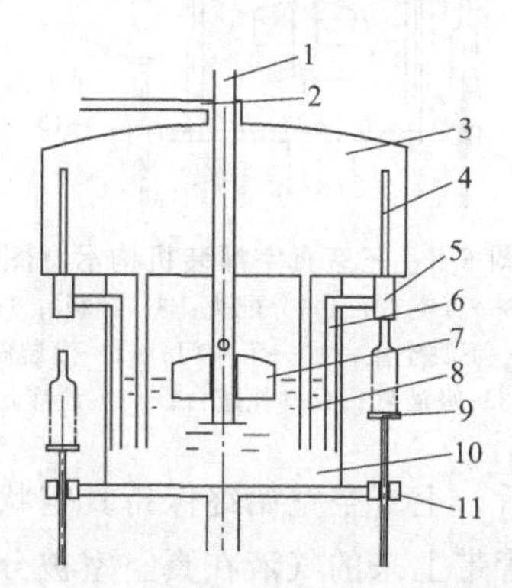

图 6-7 双室真空灌装机构示意图

1—输液管；2—真空管；3—真空室；4—抽气管；5—灌装阀；6—吸液管；7—浮子；8—回流管；9—托瓶台；10—贮液箱；11—回转台

（1）灌装瓶密封 托瓶台将瓶升起，瓶嘴被密封。

（2）真空抽气 瓶上升一定高度后，顶开抽气阀门，开始抽真空，瓶中空气通过排气管进入真空室被抽走，瓶中形成一定的真空度。该真空度值与贮液箱没有关系，因此改变真空度的大小，可以改变贮液箱与瓶的压差，也就是说灌装速度靠控制真空度即可。

（3）液体灌装 当瓶中真空度达到一定值后，贮液箱中的液体在压差作用下灌入瓶中。瓶中液面上升到排气管下端时继续在排气管中上升，直到与回流管的液面相同为止。

（4）余液回抽 灌装完毕，罐装瓶下降，排气管中的液体被抽到真空室，通过回流管流回贮液箱。

3. 三室真空灌装工艺

双室灌装虽然比单室灌装具有更快的灌装速度，但由于贮液箱既与大气相通也与真空室相通，灌装时难免会出现液气波动的情况，稳定性不好。为了解决这一问题，设计了三室真空灌装机，图 6-8 是三室真空灌装机结构示意图。三个室作用分别如下。

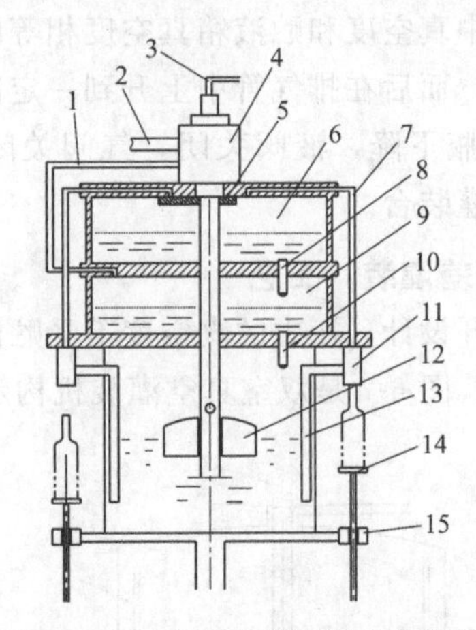

图 6-8　三室真空灌装机构示意图

1—通气管；2—输液管；3—真空管；4—分配头；5—挡板 ；6—上真空室；7—抽气管；
8—上阀门；9—下真空室；10—下阀门；11—灌装阀；12—浮子；
13—吸液管；14—托瓶台；15—贮液箱

（1）上真空室　开机后，上真空室始终保持真空状态，瓶中气体通过抽气管和真空室被抽出，随抽气管带上来的气液在真空室被分离，液体通过上阀门在适当的时机流入下真空室。

（2）下真空室　下真空室是过渡室，在真空和常压之间转换，当处于真空状态时，与上真空室等压，上真空室的料液通过上阀门流入下真空室。当处于常压时，与贮液箱等压，其中的液体经过下阀门流入贮液箱。下真空室实际起到了隔离作用，通过状态转换，使得灌装速度在很高的情况下也能保持稳定。其更像一个转换开关，一会接通上真空室，一会接通贮液箱，保证贮液箱恒定在常压状态，上真空室恒定在真空状态，通过吸气管中的液气混合体又能在平稳的状态下被分离和回流到贮液箱中。

（3）贮液箱　贮液箱始终处在常压状态，与瓶中形成压力差时，其液体被压入瓶中。瓶子的真空度越大，压差越大，灌装速度越快。

四、封口

液体灌装完毕后，进入下道封口工序，因食品包装容器不同，采用的包装盖也不同，所以封口工艺也有很多，本节阐述封口食品包装工艺。图 6-9 是常用瓶罐的封口形式。

1. 封口形式

（1）压盖封口　压盖封口多采用皇冠盖，在含气饮料中经常使用。盖子材质是马口铁，强度高，盖子内层有预先制好的密封垫或者通过滴塑形成的密封材

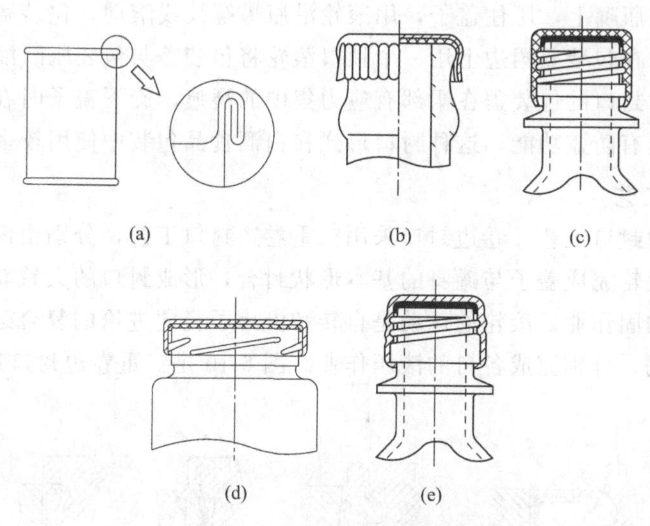

图 6-9　常用瓶罐封口形式

料。将瓶盖盖在灌装完毕的瓶嘴上，通过机械压力使得皇冠盖的裙部发生塑性变形，紧紧裹住瓶口的凸起部位，形成良好的密封。该盖只能和玻璃瓶配套使用，另外皇冠盖是一次性包装盖，不能反复使用，没有塑料盖使用方便。

（2）旋盖封口

① 金属旋盖　金属旋盖在广口瓶上使用较多，盖底有密封材料，旋盖内侧有与瓶口螺纹相对应的内螺纹，瓶口上的螺纹与瓶盖的螺纹配合，旋盖在旋下时形成瓶盖对瓶的密封。根据螺纹的数量，瓶盖分为三旋盖、四旋盖、六旋盖等。

② 塑料旋盖　由于塑料瓶盖加工成本低，使用方便，所以得到了广泛的应用。塑料瓶盖内侧加工有与瓶子相应的螺纹，在盖子的内底有密封材料，封口时靠瓶盖螺纹和瓶口螺纹的螺旋压力，使密封材料发生变形，产生预紧力，将瓶口密封。

塑料瓶盖一般具有防盗功能。在瓶盖的裙部设计有防盗环，只能正旋，不能反旋，开口反旋就会将裙部破坏，因而具有防盗的功能。因为这种盖子可以反复使用，所以在矿泉水、汽水等瓶上很受欢迎。

（3）卷边封口　卷边封口用于金属罐和玻璃瓶。金属罐身可以是铝材或者马口铁，铝材一般是两片罐；马口铁大多是三片罐，一个罐身、一个罐底和一个罐盖。金属罐盖经过翻边并在盖子的内侧涂有密封材料，封口时盖子与盖体的周边互相配合卷曲、咬合，发生塑性变形，形成密封的 5 层接封。这种卷合过程需要两个不同的曲面滚轮顺序完成，因此也称作二重卷边。

（4）滚纹封口　从应用来看滚纹封口实际也是旋盖封口的一种，只是加工方式不同。滚纹封口盖子采用无螺纹的铝盖，在铝盖的内底有密封材料，封口时将铝盖放在螺纹瓶嘴上，压住盖子，用滚轮沿瓶嘴螺纹线滚动，包装盖形成与瓶嘴密合的螺纹。在包装盖裙边上用一个锁口滚轮将包装盖与包装瓶凸沿锁紧。

铝盖滚纹封口的包装盖在裙部有应力集中的裂痕，旋下盖子时在裂痕处发生断裂，因而具有防盗功能。这种封口形式在白酒食品包装中使用较多。

2. 封口工艺

（1）卷边封口工艺　卷边封口采用二重卷边封口工艺，分别由两个封口滚轮完成，头道滚轮完成盖子与罐身的基本形状封合，形成封口的大致轮廓，二道滚轮完成密封加固作业。滚轮的运动是自转和沿罐子径向进给的复合运动。两个滚轮的曲面不同，分别完成各自的滚压作业。图 6-10 是二重卷边封口过程。

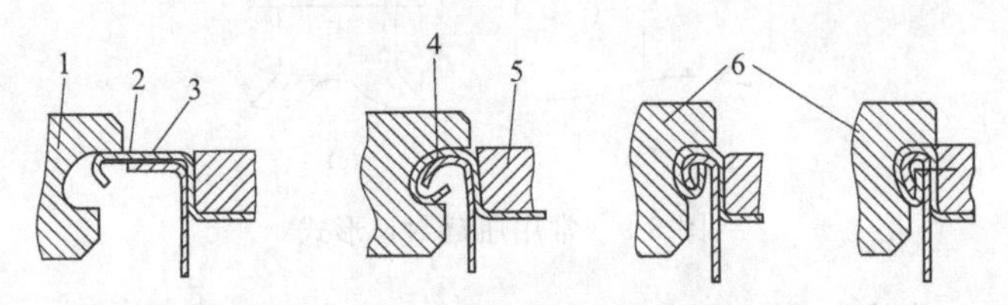

图 6-10　二重卷边封口过程

1—头道卷边滚轮；2—罐盖；3—罐身；4—密封材料；5—压头；6—二道卷边滚轮

（2）压盖封口工艺　图 6-11 是压盖封口工艺示意图。放上瓶盖 2 的封口瓶 1 被瓶托和中心推杆 4 压住［中心推杆上方装有弹簧（图中未示出），具有一定的容让性，以适应不同高度差的瓶子］，使瓶盖处在封口模 3 的对中位置，封口模下压，使得盖子发生塑性变形，盖子裙部咬紧瓶嘴凸沿的下方，这样盖子不仅具有径向的收缩力，而且具有向下的预紧力，可使密封材料对瓶嘴形成良好的密封。

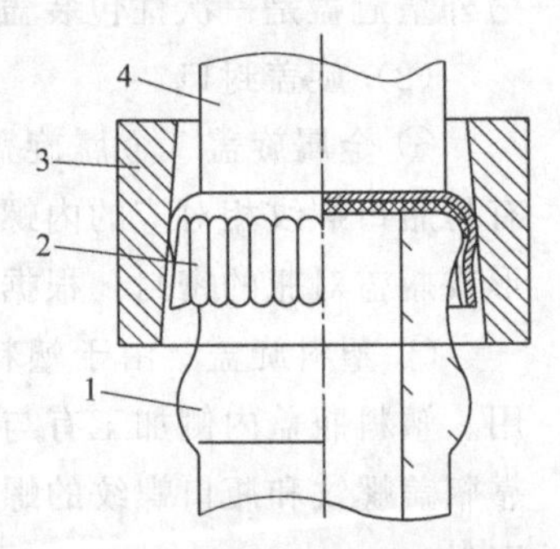

图 6-11　压盖封口工艺示意图

1—封口瓶；2—瓶盖；3—封口模；4—中心推杆

（3）滚纹封口工艺　图 6-12 是滚轮封口工艺示意图。铝质瓶盖 1 套盖在带有螺纹的瓶口上，瓶口上设计的瓶嘴凸台支撑在支撑板上，压模将瓶盖对中，压板将瓶盖压住不使其旋转。螺纹滚轮将瓶盖压出与瓶相同的螺纹，折边滚轮完成裙部的折边作业。

螺纹滚轮的运动是径向进给、被动自旋、径向向下及绕瓶公转的复合运动。

折边滚轮的运动是径向进给、被动自旋及绕瓶公转的复合运动。

五、液体灌装工艺参数与质量控制

液体灌装的主要工艺参数是灌装时间和生产效率，下面就这两个工艺参数进

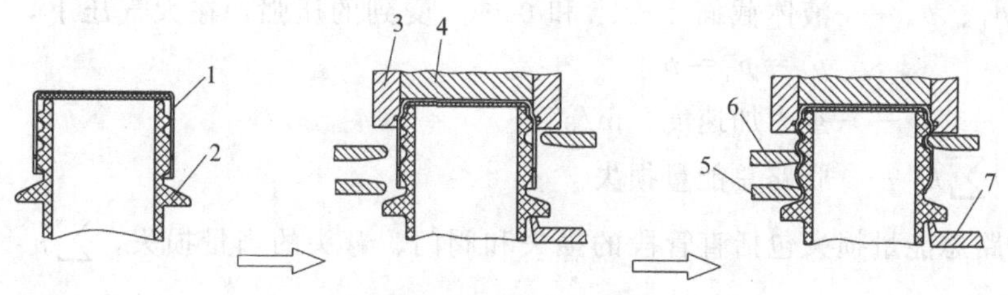

图 6-12　滚轮封口工艺

1—瓶盖；2—瓶嘴凸台；3—压模；4—压板；
5—折边滚轮；6—螺纹滚轮；7—支撑板

行理论推导。以灌装机为例加以分析。

1. 灌装时间的确定

灌装机定量方式主要是定量杯定量（以杯定量）和容器液位定量（以瓶定量），前者在灌装过程中定量杯中的液面逐渐降低，重力灌装的高度逐渐降低，出液管口流速随着液面降低而下降，属于不稳定灌装。后者在灌装过程中由于液箱的面积很大，可以认为灌装前后液面没有下降，出液管口流速是稳定的，属于稳定灌装。

(1) 稳定灌装　图 6-13 是稳定灌装示意图。灌装瓶 1 上升，进入对中罩 2 中，对中罩将瓶嘴密封，灌装过程中瓶内的气体从排气管 5 排出。当贮液箱 4 的液面直径 D 足够大时，每次灌装液面下降很少，可以认为灌装过程中贮液箱液位是不变的，即在重力灌装下，液箱的液面流速为零，因此灌装管 3 管口的流速是恒定的。

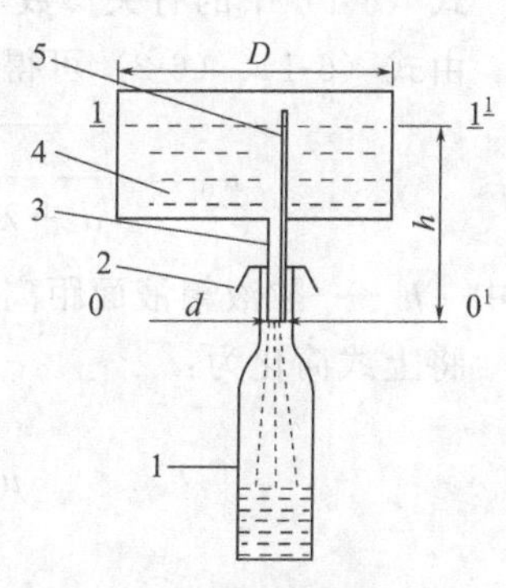

图 6-13　稳定灌装示意图

1—灌装瓶；2—密封对中罩；3—灌装管；
4—贮液箱；5—排气管

分析原则：能量相等原则。

根据伯努利方程，重力灌装紊流状态下，灌装过程中贮液箱液面和出液管管口液面的能量转换保持守恒。

$$gz_1+\frac{u_1^2}{2}+\frac{p_1}{\rho}=gz_0+\frac{u_0^2}{2}+\frac{p_0}{\rho}+\sum h_f \tag{6-1}$$

式中　z_1、z_0——分别为贮液箱液面和出液管下端到基准面的距离，出液管下端为基准面 $0-0^1$，因此 $z_0=0$；

u_1、u_0——分别为 $1-1^1$ 和 $0-0^1$ 截面的液体流速，因为贮液箱液面足够大，所以可看作 $u_1=0$；

ρ——液体密度，g/cm^3；

p_1、p_0——液体截面 $1-1^1$ 和 $0-0^1$ 受到的压强，在大气压下，可看作 $p_0=p_1=p$；

g——重力加速度，m/s^2；

$\sum h_f$——管路总能量损失。

管路总能量损失包括直管段的损失和阀门、弯头的当量损失，$\sum h_f$ 可由下式算出。

$$\sum h_f=\lambda\frac{L+\sum L_e}{d}\frac{u^2}{2} \tag{6-2}$$

式中 λ——液体流动摩擦系数，与流体在管道中的流动状态有关；

L——液体流动通道中直管的长度，m；

L_e——液体流动通道中管件、阀门的当量长度，m；

d——流通管道直径，m；

u——液体流速。

式（6-1）中的有关参数可参考相关手册确定。

由式（6-1）、(6-2）可得到液体通过出液管下端面的流速为：

$$u_0=\sqrt{\frac{d}{d+\lambda(L+\sum L_e)}}\sqrt{2g\left(h+\frac{p_1-p_0}{\rho g}\right)} \tag{6-3}$$

式中 h——贮液箱液面距离出液管口的高度，m。

将上式简化为：

$$u_0=c\sqrt{2g\left(h+\frac{p_1-p_0}{\rho g}\right)} \tag{6-4}$$

$$c=\sqrt{\frac{d}{d+\lambda(L+\sum L_e)}}$$

式中 c——流速系数。

管子直径越大，流速系数越大；管子直径越小，流速系数越小，但流速系数不会大于1。

单位时间内的体积流量用 V_s 表示，则：

$$V_s=u_0A=cA\sqrt{2g\left(h+\frac{p_1-p_0}{\rho g}\right)}\ (m^3/s) \tag{6-5}$$

式中 A——出液管口液体通过面积，m^2。

设灌装容器的容积为 V_0，灌装时间为 t，则：

$$t=\frac{V_0}{V_s}=\frac{V_0}{cA\sqrt{2g\left(h+\frac{p_1-p_0}{\rho g}\right)}}\ (s) \tag{6-6}$$

从式（6-6）可以看出，提高贮液箱的高度 h、加大灌装管的直径 d、加大压差都可以缩短灌装时间。真空灌装时采用负压灌装能显著提高灌装效率。需要说明的是，液箱的高度不能无限制提高，以免发生出液管口流速太大，瓶中液体飞溅的情况。

为了防止发生飞溅，可以将灌装管深入到被灌装容器的底部，使得出液管在大部分灌装时间内是在液体的下部，形成淹没出流灌装。

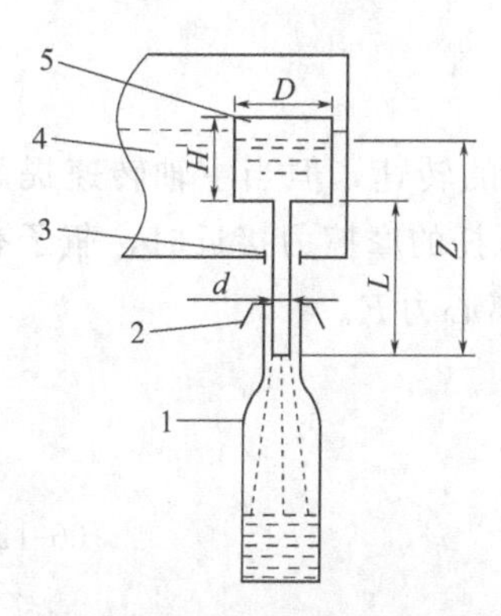

图 6-14 不稳定灌装示意图

1—灌装瓶；2—对中罩；3—滑动密封；4—贮液箱；5—定量杯

（2）不稳定灌装 图 6-14 是不稳定灌装示意图。灌装瓶 1 上升与对中罩 2 接触，灌装开始后，瓶中的气体从对中罩处排掉，因此对中罩与瓶嘴不是密封接触。定量杯 5 的液面面积与灌装瓶的液面面积差异不大，定量杯的液面高度逐渐降低，导致灌装管出液口的流速逐渐变小，是不稳定灌装。

分析原则：体积相等原则。

根据伯努利方程，重力灌装紊流状态下，单位时间 $\mathrm{d}t$ 内，定量杯内减少的液体体积 $\mathrm{d}V_1$ 和出液口流出的液体体积 $\mathrm{d}V_0$ 相等。

$\mathrm{d}t$ 时间内从灌装管流出的液体体积为：

$$\mathrm{d}V_0 = uA\,\mathrm{d}t = \frac{\pi d^2}{4} C\sqrt{2gZ}\,\mathrm{d}t \tag{6-7}$$

式中 Z——$\mathrm{d}t$ 瞬时，定量杯内液面距离出液管口截面的高度，m。

$\mathrm{d}t$ 时间内定量杯中液体减少体积为：

$$\mathrm{d}V_1 = \frac{\pi D^2}{4}\mathrm{d}Z \tag{6-8}$$

流出与减少的体积应该相等，即 $\mathrm{d}V_1 = \mathrm{d}V_0$，由式（6-7）和式（6-8）得：

$$\mathrm{d}t = \left(\frac{D}{d}\right)^2 \frac{\mathrm{d}Z}{C\sqrt{2gZ}} \tag{6-9}$$

设总灌装时间为 T，定量杯高度为 H，开始灌装时 $t=0$，$Z=H+L$；灌装完毕，灌装消耗时间为 T，$Z=L$，对式（6-9）积分，得：

$$T = \frac{2}{c}\left(\frac{D}{d}\right)^2\left(\sqrt{\frac{H+L}{2g}} - \sqrt{\frac{L}{2g}}\right) \tag{6-10}$$

从上式可以看出，要缩短灌装时间，就要加大灌装管的直径和增大流速系数，即减少流动阻力。另外，通过抬高贮液箱的高度，也能缩短灌装时间。

2. 生产率的确定

在灌装时间确定的情况下，影响旋转型灌装机生产率的主要因素是灌装阀头数和主轴转速。灌装机生产能力可以按照下式计算：

$$Q=60ns \tag{6-11}$$

式中 n——主轴转速，r/min；

s——灌装阀头数；

Q——灌装机生产能力。

（1）主轴转速

① 摩擦力因素　要提高生产率，则需提高主轴的转速，但当主轴转速提高到一定程度时，瓶子的离心力变大，当大到瓶子与瓶托的摩擦力接近时，瓶子有被甩出的可能。要正常工作就要保证摩擦力 f 大于离心力 F。

$$f \geqslant F$$

$$mg\mu \geqslant m\omega^2 R$$

$$R \leqslant \frac{900\mu g}{n^2\pi^2} \tag{6-12}$$

式中 μ——瓶底与瓶托的摩擦系数；

R——主轴半径，瓶托中心到主轴中心的距离，m。

主轴转速确定以后，瓶托中心到主轴中心的距离 R 必须满足上式。

② 灌装时间因素　在转速和主轴半径确定以后，还要考虑在相应的周期内完成定量灌装。

图 6-15 是旋转型灌装机的工作循环图。灌装机旋转一周，完成一个工作循环，所需时间为：

$$T=\frac{60}{n}(\mathrm{s}) \tag{6-13}$$

一个工作循环的时间由六项组成，即

$$T=T_1+T_2+T_3+T_4+T_5+T_6 \tag{6-14}$$

式中 T_1——无瓶区，无瓶区时间由进瓶、出瓶拨轮的结构决定，拨轮直径越大，瓶子进出越平稳，但所占的无瓶区时间也越长。

T_2——升瓶区所占的时间。在保持平稳的情况下，升瓶高度越大，所占时间越大。

T_3——开阀时间，一般取 0.5～1s，旋转阀取大值，移动阀取小值。

T_4——灌装时间，不同的灌装机工艺灌装时间不同，但要满足 T_4 大于工艺灌装时间。

T_5——关阀时间，与开阀区时间相同。

T_6——降瓶时间，可适当小于升瓶区的时间。

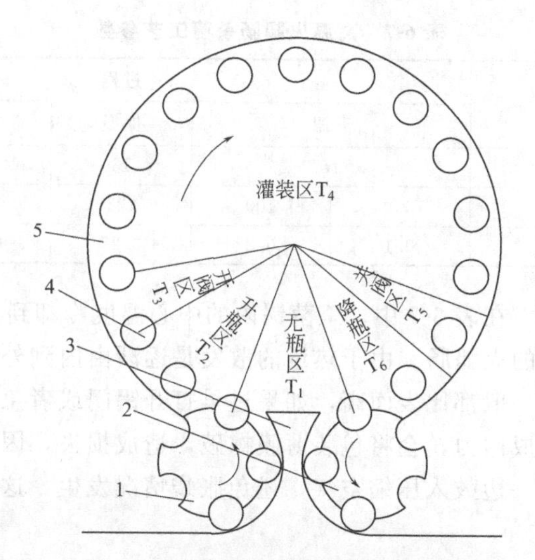

图 6-15　旋转型灌装机工作循环图

1—进瓶拨轮；2—出瓶拨轮；3—导向板；4—灌装瓶；5—工序盘

(2) 灌装阀头数　灌装阀头数越多，生产率越高，但灌装阀受位置限制，在主轴半径确定后，灌装阀的数量是有限的。一般灌装阀的数量以偶数设计，从 6 到 60 头的灌装机都有生产。

六、高温火腿肠包装工艺

高温火腿肠是在肉糜生鲜情况下进行包装的一种肉食包装产品。由于肉糜呈较稀的黏稠状态，所以机制高温火腿肠属于灌装产品。火腿肠所采用的塑料膜具有一定的收缩性，所以高温火腿肠也具有收缩包装的特点。

1. 高温火腿肠灌装工艺

高温火腿肠灌装工艺包括灌装和高温杀菌两个工序，其工艺过程如下。

(1) 肉糜准备　用于灌装的新鲜肉糜中已经加入了调味料和各种火腿肠需要的添加剂，为了保持火腿肠的新鲜，要求环境温度在 0～4℃之间。

(2) 灌装　齿轮泵将新鲜待包装的肉糜打入立式灌装机的顶部；卷盘包装膜被成型为筒状，并用高频纵向封口器将纵向热封合；肉糜充入筒状包装膜后，分节滚将筒状内的肉糜分开；铝丝形成的卡子将筒状膜卡紧；接着切刀将两铝卡之间的包装膜切断，形成不饱满的生火腿肠半成品。

(3) 高温杀菌　生火腿肠半成品不能在常温下贮存，否则易于腐败，因此要及时杀菌。杀菌工艺是根据火腿肠的大小制定的，如果最高杀菌温度为 121℃，则不同重量的火腿肠具有不同的升温和降温程序。以重量为 80g/支为例，其杀菌工艺参数见表 6-7。

表 6-7 高温火腿肠杀菌工艺参数

参数	过程				
	升温		保温	冷却至 25℃	
时间/min	15		13	20	
水温 /℃	80	100	121	100	80
压力/MPa	0.1	0.2	0.25	0.25	0.2

(4) 反压冷却　在表 6-7 中，杀菌锅内的中心温度冷却到 25℃以下才能打开锅门，取出收缩后的火腿肠。由于热量的散发是逐渐由内到外，所以冷却过程中火腿肠中心的温度一般都比表面高，如果过早打开锅门或者急速制冷，中心的热量来不及散发，形成内力，会将包装薄膜撑破，造成损失，因此在冷却过程中要一边通入冷却水，一边鼓入压缩空气，避免胀袋情况发生。这就是反压冷却。

(5) 贴标。

(6) 装袋。

(7) 装箱。

2. 高温火腿肠包装材料

高温火腿肠包装材料为片状 PVDC（聚偏二氯乙烯）彩印复合肠衣膜，具有双向收缩性，一般纵向收缩率为 26%～27%，横向收缩率为 20%；搭接宽度为 8～10mm；卡丝直径为 2.1mm。

PVDC 包装膜是一种用共挤拉伸方法生产的包装膜，不具有热封性，厚度较厚，强度较高，阻隔性很好，耐高温，所以主要用于高温火腿肠的包装。

生的火腿肠经过高温高压蒸煮后不仅得到了熟化，而且火腿肠及包装物都得到了灭菌。先包装后熟化，将包装膜一起高温蒸煮是高温火腿肠生产的特点，因此对包装膜提出了更高的要求。

(1) 能承受熟化和杀菌所带来的高温高压及热剧变。

(2) 在高温高压下不与肉糜发生任何反应。

(3) 包装膜中的添加剂不会迁移到肉糜中。

(4) 印刷带来的各种添加剂也不会迁移到肉糜中。

由火腿肠的包装工艺可以类推出多种食品的包装工艺，例如鲜玉米棒、禽蛋、烧鸡、腌肉、牛奶、饮料等，都可以借鉴火腿肠的包装方法。

七、饮料热灌装工艺

热灌装加工技术是采用物料高温充填，短时热处理包装物内表面的加工方法，使最终产品在保留良好风味及营养的状态下，获得较好的安全性保障（通常货架期 12 个月），从而避免了无菌充填所带来的高昂投资成本及二次杀菌对物料营养及风味的损失。自 20 世纪 90 年代以来，热灌装工艺便广泛应用在欧美及日本、中国台湾等地区。目前，热灌装加工技术已经普遍应用在各国饮料生产线上。

1. 热灌装工艺

饮料调配完成后，就进入热灌装工序。

（1）瓶盖、瓶的消毒清洗。

（2）热灌装。在PET瓶满足热性能的要求下，控制灌装温度≥90℃，但不能太高，因为PET瓶具有热收缩性。

（3）旋盖。

（4）倒瓶。倒瓶的目的是为了对瓶盖部分杀菌。

（5）喷码。

（6）冷却。

（7）灯检、套标等。

2. 热灌装容器

热灌装常用PET瓶，国内通用的瓶口：直径28mm的通常是单螺纹，直径30mm的通常是三螺纹，直径38mm的通常是双螺纹或三螺纹。

PET瓶热灌装在饮料包装方面使用较多，因为PET瓶具有良好的阻隔性和一定的耐热性，目前生产的PET瓶耐热温度可以达到96℃，为饮料热灌装提供了可能。

热灌装省却了二次杀菌的工序，不仅可以节约能源，而且保留了产品应有的营养元素，所以在许多国家得到应用。灌装温度越高，杀菌效果越好，会延长产品的保质期。

第四节　颗粒物料食品包装工艺与技术

一、包装形式

颗粒物料的特点是流动性好，食品包装数量大，计量单位小，大多采用软包装形式。目前颗粒物料食品包装设备用得最多的是自动制袋充填食品包装机，本节就该机型讨论颗粒物料的食品包装工艺。对于其它的食品包装形式，计量和充填方式大同小异，可参考选用。

软包装颗粒物料的食品包装袋型比较多，除了两面封、四面封、三角包之外，最常用的是三面封。根据结构形式的不同，三面封可以分为中缝搭接、中缝对接和三面平封等形式，图6-16是食品包装袋三面封结构示意图。图6-17是卧式间歇制袋三边封口食品包装机示意图。图6-18是立式间歇制袋中缝封口食品包装机示意图。

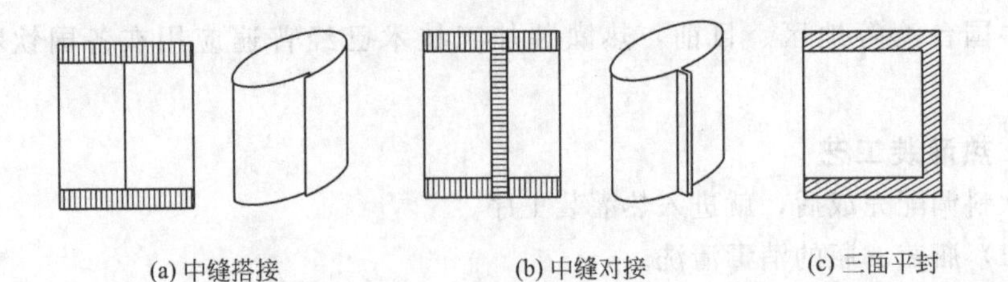

图 6-16 食品包装袋三面封结构示意图

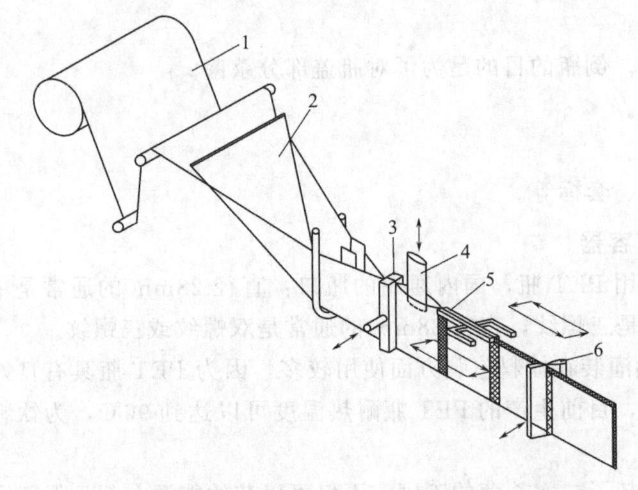

图 6-17 卧式间歇制袋三边封口食品包装机示意图

1—卷筒薄膜；2—三角成型器；3—横封器；4—充填器；5—纵封牵引器；6—切刀

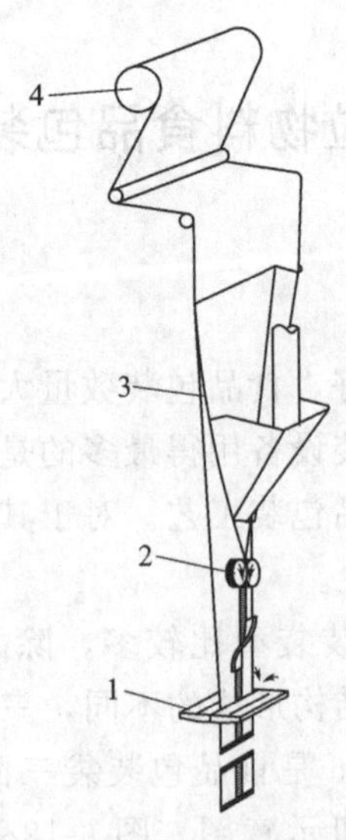

图 6-18 立式间歇制袋中缝封口食品包装机示意图

1—横封切断器；2—拉袋滚轮；3—U 型成型器；4—卷筒薄膜

中缝搭接袋形适合单层塑料薄膜，该袋形在横封与纵封交叉处是三层叠加，其余部位是两层叠加。中缝对接袋形在横封与纵封交叉处是四层叠加，其余为两层叠加。三面平封袋形在封合处是两层叠加。从封口强度和效果来看，三面平封优于中缝搭接，而中缝搭接又优于中缝对接。

二、包装工艺

1. 计量

颗粒物料因为流动性好，大多使用容积式计量原理，主要有量杯式、可调定量杯式、转鼓式、柱塞式和螺杆式等。其中量杯式计量形式使用最多。图 6-19 是颗粒物料定量机构示意图。

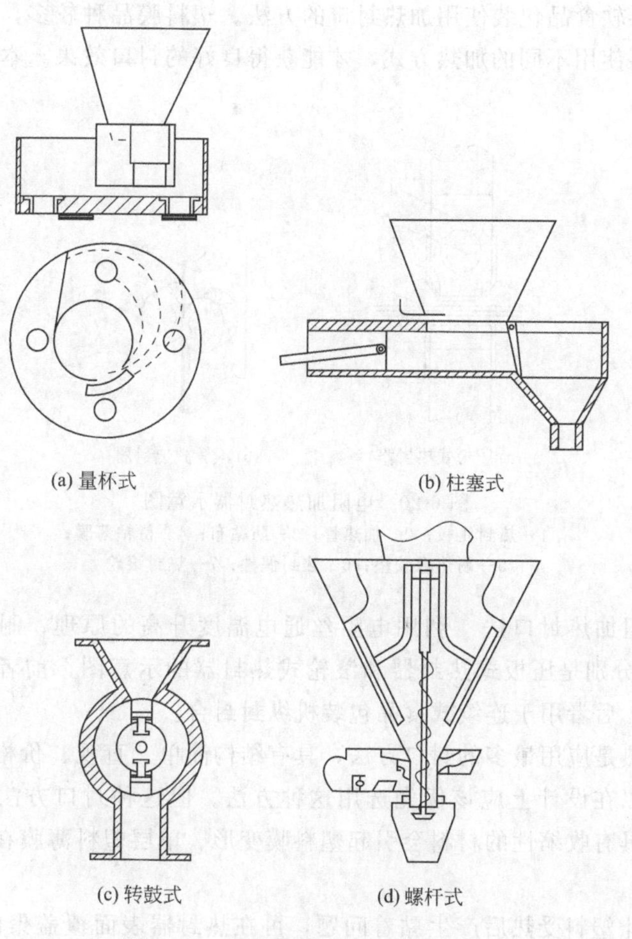

图 6-19　颗粒物料定量机构示意图

2. 充填

颗粒物料的充填采用重力充填式，当物料达到规定的位置时，强制打开量杯的阀门，物料在重力作用下落入食品包装容器。由于计量转盘在不停地转动，所以阀门打开或关上的时刻受工艺约束，料门打开太迟，物料不能完全落入食品包装容器中，影响下一步的有效充填时间。

转盘不能旋转太快，否则物料不能完全充填到食品包装容器，所以这种计量方式的生产率不能无限制提高。

转盘量杯式计量机构适合视密度比较稳定的物料，计量误差一般在2%左右，密度均匀且较小的物料计量精度比较高，反之计量精度比较低。

3. 封口

颗粒物料软食品包装使用加热封口的方法。塑料膜品种较多，规格不一，不同的材料需要使用不同的加热方式，才能获得良好的封口效果。本节讨论塑料袋封口方法。

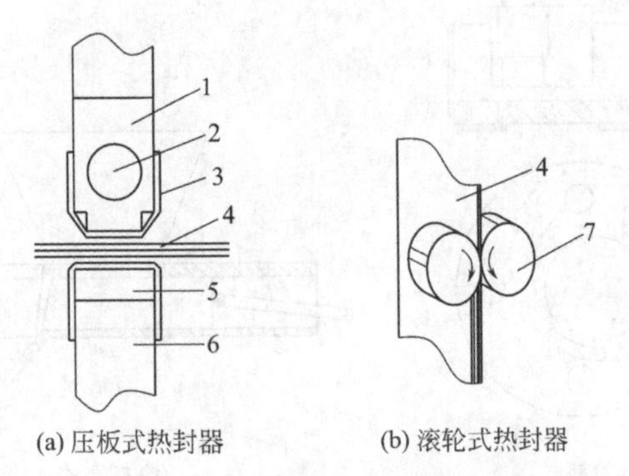

(a) 压板式热封器　　(b) 滚轮式热封器

图 6-20　电阻加热热封器示意图

1—热封压板；2—加热管；3—防粘布；4—待粘薄膜；5—耐热橡胶垫；6—热封偶件；7—热封滚轮

(1) 电阻加热封口法　利用电阻丝通电温度升高的原理，制成电阻式热封器，图6-20分别是压板式热封器和滚轮式热封器的示意图，前者用于间歇式食品包装机上，后者用于连续式食品包装机纵封封合。

电阻加热是应用最多的封口方法，具有结构简单、直观、价格低、维修方便等特点，所以在设计上应该优先选用这种方法。但这种封口方法也存在一些缺点，例如对具有收缩性的材料会引起塑料膜变形、单层塑料薄膜在封口处强度降低等。

为了防止塑料受热后产生黏着问题，可在热封器表面覆盖聚四氟乙烯材料。一般聚四氟乙烯材料的耐热温度在300～400℃，而塑料的耐热温度在200℃以下，因此能有效达到防粘的目的。

电阻加热原理是加热管先受热，而后将热量传给加热板。安装在加热板上的测温探头感应的温度与电热管的温度有差异，尤其在开机状态。当温度显示达到热封温度时，切断电源，加热管的余温还要使加热板的温度继续升高，称为温度上冲。温度上冲会导致封口温度太高，食品包装产品易于泄漏，所以简易食品包装机开机后要等一段时间才能正常生产，以消除温度上冲的影响。

(2) 脉冲加热封口法　脉冲加热封口采用镍铬合金做加热元件，热封时通过瞬间大电流，使其与被封接的塑料薄膜瞬间被加热，加压后封合在一起。由于脉冲加热是瞬间完成的，在加热以前已经将塑料膜加紧，所以在热封过程中塑料膜的收缩变形最小，封接质量比电阻加热方式好。

图 6-21 是脉冲热封示意图，热封压板 1 可以上下运动，其上装有聚四氟乙烯防粘布 2 和加热元件 3，在热封偶件 6（也叫承托台）上装有耐热橡胶垫 5，当两层塑料膜 4 被夹在橡胶垫和热封压板中间时，塑料膜被压紧，加热元件通电流后温度瞬间升高，与加热元件接触的薄膜被熔化黏合，其余被压紧的膜基本不变形，保证了封口质量。每次加热时会产生温度积累，所以在热封板中通有空气或者冷却水 7，使得加热板能尽快降温，保证每次热封温度一致。

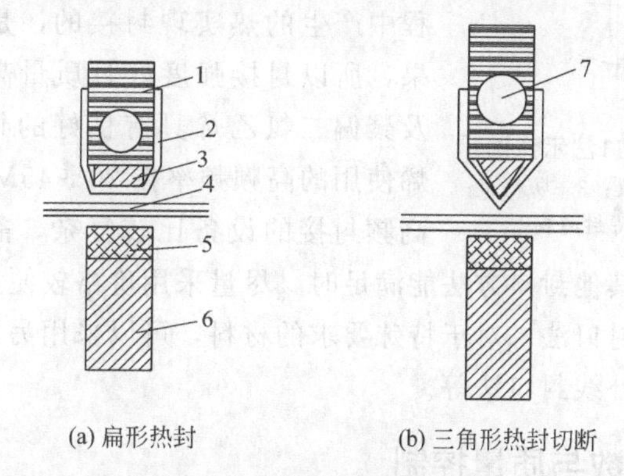

图 6-21　脉冲热封示意图

1—热封压板；2—防粘布；3—加热元件；4—层合塑料膜；
5—耐热橡胶垫；6—热封偶件；7—降温介质

可以通过改变镍铬加热元件的断面形状来改变封口形式。目前使用的断面形状有圆形、扁形、三角形等，当采用三角形断面封口时可以同时达到切断的目的。

脉冲封口方法质量好，在自动食品包装机和自动制袋机上得到了广泛的应用。与电阻加热封口方法相比，脉冲加热封口比较复杂，成本高。

(3) 电磁感应加热封口法　电磁材料对高频磁场具有磁滞损耗而发热的特点，电磁感应加热封口就是利用这一原理。将线圈接通高频电流，产生的高频磁场会使磁性的塑料膜发热，在通电前将两个要封口的塑料膜压在一起，发热后就被牢固地结合在一起。通常塑料是没有磁性的，为了实现封接的目的，可以采用两种方法，一是加工塑料膜时加入磁性氧化铁粉，二是封合时在两层塑料膜之间加上磁性材料。

(4) 超声波热熔封口法　对于比较难以封接的薄膜，常采用超声波封口方法。将两种塑料膜叠加在一起，不断地给其垂直面施加高频的机械振动，两层膜之间就会因机械摩擦而发热，瞬间就可达到热封的温度实现封接。这种高频的机械振动源就是超声波提供的。食品包装机中使用的超声波在20kHz左右，经过转换，把振动集中在珩磨头上，珩磨头将机械振动传给塑料膜。

超声波封口对材料的要求不高，不仅能适应比较宽的材料范围，并且对有污物的薄膜也能顺利封合。

(5) 高频电热封口法　高频电热封口法利用氯乙烯类聚合材料的分子在高频电场作用下具有电诱极性化的原理实现的。

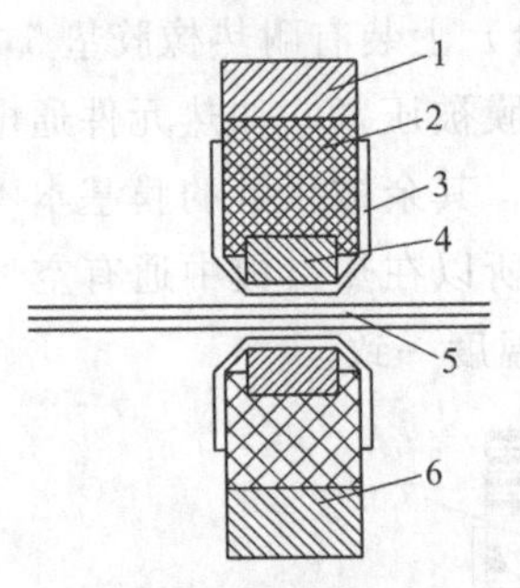

图 6-22　高频电热封口法示意图
1，6—安装板；2—绝缘板；3—防粘布；4—高频电极；5—待封薄膜

图6-22是高频电热封口法的示意图。高频电热封口法是利用材料内部分子极性化排列过程中产生的热实现封接的，是内部热作用的结果，所以封接强度好且质量高。对于聚氯乙烯及聚偏二氯乙烯具有良好的封接效果，聚氯乙烯使用的高频频率在20～45MHz左右。但因为高频封接的设备比较复杂，需要专门配备高频电源设备，所以在其他封口方法能满足时，尽量采用价格较便宜的方法。

(6) 其它加热封口法　对于特殊要求的材料，可以采用另外的封口方法，例如激光封口法和红外线封口法等。

三、包装工艺参数与质量控制

颗粒物料食品的种类很多，每种物料都有其自身特点，有的流动性比较好，有的流动性比较差，有的在干燥时流动性比较好，但在潮湿时流动性下降，例如蔗糖等，有的不受湿度影响，例如小米等。按照密度分类，可以分为视密度均匀和视密度不均匀两种，按照计量方式可以分为容积计量和称重计量。

颗粒物料计量充填工艺主要参考物料的流动性和视密度，流动性好和视密度均匀的物料常选用量杯式计量充填工艺，否则可选用螺杆式、称重式等。本节详细讨论量杯式计量工艺。

量杯式计量是容积式计量的一种，目前主要有固定量杯式和可调量杯式两种。固定量杯式的量杯容量不能变动，要想改变计量规格，必须更换量杯。可调量杯式可以根据计量要求，不停机改变计量规格，比较适合视密度不均一的

物料。

1. 固定量杯式控制

图 6-23 是固定量杯式计量充填机构示意图。开机后，装在分配轴 17 上的分配齿轮 15 带动空套在轴上的离合器齿轮 14 空转，扳动离合器手柄 10 使得上离合器 12 落下（图示），上下离合器结合，通过键 11 带动料盘 7 转动，转动中阀门 9 碰到固定的开门杆和关门杆后被打开或者关闭，物料就不断地被计量和落下，刮平器 5 和刮平板 4 是固定的。

量杯式计量充填机构的功能主要有四个：一是稳定供料；二是精确计量；三是适时充填；四是方便开停。

（1）稳定供料　稳定供料要求在量杯定量以前能形成均匀一致的物料流，物料在进入量杯以前应能稳定均匀供送。图 6-23 中靠料斗、刮平器、料门满足稳定供送要求。料斗 1 中的物料靠重力进入圆柱状刮平器 5 中，装在刮平器上的料门 6 可上下调整，控制进入料盘 7 中的物料量，形成均匀一致的物料流。

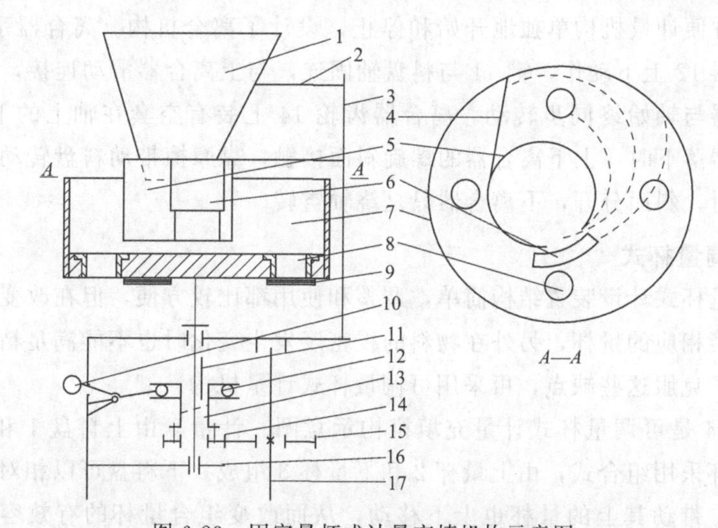

图 6-23　固定量杯式计量充填机构示意图

1—料斗；2—料斗支架；3—支柱；4—刮平板；5—刮平器；6—料门；7—料盘；8—量杯；9—阀门；10—离合器手柄；11—键；12—上离合器；13—下离合器；14—离合器齿轮；15—分配齿轮；16—支撑板；17—分配轴

对于流动性差的物料，可以采用电磁振动供料器实现稳定供料，即在料斗的底部安装电磁振动供料器，使物料在电磁振动供料器上分散和均匀。

（2）精确计量　刮平板 4 将量杯上多余的物料刮除，保证每个量杯计量均匀。刮平板装在刮平器上，距离料盘的高度根据物料情况可以适当调整。刮平板采用软性材料。量杯式计量要求装在料盘上的量杯容积均一，安装水平，料盘上量杯的数量可根据情况设计为 4 个或者 6 个。对于视密度不均一的物料，例如袋泡茶，可以采用梳式刮平器，可获得更好的计量精度。

（3）适时充填　要有足够的充填量杯时间。机器运转过程中，量杯 8 不断地被物料充填和将物料送出，在充填和送出过程中，阀门 9 及时地关闭或者打开。阀门关闭时，量杯在设计的工艺角度被充填物料，在一定的转速下，如果设计角度太小，物料来不及完全充填到量杯中，则影响计量精度，因此要根据生产率，合理安排量杯数量及转速，保证量杯在经过刮平板时已经被充满。

阀门的开关靠装在机架上的开门杆和关门杆（图中均未示）实现，装在料盘底部的阀门随料盘一起转动。当碰到固定的开门杆时，阀门绕门轴旋转打开，物料在重力作用下落下，料盘继续旋转，阀门碰到关门杆，阀门被关闭。从阀门打开到关闭是物料落下时间，如果这个时间太短，物料来不及完全落下，同样造成物料计量不准。

（4）方便开停　计量机构只是颗粒物料充填食品包装机的一部分，在整机调整时需要停止物料的供送，因此需要设计开停机构。

为了方便计量机构单独地开始和停止，设计了离合机构。离合器手柄 10 控制上离合器 12 上下动作，键 11 与料盘轴固连，与上离合器滑动连接，这样就保证上离合器与轴始终同步转动。离合器齿轮 14 上装有空套在轴上的下离合器，当上离合器落下时，上下离合器的螺旋斜面接触，靠摩擦带动料盘转动，当上离合器抬升时，斜面分开，下离合器只是绕轴空转。

2. 可调量杯式

固定量杯式计量装置结构简单，调整和使用都比较方便，但在改变物料重量时需要更换相应的量杯，另外在物料的视密度发生变化时也不能满足精确计量的要求，为了克服这些缺点，可采用可调量杯式计量机构。

图 6-24 是可调量杯式计量充填机构示意图。计量盘由上料盘 1 和下料盘 4 组成，量杯采用组合式，由上量杯 2 和下量杯 3 组成。下料盘可以相对于上料盘上下移动，带动其上的量杯也上下移动，从而改变组合量杯的有效容积。运转时，主轴带动上料盘转动，还通过键 6 带动下料盘同步转动，料门 5 装在下料盘上。在不调整的情况下，可将上下料盘看作一个整体，其运转和固定量杯式一样。

计量调节靠手动转动调节器 8 实现，当转动调节器时，与调节座相配的螺旋使得调节器上升，通过与调节器固连的轴承 7 带动轴承内圈上升（轴承内圈、调节器与轴是大间隙配合），从而推动下料盘上升，带动下量杯上升，量杯有效容积减小，调节器反转时，量杯有效容积增大。

下料盘的上下移动方式很多，图 6-24 只是其中一种，还可采用凸轮式、齿轮式等。

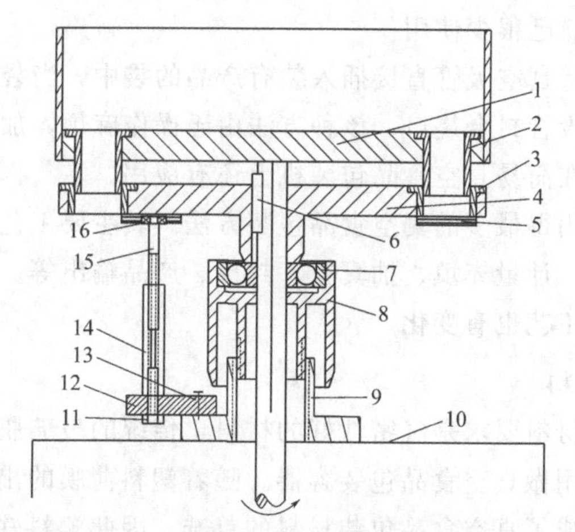

图 6-24　可调量杯式计量充填机构示意图

1—上料盘；2—上量杯；3—下量杯；4—下料盘；5—料门；6—键；7—轴承；
8—调节器；9—调节座；10—机架；11—紧固螺钉；12—安装板；
13—螺钉；14—调节套筒；15—调节螺杆；16—轴承

量杯式计量是很常用的一种计量方法，是典型的机械式计量方法。改变不同的机械结构，就可以形成新的机型，为满足各种需要提供了便利，但因此也给规模化生产带来了不便，给维修和使用带来了不便。如何改变这种现状，使模块化设计和规模化生产得以实现还有很长的路要走。

第五节　真空及气调食品包装工艺与技术

空气中存在的氧气对食品包装产品的影响主要有两个方面：一是对产品的氧化；二是促使产品携带的微生物繁殖，两者都使得产品的质量受到影响，直至变质。为了减少这些影响，需要对食品包装中的氧气加以限制或者去除，真空和气调食品包装可以协助达到这个目的，也是目前最常用的减少氧气对产品影响的两种方法。

一、真空包装

真空包装是将产品装入气密性包装容器，抽去容器内部的空气，使密封后的容器内达到预定真空度的一种食品包装方法。

1. 真空包装工艺

实现真空食品包装的方法主要有机械挤压式、吸管插入式和真空腔室式等。

机械挤压式是用海绵类材料挤出食品包装袋中的热空气，而后封口的一种真空包装方法（袋中的残余热空气在温度降低后形成真空），对真空度要求不高的产品可以使用，目前已很少使用。

吸管插入式是将真空吸管直接插入装有产品的袋中，当袋内的真空度达到规定值时，迅速移去吸管封合袋口。该种方法由于操作麻烦，加上很难达到规定的真空度，目前只是在简易真空食品包装机上还有应用。

真空腔室式是用得最多的真空食品包装方法。其主要工艺过程为：容器（食品包装袋等）供送、计量充填、抽真空、封口、产品输出等。根据食品包装机种类不同，食品包装工艺也有变化。

2. 真空包装材料

真空食品包装材料要求是气密性好的材料，传统的玻璃瓶和金属罐是很好的气密材料，因此常用做真空食品包装容器。随着塑料薄膜的出现，其加工和携带方便的特点显著，成了真空食品包装材料的首选，因此塑料软食品包装袋在真空食品包装方面也得到了广泛应用。

在真空食品包装中常使用复合塑料食品包装袋，其结构由三层或者多层塑料薄膜复合而成，内层多采用聚乙烯（PE）或聚丙烯（PP）材料，满足封口要求；中层采用聚偏二氯乙烯（PVDC）、聚酯（PET）、铝箔等对氧气阻隔性好的材料，外层采用尼龙、聚丙烯等材料。

3. 真空食品包装机械

真空食品包装机是将产品装入食品包装容器后，抽去容器内部的空气，达到预定真空度，并完成封口工序的机器。

真空食品包装机主要采用腔室结构，机型众多，功能各异，腔室数量也有单室与双室之分。前者只有一个真空腔室，后者有两个结构相同的腔室，工作时两个腔室轮番抽真空，可以提高生产效率。

真空食品包装机从结构来分，可分为台式、传送带式、回转式和深拉伸式四种。

（1）台式　台式机分单室和双室两种，都是采用手工放入或者取出物品。单室每分钟循环1～2次，双室循环多在3～4次。台式机主要由真空泵、电磁阀、真空腔体、真空腔盖、脉冲式热封器、小气囊等组成。

（2）传送带式　这是在台式机的基础上将人工送料改为传送带送料的机型。装有物品的食品包装袋被自动送入腔室位置，进行抽真空、充气和热封，然后送出。

（3）回转式　数个腔室设置在回转式工作台上，工作台回转过程中能完成给袋、充填、除气、密封和送出等动作。适用于大批量生产。

（4）深拉伸式　深拉伸式包括用硬质热塑性片材制成容器的工序，并把产品计量后充填，然后从上部用软质薄膜覆盖，在腔室内抽真空后进行密封。

4. 真空食品包装特点

（1）真空度高，残留空气少，能有效抑制细菌等微生物繁殖，避免内装物氧化霉变和腐败。

（2）防护性好，密封性可靠，适合内装物长期保存。

（3）阻湿性好，保香性好。

（4）体积小，在贮运过程中占用空间小，成本降低。

（5）食品包装速度快，操作简单，劳动强度低。

（6）不适宜用强度较低的食品包装材料，以免尖角刺破食品包装袋。

（7）绝对无氧真空目前还难以达到，因此真空包装的食品往往要经过再次杀菌才能达到相应的保质期要求。

（8）真空包装对材料的气密性要求高。

二、气调包装

1. 气调包装工艺

气调包装（MAP），是在真空食品包装以及充氮食品包装的基础上发展起来的一种保鲜包装技术，主要用于食品的保鲜包装。

果蔬在采摘后仍然具有呼吸和后熟的生命特征，呼出二氧化碳和吸入氧气的生命循环仍然在进行；鲜肉在无氧环境中颜色会变蓝和变紫。为了使得果蔬和鲜肉保持长时间的鲜度，常采用气调食品包装的方法包装果蔬和鲜肉。

气调食品包装是通过改变食品包装内气体比例的方法达到保鲜产品的目的，真空食品包装是通过减少食品包装内氧气的方法达到保质的目的。两者的目的都是控制食品包装中氧气的含量，但后者希望完全去除，而前者希望保持一定比例。

气调食品包装工艺与真空食品包装工艺基本相同，差异在于气体比例产生原理不同。气调食品包装工艺主要有两种：一是冲洗补偿式；二是真空置换式。

冲洗补偿式工艺过程为：将计量后的产品充填到食品包装容器中，抽出一部分空气，然后补上混合气体，几次循环使容器内获得一定比例的混合气体，容器内外等压后封口。这种气调方式因冲洗时容器内尚有残存的氧气，所以真空度不高。不适用于对氧敏感的食品的包装。但因气调补偿时间短，所以生产效率稍高。

真空置换式工艺过程为：将计量后的产品充填到食品包装容器内并放入密封腔室中，利用真空泵抽尽容器内的空气，然后充入适合食品延期保鲜的混合气体，当容器内外压力相等时封口。这种食品包装容器内的含氧量低，应用范围广。

2. 气调包装材料

气调食品包装设计需要考虑多方面的因素，其中最重要的因素是食品包装内CO_2和O_2的相对含量，这主要是由食品包装内气体成分的初时比例和食品包装材料的透气性决定的。与真空食品包装不同的是，气调食品包装材料大多是低阻隔材料，具有较大的气体透过性。要求食品包装袋内的CO_2能及时通过食品包装材料逸出，而O_2又能及时通过食品包装材料得到补充，更为重要的是在保质期内的不同时段，要求有不同的交换速率，这为食品包装材料研究带来了挑战，所以气调食品包装理论易于理解，但真正实现起来则比较困难。气调保鲜气体一般由二氧化碳（CO_2）、氮气（N_2）、氧气（O_2）及少量特种气体组成。CO_2气体具有抑制大多数腐败细菌和霉菌生长繁殖的作用，是保鲜气体中主要的抑菌剂；O_2可抑制大多数厌氧腐败细菌的生长繁殖、保持生鲜肉的色泽以及维持果蔬生鲜状态的呼吸代谢；N_2是惰性气体，一般不与食品发生化学作用，也不被食品所吸收，在气调食品包装中用做填充气体。对于不同的食品果蔬，保鲜气体的成分及比例也不相同。

3. 气调包装设备

气调保鲜食品包装机种类繁多，虽然外形各不相同，但工作原理基本是两种：一种是半密封状态下工作的冲洗补偿式；另一种是全密封状态下工作的真空置换式。前者结构简单，价格低，气体比例控制不严；后者结构复杂，价格高，气体比例控制精度高。

三、烧鸡食品包装工艺

1. 烧鸡食品包装工艺

烧鸡食品包装工艺主要为三部分：真空包装、常温袋包装、常温盒箱包装。其工序主要如下。

（1）加工好的烧鸡控水后准备包装。

（2）将烧鸡装入阻隔性好的复合袋中。

（3）用真空包装机对装入烧鸡的复合袋抽真空并封口。真空包装是食品包装常用的技法之一，但真空包装并不能完全去除包装容器内的微生物和氧气，因为当真空度达到一定程度时，包装内空气稀薄，容器内外的压力差增大，因此对包装材料的强度要求增加，无疑会导致成本上升。另外就目前的技术条件来说，真空包装机能达到的真空度也是有限的。两种原因导致容器内微生物和氧气的残留是必然的，这就为食品在保质期内的腐败提供了条件。因此，食品真空包装后要长期在室温下保存是不可靠的。对真空包装的食品进行二次杀菌是必要的。

（4）将真空包装后的烧鸡放入杀菌锅中进行二次杀菌。二次杀菌在产品包装

后进行，因此除了产品本身得到杀菌以外，包装材料也一同被蒸煮杀菌，这就带来了二次杀菌的危险性。包装材料会不会在高温下分解？印刷油墨会不会在高温下分解？这些分解的分子会不会对食品带来安全问题？基于这些考虑，对二次杀菌的包装材料就需要认真选择，例如聚丙烯就比聚乙烯耐高温，所以在烧鸡包装袋的内层多使用聚丙烯，而不使用价格更加低廉的聚乙烯。

（5）杀菌后将烧鸡装入印刷精美的外袋中。

（6）将产品整齐装入瓦楞纸箱中，并封口。

2. 烧鸡包装材料

根据工艺特点，对烧鸡包装材料的性能不仅要求阻隔性好，而且要求耐高温。使用最多的是内层复合聚丙烯的延展性铝箔复合材料。铝箔的阻隔性很好，能满足真空包装的需要，也能满足长期阻隔的需要；聚丙烯耐高温性好，不仅能满足热封口的需要，而且能抵抗一定的高温，在二次杀菌时不分解，对烧鸡本身不会造成有害分子逸出带来的污染。

第六节　食品裹包包装工艺及技术

一、裹包工艺及设备

粒状或块状物料适合裹包。按照裹包产品封口的特点，将裹包产品分为三种，如图 6-25 所示。不同种类的裹包产品可以选用不同的工艺和设备，同种的产品也可以选用不同的裹包工艺和设备，本节介绍裹包工艺及设备的选择。

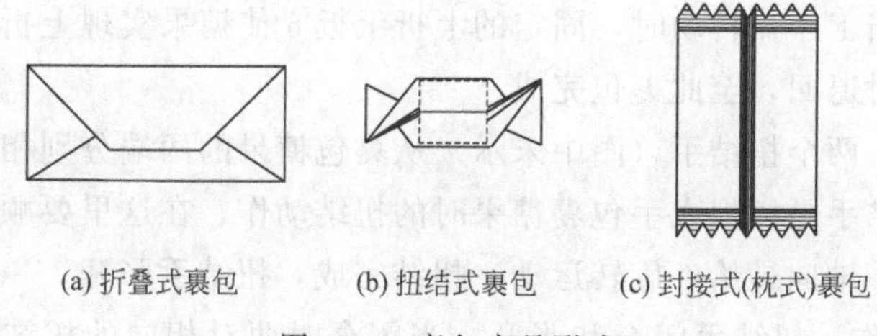

(a) 折叠式裹包　(b) 扭结式裹包　(c) 封接式(枕式)裹包

图 6-25　裹包产品形式

1. 扭结式裹包工艺及设备

（1）扭结式裹包工艺　图 6-26 是扭结式糖果裹包工艺示意图。该工艺主要在一个六工位的工序盘上进行，其上装有六对钳糖机械手（糖钳 7），裹包过程如下。

前冲 9 和后冲 8 夹糖：单个糖块 10 从理糖盘理出，被输送带 11 送到图示工位，同时计量后的糖果纸 1、2 也被送到，在该工位，前后冲头共同将糖块夹住，

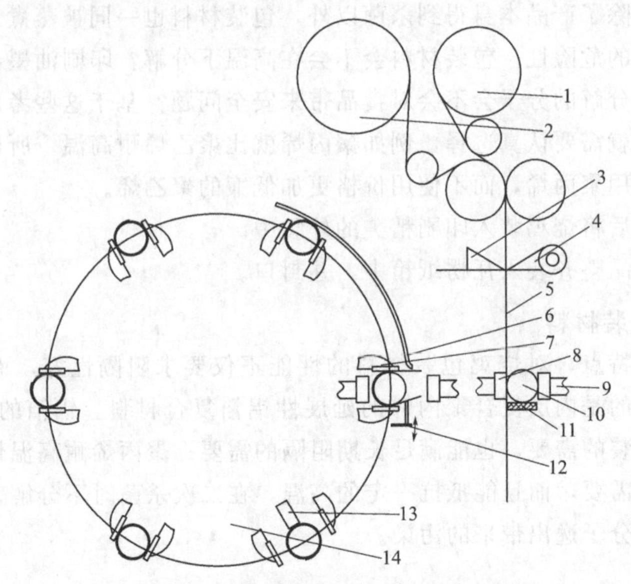

图 6-26　扭结式糖果裹包工艺示意图

1—内裹包纸；2—外裹包纸；3—定刀；4—动刀；5—食品包装纸；
6—上折纸板；7—糖钳；8—后冲；9—前冲；10—糖块；
11—输送带；12—下折纸板；13—打糖杆；14—工序盘

同时切刀 3、4 将食品包装纸定位切断。糖果纸的计量是靠光电控制系统完成的。

U 型裹包：前后冲将糖块送往糖钳，糖钳适时张开将糖块夹住，前后冲适时退回原位。在接送过程中实现了糖果纸对糖块的 U 形裹包。

下折纸：运动的下折纸板 12 对糖果实现下折纸裹包。

上折纸：当工序盘转动时，固定的上折纸板 6 使糖果实现上折纸裹包，裹包后下折纸板适时退回，至此裹包完成。

两端扭结：两个扭结手（图中未示）从裹包糖果的两端分别相向对糖果进行扭结裹包，扭结手是模拟人手包裹糖果时的扭结动作，在这里要顺序完成三个动作：开合动作、轴向进给、旋转运动。扭结完成，扭结手张开。

① 开合动作　扭结手闭合和张开，当闭合时两对相向的扭结手夹住裹包糖果，扭结完成时张开。

② 轴向进给　因旋转扭结，糖果纸在轴向缩短，扭结手要沿裹包糖果轴向进给，以免拉断糖果纸。

③ 旋转运动　两对扭结手闭合后相向旋转扭结。

打糖：扭结手张开后，打糖杆 13 将糖果适时打出，整个扭结裹包完成。

工序盘 14 被槽轮机构驱动做间歇旋转运动，其上装有控制糖钳张开和闭合的凸轮等。

（2）扭结式裹包设备　扭结式裹包机是用挠性食品包装材料裹包产品，将末端伸出的裹包材料扭结封闭的机器。按照设备结构，扭结式裹包设备分立式和卧式两种，按照连续运转情况又分为间歇式和连续式，两种设备各有其特点。

①立式设备　BZ350-Ⅰ型糖果食品包装机是立式间歇式糖果食品包装机的典型代表，食品包装速度可达每分钟 300 粒。该机主要结构和部件见表 6-8。

表 6-8　立式间歇式糖果食品包装机主要机构

机构名称	功能	原理
理糖机构	将单个糖块顺序理出	采用圆盘上的型孔结构，利用糖果在转盘上受到的摩擦力和离心力的合力实现糖果顺序进入型孔，实现单个糖果从糖堆中分离
食品包装纸供送计量机构	食品包装纸计量	可以根据食品包装对象，实现有标供送或者无标供送
钳糖工序盘	主要裹包工序在该盘上完成，其上装有六对适时开合的糖钳，是该机的核心部件	糖钳在凸轮作用下实现定时定位开合
扭结机械手	完成扭结工序	扭结机械手实现轴向进给、夹持、旋转的复合运动
电器系统	完成计量、供送、开关等功能	不同机型具有不同的电器组成，从机械控制到单片机控制，反映了不同时代控制的特点
机架	满足整机安装要求	支撑整机

该机结构比较简单，造价较低，适合长条状糖果的扭结裹包。该机在工人技术水平有限的企业比较适合。

② 卧式设备　立式间歇式食品包装机的切纸、前冲和后冲、下折纸等机械部分需要往复运动，限制了生产率的提高。为了提高生产率，开发了卧式扭结式糖果食品包装机。YB-400 是卧式扭结式糖果食品包装机的典型代表，虽然该机在结构上与立式机不同，但食品包装的产品是一样的。为了提高食品包装速度，该机在一些部件上做了相应的改动，以尽量避免采用往复运动部件。表 6-9 是卧式糖果食品包装机的主要机构。

表 6-9　卧式糖果食品包装机主要机构

机构名称	功能	原理
理糖机构	将单个糖块顺序理出	采用圆盘上的型孔结构，利用糖果在转盘上受到的摩擦力和离心力的合力实现糖果顺序进入型孔，实现单个糖果从糖堆中分离

续表

机构名称	功能	原理
裹包机构	将单个糖果裹包	固定成型器将挠性食品包装膜成型为筒状，裹包糖果
食品包装纸供送计量机构	食品包装纸计量	可以根据食品包装对象，实现有标供送或者无标供送
钳糖机构	夹持裹包的糖果，配合切断食品包装膜	钳糖手装在套筒链上，套筒链水平布置
切断机构	将筒状裹包的糖果膜切断	回转刀剪切
扭结机构	两端扭结糖果	立式扭结机构，扭结手按照夹持、进给、旋转的复合运动完成扭结

卧式糖果食品包装机与立式糖果食品包装机的差异在于：不用前冲和后冲机构；采用固定折纸机构；旋转切纸。

这些机构的改进，有效提高了生产效率，并且采用先裹包后切纸的工艺，使得该机能够适应更多的品种，例如圆形、方形、椭圆形和其他异型等糖果。但卧式扭结式食品包装机具有结构复杂、造价高、不易调整的缺点，尤其该机采用的是立式扭结工序盘，使整机调整变得复杂和困难。该机在工人技术水平比较高的企业比较适合。

2. 折叠式裹包工艺及设备

(1) 折叠式裹包工艺　折叠式裹包的食品包装材料一般比较挺，受力折叠后形成塑性变形，难以再回复到原状。常用的材料有纸类、铝箔、锡纸等。折叠式裹包折边后可以采用涂胶黏合，塑料膜也可以采用热合，还可以采用封签封合。对于形状比较规则的食品包装物来说，折叠式裹包的效果比较好。

折叠式裹包主要是利用固定折边器和往复活动折边器实现折叠食品包装要求的，固定折边器靠食品包装件的运动实现折边，食品包装件的折边靠活动折边器完成。

折叠式裹包工艺有两种：一是旋转式折叠裹包工艺；二是直线型折叠裹包工艺。

① 旋转式折叠裹包工艺　旋转式折叠裹包工艺与扭结式裹包工艺相似，主要折叠工艺在一个装有六把钳糖机械手的工序盘上实现，工序盘间歇旋转运动，每次旋转角度为60°。在工序盘旋转过程中，装在机架上的固定折纸板和动折纸板顺序完成折纸动作。

动折纸板和固定折纸板的动作折纸原理可参看直线型折叠裹包工艺。

② 直线型折叠裹包工艺　图6-27是直线型折叠裹包工艺示意图。图中包装卷材5被切刀4、7定位切断，推糖机构3把糖2及糖纸1推入折边轨道6，糖果

被U形裹包，上下折边器在工位8完成上下折边动作，糖果被裹包，在工位9，旋转折边器完成第一端折，接着通过各种形状的折边器完成其他端折过程。糖果的运动靠后面的糖果推动前面的糖果实现。

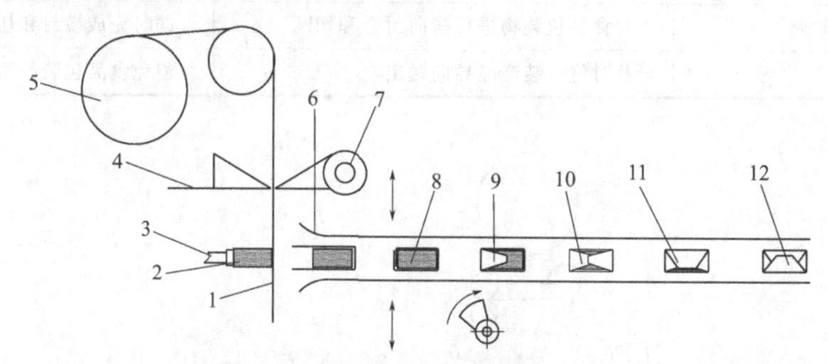

图6-27　直线型折叠裹包工艺示意图

1—糖纸；2—糖；3—推糖机构；4—定位切刀；5—食品包装卷材；6—折边轨道；7—动刀；8—上下折边工位；9—旋转端折工位；10—第二端折工位；11—第三端折工位；12—最后端折工位

(2) 折叠式裹包设备　折叠式裹包机是用挠性食品包装材料裹包产品，将末端伸出的裹包材料折叠封闭的机器。

主工序盘为折叠式的裹包设备，结构紧凑，占地面积小。但其折叠往复机构较多，工序盘间歇运动，整机比较复杂，然而生产效率比较高。

直线型裹包设备往复机构较少，结构简单，裹包过程沿直线顺序完成，所占空间较大，但生产效率并不高。

3. 枕式裹包工艺及设备

枕式裹包在方便面等块状物料的食品包装方面经常使用，大多是卧式包装工艺。食品包装材料多是复合塑料薄膜，采用枕式裹包形式，在一个机器上完成制袋、装填、裹包和封接切断工序。

(1) 枕式裹包工艺　图6-28是枕式裹包工艺示意图，其主要工序如表6-10所示。

表6-10　枕式裹包工艺主要工序

工序名称	功能	备注
食品包装膜供送	对有标食品包装膜完成计量供送	食品包装膜计量供送
食品包装物料供送	将产品按照规定的速度和位置及时输送到筒状食品包装膜内	产品计量供送
食品包装膜成型	将食品包装膜成型为筒状	成型
拉带	使裹包产品的食品包装膜向下一个工序移动	主传送

续表

工序名称	功能	备注
纵封	对筒状食品包装膜纵向封合	纵向热封
横封切断	对食品包装物进行横向封合和切断	同时完成横封和切断
输出	及时将包装产品导向送出	避免食品包装品积压

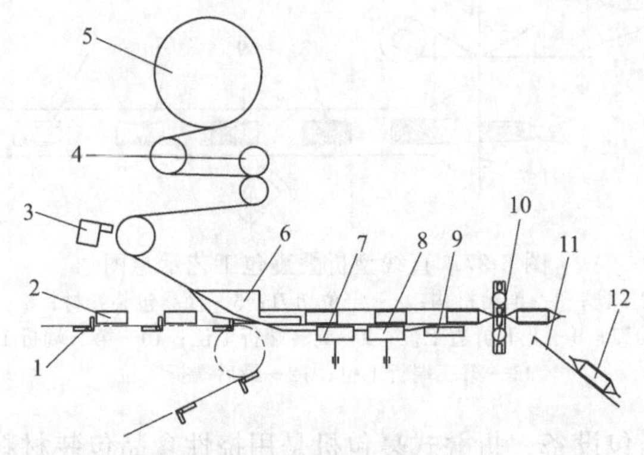

图 6-28 枕式裹包工艺示意图

1—推头；2—食品包装物；3—光电开关；4—供带滚轮；5—食品包装薄膜；6—成型器；7—牵引滚轮；8—纵封器；9—导向板；10—横封器；11—落料板；12—食品包装产品

(2) 枕式裹包设备　枕式裹包机是用挠性食品包装材料裹包产品，将末端伸出的裹包材料热压封闭的机器。

枕式裹包设备主要由薄膜供送机构、薄膜成型器、物料供送机构、拉袋机构、纵封机构、横封切断机构等组成。

① 薄膜供送机构　食品包装膜的供送可以采用机械式供送，也可以采用步进电机供送，后者是将来发展的方向，薄膜的定位供送是靠光电开关完成的。

② 薄膜成型器　卧式食品包装机上使用的成型器都是分体式的，以适应不同的薄膜尺寸和方便调整。

③ 物料供送机构　块状物料的供送靠推头来完成，食品包装物料按时定位送入筒状食品包装膜内。

④ 拉袋和纵封机构　卧式食品包装机的工艺过程是按照适应食品包装带速度原理设计的，拉袋速度快，其他机构都要跟着快，所以要求拉袋机构速度平稳。因为纵封机构采用滚轮式，具有与拉袋滚轮相同的直径和速度，所以常将拉袋机构与纵封机构设计成同样的传动系统。

⑤ 横封切断机构　该机构将横封和切断设计成一体，在横封滚轮中镶嵌有切断的刀具，横封的同时，完成切断过程。

横封机构不仅要适应带子运动的速度，还要定位定时切断，所以横封切断机构是比较复杂的机构。其传动机构需要采用不等速形式，目前常用的有偏心链轮式、曲柄连杆式等不等速机构。

随着步进电机技术的发展及计算机技术的普及，横封机构的传统传动形式正在逐渐被淘汰，步进电机横封机构会占据更多的市场份额。

二、方便面包装工艺

无论油炸方便面还是非油炸方便面，其包装都是在面块加工后进行的，即包装是方便面加工工艺的最后工序。这种产品加工工序与包装工序有明显界限的产品，其包装工艺也比较简单。

1. 方便面包装工艺

袋装方便面采用枕式裹包工艺（见图 6-28），块状的成品方便面上放置调料包，在推头推送下进入裹包工位，被包装膜裹包、纵向封合、封口、切断、送出。

碗装或者杯装方便面是将面块和调料包放入预制的方便面碗或者杯，并用碗盖或者杯盖热合封口。

2. 方便面包装材料

袋装方便面用复合薄膜包装，常用的有内层为聚乙烯、外层为玻璃纸的材料，也有外层为聚酯、内层为聚丙烯材料的。早期的方便面也有采用普通包装纸涂塑材料包装的。

碗装方便面用聚苯乙烯泡沫塑料发泡碗包装，也有用其他无毒耐热塑料的，碗盖材料一般为真空镀铝膜，其内层复合聚乙烯，以满足封口要求。聚苯乙烯碗虽然价格低廉，但容易造成环境污染，因此，碗装方便面的发泡包装材料逐渐被纸塑复合材料所替代。

第七节　泡罩食品包装工艺及技术

一、泡罩食品包装工艺及设备

1. 泡罩食品包装工艺流程

泡罩食品包装机的种类比较多，但工艺流程相近，基本工艺流程为：将卷筒塑料片材加热后吹压或抽真空成型，形成与模具吻合的泡罩，将计量后的食品充填到泡罩中，再用铝箔覆盖泡罩，加热封合，然后模切成型、装盒。

（1）泡罩成型方式　泡罩成型方式有多种，例如真空成型、气压成型、机械成型、气压真空复合成型等，每一种成型方式都有其特点，但用得最多的是真空成型。

（2）泡罩覆盖材料　泡罩覆盖材料多用复合铝箔薄膜，内层为聚乙烯，中间层是铝箔，由于铝箔价格较高，也有用复合塑料薄膜覆盖材料的产品。

2. 泡罩食品包装设备

泡罩食品包装机是以透明塑料薄膜或薄片形成泡罩，用热封合、黏合等方法将产品封合在泡罩与底板之间的机器。

（1）泡罩食品包装机分类　根据塑料片材加热方式的不同，可分为直接加热式和间接加热式；根据加热部件的形状分为平板加热式和辊筒加热式；根据是否加热分为冷冲压式和加热式。

目前国内大厂基本使用平板式铝塑泡罩食品包装机，还有一些小厂在使用辊筒式铝塑泡罩食品包装机，但国外已经淘汰了辊筒式机型。由于冷冲压式泡罩食品包装具有阻隔性好的特点，已经出现了用冷冲压成型材料替代泡罩食品包装材料的趋势。

（2）典型泡罩食品包装机

① 辊筒式泡罩食品包装机　辊筒式泡罩食品包装机因成型模具沿辊筒圆周均匀分布而得名。图 6-29 是间接加热辊筒式泡罩食品包装机原理图。

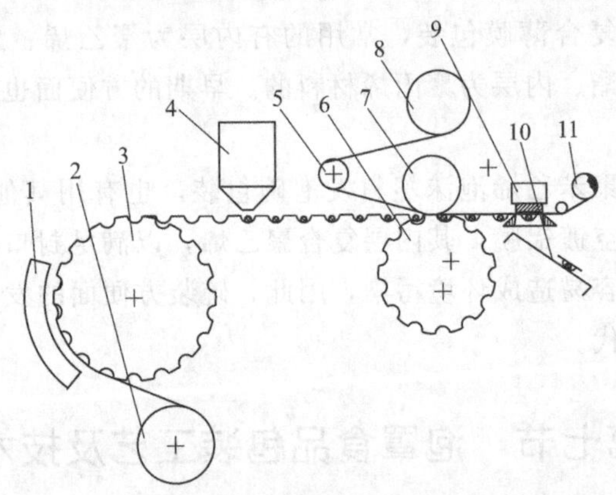

图 6-29　间接加热辊筒式泡罩食品包装机原理图

1—加热器；2—成型用片材；3—成型辊筒；4—料斗；5—张紧轮；6—下热封辊筒；7—上热封辊筒；8—铝箔；9—模切刀具；10—落料板；11—废料回收辊

图 6-29 中，塑料片材 2 经过加热器 1 时被加热软化，成型辊筒 3 抽真空，使得软化的塑料片材在压差作用下被吸成与辊筒表面模型相同的泡罩形状；物料在料斗 4 的下部被计量，充填到泡罩中；上热封辊筒 7 和下热封辊筒 6 共同加热（也可以单个加热），在一定的压力下，将铝箔 8 覆盖热封在充填物料后的泡罩上；模切刀具 9 模切出设计的形状；废料回收辊 11 将废料卷起回收。

② 间接加热式平板泡罩食品包装机　间接加热式平板泡罩食品包装机的成型模水平布置，加热板不与食品包装膜接触。图 6-30 是间接加热式平板泡罩食品包装机原理图。

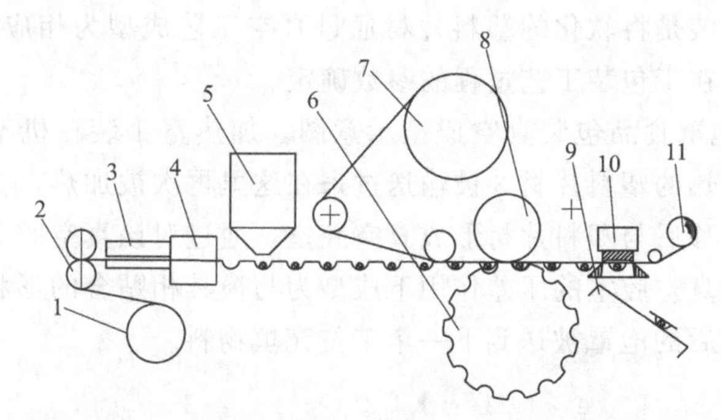

图 6-30　间接加热式平板泡罩食品包装机原理图

1—成型用片材；2—导向辊；3—间接加热器；4—成型器；5—计量料斗；6—热封下辊筒；7—铝箔；8—热封上辊筒；9—落料板；10—模切刀具；11—废料回收辊

图 6-30 中，塑料片材 1 经过导向辊 2 后被间接加热器 3 加热软化，从图中可以看出加热器不直接接触塑料片材，而是通过辐射和对流将塑料片材加热。被软化的塑料片材进入成型器 4，被高压空气吹成与模具形状相同的泡罩，并被冷却定型，计量料斗 5 给泡罩充填物料，铝箔 7 被覆盖在泡罩上，热封下辊筒 6 和热封上辊筒 8 共同作用完成封口功能，模切刀具 10 完成裁切，泡罩食品包装产品落在落料板 9 上，废料回收辊 11 将废料卷起回收。

③ 直接加热式平板泡罩食品包装机　如果在图 6-30 中将 4 改为直接加热，即靠传导加热，使加热板与塑料片材直接接触，就形成了直接加热式平板泡罩食品包装机。

直接加热板可以做成与泡罩轮廓相同的凸凹板，这样只把泡罩轮廓内的片材加热到软化的温度，而轮廓外的温度较低，在后续吹压成型工序中，泡罩的裙边变形不大或者基本不变形，提高了泡罩食品包装的强度。

通过更换加热部件、成型部件、封口部件等，可以形成多种泡罩食品包装机。每一种机型都有其特点，选用时要根据企业规模、产品特性、食品包装材料特性等综合考虑，不拘泥于书本或课堂的描述。

④ 冷冲压式泡罩食品包装机　由于传统泡罩食品包装机采用的是透明塑料材料，生产出来的产品阻挡性不高，对于那些对潮气、光线特别敏感的产品，食品包装效果不能满足需要。因而国外在 20 世纪 80 年代开发了冷冲压食品包装机。冷冲压泡罩食品包装机采用铝塑复合膜替代塑料片材，封口膜采用铝箔或者铝塑复合材料，这样产品就被铝箔完全裹包，阻挡了潮气和光线的侵袭。

由于阻挡性好，冷冲压式泡罩食品包装是泡罩食品包装的重要发展方向，尤其在食品和药品行业，已经得到了广泛的重视。

二、食品泡罩包装工艺参数及质量控制

泡罩食品包装是将软化的塑料片材通过真空工艺成型为相应的食品包装盒。其质量控制关键在于包装工艺过程的参数确定。

图 6-31 是泡罩食品包装真空成型示意图。加热室 1 装在机架上，其上装有加热板，经过预热的塑料片材 3 被输送过来在这里再次被加热，真空成型模 4 可以上下移动，上移后与塑料片材形成真空腔室，通过对该真空腔室抽真空，塑料片材在加热室和真空腔室的压差作用下成型为与模具相贴合的形状，而后真空成型模下降，成型后的泡罩被送到下一个工位充填物料。

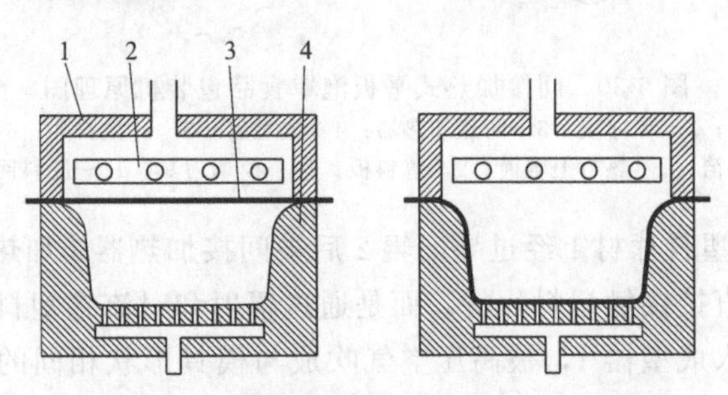

图 6-31 泡罩食品包装真空成型示意图

1—加热室；2—加热板；3—塑料片材；4—真空成型模

1. 真空时间的计算

泡罩食品包装机采用容积式真空泵。对真空成型模腔室进行抽真空，一般选用旋片式真空泵。

根据单位时间内真空泵抽出的气体量等于真空腔室减少的气体量，则有：

$$pu\,\mathrm{d}t=-V\mathrm{d}p \tag{6-15}$$

式中 V——真空成型模与塑料片材形成的腔室容积，m^3；

p——腔室内气体压强，Pa；

u——真空泵抽气速率，L/s；

$\mathrm{d}p$——$\mathrm{d}t$ 时间内真空腔室内的压强变化量。

对式（6-15）积分得：

$$\int \mathrm{d}t=-\frac{V}{u}\int \frac{\mathrm{d}p}{p} \tag{6-16}$$

代入初始条件：$t_0=0$，$p_0=101325\text{Pa}$，积分得：

$$t=\frac{V}{u}\ln\frac{p_0}{p} \tag{6-17}$$

式（6-17）说明，在常压下，抽气时间与真空度成指数曲线规律变化。由于真空腔室密封不严、管道泄漏、真空泵自身等原因，绝对真空度难以达到，特别是在达到一定真空度后，继续抽气就失去了意义。抽式时间与真空度变化关系曲线见图 6-32。

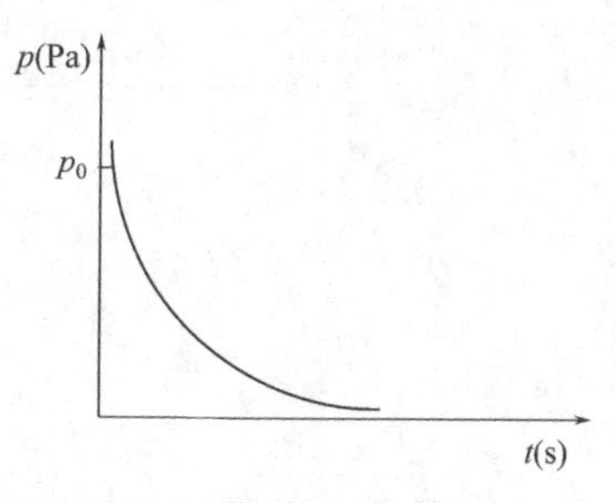

图 6-32 抽气时间与真空度变化关系曲线

考虑真空系统泄漏等原因，引入修正系数 c，得：

$$t=c\ \frac{V}{u}\ln\left(\frac{101325}{p}\right) \tag{6-18}$$

式（6-18）表明，在常压下，要使真空腔室达到最低压强 p，则需要用时间 t，真空泵抽气速率为 u，计算时修正系数可取 $c=1.4$。

2. 加热装置参数选择

在泡罩等热成型食品包装机中，加热装置是热成型的关键，其参数往往根据经验来选择。目前用于塑料片材加热的方法有两种：一是直接加热；二是辐射加热。前者采用电阻加热式电热板，直接与塑料片材接触，多用于塑料片材的预热装置；后者采用红外线辐射加热，不仅避免与塑料片材直接接触，而且通过辐射加热塑料片材，加热均匀快速，热效率提高，常用于热成型装置。

热成型装置中的加热器采用电热丝发热，电热丝安装在石英管或者磁控板内。加热器表面的温度大约在 370～650℃之间，单位功率为 $3.5\sim6.5\mathrm{W/cm^2}$。这些参数是根据专用加热板实际测定得到的。在实际使用中，为了适应不同的加热对象，可以通过开关控制电热丝电流的通断来调控发热功率和加热器表面的温度。开关的控制是靠温度控制仪实现的。装在电热板上的热电偶感应电热板的温度，感应到的信号通过导线送入温度控制仪，温度控制仪将信号与预先的设定值比较，判断温度的高低，从而控制开关动作，即接通或者断开电热丝的电流。

加热器与塑料片材的距离可以调节，调节范围在 10～50mm 之间，通过调节，可满足不同塑料片材的加热要求，以达到最好的辐射加热效果。

第七章

食品包装安全

包装食品在人们日常生活消费中所占的份额日益提高，人们对食品安全和食品包装安全越来越重视，本章将对食品包装安全问题加以介绍。

第一节　食品包装安全的基本内容

在整个食品质量控制中，食品包装现在被作为一个重要的质量控制环节而受到高度重视。同样，食品包装也作为保证食品安全卫生的重要手段得到了更广泛的重视。良好的包装可以改变杀菌条件或降低杀菌程度、改变冷藏温度、减少防腐剂添加量等，对提高食品品质、降低生产成本都很有利。

首先，应考察包装对象食品本身的特性及其所要求的保护条件；研究各种因素对食品品质和主要营养成分的影响，特别是对脂肪、蛋白质和维生素等营养成分的敏感因素，通常要考虑包括温度、氧气、光线、微生物等方面的影响。只有掌握了被包装食品的敏感因素，确定其要求的保护条件，才能选用合理的包装材料、按照适宜的包装工艺技术进行包装操作，以达到保护品质和延长贮存期的目的。

其次，应研究和掌握包装材料的包装性能，掌握有关的包装技术和方法。包装材料种类繁多、性能各异，只有了解各种包装材料和容器的包装性能，才能根据包装食品的防护要求进行选择。应了解包装材料中的添加剂等成分向食品中迁移的情况，以及食品中某些组成部分向包装容器中渗透和被吸附的情况。这些情况对流通过程中食品品质和质量具有很大的影响。同一种食品往往可以采用不同的包装技术和方法而达到相同或相近的包装要求和效果。例如，对于易氧化的食品，可采用真空或充气包装，也可采用封入脱氧剂进行包装。但是，有时为了达到设定的要求和效果，必须采用特定的包装技术和方法。包装技术和方法的选用与包装材料的选用密切相关，也与包装食品的市场定位等诸多因素密切相关。

此外，还应掌握包装测试方法和食品安全的检测技术，了解包装标准及法规。商品检测除对针对产品本身外，对包装也进行检测。包装检测项目很多，企业应针对内装食品的特性及敏感因素、包装材料种类及其国家标准和法规要求选定检测项目。例如，罐头食品用空罐常需测定其内涂在食品中的溶解情况，脱氧

包装应测定包装材料的透氧率，防潮包装应测定包装材料的水蒸气透过率等。对此国家有严格的标准和法规，同时出口产品还应遵守进口国的相关标准和法规。

最后，还要重视包装材料的回收利用安全，使包装不致成为污染环境的杀手，形成资源的合理有效利用。

作为现代食品加工的最后一道工序，食品包装对质量和安全的作用不可忽视，食品包装安全的内容从阶段上一般可分为包装材料的安全、包装后食品的安全和包装废弃物的安全三个阶段，如图 7-1 所示。食品包装不仅对食品起着保护、装饰的作用，而且与食品的贮藏、运输和销售密切相关，直接或间接影响食品的质量与安全。食品包装安全的主要问题包括包装材料使用不当，违规添加禁用助剂，印刷中大量使用含苯油墨等。

一、包装前食品的安全

食品在加工和贮藏过程中处理不当都可能对人产生危害，主要危害的因素可分为生物性危害、化学性危害和物理性危害。其中生物性危害和化学性危害较为突出。食品安全的主要问题如下。

1. 食物中毒

食物中毒致病因素包括致病性微生物、化学有害物质、有毒动植物等。致病性微生物是导致食物中毒的主要因素，中毒人数最多。化学性中毒主要由剧毒农药（包括有机磷农药和毒鼠强）和亚硝酸盐误食引起，有毒动植物性中毒主要由河豚毒素、毒蘑菇、毒扁豆碱、桐油引起。总体而言，食源性疾病主要是由于食物制作过程不卫生或者食物加工和贮存方式不当而引起的。

2. 食品添加剂

食品添加剂是指为了改善食品的品质和色、香、味，以及防止食物腐败和因某些加工工艺需要而加入食品中的化学合成或者天然物质。加工助剂（例如硅藻土、活性炭等助滤剂用于白砂糖精制，葡萄酒、啤酒、饮料生产等）也属于食品添加剂。食品添加剂在日常食品中有至少 20 多种很重要的技术功能。例如抗氧化剂添加在食用油脂、饼干、肉制品、方便面等油脂含量较高的食品中，可防止或延缓油脂成分氧化分解，提高食品的质量稳定性和安全性；维生素 C 和从茶叶中提取的茶多酚是两种常见的抗氧化剂。膨松剂（例如常见的小苏打）用于饼干、蛋糕等面制品。新颁布的《食品安全法》规定了生产食品添加剂的企业必须获得生产许可证；食品生产者必须根据 GB 2760—2014《食品安全国家标准 食品添加剂使用标准》中规定的食品添加剂品种、使用范围、使用量，在食品中使用；不得使用标准规定之外的化学物质或者其它可能危害人体健康的物质；使用新的食品添加剂品种前，企业必须向卫生部门申请并提交相关的安全性评估资料。

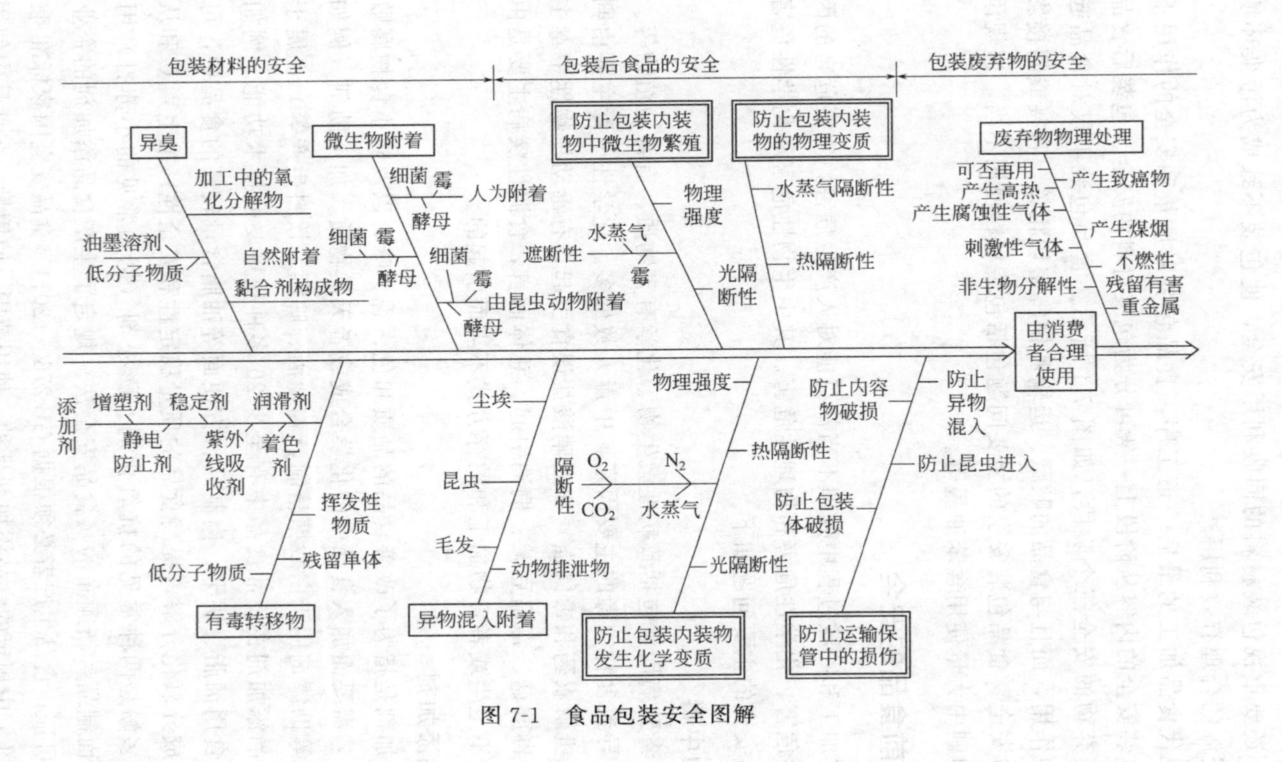

图 7-1 食品包装安全图解

3. 丙烯酰胺

丙烯酰胺是一种工业用化学物质，作为生产聚丙烯酰胺的原料。烟草烟雾中也含有丙烯酰胺。研究指出，在传统的土豆和谷物制品煎炸或烘焙过程中会产生较高含量的丙烯酰胺，如炸薯条、炸土豆片、谷物、面包、饼干等。油炸薯类、大麦茶、速溶咖啡、玉米茶、谷类油炸食品、谷类烘烤食品中丙烯酰胺含量较高。现已查明，丙烯酰胺是由高碳水化合物、低蛋白质的植物性食物在高温下烹调时自然产生的，不仅出现在食品企业加工的食品中，也出现在家庭烹制的食品中。动物试验发现，丙烯酰胺具有遗传毒性，诱发动物的生殖和发育问题及癌症。我国于 2005 年发布了关于丙烯酰胺的预警公告，建议尽可能避免连续长时间或高温烹饪淀粉类食品，提倡合理营养，平衡膳食，改变油炸和高脂肪食品为主的饮食习惯，减少因丙烯酰胺可能导致的健康危害。

4. 反式脂肪酸

脂肪酸是最简单的油脂或脂肪，是由 4 到 24 个碳原子组成的链状化合物。脂肪酸分为饱和脂肪酸和不饱和脂肪酸，不饱和脂肪酸的双键可以是顺式结构，也可以是反式结构。反式结构的不饱和脂肪酸则称为反式脂肪酸（Trans-fatty acids），又称为反式脂肪。顺式双键和反式双键的结构如图 7-2 所示。

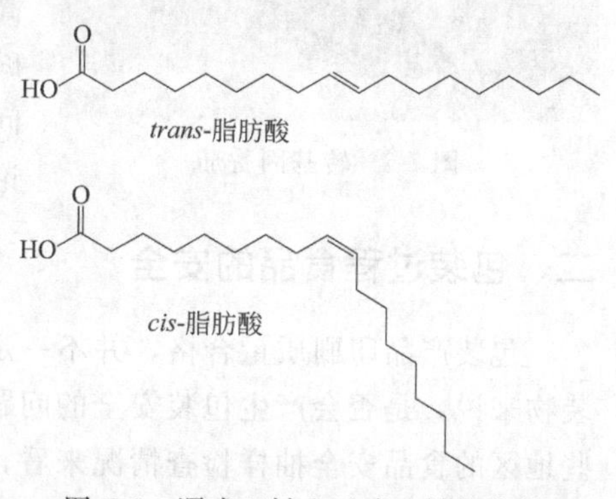

图 7-2 顺式双键和反式双键的结构

天然的大豆油、菜籽油、玉米油等植物油中几乎不含反式脂肪酸。但是将液态的天然植物油通过氢化加工，则可将顺式不饱和脂肪酸转变成室温下更稳定的固态反式脂肪酸。利用这个过程可生产人造黄油，作为饱和脂肪酸的代用品。它可以改变豆油等植物油的流动性能，使其成为半固态并具有类似黄油和奶油的口感，在炸制食品的时候可以起到起酥作用，使食物更加酥脆。同时，还可以延长产品货架期和稳定食品风味。不饱和脂肪酸氢化时产生的反式脂肪酸占 8%～70%。在植物性起酥油、人造奶油、蛋黄派、蛋糕、曲奇饼干、休闲小食品、代可可脂巧克力、冰激凌、咖啡伴侣、膨化食品、油炸食品，甚至糖果和速冻汤圆等食品中，都可检测到反式脂肪酸，过多摄入反式脂肪酸时会增加低密度脂蛋白，降低高密度脂蛋白，增加动脉血管硬化和引发心血管系统疾病的风险，而且可能影响儿童的生长发育。研究表明植物油氢化过程中产生的 n-9 反式油酸会使血脂代谢异常。

5. 兽药残留

根据联合国粮农组织和世界卫生组织（FAO/WHO）食品中兽药残留联合

分委员会的定义，兽药残留是指动物产品的任何可食部分所含兽药的母体化合物及（或）其代谢物，以及与兽药有关的杂质。目前常见的兽药有抗生素类、驱肠虫药类、生长促进剂、抗原虫药类、灭锥虫药类、镇静剂类等。兽药残留既包括原药，也包括药物在动物体内的代谢产物和兽药生产中所伴生的杂质。动物性食品中兽药残留对人体健康可能产生的影响主要有：①急性毒性；②慢性毒性，如氯霉素；③过敏反应，如青霉素类；④特殊毒性，例如各国家政府已经明令禁用的一些药物，可能具有致癌、致畸、致突变作用。

6. 转基因食品

转基因食品是指利用基因工程技术改变基因组构成的动物、植物和微生物生产的食品。转基因技术在农业生产上应用的主要目的是培育出抗病、抗虫、抗草的品种，从而减少农药用量，大大减少对环境的污染，降低食品安全风险，并降低生产成本；增加营养成分，例如高赖氨酸玉米、高油酸或高维生素 A 菜籽油、高铁水稻；增强作物的抗性（如抗干旱、耐盐碱），提高作物的产量。转基因食品的安全性问题一直受到科学家和广大消费者的关注，结论有待于研究。转基因番茄见图 7-3。

图 7-3　转基因番茄

二、包装过程食品的安全

包装产品印刷质量合格，并不一定印刷品就完全合格，对食品、医药类的包装物来说，是否会产生包装安全的问题关系到整个产品的质量和命运。从国内一些地区的食品安全抽样检查情况来看，食品卫生指标检测不合格的，很多是因为包装物，而污染源包括印刷品的上光油（见图 7-4）、油墨、黏合剂、薄膜、纸张（纸板）材料等。所以，应关注食品包装对食品质量和安全的影响。

1. 包装上光（油）与食品包装安全

很多纸质包装印刷表面要进行上光处理，用来增强对印刷品的保护，以达到防潮、耐磨等效果，同时可提高印刷品的美观度和装饰效果。溶剂型上光油中的溶剂通常采用甲苯，不仅容易对环境产生污染，而且也危及人体的安全和健康。所以，食品包装

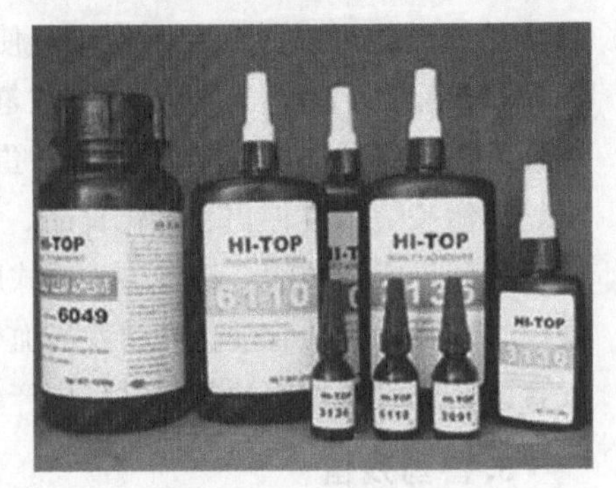

图 7-4　包装上光油

物宜采用水性上光油。

2. 包装印刷油墨与食品包装安全

包装的印刷过程离不开油墨，但油墨中可能含有的成分对食品的安全会造成影响。包装印刷油墨主要分为树脂型和溶剂型，用这两类油墨进行印刷时主要危害为重金属、有机挥发物和溶剂残留等。其中，溶剂型印刷油墨含有苯、甲苯、乙酸乙酯和异丙醇等有害溶剂。重金属元素也通过包装物的污染转移，人体摄入一定量后，有可能造成重金属中毒。油墨中的颜料、树脂、助剂和溶剂作为油墨的主要物质都可能对食品安全性产生危害，特别是采用染料来代替颜料，染料的迁移也将影响食品的安全性。此外，为提高油墨的附着力油墨中也会添加一些如硅氧烷类的促进剂，其中含有甲醇等有害物质，也将影响食品包装的安全性。采用无苯醇溶型凹印油墨，安全性相对较高。食品包装物应采用水性柔印工艺进行印刷，该工艺所用的水性油墨的稀释剂是水和乙醇，属于无毒性溶剂，安全系数较高。

3. 黏合剂与食品包装安全

在食品包装中要用到多种黏合剂，如瓦楞裱贴，纸箱、纸盒、手提袋等产品成型粘接（搭口用），镀膜加工和覆膜的黏合剂等。一般来说包装黏合剂中的化学成分（含有苯类有机溶剂等有毒、有味、有害物质）会直接或间接地污染食品。因此应尽量选用水性黏合剂而不选用溶剂型黏合剂。

4. 塑料薄膜包装材料与食品包装安全

包装中大量采用塑料薄膜包装材料，如各种食品软包装和塑料包装容器。这些包装在生产过程中会使用一些低分子的助剂和添加剂，如增塑剂、防雾剂、抗氧剂、爽滑剂、光稳定剂、热稳定剂等。某种条件下，其有害物质易产生物理迁移和化学迁移。“迁移”使一些物质在一定的条件下释放出来，与被包装的食品产生接触，危及食品的安全。

5. 纸张、纸板与食品包装安全

纸张和纸板在制造过程中会加入各种助剂，如增白剂等。在某种特定条件下某些助剂会扩散到食品中，影响食品安全。

6. 生产机器与食品包装安全

在日常印刷、上光、压光、覆膜和产品成型加工过程中，也会因机器的原因造成包装产品污染，如机器出现溅油、某些部件脏污和某些机件工作状态不正常等，都可能在食品包装生产中造成污染。

7. 生产作业环境与食品包装安全

优美、整洁的环境是食品包装生产安全和卫生的保证，同时也让生产者身心愉悦，参观者放心和信任。生产车间和厂区的鼠蝇等也可能带来污染，因此必须有标准化的规范生产体系和生产环境。

第二节　包装材料与包装安全

近年来，由于食品包装中有害物质残留过高，食品因此被污染而引发的中毒事件频频出现。人们对食品安全的关注已经从食品本身发展到食品的外包装。有的商家只是考虑到食品本身的消费价值，忽略了对食品的包装，甚至有欺骗行为；有些商家为了谋取更多经济利益，降低成本，对食品进行简单包装，运用廉价材料，这都会导致食品的质量受到不良的影响，最终导致安全性下降。

随着社会的发展，科技的进步，越来越多的新型材料应用于包装材料中。新材料的发明和应用是一把双刃剑，一方面有效降低了企业成本，美化包装；另一方面因为对新型材料的不熟悉，且缺乏相对应的使用管理条例，会引起不可预知的安全性问题，而这种安全性问题如果出现在食品包装中，就有可能会引起非常严重的伤害事件。

一、纸包装安全

在纸、塑料、玻璃、金属 4 大包装中，纸包装占 40%～50%的份额。表 7-1 为食品包装纸的理化指标。

表 7-1　食品包装纸的理化指标

项目	指标
铅（以 Pb 计）/(mg/kg)	≤3.0
砷（以 As 计）/(mg/kg)	≤1.0
荧光性物质（254mm 及 365nm）	阴性
甲醛	<1.0
大肠杆菌/(个/100g)	不得检出
沙门氏菌	不得检出
霉菌/(CFU/g)	50

注：摘自 GB 4806.8—2016。

纸包装材料具有一系列独特的优点。在食品包装中占有相当重要的地位。有关标准对食品包装原纸的卫生指标、理化指标及微生物指标有规定。单纯的纸是卫生、无毒、无害的，且在自然条件下能够被微生物分解，对环境无污染。纸中有害物质的来源及对食品安全的影响主要体现在以下几个方面。

1. 造纸原料本身带来的污染

生产食品包装纸的原材料有木浆、草浆等，存在农药残留。有的使用一定比例的回收废纸制纸，废旧回收纸虽然经过脱色，但只是将油墨颜料脱去，而有害物质铅、镉、多氯联苯等仍可留在纸浆中；有的采用霉变原料生产，使成品含有大量霉菌。

2. 造纸过程中的添加物

造纸需在纸浆中加入化学品，如防渗剂/施胶剂、填料、漂白剂、染色剂等。防渗剂主要采用松香皂；填料采用高岭土、碳酸钙、二氧化钛、硫化锌、硫酸钡及硅酸镁；漂白剂采用次氯酸钙、液态氯、次氯酸、过氧化钠及过氧化氢等；染色剂使用水溶性染料和颜料，前者有酸性染料、碱性染料、直接染料，后者有无机和有机颜料。

纸的溶出物大多来自纸浆的添加剂、染色剂和无机颜料。其中使用多种金属，如红色的多用镉系金属，黄色的多用铅系金属。这些金属即使在 mg/kg 级以下亦能溶出而致病。例如，在纸的加工过程中，尤其是使用化学法制浆，纸和纸板通常会残留一定的化学物质，如硫酸盐法制浆过程残留的碱液及盐类。食品安全卫生法还规定，食品包装材料禁止使用荧光染料或荧光增白剂，它是一种致癌物。此外，从纸制品中还能溶出防霉剂或树脂加工时使用的甲醛。漂白剂在水洗纸浆时安全消失；染色剂如果不存在颜色的溶出，不论何种颜色均可使用，但若有颜色溶出时，只限使用食品添加剂类染色剂。

玻璃纸的溶出物基本同纸一样，不同之处就是玻璃纸使用甘油类柔软剂。防潮玻璃纸需要进行树脂加工，大多使用硝酸纤维素、氯乙烯树脂、聚偏二氯乙烯树脂等。

3. 油墨污染较严重

在纸包装上印刷的油墨，大多是含甲苯、二甲苯的有机溶剂型凹印油墨，为了稀释油墨常使用含苯类溶剂，造成残留的苯类溶剂超标。苯类溶剂在 GB9685 标准中不被许可使用，但仍被大量使用；其次，油墨中所使用的颜料、染料中，存在着重金属（铅、镉、汞、铬等）、苯胺或稠环化合物等物质，引起重金属污染，而苯胺类或稠环类染料则是明显的致癌物质。印刷时因相互叠在一起，造成无印刷面也接触油墨，形成二次污染。所以，纸制包装印刷油墨中的有害物质，对食品安全的影响很严重。为了保证食品包装安全，采用无苯印刷成为发展趋势。

二、塑料包装安全

塑料是一种以高分子聚合物——树脂为基本成分，再加入一些用来改善其性能的各种添加剂制成的高分子材料。目前几乎所有的食品都可用塑料包装。表 7-2 为食品包装用合成树脂的毒性物最大允许值。

塑料包装材料的危害主要是材料内部残留的有毒有害化学污染物的迁移与溶出而导致食品污染。其主要来源有以下几方面。

表 7-2　食品包装用合成树脂的毒性物最大允许值

<table>
<tr><th colspan="3" rowspan="2">项目</th><th colspan="5">树脂种类</th></tr>
<tr><th>其他一般树脂</th><th>聚氯乙烯</th><th>聚丙烯/聚乙烯</th><th>聚苯乙烯</th><th>聚偏二氯乙烯</th></tr>
<tr><td rowspan="7">材料试验</td><td colspan="2">1. 镉、铅</td><td>—</td><td colspan="4">100mg/kg</td></tr>
<tr><td colspan="2">2. 二丁基锡化合物</td><td>—</td><td>100mg/kg</td><td>—</td><td>—</td><td>—</td></tr>
<tr><td colspan="2">3. 磷酸甲酚酯</td><td>—</td><td>1000mg/kg</td><td></td><td>—</td><td>—</td></tr>
<tr><td colspan="2">4. 氯乙烯单体</td><td>—</td><td>1mg/kg</td><td></td><td>—</td><td>—</td></tr>
<tr><td colspan="2">5. 偏二氯乙烯</td><td></td><td>—</td><td>—</td><td>—</td><td>6mg/kg</td></tr>
<tr><td colspan="2">6. 挥发成分</td><td>—</td><td>—</td><td></td><td>5000mg/kg</td><td>—</td></tr>
<tr><td colspan="2">7. 钡</td><td>—</td><td>—</td><td>—</td><td>—</td><td>100mg/kg</td></tr>
<tr><td rowspan="7">溶出试验</td><td colspan="2">1. 重金属</td><td colspan="5">4%乙酸、60℃、30min，1mg/kg。如在 100℃以上使用的材料则为 95℃、30min，1mg/kg</td></tr>
<tr><td rowspan="3">2. 蒸发残留物</td><td>n-[正]庚烷</td><td>—</td><td>25℃、60min，150mg/kg</td><td>25℃、60min，100mg/kg 但是 100℃以上使用的材料为 30mg/kg</td><td>25℃、60min，240mg/kg</td><td>25℃、60min，30mg/kg</td></tr>
<tr><td>20%乙醇</td><td>—</td><td colspan="4">60℃、30min，30mg/kg</td></tr>
<tr><td>水、4%乙酸</td><td>60℃、30min，30mg/kg</td><td>60℃、30min，30mg/kg</td><td></td><td colspan="2">60℃、30min，30mg/kg。如在 100℃以上使用的材料则为 95℃、30min，30mg/kg</td></tr>
<tr><td colspan="2">3. 高锰酸钾消耗量</td><td colspan="5">水、60℃、30min，10mg/kg，如在 100℃以上使用的材料则为 95℃、30min，10mg/kg</td></tr>
<tr><td colspan="2">4. 苯酚</td><td>水、60℃、30min，未测出</td><td>—</td><td>—</td><td>—</td><td>—</td></tr>
<tr><td colspan="2">5. 甲醛</td><td>水、60℃、30min，未测出</td><td></td><td>—</td><td>—</td><td>—</td></tr>
</table>

1. 加工助剂带来的污染

为了改良塑料食品包装材料，人们在制作包装材料时常常会采用大量的添加剂，而这些化学添加剂也存在着向食品迁移溶出的问题，由于某些添加剂或者添

加剂降解物对人体具有一定毒性，因此大多数加工助剂都可能构成包装材料的安全风险。常用的加工助剂有增塑剂、稳定剂、抗氧剂、抗静电剂、着色剂等，其中使用最多的是增塑剂，其次是稳定剂。稳定剂一般应使用安全型的，使用重金属系稳定剂一般要慎之又慎，食品包装材料一般禁止使用铅、氯化镉、二丁基锡化合物等稳定剂。

在所有改善塑料食品包装材料性能的添加剂中，增塑剂的卫生安全性备受关注，特别是邻苯二甲酸酯类增塑剂。这类化合物因能增大产品的可塑性和柔韧性而广泛地应用于日常生活中。它具有种类多、难以降解、生物富集性强的特点，是一类具有雌激素功能的化学物质，已被证明对人体具有生殖和发育毒性、诱变性和致癌性等。而且在塑料制品中，邻苯二甲酸酯与聚烯烃类塑料分子是相溶的，两者间并没有严格的化学结合键，所以塑料制品在使用过程中，这类增塑剂容易从塑料中迁移到外环境，造成对食品和环境的污染。检测结果表明：经塑料袋盛装后食品中的邻苯二甲酸酯类增塑剂的含量均有不同程度提高；温度高的食物受污染程度较大；这类化合物对油脂含量高的食品污染程度比油脂含量低的污染程度大。因此，对于盛装油脂食品的塑料桶和塑料瓶要加大检测力度，确保其安全性。还有几种毒性较低的增塑剂，如丁基硬脂酸酯、乙酰基三丁基柠檬酸酯、烷基癸二酸酯和己二酸酯类化合物。

稳定剂是除增塑剂外塑料制品中用得最多的添加剂，其中使用较多的是热稳定剂和光稳定剂。这是因为绝大多数合成高分子材料都会因受到各种环境因素如热、光、氧、水分、微生物等的作用而遭到破坏，丧失物理机械性能，使其失去使用价值，尤其以光和热的损害为重。常用的热稳定剂品种有铅盐类、有机锡、金属皂类、复合稳定剂和有机助剂等。常用的光稳定剂有光屏蔽剂、紫外吸收剂、猝灭剂和自由基捕获剂。一些研究表明，部分紫外线吸收剂是有毒有害的。

暴露在紫外线和空气中的塑料会通过氧化反应逐渐分解，为稳定塑料物化性质，人们通常在聚合物中加入抗氧剂。由于抗氧剂与塑料基体相比，易于被氧化，因此能起到缓解塑料氧化过程的目的。总体说来，大多数抗氧剂无毒且具有良好的稳定效果，但一些苯基取代的亚磷酸酯被认为具有一定毒性。

润滑剂是指制袋、挤出工序中的爽滑喷粉，在与食品的接触过程中容易迁移到食品中，带来很大的食品安全问题。GB9685—2016《食品安全国家标准 食品接触材料及制品用添加剂使用标准》明确规定了食品容器、包装材料用添加剂的使用原则、允许使用的添加剂品种、使用范围、最大使用量、最大残留量或特定迁移量。

2. 油墨污染

油墨是用于包装材料印刷的重要材料，大致可分为苯类油墨、无苯油墨和醇性油墨、水性油墨等种类。油墨中主要物质有颜料、树脂、助剂和溶剂。食品包装材料的新型化使得印刷油墨在其上的使用越来越广泛，几乎所有的食品包装都离不开印刷油墨的装饰，因此油墨的卫生安全性尤为突出。

目前在复合包装袋上印刷的油墨，大多是含甲苯、二甲苯的有机溶剂型凹印油墨。这些油墨要用含有甲苯的混合溶剂来稀释。由于在印刷过程中苯类溶剂挥发不完全，有可能造成苯类物质在包装材料中残留，从而会污染食品，对人体造成危害。我国目前仍以苯类油墨为主，而欧美等发达国家以无苯油墨为主。一些厂家为了降低成本，会大量使用甲苯。这些恰好是溶剂残留问题的症结所在，对包装安全造成极大隐患。因此，复合食品包装袋的目前主要的安全隐患主要就是苯及苯系物的溶剂残留超标。

油墨中所使用的颜料、染料中存在重金属（铅、镉、汞、铬等）、苯胺或稠环化合物等物质，这些有毒有害的化学物质能够通过塑料薄膜迁移到内包装的食品中，从而产生危害。

另外有的油墨为提高附着牢度会添加一些促进剂，如硅氧烷类物质，此类物质在一定的干燥温度下会发生键的断裂，生成甲醇等物质，而甲醇会对人的神经系统产生危害。

3. 复合薄膜用黏合剂

复合薄膜用黏合剂大致可分为聚醚类和聚氨酯类。聚醚类黏合剂正逐步在淘汰，而聚氨酯类黏合剂有脂肪族和芳香族两种。黏合剂按照使用类型还可分为水性黏合剂、溶剂型黏合剂和无溶剂型黏合剂。水性黏合剂对食品安全不会产生什么影响，但存在功能方面的局限。在食品安全方面，绝大多数的人们只是认为如果产生的残留溶剂低就不会对食品安全产生影响，其实这只是片面的。复合薄膜用胶黏剂对食品安全的影响首先是胶黏剂中的游离单体以及该产品在高温时裂解出来的低分子量有毒有害物质带来的污染危害。聚氨酯胶黏剂使用的原料是芳香族异氰酸酯，它遇水会水解生成芳香胺，而芳香胺是一类致癌物质。

另外，溶剂型聚氨酯胶黏剂的溶剂应该是高纯度的单一溶剂即醋酸乙酯，但个别生产厂商也可能使用回收的、不纯净的醋酸乙酯，带来安全问题。

4. 再生塑料中的有害物质

非法使用的回收塑料中的大量有毒添加剂、重金属、色素、病毒等会对食品造成污染。塑料材料的回收复用是大势所趋，由于回收渠道复杂，回收容器上常残留有害物质，难以保证清洗处理完全。有的为了掩盖回收品质量缺陷，往往添加大量涂料，导致色素残留大，造成对食品的污染。因监管原因，甚至大量的医学垃圾塑料被回收利用，这些都给食品安全造成隐患。国家规定，回收塑料不得用于制作食品包装材料。

5. 树脂中有毒物质迁移产生的危害

氯乙烯单体有毒性，具有麻醉作用，可引起人体四肢血管收缩而产生疼痛感，同时还具有致癌和致畸作用。美国食品药物管理局指出残存于 PVC 中的氯乙烯在经口摄取后有致癌的可能，因而禁止 PVC 制品作为食品包装材料，目前聚氯乙烯已被禁止用于食品包装。对于食品包装而言，安全隐患在于 UF、PF、MF 的甲醛，PVC 中的氯乙烯单体，PS 中的甲苯、乙苯、丙苯等化合物。

苯乙烯单体具有一定的毒性，能抑制大鼠生育，使肝、肾重量减轻，并且苯乙烯单体容易被氧化生成一种能诱导有机体突变的化合物苯基环氧乙烷。许多国家对聚苯乙烯食品包装材料中的苯乙烯单体含量作了限量规定。

对苯二甲酸乙二醇酯（PET）常被用作瓶装饮用水、饮料和食用油的包装材料等。由于 PET 在 220℃高温下不会受热变形，故也用于制造微波炉烹调和传统烹调使用的盘子、碟子等。但 PET 含有二聚物到五聚物的少量低分子量低聚体。根据 PET 种类的不同，这些环状化合物的含量为 0.06%～1.0%不等。研究表明 PET 瓶体每 100g 材料中含有 316～412mg 的三聚体。

聚酰胺即人们常说的“尼龙”，在食品包装领域中常用作食品包装薄膜，也常用作食品烹饪过程中盛装食品的包装材料。有证据显示，在烹饪过程中，较大量的尼龙 6 低聚体和残留的尼龙单体——己内酰胺，能渗透至沸水中。虽然口服己内酰胺毒性不是特别大，但它能使食品产生不协调的苦味。我国规定己内酰胺在尼龙成型品中的含量不超过 15mg/L；欧盟 2002/72/EC 指令中规定己内酰胺向食品或者食品模拟物中的迁移量不能超过 15mg/kg。

双酚 A 是世界上使用最广泛的工业化合物之一，是制造婴儿奶瓶、水瓶、其他食品和饮料容器等坚硬和透明聚碳酸酯塑料的关键物质，它能增加塑料包装材料的透明度。双酚 A 被认为是具有雌激素功能的化合物，曾有研究人员发现，被广泛使用的塑料瓶装矿泉水很不安全，因为塑料瓶中的双酚 A 会渗透到瓶里的水中，饮用后会给人体带来危害。目前，很多国家都限制了双酚 A 的使用。

综上所述，食品包装材料本身所含有的有毒有害物质及其迁移是导致塑料食品包装物的安全问题的主要因素。因此，还必须继续加大对塑料食品包装材料安全性的重视，加大对有毒有害物质的迁移问题的研究和检测，确保塑料食品包装材料的安全性。

三、金属包装安全

金属包装材料是传统包装材料之一，用于食品包装有近 200 年的历史。金属包装材料以金属薄板或箔材为主，在食品包装上的应用越来越广。

金属包装一般分为箔材和罐材两种，前者主要使用铝箔或铁箔；后者多用于镀锡罐。使用铝箔时对材质的纯度要求非常高，必须达到99.99%，几乎没有杂质。但是铝箔因为存在小气孔，很少单独使用，多与塑料薄膜黏合在一起使用。金属罐的表面大部分用塑胶涂覆。

金属及焊料中的铅、砷等易渗入食品中，污染食品。另外，金属离子还会影响食品的风味。金属材料的化学稳定性差，易受腐蚀而生锈、损坏。与纸、塑料和木材等材料相比，其价格、加工成本、运输成本方面均不占优势。

铁制容器的安全问题主要是镀锌层，接触食品后锌会迁移至食品引起食物中毒。铝制材料含有铅、锌等元素，长期摄入会造成慢性蓄积中毒；铝的抗腐蚀性很差，易发生化学反应而析出或生成有害物质，回收铝的杂质和有害金属难以控制；不锈钢制品中加入了大量镍元素，受高温作用时，使容器表面呈黑色，同时其传热快，容易使食物中不稳定物质发生糊化、变性等，还可能产生致癌物，不锈钢不能与乙醇接触，乙醇可将镍溶解，导致人体慢性中毒。

因此，一般需要在金属容器的内、外壁涂涂层。内壁涂层可防止内容物与金属直接接触，避免电化学腐蚀，提高食品货架期，但涂层中的化学污染物也会在罐头的加工和贮藏过程中向内容物迁移造成污染。这类物质有BPA（双酚-A）、BADGE（双酚-A二缩水甘油醚）、NOGE（酚醛清漆甘油醚）及其衍生物。双酚-A环氧衍生物是一种环境激素，通过罐头食品进入人体内，易造成内分泌失衡及遗传基因变异。

四、玻璃包装安全

玻璃是一种古老的包装材料，3000多年前埃及人首先制造出玻璃容器，从此玻璃成为食品及其它物品的包装材料。玻璃作为包装材料的最大特点是：高阻隔、光亮透明、化学稳定性好、易成型，其用量占包装材料总量的10%左右。

用作食品包装的玻璃是氧化物玻璃中的钠-钙-硅系列玻璃，在包装安全性方面的主要问题如下。

1. 熔炼过程中有毒物质的溶出

一般来说，玻璃包装的食品具有良好的安全性。但是熔炼不好的玻璃制品有可能发生有毒物质溶出问题。所以，对玻璃制品应作水浸泡处理或加稀酸加热处理。在安全检测时应该检测碱、铅（铅结晶玻璃）及砷（消泡剂）的溶出量。对包装有严格要求的食品药品可改钠钙玻璃为硼硅玻璃。

2. 避免重金属超标

高档玻璃器皿中往往添加铅化合物，加入量一般高达30%，这是玻璃器皿

中较突出的卫生问题。

3. 对加色玻璃，应注意着色剂的安全性

为了防止有害光线对内容物的损害，用各种着色剂使玻璃着色而添加的金属盐，其主要的安全性问题是从玻璃中溶出的迁移物，如添加的铅化合物可能迁移到酒或饮料中，二氧化硅也可溶出。玻璃的着色需要用金属盐，如蓝色需要用氧化钴，茶色需要用石墨，竹青色、淡白色及深绿色需要用氧化铜和重铬酸钾，无色需要用碱。相关法规规定，铅结晶玻璃的铅溶出量应限定在1～2μg/g之间。

五、陶瓷、搪瓷和橡胶包装安全

陶瓷包装容器能保持食品的风味。用陶瓷容器包装的腐乳，质量优于塑料容器包装的腐乳，用其包装部分酒类饮料，相当长时间不会变质甚至存放时间愈久愈醇香。

搪瓷、陶瓷包装材料用于食品包装的卫生安全问题，主要是指上釉陶瓷表面釉层中重金属元素铅或镉的溶出。一般认为陶瓷包装容器是无毒、卫生、安全的，不会与所包装食品发生任何不良反应。但长期研究表明，釉料主要由铅、锌、镉、锑、钡、铜、铬、钴等多种金属氧化物及其盐类组成，多为有害物质。陶瓷在1000～1500℃下烧制而成，如果烧制温度低，彩釉未能形成不溶性硅酸盐，则在使用陶瓷容器时易使有毒有害物质溶出而污染食品；在盛装酸性食品（如醋、果汁）和酒时，这些物质容易溶出而迁入食品，引起安全问题。研究表明，在4%的醋酸溶出试验中可见到金属的溶出。上釉的包装容器，如使用鲜艳的红色或黄色彩绘图案，会出现铅或镉的溶出。国内外对陶瓷包装容器铅、镉溶出量均有允许极限值的规定。

橡胶单独作为食品包装材料使用的比较少，一般多用作衬垫或密封材料。橡胶分天然橡胶和合成橡胶两大类，后者还可以细分。天然橡胶是以异戊二烯为主要成分的天然长链高分子化合物，本身不分解也不被人体吸收。合成橡胶是用单体聚合而成，添加剂有交联剂、防老化剂、硫化剂、硫化促进剂及填充剂等，使用的防老剂对溶出物的量有一定影响。单体和添加物的残留对食品安全也有一定影响。一般常用的橡胶添加剂中，有毒性的或怀疑有毒性的有β-萘胺、联苯胺、间甲苯二胺、氯苯胺、苯基萘基胺、巯基苯并噻唑及丙烯腈、氯丁二烯等。

六、其它包装材料安全

木制食品包装容器与陶瓷、搪瓷食品容器虽质地不同，但其表面都要经过处理，或涂涂料或上釉。涂料、釉都是化学品（釉含硅酸钠和金属盐，以铅较多）。另外，着色颜料中也有金属盐，也会有安全隐患。特别是现在流行的纤维板制月饼、茶叶包装盒，因含有大量游离甲醛和其他一些有害挥发物质而令人担忧。

第三节　食品质量与安全的分析检测技术

食品检验与分析的内容很丰富，而且范围相当广泛。在各种食品中有许多组分是相同的，有一些组分则是不相同的，不同种类的食品具有不同的特性。食品分析的范围如下。

（1）食品成分分析　成分分析包括水分、水活度、灰分、脂肪、酸度、碳水化合物、蛋白质、氨基酸、氯化物、维生素、微量元素等。

（2）食品中污染物的分析　食品污染物按其性质分两类：一种为生物性污染；另一种为化学性污染。

污染物可来自自然环境、生产加工过程和三废处理。

化学性污染多属农药污染。用于果蔬的有机氯农药分为两大类：一类是氯化苯及其衍生物；另一类是氯化钾乙基萘制剂。这类农药中毒易损害肝肾等实质器官，最后引起肝脏营养失调、变性，以至于坏死。常见的有机磷有1059、1605、敌敌畏、敌百虫、4049等，这些多为油状液体，少数为固体，前两者对人体致死量均为0.1g，这些农药在土壤中残留时间较长。

对于上述两种农药，前者毒性大于后者，在我们的食品中普遍有有机氯农药残留，以动物性食品居多，一般蔬菜为0.02mg/kg，肉食动物为1mg/kg，海参为0.5mg/kg，淡水鱼类为2mg/kg。人类膳食中也有DDT及其代谢物的存在，但是随着使用量的降低和使用范围的限制，有机氯农药在膳食中的残留量还可以继续减少。

在食品加工过程中，这种农药经单纯洗涤不能除去，对水果、胡萝卜、土豆等如果去皮后，其残留量显著降低；对烘烤面包和蛋糕，农药经高温的挥发作用也能使残留量降低。

（3）食品辅助材料及添加剂的分析　在食品加工中所使用的辅助材料和添加剂一般都是工业产品，使用时的剂量品种都有严格的规定。

食品添加剂的检验，包括防腐剂、抗氧化剂、发色剂、漂白剂、酸味剂、凝固剂、疏松剂、增稠剂、甜味剂、着色剂、品质改良剂、香精单体等。

随着食品工业和化学工业的发展，食品添加剂的种类和数量越来越多，因此他们对人体健康的影响应该特别注意，尤其是随着食品毒理学研究方法的不断改进和发展，以前认为无害的食品添加剂，近年来，又发现可能存在着慢性

毒性、致癌作用、致畸作用或致突变作用等各种危害，因此一定要控制在允许限量中。

(4) 感官鉴定　感官鉴定包括嗅觉鉴定、视觉鉴定、味觉鉴定、触觉鉴定，是根据人的感觉器官来检查食品的外形、色泽、味道以及食品的稠度。此项鉴定是任何检验方法中不可缺少的一项，而且是在做各种分析之前进行的。

人的嗅觉是相当灵敏的。有时候用一般的方法和仪器是不能分析的，而用嗅觉检验可以发现。比如猪肉、鱼类的蛋白质在分解的最初阶段，用一般方法是测不出来的，但用鼻子嗅，可嗅到一股氨味，因为食品中的蛋白质的基本单元是氨基酸，再进一步分解生成氨和α-酮酸；又如，油脂在酸败时各种指标变化不大，但可嗅到哈喇味。

所谓视觉检查是用眼睛来判断食品的性质，在很多场合这是一个很重要的手段，通过食物的外形、色泽可评价食品的质量、新鲜程度、有无受污染等。例如，根据果蔬的颜色我们可以判断水果与蔬菜的成熟度，根据配酒的颜色可以判断是什么酒。

味觉检查时要注意食品的温度，因为味觉器官的灵敏度与食品的温度有密切关系。食品的味觉检查最佳温度在20～40℃，并且检查两种食物时，应先检查味道低的食物，然后检查高浓度的食物，因为两种不同味觉的食物会相互影响。

触觉检查主要检查食品的弹性和稠度以及鉴定食品的质量。如检查谷类时可抓起一把评价它的水分、颗粒是否饱满等；检查肉与肉制品时，摸它的弹力，判断肉是否新鲜。

(5) 仪器分析　食品仪器分析方法的发展十分迅速，一些学科的先进技术不断渗透到食品分析领域中，使仪器分析方法在食品分析中所占的比重不断增长，并成为现代食品分析的重要支柱。所谓仪器分析是指借用精密仪器测量物质的某些理化性质以确定其化学组成、含量及化学结构的一类分析方法，尤其适用于微量或痕量组分的测定。目前在食品分析检测中基本采用仪器分析的方法代替手工操作的传统方法，气相色谱仪、高效液相色谱仪、氨基酸自动分析仪、原子吸收分光光度计及可进行光谱扫描的紫外-可见分光光度计、荧光分光光度计等均得到了普遍应用。同时由于计算机技术的引入，使仪器分析的快速、灵敏、准确等特点更加显著，多种技术的结合与联用使仪器分析应用更加广泛，有力推动了食品仪器分析的发展。

现代分析仪器的种类十分庞杂，应用的原理不尽相同，而根据仪器的工作原理以及应用范围，可划分为电化学分析仪器、光学式分析仪器、射线式分析仪器、色谱类分析仪器、离子光学式分析仪器、磁学式分析仪器、热学式分析仪器、电子光学、物性测定仪器及其它专用型和多用型仪器。

总之，为适应食品工业发展的需要，食品仪器分析将在准确、灵敏的前提下，向着简易、快速、微量、可同时测量若干成分的小型化、自动化、智能化的方向发展。

一、物理检测技术

1. 光谱分析法

（1）紫外-可见分光光度法　物质吸收波长范围在200～760nm的电磁辐射能而产生的分子吸收光谱称为该物质的紫外-可见吸收光谱，利用紫外-可见吸收光谱进行物质的定性、定量分析的方法称为紫外-可见分光光度法。其光谱是分子中价电子的跃迁而产生的，因此这种吸收光谱取决于分子中价电子的分布和结合情况。从20世纪50年代开始，又提出并发展了许多新的分光光度法，例如双波长分光光度法、导数分光光度法及三波长法等。这些近代定量分析方法的特点是不经化学或物理方法分离，就能解决一些复杂混合物中各组分的含量测定，在消除干扰、提高结果准确度方面起了很大的作用。其在食品分析领域应用相当广泛，主要用于测定食品中的铅、铁、铝、铜、锌等离子的含量。

（2）原子吸收分光光度法　20世纪60～70年代原子吸收光谱仪日渐普及，随着用于准确测定生物样品中痕量矿物质的原子吸收方法的发展，为食品分析、食品营养、食品生物化学、食品毒理学等诸多领域的空前发展铺平了道路，特别是采用等离子体作为原子发射光谱的激光光源，导致了20世纪70年代后期开始的感应耦合等离子体发射光谱仪的商业化普及。因而在食品检测领域中占有重要的地位，既可测定食品中常规金属元素，如锌、铜等离子，又可精密测定锶、锗、硒等多种稀有元素。

（3）荧光分光光度法　荧光分析也是近年来发展迅速的痕量分析方法，该方法操作简单、快速、灵敏度高、精密度和准确度好，并且线性范围宽，检出限低。以AFS-2201型双道原子荧光光谱仪为例，在对食品中的铅进行原子荧光法测定时，检出限为0.3g/L，线性范围1.00～500g/L，回收率87%～98%。而对食品中硒用荧光法进行相关性研究测定时，发现变异系数为0.63%～0.66%，平均回收率为95.1%。

（4）近红外光谱分析法　近红外光谱分析技术是20世纪70年代发展起来的一项分析技术。这种方法省去了通常分析中的称量、定容和提取分离等烦琐步骤，一旦建立好合适的定标，就可以同时测定出同一样品中多个不同组分的含量。在食品分析中，既能有效地分析食品中防腐剂成分，又能对粮食中的水分、蛋白质、脂肪、氨基酸、纤维素、灰分以及谷物加工品品质进行检测。而且这种方法已成为测量大豆蛋白质和脂肪含量及小麦蛋白质含量的标准方法。

2. 色谱分析

色谱法创立已有百年的历史，1952年，气相色谱法的提出，使色谱法受到

人们的重视。目前，气相色谱和高效液相色谱已作为色谱分析化学技术在食品安全检测中广泛应用。

（1）气相色谱法 气相色谱是20世纪50～60年代发展起来的一种高效、快速分析方法。一般根据该法所用色谱柱的形式，可将其分为毛细管气相色谱和填充气相色谱两种类型。在食品分析检测中，凡在气相色谱仪操作许可的温度下，能直接或间接气化的有机物质，均可采用气相色谱仪进行分析测定，如蛋白质、氨基酸、核酸、糖类、脂肪酸、农药残留等。

近年来，通过对气相色谱进行改进，如采用顶空气相色谱法测定食品添加剂磷酸中氟含量，方法简便，灵敏度高，与国家标准分析方法测得结果一致，准确度、精密度能够满足常规分析要求，同时该方法也可以检测保健食品的抗氧化活性。

（2）液相及高效液相色谱法 通常所说的主层析、薄层层析或纸层析都是经典的液相色谱，而高效液相色谱是以经典的液相色谱为基础，以高压下的液体为流动相的色谱分析过程，其所用固定相颗粒度小、传质快、柱效高。

高效液相色谱法是食品分析的重要手段，特别是在食品组分分析（如维生素分析等）及部分外来物分析中，是其它方法不可替代的。很多新型专用的高效液相色谱仪不断问世，如氨基酸分析仪、糖分析仪等，在检测食品中的污染物、营养成分、添加剂、毒素等方面得到充分应用。借助高效液相色谱对食品中生物胺及其产生菌株检测方法的研究，以及采用高效液相色谱仪-光电二极管阵列检测器作为检测手段，可以对食品中有害的色素苏丹红和4种四环素类抗生素进行定性定量分析。

（3）离子色谱法 离子色谱法是1975年，Small等人首次提出并建立的，在出现了抑制型（或双柱）离子色谱法后相继又出现了单柱离子色谱法，在食品分析检测中应用日益广泛，所分析的样品几乎涉及食品工业分析的各个领域，如水、啤酒、奶制品、肉制品等。

3. 质谱分析法

质谱仪是用一束电子流轰击被研究的物质，把形成的正离子碎片的图谱定量地记录下来，得到质谱图。质谱分析法就是利用质谱图对被测物质进行组分的检测与鉴定。在食品分析中能够定性或定量地检测出食品中挥发性成分、糖类物质、氨基酸（蛋白质）、香味成分及有毒有害物质等。

液-质联用，更能有效地测定流出物中的痕量组分，能成功分析非挥发性的农药残留物、氨基酸、脂肪和糖类物质。而气-质联用较大程度地提高了分析效率，例如，在测定食用油中的矿物油时，气-质联用在用皂化法测定表现为阳性的情况下，能够准确地分析出被测食用油中是否含矿物油。

4. 核磁共振分析法

在鉴定有机化合物的结构时，核磁共振谱是一个非常高效的工具，其能够提供分子中不同类型氢原子的信息。在食品行业中可以利用体系中各质子的弛豫时间不同来研究淀粉的糊化、回生或玻璃化转化；另一方面，还可以利用其分析粉状食品结块的机理，研究食品的结块与玻璃态转变温度、化学组成之间的关系，为延长食品的保质期提供理论基础。

二、化学检测技术

1. 电化学分析法

电化学分析是食品生产控制、理论研究的重要工具。由于电极品种仍限于一些低价离子（主要是阳离子），因此在实际应用中还受到一定的限制；另一方面，电极电位值的重现值受实验条件变化影响较大，其标准曲线不及光度法测定的稳定，由于这些因素的影响，目前许多已制成的离子电极，其实际应用的潜力尚未充分发挥。但其中涉及的极谱分析技术已进入了成熟阶段，特别是阳极溶出法和极谱催化波的出现与应用，提高了极谱法的检测能力，使极谱法的检测下限向下延伸了三个数量级左右。在对食品及水样中的氰化物进行单扫描极谱法测定时，会产生一个明显的极谱波峰。另外电势溶出法特别适合于分析痕量金属和混合金属，能方便地测定酱油、醋等中砷的含量，且无需消化和预处理。同时表面活性剂的加入，更能显著提高分析的灵敏度、选择性和重现性，甚至还具有改善极谱波形和消除干扰等作用。

2. 化学发光分析

化学发光分析较荧光分析更加灵敏，如直接测定氨基酸，灵敏度可达 3×10^{-11} mol/L，而且重现性较好。同时，新的化学发光试剂和光增敏剂同免疫分析法结合后，使化学发光免疫分析技术迅速在基因分析、食品卫生监测等方面显示了极好的应用前景。

ATP 生物发光法是新发展的一种细菌检测方法，无需进行细菌培养，检测时间可缩短至若干秒。活微生物体内含有 ATP（磷酸三腺苷）能量物质，利用 ATP 生物荧光反应原理检测荧光强度，可以确定 ATP 的含量，从而间接地确定微生物的存在和含量，检测时间仅需几分钟，手持式 ATP 生物荧光检测仪器可用于现场快速检测。作为一种微生物的广谱、快速、高敏感度检测方法，ATP 生物荧光检测仪除了用于食品卫生、餐饮及办公场所清洁度或消毒效果评估、现场快速检测饮用水中的细菌总量以及环保行业排污淤泥的直接毒素评估（DTA）等一般检查外，还可用于牛奶、奶粉等食品、药品生产环境洁净评估、化妆品和洗发水等日用品卫生学评估、医院等医疗卫生机构的卫生学评估，特别适合消毒

后的用具和台面的残留菌、空气中的菌落数等需要高灵敏度、快速检测的现场。

3. 高效毛细管电泳（HPCE）

相对于经典电泳技术，HPCE具有高效、快速、简便、微量并可实现仪器化等优异特点，它不再局限于生物大分子分离测定，还可以在一次分析中实现阳离子、阴离子以及中性物质的分离。对食品中样品珍贵、基体复杂的生物大分子，HPCE技术更显出特有的分析能力与极大的应用前景。

4. 生物传感器技术

随着生物技术的日臻完善，生物传感器作为一种多学科交叉的高新技术日渐渗透到食品分析领域，并把热点集中在微型化、分子识别元件、感觉传感器（酸、甜、苦、辣、咸）、图像传感（颜色、外貌）等方面，如电子鼻在食品、饮料、酒类、烟草等方面的广泛应用。

（1）生物传感器技术　生物传感器是一种对生物物质敏感并将其浓度转换为电信号进行检测的仪器，其核心由固定化的生物敏感材料识别元件（包括酶、抗体、抗原、微生物、细胞、组织、核酸等生物活性物质）、适当的理化换能器（如氧电极、光敏管、场效应管、压电晶体等）及信号放大装置构成。生物传感器作为一种新型的检测技术，可以做到小型化和自动化，具有方便、省时、精度高、可现场检测等优点，被广泛用于食品中的添加剂、农药及兽药残留、对人体有害的微生物及其产生的毒素以及激素等多种物质的检测。在食品添加剂的分析中，科学家成功地研制出了一些检测食品添加剂的生物传感器。

（2）人工嗅觉系统　人工嗅觉系统俗称电子鼻，是一种受生物嗅觉原理的启发，将现代传感技术、电子技术和模式识别技术等紧密结合研制成的仿生检测仪器。电子鼻通常由交叉敏感的化学传感器阵列和适当的模式识别算法组成，可用于检测、分析和鉴别气味。电子鼻以快速、简单、客观和廉价的特点，在食品加工、环境监测、公共安全和医学诊断等诸多领域得到应用。电子鼻信息处理过程如下：样品挥发的气味与阵列中多个气敏传感器反应，将化学信号转换成电信号，然后经过一系列放大降噪调理、基线校准或归一化等预处理过程，获取并增强该样品所对应的综合指纹信息，再从中提取合适的特征输入到特定的模式识别算法，最终完成对样品的定性或定量辨识。与生物嗅觉的结构和功能相比较，电子鼻气室内的气敏传感器阵列相当于鼻腔上的嗅上皮，具有交叉敏感的化学传感器则相当于对多种气味分子敏感的嗅神经元，其作用是将气味的化学信息转换为电信息；预处理的功能类似于嗅球内信号的整合与增强；模式识别原理，特别是人工神经网络（ANN）方法，则一定程度上模拟了大脑皮层信息编码、处理和存储等过程。人工嗅觉系统在食品香气客观检测与评定中得到应用，例如实现烹调、发酵、贮存等过程的监测，评价水果、葡萄酒、干酪和肉制品的成熟度，评

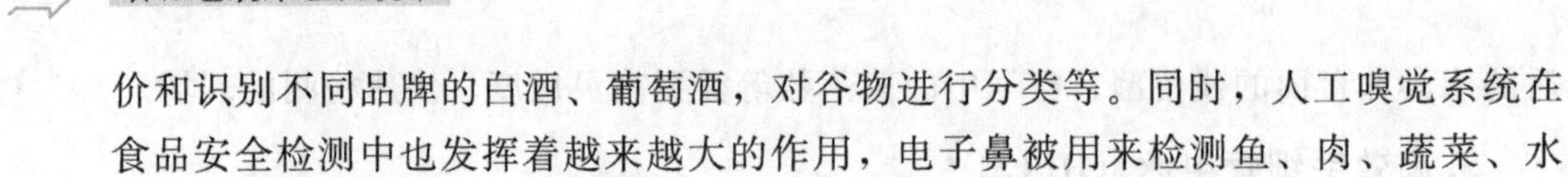

价和识别不同品牌的白酒、葡萄酒，对谷物进行分类等。同时，人工嗅觉系统在食品安全检测中也发挥着越来越大的作用，电子鼻被用来检测鱼、肉、蔬菜、水果等的新鲜度，评价和识别果汁等饮料的新鲜度，监测贮藏的粮食和进口的货物是否发生霉烂变质，对禽类进行沙门氏菌检疫等。

三、生物检测技术

生物检测技术研究与应用非常广泛。以 PCR 基因扩增技术、免疫学技术和生物芯片技术为代表的生物检测技术近年来在食品安全检测中蓬勃发展。传统的微生物检测方法主要依赖于微生物的富集培养、选择性分离和生化鉴定，操作烦琐、时间冗长、检出效率及灵敏度低、容易出现假阴性。使用 PCR 多聚酶链式反应检测技术，可以快速地在体外扩增任何 DNA，以检测微量有害成分。

生物芯片检测技术是一种全新的微量分析技术。基本技术包括方阵构建、样品制备、化学反应和结果检测。这项技术在食品微生物领域、食品卫生检测领域、食品毒理学、营养学、转基因产品检测中均有应用。其主要分类有蛋白质芯片、细胞芯片、组织芯片以及特别适用于检测转基因食品的基因芯片。

生物芯片是 20 世纪 90 年代初发展起来的一种全新的微量分析技术，综合了分子生物技术、微加工技术、免疫学、计算机等多项技术，在食品领域中具有广阔的基础研究价值和产业化前景。其原理是在硅片或载玻片或高分子聚合物薄片上，将大量的生物探针（基因探针、基因片段、抗原、抗体）按特定方式固定排列，形成可供反应的固相载体，并在一定条件下与荧光标记过的待检测样品进行作用。由于生物分子的特异性亲和反应（如核酸杂交反应，抗原抗体反应等），样品中的待检测成分分别和芯片上固定化的生物识别分子反应，反应结果用化学荧光法、酶标法、同位素法显示并通过生物芯片扫描仪作数据采集和分析，实现对样品的分析和检测。

基因芯片又称 DNA 芯片或 DNA 微阵列，通常采用原位合成与合成点样法制作，其能以高信息量、高通量同时检测、分析大量的 DNA/RNA。此项技术是将大量的探针分子固定在支持物上，与标记的样品分子杂交，通过检测每个探针分子杂交信号的强度，对结果进行数据分析，可以获取样品分子的序列和数量信息，判断该样品是否含有转基因的成分，鉴定该食品是天然的还是转基因的，是否在安全的限度内。利用该技术可检测食用成品和鲜活的动植物材料，灵敏性强、自动化程度高、特异性强、假阳性低、简便快速。

基因芯片技术是分子生物学技术与芯片技术相结合的一项高新技术。基因芯片制备及检测流程，是利用原位合成法或将已合成好的一系列寡核苷酸以预先设定的排列方式固定在固相支持介质表面，形成高密度的寡核苷酸的阵列，样品与探针杂交后，由特殊的装置检出信号，并由计算机进行分析得到结果，其在转基因食品及食品中的微生物检测方面有广泛的应用。

芯片实验室就是将样品的制备、生化反应到检测分析的整个过程集约化形成微型分析系统。通常芯片实验室在计算机的控制下通过微流路、微泵和微阀等来实现有序联系，集样品制备、基因扩增、核酸标记及检测为一体，可以实现生化分析全过程，是生物芯片发展的最高阶段。目前已经有由加热器、微泵、微阀、微流量控制器、微电极、电子化学和电子发光探测器等组成的芯片实验室问世，并出现了将生化反应、样品制备、检测和分析等部分集成的芯片。芯片实验室是利用微加工技术，浓缩了整个实验室所需的设备，化验、检测以及显示等都会在一块基因芯片上完成，实现分析过程的微量化和集约化，从而节约时间、经费和人力等，大大提高了工作效率，成本相对比较低廉，使用非常方便。它的出现，不仅给生命科学研究、疾病诊断和治疗、新药开发、生物武器战争、司法鉴定、航空航天等领域带来深远的影响，也必将给食品安全检测技术带来一场革命。

酶联免疫吸附法（简称 ELISA）始于 20 世纪 70 年代，是一种把抗原和抗体的特异性免疫反应和酶的高效催化作用有机结合起来的检测技术。随着单克隆抗体技术的发展应用及免疫试剂盒的商业化，ELISA 已广泛应用于食品分析检测中。这些方法前处理步骤复杂、费时费力、设备昂贵，不适宜大量样品现场检测，采用这种方法，旨在快速检测半抗原，灵敏度高。

除上述之外，还有利用发光细菌在接触农产品中致毒污染物后发光受抑制的现象，采用二次多因子回归，运用旋转组合设计和统计学方法，构建的发光细菌法-多污染混合物的联合毒性快速检测方法，此法可揭示多种农产品污染物共存时产生的联合毒性作用以及综合生物毒性和主因子作用。

快速检测技术与样品前处理技术的突破，是当前食品安全检测技术的研究热点。食品安全检测普遍存在检验程序复杂、检测周期漫长、检测成本昂贵、检验人员专业素质要求较高等特点，大大限制了现场监督和通关检验的效率。时效性困扰着食品安全检测作用的充分发挥。近年来，快速检测技术研究颇为广泛，如利用超声波快速检测仪可非破坏性、精确、快速对高浓度液体和光不透明材料进行检测。

随着人们对食品安全检测要求的提高和科学技术的飞速发展，新的食品安全检测技术正在不断涌现。主要趋势向两极发展：一是高灵敏度、高选择性的复杂仪器体系；二是快速、自动、简便、经济的便携式现场检测仪器。

四、食品安全与包装的追溯体系

国际标准 ISO 9001:2000 中提及了追溯问题，认为追溯是质量管理系统中的一个重要组成部分，并定义为回溯目标对象的历史、应用或位置的能力。食品安全信息追溯系统是一种制度设计和技术设计的统一体。它的本质是对食品生产—

流通—消费服务等过程的全程监管以及在此基础上实现的对商品信息和经营责任的追溯。在欧盟法规 178/2002 中，可追溯就是在食品生产的各个环节过程中，从对食品生产的原材料（如牛肉类制品的牛的饲养）的生产培育、食品的生产加工、包装、运输、销售的所有过程的记录回溯能力。食品安全的追溯体系一般包括跟踪和追溯两部分（见图 7-5 和图 7-6）。

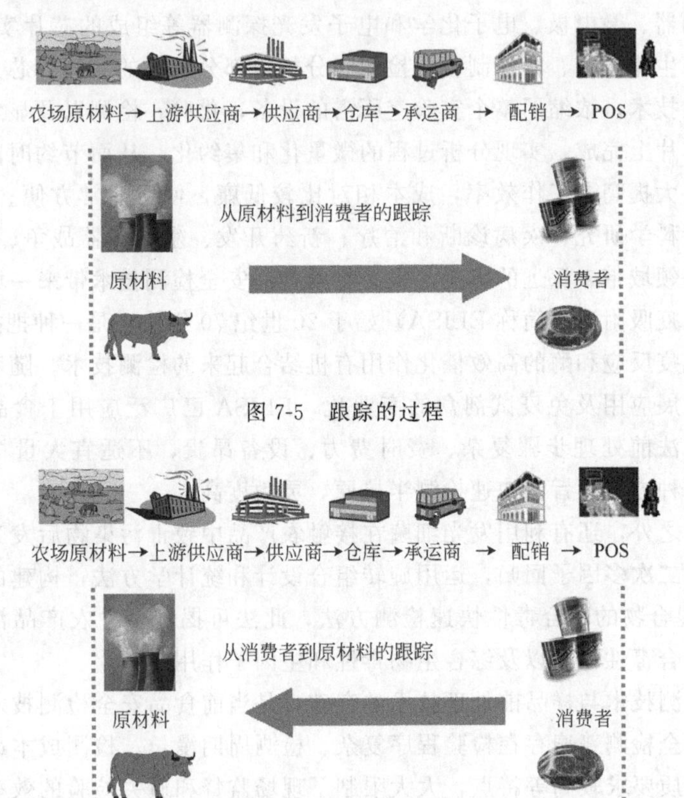

图 7-5　跟踪的过程

图 7-6　追溯的过程

跟踪（tracking）是指从食品供应链的上游至下游，跟踪一个特定的单元或一件食品（一批食品）运行过程的能力；追溯（tracing）是指从供应链下游至上游识别一个特定的单元或一件食品（一批食品）来源的能力，即通过记录标识的方法回溯某个实体的来源、用途和位置的能力。如图 7-5 和图 7-6 所示，跟踪和追溯是互逆的过程。可追溯系统强调产品的唯一标识和全过程追踪，对实施可追溯系统的产品，可以通过 HACCP、GMP 或 ISO9001 等质量控制方法对整个供应链各个环节的产品信息进行跟踪与追溯，一旦发生食品安全问题，可以有效地追踪到食品的源头，及时召回不合格产品，将损失降到最低。

食品可追溯的基本信息包括原材料的基本信息，以一般的蔬菜种植为例，必

须有农田的基本信息、耕作者的基本信息、种子的来源、耕作过程中的基本情况（化肥使用、各种病虫害等）、采摘情况等；在生产加工过程中必须有生产者的基本信息、原材料的来源、辅助材料的来源、食品添加剂信息、生产的基本信息；运输过程中要有运输者基本信息、班次信息等。

食品可追溯的作用如下。

（1）减少食源性疾病的感染。

（2）在食品质量安全危机暴发时，厂商可以减少承担自己产品被禁止销售、固定资产被没收、丧失企业信誉和自身质量管理体系崩溃等负面影响的风险。

（3）当危机出现时，公司与政府都可以快速识别风险而减少对人类健康的危害等。

食品可追溯的技术包括纸制记录、条码技术和射频识别技术等。射频识别技术成本较高，纸质记录传递较困难，因而目前更多采用条码技术。图 7-7 和图 7-8 描述了条码技术的应用和查询功能。

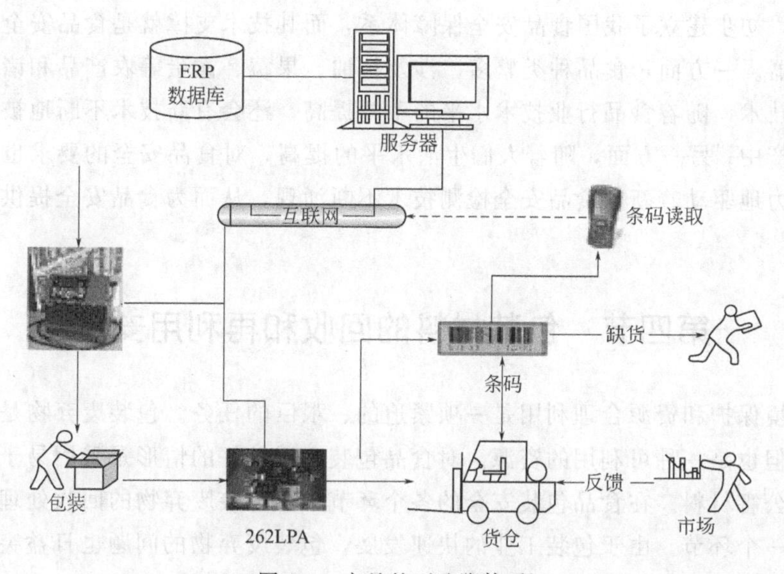

图 7-7　产品的可追溯体系

由于食品原料的化学污染、畜牧业中抗生素的应用、基因工程技术的应用，使得食品污染导致的食源性疾病呈上升趋势。食品安全问题为全世界所关注。世界上屡屡发生大规模危及食品安全的事件，如英国的疯牛病、比利时的二噁英事件，以及波及许多国家和地区的苏丹红事件。我国食品安全突发事件也屡有发生，例如波及全国的三聚氰胺奶粉事件和广州的瘦肉精事件等。为了保障我国食品安全，政府启动并实施了一系列食品安全保障体系建设的重大举措。制订了一系列与食品安全相关的法律和法规，发布了一系列涉及食品安全的国家标准和行

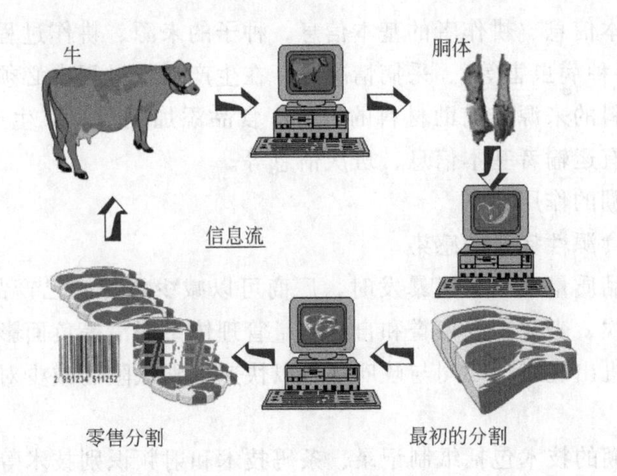

图 7-8　条码系统

业标准，初步建立了我国食品安全保障体系，而其技术支撑就是食品安全检测技术和仪器。一方面，食品种类繁多，涉及粮油、果蔬、禽蛋等农产品和诸多种类的加工技术，随着食品行业技术水平的不断提高，还会有新技术不断地被运用到食品生产中；另一方面，随着人们生活水平的提高，对食品安全的要求也越来越高，有力地驱动着新的食品安全检测技术不断涌现，从而为食品安全提供有力的保障。

第四节　包装材料的回收和再利用安全

环境保护和资源合理利用是一项紧迫的、艰巨的任务。包装废弃物是一种污染源，但也是一种可利用的资源。对食品包装来说较好的情形是采用易于回收处理和无公害材料。在食品包装安全的各个环节中，包装废弃物的回收处理是非常重要的一个环节。由于包装工业的快速发展，包装废弃物的问题也日益突出。并且，在回收再利用的同时还要考虑其安全使用的问题。

用包装废弃物这种再生资源重新加工成材料，可以大大节约原生资源，降低能量消耗，减少对环境的污染。

一、塑料包装的回收利用安全

1. 回收再利用

回收再利用是一种积极的材料再循环使用的资源保护方式，根据是否再进行加工处理，可分为回收循环复用、机械处理再生利用和化学处理回收再生三种

方法。

回收循环复用指的是不再有加工处理的过程，而是通过清洁后直接重复再用。这种方法主要针对那些硬质、光滑、干净、易清洗的较大容器，如托盘、周转箱、包装盒以及大容量的饮料瓶、盛装液体的桶等。这些容器经过技术处理，卫生检测合格后可循环使用。

机械处理再生利用包括直接再生和改性再生两大类。直接再生工艺比较简单，是将废旧塑料经前处理破碎后直接塑化进行成型加工或造粒制成再生塑料制品的过程。有些情况需添加一定量的新树脂。由于操作方便、易行，所以应用较为广泛。但是由于制品在使用过程中的老化和再生加工中的老化，其再生制品的力学性能比新树脂制品的低，所以一般用于档次不高的塑料制品上，如农用、工业用、渔业用、建筑业用等。为提高再生料的基本力学性能可采用改性再生，改性的方法可分为两类：一类为物理改性，即通过混炼工艺制备复合材料和多元共聚物；另一类为化学改性，即通过化学交联、接枝、嵌段等手段来改变材料性能。

物理改性借助混炼工艺，通常可以进行活化无机粒子的填充改性、废旧塑料的增韧改性、废旧塑料的增强改性、回收塑料的合金化等过程。化学处理再生，是直接将包装废弃塑料经过热解或化学试剂的作用进行分解，可得到单体、不同聚体的小分子、化合物、燃料等高价值的化工产品。

还有一些其他的方法，如直接将废旧塑料用有机溶剂的处理，再配入一些配合剂制成各种涂料、黏合剂、塑料地毯等；也可以与沥青共混，加入表面活性剂、增容剂进行改性，成为沥青的补强剂，提高沥青低温性能、高温稳定性能及黏合强度。

2. 焚烧法

焚烧法是一种最简单、最方便的处理废弃塑料及垃圾的方法。它是将不能用于回收的混杂塑料及与其他垃圾的混合物作为燃料，将其置于焚烧炉中焚化，然后充分利用由于燃烧而产生的热量。此法最大的特点是将废弃物转化成为能源。其发热量可达5234～6987kJ/t，与其他化石燃料相比不相上下，远高于纸类、木类燃料。

3. 填埋法

填埋法是一种消极又简单的处理废弃塑料的方法，是将废弃包装塑料填埋于郊区的荒地或凹地里，使其自行消亡。但是作为普通塑料要好几百年才会分解消失；最重要的一点是这种填埋大大地浪费了再生资源。

二、纸包装的回收利用安全

废弃包装纸主要用于生产再生纸和各种用途的纸板及纸浆模塑制品。它们的

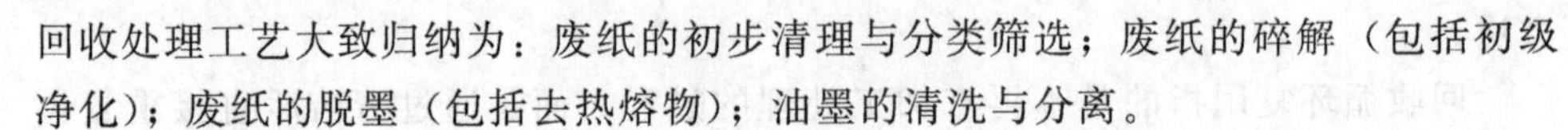

回收处理工艺大致归纳为：废纸的初步清理与分类筛选；废纸的碎解（包括初级净化）；废纸的脱墨（包括去热熔物）；油墨的清洗与分离。

废纸经过这几个程序处理后，就可成为用于重新造纸的浆液，其白度可达83%，在后面的造纸过程中，根据采用的工艺不同、设备不同可以形成不同的产品。

1. 废纸的碎解

废纸碎解实际上就是将废纸借助机械力粉碎成纤维悬浮液，同时去除废纸中的各类轻、重杂质，为下一段废纸的脱墨加些化学药品。

2. 废纸的脱墨

废纸的脱墨是废纸制浆重新再生的关键环节，因为原废纸是印刷成各种痕迹或颜色的，如不在碎解时将颜色彻底脱除，那造出的纸浆无法使用。印刷油墨主要是将炭黑、颜料以及一些填充剂等粒子分散在有连接料的溶剂中（连接料是具有一定分子量的聚合物树脂、植物油、矿物油、松香等）。颜料等粒子包裹于具有黏性的连接料中，经印刷而黏附于纸张的纤维上。

脱墨分离的整个过程基本分三步：疏解分离纤维即进行初级脱墨；通过化学药品的作用使油墨从纤维彻底脱离；将脱离下来的油墨粒子从浆料中分离。

3. 油墨的清洗与分离

脱墨后分散于纸浆中的油墨粒子必须及时去除，采用的方法有洗涤法和浮选法。

洗涤法是一种最简单的方法，其原理是加入表面活性剂，表面活性剂的亲油端与油墨强烈作用而吸引在一起，表面活性剂的亲水端与水介质强烈作用而溶于水介质中，这样就使油墨粒子与纤维分开而分散于水介质中，以便通过冲洗过滤将油墨除去。

浮选法是清洗油墨粒子的一种较有效的方法，其工作原理是采用表面活性剂絮凝油墨粒子，然后再通过体系内的放气管产生的气泡吸附油墨粒子后上浮而将油墨粒子分离。

以上是废弃纸回收处理再生的主要过程，在整个废纸制品的再生技术上去杂质和脱墨是两个技术难点。

有研究表明，报纸印刷油墨中的化学成分可能会污染食物，因此很多用再生纸板制作食品包装的企业可能都要重新寻找替代材料。位于瑞士苏黎世的食品安全实验室公布的调查结果显示：再生报纸油墨中的矿物油可能会渗透到内包装里的食物上，在某些情况下，谷物、面食和大米食品中的矿物油含量可能会高出规定数量的10倍到100倍。一些食品公司都表示要对包装中使用的再生纸板进行评估并消除它们的安全隐患。目前，欧洲大约有50%的纸板来自回收材料，而

来自新树木的原生纸板不但价格昂贵，而且很难满足市场需求。

三、玻璃包装的回收利用安全

玻璃包装可100%回收再利用，既适用于原用途，也可经加工转型利用。但若未经回收处理，不仅增加掩埋工作的负荷，也无法为生物所分解；如进入焚化炉处理，还可能造成炉体损坏。

由于具有阻隔性强、透明度高等优点，玻璃瓶广泛用作啤酒、饮料、调味品和化妆品等的包装容器。这些玻璃瓶的市场是一个新旧瓶共存的特殊市场，并以旧瓶居多。目前，玻璃瓶的回收利用方式包括原型复用、回炉再造、原料回用三种。

废弃玻璃瓶包装的原型复用指回收后，玻璃瓶仍作为包装容器利用，可分为同物包装利用和更物包装利用两种形式。目前，玻璃瓶包装的原型复用主要为价值低而使用量大的商品包装，如啤酒瓶、汽水瓶、酱油瓶、食醋瓶及部分罐头瓶等。而高价值的白酒瓶、药品（医用）瓶、化妆品瓶几乎不进行回收复用。可以说，包装回收率与商品价值的关系成反比，价值越高的商品其玻璃瓶回收率越低。原型复用方法节省了制造新瓶时所消耗的石英原料费用且避免了产生大量废气，是值得提倡的。但其有一个较大的缺点，就是消耗大量的水和能源，在采用该种方法时必须把所需费用纳入成本预算之中。

回炉再造，是指将回收到的各种包装玻璃瓶用于同类或相近包装瓶的再制造，这实质上是一种为玻璃瓶制造提供半成品原料的回收利用。具体操作就是将回收的玻璃瓶，先进行初步清理、清洗、按色彩分类等预处理；然后，回炉熔融，与原始制造程序相同，此处不再详述；最后，将回炉再生的料通过吹制、吸附等不同工艺方式制造各种玻璃包装瓶。回收炉再生是一种适宜于各种难以进行复用或无法复用（如破损的玻璃瓶）的玻璃瓶的回收利用方法。该法比原型复用方法耗能更多。

原料回用是指将不能复用的各种玻璃瓶包装废物用作制造各种玻璃产品的原料。这里的玻璃产品不仅是玻璃包装制品，同时也包括其他建材及日用玻璃制品等废弃物。该法均比前两种回收利用法耗能多。

适量地加入碎玻璃有助于玻璃的制造，这是因为碎玻璃与其他原料相比可以在较低温度下熔融。因此回收玻璃制瓶需要的热量较少，而且炉体磨损也可减少。经检测表明，用再生玻璃生产的玻璃容器，器壁透明度和容器强度都和用新原料生产的玻璃容器一样；并且，使用回收的二次料比用原料制造玻璃制品能够节省38%的能源、减少50%的空气污染、20%的水污染和90%的废弃物。另外，由于玻璃再生过程损耗很小，因此，上述回收—再生—使用的过程可以反复循环。可见，其经济效益和生态效益是非常显著的。

四、金属包装的回收利用安全

金属包装材料来源丰富，易于回收、再生利用或重复使用，且无污染。

废弃金属包装制品的回收处理主要有循环复用和回炉再造两种方法。回收复用是将各种不同规格、不同用途的贮罐钢桶先翻修整理，然后洗涤、烘干、喷漆再用。回炉再造是将回收到的废旧空罐、铁盒等分别进行前期处理，即除漆等，铝罐进行去铁处理，然后打包送到冶炼炉里重熔铸锭，轧制成铝材或钢材。

金属包装材料是一种可循环再生材料，其易于回收性和优秀的再生性使金属成为一种环境负载低的绿色包装材料。金属包装回收和再生利用的食品安全性问题在于清除杂质。

第八章

食品包装标准与法规

食品是供人们直接食用的特殊商品，其关系到人们身体健康和生命安全，食品包装的卫生与安全也直接影响着人类的健康与安全。因此，食品包装既要符合一般商品包装的标准和法规，更要符合与食品卫生和安全有关的标准与法规。

食品包装标准与法规是从事食品行业必须遵守的行为准则，是规范市场经济秩序、实现食品安全监督管理的重要依据，是设置和打破国际技术性贸易壁垒的基准，也是食品行业持续健康发展的根本保证。

第一节　国际食品包装标准与法规

国际标准是指国际标准化组织（ISO）、国际电工委员会（IEC）和国际电信联盟（ITU）制定的标准，以及国际标准化组织确认并公布的其他国际组织制定的标准。国际标准在世界范围内统一使用。

一、食品法典

1. 食品法典概况

1962年，世界卫生组织（WHO）与联合国粮农组织（FAO）召开全球会议，讨论建立一套国际食品标准，指导迅速发展的世界食品工业，保护公众健康，促进公平的国际食品贸易。为了实施FAO/WHO联合食品标准规划，两组织决定成立食品法典委员会（CAC，codex alimentarius commission），通过制定全球推荐的食品标准及食品加工规范，协调各国的食品标准立法并指导其食品安全体系的建立。

食品法典是食品法典委员会按照一定的程序制定的与食品安全质量相关的标准、准则和建议。它是WTO认可的唯一向世界各国政府推荐的国际食品法典标准，也是WTO在国际食品贸易领域的仲裁标准。

食品法典以统一的标准格式汇集了国际上已采用的全部食品标准，包括所有向消费者销售的加工食品、半加工食品或食品原料的标准。有关食品卫生、食品添加剂、农药残留、污染物、标签及说明、采样与分析方法等方面的通用条款及准则也列在其中。另外，食品法典还包括了食品加工的卫生规范和其它推荐性措施等指导性条款。一个国家可根据具体情况，以“全部采纳”“部分采纳”和“自由销售”等几种方式采纳法典标准。

CAC食品安全标准体系框架由两大类标准构成：一类是由一般专题分委会制定的各种通用的技术标准、法规和规范；另一类是由各商品分委会制定的某特定食品或某类别食品的商品标准。其中食品标签及包装标准由一般专题分委会制定。

2. CAC制定的食品包装标准

截至2018年底，CAC制定的与食品包装有关的主要标准见表8-1。

表8-1　食品法典委员会制定的食品包装标准

法典指南			
标准号	中文标准名称	标准号	中文标准名称
CXG 1—1979	标签说明的通用指南	CXG 32—1999	有机食品生产、加工、标识和销售指南
CXG 2—1985	营养标签指南	CXG 41—1993	最大残留限量并开展分析的商品部位
CXG 23—1997	食品营养与卫生声明指南	CXG 51—2003	罐头水果包装介质指南
CXG 24—1997	“清真”术语使用通用导则	CXG 60—2006	可追溯性产品跟踪作为食品检验和认证系统中的工具的原则
CXG 76—2011	与现代生物技术食品标签有关的法典文本汇编		
国际推荐操作规程			
标准号	中文标准名称	标准号	中文标准名称
CXC 1—1969	推荐的国际操作规范 食品卫生通则	CXC 2—1969	水果和蔬菜罐头的卫生操作规范
CXC 3—1969	果干卫生操作规范	CXC 4—1971	椰蓉卫生操作规范
CXC 5—1971	脱水水果和蔬菜（包括食用菌）卫生操作规范	CXC 6—1972	树生坚果的卫生操作规范
CXC 8—1976	速冻食品加工和处理操作规范	CXC 15—1976	蛋和蛋制品的卫生操作规范
CXC 19—1979	食品辐照加工推荐性国际操作规范	CXC 22—1979	花生卫生操作规范
CXC 23—1979	低酸化和酸化的低酸罐头食品的卫生操作规范	CXC 30—1983	食用蛙腿的加工卫生规范
CXC 33—1985	天然矿泉水汲取、加工、销售的推荐卫生操作规范	CXC 36—1987	散装食用油脂贮藏和运输操作规范

续表

标准号	中文标准名称	标准号	中文标准名称
CXC 39/1993	大众餐饮半成品及熟食卫生操作规范	CXC 40—1993	低酸性食品的无菌加工和包装操作卫生规范
CXC 44—1995	新鲜水果、蔬菜包装和运输操作规范	CXC 46—1999	延长货架期的冷藏包装食品卫生操作规范
CAC/RCP 47—2001	散装和半包装食品运输卫生操作规范	CXC 48—2001	瓶装/饮用水推荐包装卫生操作规范
CXC 51—2003	预防与降低谷物中真菌毒素污染的操作规范	CXC 52—2003	水产及水产加工品操作规范
CXC 53—2003	新鲜水果和蔬菜卫生操作规范	CXC 55—2004	预防和减少花生中黄曲霉毒素污染的操作规范
CXC 56—2004	防止和减少食品中铅污染的操作规范	CXC 57—2004	牛奶和奶制品卫生操作规范
CXC 58—2005	肉类卫生操作规范	CXC 59—2005	预防和减少树生坚果中黄曲霉毒素污染的操作规范
CXC 60—2005	预防和减少罐头食品锡污染的操作规范	CXC 63—2007	预防和减少葡萄酒中赭曲霉毒素A污染的操作规范
CXC 65—2008	预防和减少无花果干中黄曲霉素污染的操作规范	CXC 66—2008	婴幼儿配方乳粉卫生操作规范
CXC 69—2009	预防和减少咖啡中赭曲霉毒素A污染的操作规范	CXC 72—2013	预防和减少可可中赭曲霉毒素A污染的操作规范
CXC 75—2015	低水分食品卫生操作规范	CXC 77—2017	预防并减少稻米中砷污染操作规范
法典标准			
标准号	中文标准名称	标准号	中文标准名称
CXS 1—1985	预包装食品标签通用标准	CXS 146—1985	特殊膳食用途预包装食品标签及说明
CXS 107—1981	食品添加剂销售标签通用标准	CXS 180—1991	特殊医用食品标签及说明
CXS 227—2001	国际食品法典标准 瓶装/包装饮用水（不包括天然矿泉水）通用标准	CXS 297—2009	特定罐装蔬菜标准
CXS 319—2015	特定罐装水果标准		

二、国际标准化组织

1. 国际标准化组织简介

国际标准化组织（ISO）是一个非政府性的、世界最大的、最权威的标准化机构。世界贸易组织（WTO）委托国际标准化组织负责贸易技术壁垒协定（TBT）中有关标准通报工作。

制定国际标准的工作通常由ISO的技术委员会完成，国际标准需取得至少75%参加表决的成员团体同意才能正式通过。

2. 标准文件的构成

为了适应技术、经济高速发展的需要，国际标准化组织的标准文件已经形成了一个家族，如图8-1所示。

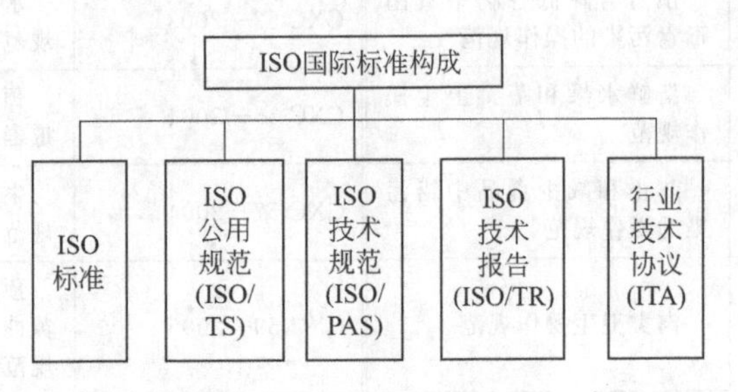

图8-1 ISO国际标准的构成

3. ISO有关食品包装的标准

ISO涉及食品包装的技术委员会见表8-2。

表8-2 ISO涉及食品包装的技术委员会

技术委员会	名称	技术委员会	名称
TC 6	纸、纸板和纸浆	TC 79	轻金属及其合金
TC 34	食品	TC 104	货运集装箱
TC 51	单件货物搬运用托盘	TC 107	金属和其他无机涂料
TC 52	薄壁金属容器	TC 122	包装
TC 61	塑料	TC 166	接触食品的陶瓷器皿、玻璃器皿和玻璃陶瓷器皿
TC 63	玻璃容器	TC 204	运输信息和管理系统
TC 313	包装机械	PC 315	间接，温控冷藏运输服务；中间转运的包裹陆运

(1) 食品技术委员会（ISO/TC 34） 专门负责食品工作的技术委员会，下设油料种子和果实、水果和蔬菜制品、谷物和豆类等15个技术委员分会。食品技术委员会发布过多种标准，并已列入ISO标准目录，其中包括食品的包装、贮藏和运输指南，表8-3是部分有关标准。

表 8-3　食品技术委员会制定的部分食品包装、贮藏和运输标准

标准号	标准名称	标准号	标准名称
ISO 931:1980	绿色香蕉 贮存和运输指南	ISO 949:1987	花椰菜 冷藏和冷藏运输指南
ISO 1134:1993	梨 冷藏	ISO 1212:1995	苹果 冷藏
ISO 34101-1:2019	可持续和可追溯的可可 第1部分：可可可持续性管理系统的要求	ISO 34101-2:2019	可持续和可追溯的可可 第2部分：业绩要求（与经济，社会和环境方面有关）
ISO 6661:1983	新鲜水果和蔬菜 陆地运输工具平行六面体包装排列	ISO 7558:1988	水果和蔬菜预包装指南
ISO 9884-1:1994	茶叶袋 规范 第一部分：托盘和集装箱运输茶叶用的参考用袋	ISO 9884-2:1999	茶叶袋 规范 第二部分：托盘和集装箱运输茶叶用袋的性能规范
ISO 15394:2017	包装 用于航运，运输和接收标签的条形码和二维符号	ISO 22000:2018	食品安全管理体系 食品链中任何组织的要求
ISO/TS 22002-1:2009	食品安全前提方案 第1部分：食品生产	ISO/TS 22002-4:2013	食品安全前提方案 第4部分：食品包装制造
ISO/TS 22002-3:2011	食品安全前提方案 第3部分：农业	ISO/TS 22003:2013	食品安全管理体系 提供食品安全管理体系审核和认证的机构的要求
ISO/TS 22004:2018	食品安全管理体系 ISO 22000：2018应用指南	ISO 22005:2007	饲料和食物链中的可追溯性 系统设计和实施的一般原则和基本要求

（2）薄壁金属容器技术委员会（ISO/TC 52）下设3个技术委员分会，制定的主要包装标准见表8-4。

表 8-4　薄壁金属容器技术委员会制定的部分食品包装标准

标准号	标准名称
ISO 90-1:1997	薄壁金属容器 定义、尺寸和容量的测定 第1部分：顶开式罐
ISO 90-2:1997	薄壁金属容器 定义、尺寸和容量的测定 第2部分：一般用途容器
ISO 90-3:2000	薄壁金属容器 定义、尺寸和容量的测定 第3部分：喷雾罐
ISO 1361:1997	薄壁金属容器 顶开圆罐 内径
ISO 2735:1973	密封金属食品容器 牛奶用圆形敞口和通气孔罐的容量和直径
ISO 10653:1993	薄壁金属容器 顶开圆罐 按装盖后的公称总容量定义的罐
ISO 10654:1993	薄壁金属容器 顶开圆罐 按公称灌装容量定义的用于充气液体产品的罐
ISO 10193:2000	一般用途轻型金属容器 标称容量达40000mL的圆柱形和锥形容器

续表

标准号	标准名称
ISO/TR 11761:1992	薄壁金属容器 顶开圆罐 按结构类型对罐尺寸的分类
ISO/TR 11762:1992	薄壁金属容器 用于充气液体产品的顶开圆罐 按结构类型对罐尺寸的分类

（3）玻璃容器技术委员会（ISO/TC 63）制定的主要包装标准见表8-5。

表8-5 玻璃容器技术委员会制定的部分食品包装标准

标准号	标准名称
ISO 7348:1992	玻璃容器 制造 词汇
ISO 7458:2004	玻璃容器 耐内压力 测试方法
ISO 7459:2004	玻璃容器 抗热振性和热振耐久性 测试方法
ISO 8106:2004	玻璃容器 重量法测定容积 试验方法
ISO 8113:2004	玻璃容器 垂直冲击强度试验 试验方法
ISO 9008:1991	玻璃瓶 垂直度 试验方法
ISO 9009:1991	玻璃容器 参照容器底座的高度和非平行度 试验方法
ISO 9057:1991	玻璃容器 用于加压液体的28mm防盗盖 尺寸
ISO 9058:2008	玻璃容器 瓶的标准公差
ISO 9100系列	玻璃容器 真空凸缘瓶口
ISO 9885:1991	广口玻璃容器 顶部密封表面不平度 试验方法
ISO 12818:2013	玻璃包装 flaconnage的标准公差
ISO 12821:2013	玻璃包装 26H180冠形盖瓶口 尺寸规格
ISO 12822:2015	玻璃包装 26H126冠形盖瓶口 尺寸规格

（4）集装箱技术委员会（ISO/TC104）下设3个技术委员分会，与食品包装相关的主要标准见表8-6。

表8-6 集装箱技术委员会制定的部分食品包装标准

标准号	标准名称
ISO 668:2013	系列1货运集装箱 分类、外形尺寸和额定容量
ISO 668:2013/Amd 1:2016	修改单1：系列1货运集装箱 分类、尺寸和额定容量
ISO 668:2013/Amd 2:2016	修改单2：系列1货运集装箱 分类、尺寸和额定容量
ISO 1161:2016	系列1货运集装箱 角件和中间配件 产品规格
ISO 1496-1:2013	系列1货运集装箱 规格与测试 第1部分：一般用途通用货物集装箱

续表

标准号	标准名称
ISO 1496-1:2013/Amd 1:2016	修改单 1：系列 1 货运集装箱 规格与测试 第 1 部分：一般用途通用货物集装箱
ISO 1496-2:2018	系列 1 货运集装箱 规格与测试 第 2 部分：保温集装箱
ISO 1496-3:2019	系列 1 货物集装箱 规格与测试 第 3 部分：液体、气体、加压干散货用罐式集装箱
ISO 1496-3 AMD 1:2006	系列 1 货运集装箱 规格与测试 第 3 部分：液体、气体和加压的干散料用液罐集装箱修改单 1：外部限制（纵向）动态试验
ISO 1496-4:1991	系列 1 货运集装箱 规范与测试 第 4 部分：无压干散货集装箱
ISO 1496-4:1991/Amd 1:1994	系列 1 货运集装箱 规范与测试 第 4 部分：无压干散货集装箱　修改单 1：1AAA 和 1BBB 集装箱
ISO 1496-4:1991/Cor 1:2006	系列 1 货运集装箱 规范和试验 第 4 部分：无压干散货集装箱 技术勘误 1
ISO 1496-5:2018	系列 1 货运集装箱 技术条件与测试 第 5 部分：板架集装箱
ISO 9669:1990	罐式集装箱的接口连接
ISO 9669:1990/Amd 1:1992	第 3 部分和第 4 部分
ISO 3874:2017	系列 1 货运集装箱 搬运与固定
ISO / TR 15069:2018	系列 1 货运集装箱 搬运和固定 ISO 3874：2017 的基本原理，附件 A 至 E

（5）包装技术委员会（ISO/TC 122）　下设 2 个技术委员分会。运输包装件试验的 ISO 标准由 ISO/TC 122/SC 技术委员第 3 会制定，同时制定了 ISO 部分有关运输包装件测试标准，这些标准已被许多国家接受为国家标准。

由包装技术委员会制定的袋包装标准见表 8-7。

表 8-7　ISO/TC 122 袋包装标准

标准号	标准名称
ISO 6590-1:1983	包装 袋类 词汇与类型 第 1 部分：纸袋
ISO 6590-2:1986	包装 袋类 词汇与类型 第 2 部分：热塑柔性薄膜袋
ISO 6591-1:1984	包装 袋类 描述与测试方法 第 1 部分：空纸袋
ISO 6591-2:1985	包装 袋类 描述与测试方法 第 2 部分：热塑柔性薄膜空袋
ISO 6599-1:1983	包装 袋类 测试环境调节 第 1 部分：纸袋
ISO 7023:1983	包装 袋类 测试用空袋的抽样方法
ISO 7965-1:1984	包装 袋类 跌落试验 第 1 部分：纸袋
ISO 7965-2:1993	包装 袋类 跌落试验 第 2 部分：热塑柔性薄膜袋
ISO 8351-1:1994	包装 袋 分类方法 第 1 部分：纸袋

续表

标准号	标准名称
ISO 8351-2:1994	包装 袋 分类方法 第2部分：由热塑柔性薄膜制成的袋子
ISO 8367-1:1993	包装 一般用途包装袋的尺寸公差 第1部分：纸袋
ISO 8367-2:1993	包装 一般用途包装袋的尺寸公差 第2部分：热塑柔性薄膜袋
ISO 11156:2011	包装 无障碍设计 一般要求
ISO 11683:1997	包装 危险的触觉警告 要求
ISO 11897:1999	包装 热塑柔性薄膜袋 边缘折叠处的撕裂扩展
ISO 15119:2000	包装 袋类 填充袋摩擦力的测定
ISO 15394:2017	包装 用于航运、运输和接收标签的条形码和二维符号
ISO 17480:2015	包装 无障碍设计 易于打开
ISO 19809:2017	包装 无障碍设计 信息和标记
ISO 21067:2016	包装 词汇 第一部分：一般术语
ISO 22742:2010	包装 用于产品包装的线形条码和二维符号
ISO 28219:2017	包装 用线形条码和二维符号贴标和直接产品标记

(6) 接触食品的陶瓷器皿、玻璃器皿和玻璃陶瓷器皿技术委员会（ISO/TC 166）。该技术委员会共制定了6个与食品包装相关的标准，制定的部分包装标准见表8-8。

表8-8 ISO/TC 166制定的部分包装标准

标准号	标准名称
ISO 6486-1:2019	与食品接触的陶器、玻璃陶瓷器皿和玻璃餐具 铅和镉的释放 第1部分：测试方法
ISO 6486-2:1999	与食品接触的陶器、玻璃陶瓷器皿与玻璃餐具 铅和镉的释放 第2部分：允许限量
ISO 7086-1:2000	与食物接触的玻璃空心制品 铅、镉溶出量 第1部分：检验方法
ISO 7086-2:2000	与食物接触的玻璃空心制品 铅、镉溶出量 第2部分：允许限量
ISO 8391-1:1986	与食品接触的陶瓷炊具 铅和镉的释放 第1部分：试验方法
ISO 8391-2:1986	与食品接触的陶瓷炊具 铅和镉的释放 第2部分：允许限量

4. ISO 22000族标准简介

2005年9月1日，国际标准化组织（ISO）在HACCP安全管理体系标准的基础上，制定出ISO 22000:2005《食品安全管理体系 对整个食品供应链的要求》族标准，旨在确保全球的食品供应安全。该标准由ISO来自食品行业的专家、国际专业化机构和食品法典委员会的代表，以及联合国粮农组织和世界卫生组织联合建立的机构共同制定。ISO 22000标准体系是适用于整个食品供应链的食品安

全管理体系框架，它将食品安全管理体系从侧重对HACCP、GMP和SSOP等技术方面的要求，扩展到了整个食品供应链，并且作为一个体系对食品安全进行管理，增加了运用的灵活性。

ISO 22000族标准先后经过了多次修订，并于2018年发布了ISO 22000：2018食品安全管理体系标准的最新版本。并要求获得国际标准组织认证的组织必须在2021年6月19日前过渡到2018版标准，此后，2005版标准将被撤销。

ISO 22000:2018食品安全管理体系涵盖的区域和场所包括生产、品管、业务、采购、财务及办公室等涉及客户服务、产品的开发制造现场和部门。与2005版相比，ISO22000:2018版标准结构发生了较大变化，采取了所有ISO标准所通用的HSL高级结构，由于它遵循与其他广泛应用的ISO标准（如ISO 9001和ISO 14001）相同的结构，因此与其他管理体系的整合更加容易；FSMS系统模型和管理原则也发生了变化；比2005版新增28个术语；对CCP、OPRP和PRP之间的区别做了明确的描述；明确了前提方案的引用标准：ISO/TS 22002族标准；强调基于风险的思维方法，加强组织层面的风险和运行层面的风险管理，增加了理解组织及其环境、理解相关方的需求和期望、应对风险和机遇的措施等多项条款。

2018版标准澄清了两个层次PDCA（plan-do-check-act）的区别：管理体系层面的PDCA和标准第8章节中的运行层面的PDCA，同时也包括了食品法典委员会的HACCP原理；诠释了不同层次PDCA之间大环扣小环，环环相扣的关系。目前很多食品企业，更多是在运行层面的PDCA，体系和管理层面的PDCA基本没有，或者没有形成完美的闭环，使得食品安全管理体系不能有效地支持组织战略和业务发展的需要。希望新版标准的两个层次的PDCA的概念能够帮助食品相关企业有效解决在标准运用过程中的实际问题。

第二节　国外食品包装标准与法规

国外先进标准是指未经ISO确认并公布的其他国际组织的标准、发达国家的国家标准、区域性组织的标准、国际上有权威的团体标准和企业（公司）标准中的先进标准。

一、欧盟食品包装法规和标准

1. 欧盟有关包装法令和法规的运作模式

欧洲联盟（EU）由欧洲共同体发展而来，现有法国、德国、意大利等27个成员国。

尽管欧洲国家没有可简称为“包装法”的单独法令，但其它法规对包装均有影响，欧盟的建立，使与包装有关的法规范围也为之扩大，有关商品的销售、贸易运输、度量衡、食品和药品环境必需的法规与包装密切相关，药品包装的法规也更加严格。

欧盟的《关于技术协调和标准化的新方法》中规定凡涉及产品安全、工作安全、人体健康、消费者权益保护等内容时就要制定相关的指令，即 EEC 指令，指令中只列出基本的要求，而具体要求则由技术标准来规定。因此，形成了上层为欧盟指令，下层为包含具体要求内容，厂商可自愿选择的技术标准组成的两层结构的欧盟指令和技术标准体系。

欧盟关于食品包装的法规可分为三个层次，第一层次为框架法规，如 Regulation（EC）No. 1935/2004 和 GMP 法规 Commision Regulation（EC）2023/2006；第二层次为特定材料法规，主要包括塑料法规 10/2011/EU、活性和智能材料 450/2009/EC、陶瓷指令 2005/31/EC、再生纤维素指令 2007/42/EC 和再生塑料法规 No. 282/2008/EC，目前欧盟仅对这五种材料制定了特别的法规。第三层次为特定物质法规，主要是针对一些特定的物质如双酚 A（限制在婴儿塑料奶瓶中使用双酚 A 的指令 2011/8/EU）、环氧衍生物（1895/2005/EC）等制定的使用上的要求和限制。

（1）欧盟主要机构及操作　欧盟的主要机构是欧盟部长理事会和执行委员会，其他机构还有欧洲议会、经济和社会委员会、欧洲法院。

对食品的协调工作通常通过横向和垂直指令来完成。横向指令影响所有食品，全面涉及诸如标签、添加剂、包装材料以及按质量或容量包装等问题，目前已实施的指令包括酸碱、盐、调味品、食品包装材料等方面。垂直指令处理特殊问题，现行垂直指令包括有关巧克力制品、蜂蜜、食糖等方向，其它的还有软饮料、婴儿牛奶等食品指令。

在食品领域，执行委员会草拟一项指令建议，需向欧盟食品科学委员会咨询，向同业工会、消费者组织等专业团体咨询，并在考虑欧洲议会、经济和社会委员会的意见后才决定向部长理事会递交推荐指令。指令一经通过即在欧盟官方刊物上发表并送交每个成员国，要求成员国在限定期限内（通常 2 年）修订其国家法令。

（2）欧盟食品科学委员会　食品科学委员会（food science commission，FSC）是欧盟较重要的机构之一，它向执行委员会提供有关因食品引起的消费者健康和安全问题，尤其是有关食品的成分、可能改变食品的加工方法、食品添加剂、辅助加工手段、存在污染物质等问题。

2. 欧盟食品包装法规

（1）欧盟食品包装材料法规的形式　欧盟的食品包装材料法规的构成从整体上可以分成四个部分。

① 欧盟法规（EU regulation）　主要从大的框架方面规定食品接触材料总的要求。如 Regulation（EC）1935/2004 和 GMP 法规 Commision Regulation（EC）2023/2006。

② 欧盟指令（EU directive）　规定基本要求，是技术性法规，基本要求属于强制性要求。在欧盟有很多针对不同材料的执行法规，如针对塑料的 Directive 2004/19/EC，在指令内能找到限量成分的具体限量要求，如甲醛迁移量等。

③ 欧盟决议（EU resolution）　类似推荐性指令，当相关材料没有指令可以采用时，决议也可以用来判定材料的合法性和安全性。如纸张，在欧盟就没有指令，只有决议 Res AP（2002）1 文件。所以生产纸张的企业就按法规的总要求及决议上的具体要求执行。

④ 欧盟技术文件（EU technical document）　技术文件用于说明制定相关指令的原因及其实践依据、科学依据或相关理论依据，没有法律约束力。

目前欧盟使用的食品包装材料法规是 1935/2004/EC（on materials and articles intended to come into contact with food and repealing directives 80/590/EEC and 89/109/EEC《关于拟与食品接触的材料和制品法规，并废止 80/950/EEC 和 89/109/EEC 指令》）和 2023/2006/EC（《关于食品接触材料和制品的良好操作规范》），属于基本框架法规，对欧盟所有成员国有约束力，欧盟各成员国不需任何转换，应直接完整地遵守本法规，它适用于所有最终状态将要与食品相接触的材料和物品。基本要求是所有包装材料的制造必须符合良好操作规范（GMP）的要求，任何拟与食品直接或间接接触的材料或制品必须足够稳定，以避免成分向食品迁移的数量达到足以威胁人类健康，或导致食品成分发生不可接受的变化，或引起食品感官特性劣变。材料和制品的标签、广告以及说明不应误导消费者。活性和智能（监控食品品质）食品接触材料和制品不应改变食品的组成、感官特性或提供有可能误导消费者的食品品质信息。当特定措施中包含共同体授权在生产拟与食品接触的材料和制品中可以使用的物质清单时，这些物质应在获得授权前经过安全评估。目前，1935/2004/EC 法规罗列了 17 种食品接触材料（FCM），包括活性和智能材料和制品、黏合剂、陶器、软木、橡胶、玻璃、离子交换树脂、金属和合金、纸和纸板、塑料、打印墨水、再生纤维素、硅树脂、纺织品、清漆、蜡、木头，但在实际使用过程中，可与食品接触的材料远远不止这 17 种，根据 1935/2004/EC 第 6 条的规定，如果各类材料和制品的特定措施还没有规定，允许维持和采用各成员国的相关规定。欧盟颁布的部分有关食品包装的法规如表 8-9 所示。

表 8-9 欧盟颁布的部分有关食品包装的法规和指令

编号	法规名称（英文）	法规名称（中文）
EC 1935/2004	regulation（EC）No 1935/2004 of the European parliament and of the council of 27 October 2004-on materials and articles intended to come into contact with food and repealing Directives 80/590/EEC and 89/109/EEC	关于食品接触材料和制品的法规，并废止 80/590/EEC 和 89/109/EEC 号指令
EC 2023/2006	Commision Regulation（EC）2023/2006 of 22 December 2006 on good manufacturing practice for materials and articles intended to come into contact with food	关于食品接触材料和制品的良好操作规范
94/62/EC	European parliament and council directive 94/62/EC of 20 December 1994 on packaging and packaging waste	包装和包装废弃物
76/211/EEC	council directive 76/211/EEC on the approximation of the laws of the member states relating to the making-up by weight or by volume of certain prepackaged products	欧盟理事会关于统一各成员国某些预包装产品按重量或容量包装的法律的指令
塑料		
编号	法规名称（英文）	法规名称（中文）
82/711/EEC	council directive laying down the basic rules necessary for testing migration of the constituents of plastic materials and articles intended to come into contact with foodstuffs	欧盟理事会关于制定与食品接触的塑料材料和制品中组分迁移检测的基本规定的理事会指令
EU 10/2011	regulation（EU）No 10/2011 on plastic materials and articles intended to come into contact with food	预期与食品接触的塑料材料和制品
EU 321/2011	commission implementing regulation（EU）No 321/2011 of 1 April 2011 amending regulation（EU）No 10/2011 as regards the restriction of use of bisphenol A in plastic infant feeding bottles	就塑料婴儿奶瓶中双酚 A 的使用限制，修正（EU）10/2011 号法规
2011/8/EU	2011/8/EU amending directive 2002/72/EC as regards the restriction of use of bisphenol A in plastic infant feeding bottles	修订 2002/72/EC（限制在婴儿喂食塑料瓶中使用双酚 A 的指令）的第 2011/8/EU 号指令

续表

编号	法规名称（英文）	法规名称（中文）
EU 1282/2011	(EU) No 1282/2011 amending and correcting Commission Regulation (EU) No 10/2011 on plastic materials and articles intended to come into contact with food	2011年11月28日欧盟委员会(EU) 1282/2011号条例：修订和修正(EU) 10/2011号条例中关于食品接触塑料材料和物品的内容
EU 202/2014	amending regulation (EU) No 10/2011 on plastic materials and articles intended to come into contact with food	食品接触材料法规 塑料材料及制品 (EU) 10/2011的修订指令(EU) 202/2014
EU 2016/1416	regulation (EU) 2016/1416 amending regulation (EU) 10/2011 on food contact plastics	食品接触材料法规 塑料材料及制品 (EU) 10/2011的修订指令(EU) 2016/1416
EU 2017/752	commission regulation (EU) 2017/752 of 28 April 2017 amending and correcting Regulation (EU) No 10/2011 on plastic materials and articles intended to come into contact with food	食品接触材料法规 塑料材料及制品 (EU) 10/2011的修订指令(EU) 2017/762
EU 2018/831	commission regulation (EU) 2018/831 amending regulation (EU) No. 10/2011 on plastic materials and articles intended to come into contact with food	食品接触材料法规 塑料材料及制品 (EU) 10/2011的修订指令(EU) 2018/831
78/142/EEC	78/142/EEC on the approximation of the laws of the member states relating to materials and articles which contain vinyl chloride monomer and are intended to come into contact with foodstuffs	关于统一各成员国有关含氯乙烯单体且拟与食品接触的材料和制品的法律的理事会78/142/EEC指令
85/572/EEC	laying down the list of simulants to be used for testing migration of constituents of plastic materials and articles intended to come into contact with foodstuffs	食品接触的塑料材料制品的组分迁移检测使用的模拟物清单
2007/19/EC	commission directive 2007/19/EC of 30 March 2007 Amending Directive 2002/72/EC relating to plastic materials and articles intended to come into contact with food and Council Directive 85/572/EEC laying down the list of simulants to be used for testing migration of constituents of plastic materials and articles intended to come into contact with foodstuffs	对与食品接触的塑料材料和制品的指令2002/72/EC及对食品接触的塑料材料制品的组分迁移检测使用的模拟物清单指令85/572/EEC的修订
EC 372/2007	laying Down transitional migration limits for plasticisers in gaskets in lids intended to come into contact with foods	拟与食品接触的瓶盖密封垫中增塑剂的过渡性迁移限量

续表

编号	法规名称（英文）	法规名称（中文）
EU 284/2011	laying down specific conditions and detailed procedures for the import of polyamide and melamine plastic kitchen-ware originating in or consigned from the People's Republic of China and Hong Kong Special Administrative Region，China	为进口原产于或发运自中国大陆或中国香港地区的聚酰胺和三聚氰胺塑料餐厨具制定具体条件和详细程序
2002/16/EC	commission directive of 20 February 2002 on the use of certain epoxy derivatives in materials and articles intended to come into contact with foodstuffs	委员会关于与食品接触的材料和制品中使用某些环氧衍生物的指令
EC 1895/2005	commission regulation（EC）No 1895/2005 of 18 November 2005 on the restriction of use of certain epoxy derivatives in materials and articles intended to come into contact with food	委员会关于限制在拟接触食品的材料和物品中使用某些环氧衍生物的第 1895/2005 号法规
再生塑料		
编号	法规名称（英文）	法规名称（中文）
EC 282/2008	commission regulation（EC）No 282/2008 of 27 March 2008 on recycled plastic materials and articles intended to come into contact with foods and amending regulation (EC) No 2023/2006	关于与食品接触的再生塑料材料和物品暨修订（EC）No 2023/2006 的第 282/2008 号法规
玻璃陶瓷容器		
编号	法规名称（英文）	法规名称（中文）
2005/31/EC	amending council directive 84/500/EEC as regards a declaration of compliance and performance criteria of the analytical method for ceramic articles intended to come into contact with foodstuffs	欧盟委员会对关于接触食品的陶瓷制品分析方法的符合性和性能标准要求的理事会指令 84/500/EEC 进行修订的第 2005/31 号指令
84/500/EEC	council directive of 15 October 1984 on the approximation of the laws of the member states relating to ceramic articles intended to come into contact with foodstuffs	理事会关于统一成员国预期接触食品的陶瓷制品的法律的理事会指令
再生纤维素		
编号	法规名称（英文）	法规名称（中文）
2007/42/EC	commission decision of establishing a common format for the first report of member states on the implementation of directive 2004/42/EC of the european parliament and the council concerning the limitation of emissions of certain volatile organic compounds	委员会有关制定关于欧洲议会和理事会关于限制某些挥发性有机化合物排放的指令 2004/42/EC 执行情况的第一份成员国报告的共同格式的决定

续表

编号	法规名称（英文）	法规名称（中文）
93/10/EEC	commission directive of 15 March 1993 relating to materials and articles made of regenerated cellulose film intended to come into contact with foodstuffs	委员会关于拟与食品接触的由再生性纤维素薄膜制成的材料和制品的指令
2004/14/EC	amending directive 93/10/EEC relating to materials and articles made of regenerated cellulose film intended to come into contact with foodstuffs	修订 93/10/EEC 指令（关于拟与食品接触的由再生纤维素薄膜制成的材料和制品）的第 2004/14/EC 号指令
橡胶		
编号	法规名称（英文）	法规名称（中文）
93/11/EEC	commission directive of 15 March 1993 concerning the release of the *N*-nitrosamines and *N*-nitrosatable substances from rubber teats and soothers	委员会关于人造或天然橡胶奶嘴和安抚奶嘴中释放 *N*-亚硝胺和 *N*-亚硝胺可生成物（*N*-亚硝基类物质）的指令
有机涂层		
编号	法规名称（英文）	法规名称（中文）
EU 2018/213	on the use of bisphenol A in varnishes and coatings intended to come into contact with food and amending regulation（EU）No 10/2011 as regards the use of that substance in plastic food contact materials	关于双酚 A 在拟与食品接触的涂料中的使用暨修订（EU）10/2011（关于在塑料食品接触材料中使用双酚 A）的第 2018/213 号指令
活性/智能材料条例		
编号	法规名称（英文）	法规名称（中文）
EC 450/2009	（EC）No 450/2009 on active and intelligent materials and articles intended to come into contact with food	食品接触活性和智能材料与制品

(2) 食品标签指令　欧盟有关食品标签的法规采取了两种立法体系，一种是“横向”法规体系，规定各种食品标签共同的内容，比如食品标签的营养标识规定等内容；一种是“纵向”法规体系，针对的是各种特定食品，比如巧克力产品、牛肉、葡萄酒等食品的标签的法规。欧盟食品标签法规通常有指令（directive）和条例（regulation）两种形式，欧盟每次对法规和指令的修订，都会以新的法规和指令的形式颁布，具体可参考相关标准手册。

目前协调、推动成员国制定统一的欧盟食品标签的法规是 EU 1169/2011《关于向消费者提供食品信息的规定》、79/112/EEC《关于最终出售给消费者的食品的食品标签、说明和广告宣传的成员国相似法案》等横向食品标签法规以及一些有关的食品标签专项指令。它们的首要考虑是为消费者提供信息和保护消费者的利益。指令的基本原则是必须使消费者对食品的特性、成分、数量、耐久性、来源或出处、制造方法或生产不产生误解，不得把食品不具有的性质说成具有，或者将所有类似食品具有的特性说成是这种食品特有的性质。

强制标识内容包括食品名称，配料清单，某些配料的质量或类别，预包装食品的净含量，保质期，特别的贮藏条件或使用条件，生产商、包装商、销售商的信息，食品原产地或来源，使用说明，酒精度超过 1.2%的饮料的实际酒精含量等。

① 食品名称　产品必须遵照规定的方式命名，对国家立法团体或行政规章已经规定的名称，则必须使用这种名称。如果没有规定则可使用惯用名称，或者能正确描述产品，使购买者知道产品的真正本性，且能与其他易混淆产品相区别的名称。惯用名称是产品消费的成员国的惯用名称。指令禁止用商标、商标名称或想象的名称取代产品名称。比如，尽管可口可乐和百事可乐是国际上公认的商标名称，但还必须更充分地说明产品本质。如果缺少有关食品的详细物理状态或进行过处理的信息会使消费者产生混乱，则产品名称还必须对此说明，如食品变成粉末，或经冻干、浓缩、腌渍等处理而又不明显，则须在产品名称上加以说明。

② 成分　成分是指在制造或配制食品时使用的，即使已改变了形式，但在成品中仍然存在的物质，包括添加剂。食品中的添加剂必须列出，还需列出化学名称或欧盟的系列号；对于那些在一种成分中存在的添加剂，只要其含量不足以使它们在成品中具有技术功能，可不必列出；只作为加工辅助剂的添加剂也不必列出。成分的名称必须是它们单独出售时使用的名称，油脂则需说明是动物性油脂还是植物性油脂，但指令中没有制定条款允许制造商标明食品中可能存在的油脂种类，以便使所用的脂肪混合物中的组分有更大的灵活性。当食品标签上要强调一种或几种成分的低含量时，或说明食品有同样效果时，则必须说明制造时使用的最低或最高百分比。

③ 数量　在考虑对包装品的数量标记时，须考虑欧盟其他法规，指令 80/232 是一个关于按规定数量对商品进行包装的指令；指令 76/221 规定在一定的平均数量基础上对固体进行预包装；对预包装的液体有类似控制指令 75/106。超过 5g 或 5mL 的预包装食品必须标明数量，在特殊情况下成员国有权提高标明数量的限量（5g 或 5mL），也可以制定本国条款，在标签上不需标明数量。按欧盟度量衡法规包装的商品，其数量应控制在规定的公差范围，而允许的公差与包装产品的数量有关。标签上数量标记旁边的“e”字符说明符合欧盟数量控制标准，并经有关成员国检验。

④ 日期标记　日期标记的原则是以最短寿命为基础，欧盟指令中规定的日

期是在贮存适当的情况下，食品能保持特定性质的日期。标明日期的方式："最好在……（最短寿命日期）以前食用"；从细菌观点来看高度易腐的食品，可采用"在……（日期）以前食用"，或者用同义词代替"最好在……（日期）以前食用"。有些食品，如新鲜水果和蔬菜、果酒中酒精含量超过10%的饮料、醋和食盐等食品不要求公开日期标记。成员国对一些可保存18个月以上的食品也可规定豁免。但需注意，对需要在特定贮存条件下才能使食品在规定保存期内保全食品质量的包装食品，必须标明特殊贮存条件。

⑤ 使用说明　为保证正确使用食品，指令规定提供使用食品的方法。欧盟标签指令规定：如需在食品中添加其他食物时，必须在标签上清楚标明。例如，如果要求在预包装的混合糕点中添加一个鸡蛋或其他成分，就要在标签上靠近产品名称的地方清楚标明。

⑥ 标记方式　标签指令并不要求标记信息的格式，也不指定在标签上必须标明的特殊事项所用的文字尺寸，只要求标记必须易懂，标在明显的地方，清楚易读，不易去掉，且不被其他文字或图案掩盖或中断，产品名称、数量和日期必须在同一视野中出现。

⑦ 营养说明　欧盟任何成员国都不强制要求提供营养说明，当提出这种要求时须具体化，并在标签中详细说明。特殊营养食品指令77/94中提供了标明营养说明的最简单方法，尤其对于营养平衡食品，如能减轻体重的食品、婴幼儿食品及为满足特殊要求的其他食品（如适合糖尿病患者的食品等），指令要求这些食品必须说明具体适合用途，并符合某些标签条款的要求；制造商不可声称这种食品具有防止、治疗疾病的功能，除非是在国家法规中规定的特殊明确限定的情况。这个指令是唯一与每日规定食物量的食品和营养食品说明有关的指令，这些说明仍要受标签指令的要求和管辖，也要受任何成员国国家标签规章管辖。

⑧ 标签位置概要　欧盟标签指令仅仅为成员国家确定标签要求提供一个基础，成员国可以充分利用指令中允许的豁免和部分废除条款，这说明以指令为基础的成员国的国家规章在许多方面可以不同，任何成员国对标签的要求并不限于欧盟指令中规定的要求。因此，出口商，尤其是非欧盟成员国的出口商，若想把产品打入欧盟市场，必须在食品包装上设定正确的标签，向销往国或精通欧盟成员国标签法规的专家咨询是非常必要的。

欧盟部分标签法规见表8-10。

（3）环境指令

有关环境方面的指令，如空气污染、水质、有毒废料、废料处理等指令，对包装有间接影响。与环境指令直接有关的是94/62/EC（包装和包装废弃物）。

表 8-10 欧盟部分标签法规

欧盟食品标签横向法规（适用于多种食品的标签通用要求）		
编号	法规名称（英文）	法规名称（中文）
1169/2011/EU	regulation （EU） No 1169/2011 of the european parliament and of the council of 25 October 2011 on the provision of food information to consumers, amending Regulations （EC） No 1924/2006 and （EC） No 1925/2006 of the european parliament and of the council, and repealing commission directive 87/250/EEC, council directive 90/496/EEC, commission directive 1999/10/EC, directive 2000/13/EC of the european parliament and of the council, commission directives 2002/67/EC and 2008/5/EC and commission regulation （EC） No 608/2004	关于向消费者提供食品信息的规定，并修订（EC）1924/2006号和（EC）1925/2006号法规，废除87/250/EEC、90/496/EEC、1999/10/EC、2000/13/EC、2002/67/ EC、2008/5/EC号指令以及（EC）608/2004号法规
79/112/EEC	on the approximation of the laws of the member states relating to the labelling, presentation and advertising of foodstuffs for sale to the ultimate consumer	关于最终出售给消费者的食品的食品标签、说明和广告宣传的成员国相似法案
2001/101/EC	amending directive 2000/13/EC of the european parliament and of the council on the approximation of the laws of the member states relating to the labelling, presentation and advertising of foodstuffs	关于食品标签、说明和广告宣传的成员国相似法案的修订指令
2006/107/EC	2006/107/EC adapting directive 89/108/EEC relating to quick-frozen foodstuffs for human consumption and directive 2000/13/EC of the european parliament and of the council relating to the labelling, presentation and advertising of foodstuffs, by reason of the accession of bulgaria and Romania	因保加利亚和罗马尼亚加入欧盟而更改89/108/EEC（有关供人消费速冻食品的指令和有关食品的标签、说明和广告的欧洲议会）和2000/13/EC（欧洲理事会指令）的第2006/107/EC号指令
2003/89/EC	amending directive 2000/13/EC as regards indication of the ingredients present in foodstuffs	修订2000/13/EC关于标明食品配料的指令
006/142/EC	amending annex IIIa of directive 2000/13/EC of the european parliament and of the council listing the ingredients which must under all circumstances appear on the labelling of foodstuffs	修订2000/13/EC指令中第IIIa附件中罗列的在所有情况下必须出现在食品标签上的配料的委员会指令
1924/2006/EC	on nutrition and health claims made on foods	关于食品营养和保健的欧洲议会和欧盟理事会条例

续表

欧盟食品标签纵向法规（针对特定食品的标签法规）	
牛肉	
编号	法规名称
1760/2000/EC	establishing a system for the identification and registration of bovine animals and regarding the labelling of beef and beef products and repealing council regulation (EC) No 820/97 建立识别和登记牛肉和牛肉制品标签体系，并废除EC 820/97号条例
1825/2000/EC	laying down detailed rules for the application of regulation (EC) No 1760/2000 of the european parliament and of the council as regards the labelling of beef and beef products 关于牛肉和牛肉制品标签申请的欧盟议会及理事会条例（EC）1760/2000的实施细则
麸质	
编号	法规名称
828/2014/EU	on the requirements for the provision of information to consumers on the absence or reduced presence of gluten in food 向消费者提供食品中不含或减少麸质信息的要求
酒类	
编号	法规名称
110/2008/EEC	on the definition, description, presentation, labelling and the protection of geographical indications of spirit drinks and repealing council regulation (EEC) No 1576/89 (EC) 关于烈性酒的定义、说明、宣传、标签和地理标志保护，废除第1576/89号欧盟理事会条例
716/2013/EU	laying down rules for the application of regulation (EC) No 110/2008 of the european parliament and of the council on the definition, description, presentation, labelling and the protection of geographical indications of spirit drinks 制定关于烈性酒的定义、说明、宣传、标签和地理标志保护的（EC）110/2008号条例的适用规则
1239/2014/EU	amending regulation (EU) No 716/2013, laying down rules for the application of regulation (EC) No 110/2008 of the european parliament and of the council on the definition, description, presen-tation, labelling and the protection of geographical indications of spirit drinks 修订条例（EU）716/2013，为关于烈性酒的定义、说明、宣传、标签和地理标志保护的（EC）110/2008制定实施细则
251/2014/EU	on the definition, description, presentation, labelling and the protection of geographical indications of aromatised wine products 关于加香葡萄酒的定义、说明、宣传、标签和地理标志保护，并废止欧盟理事会条例（EEC）1601/91

续表

果汁	
编号	法规名称
2001/112/EC	relating to fruit juices and certain similar products intended for human consumption 关于人类消费的果汁及类似产品的欧盟理事会指令
2009/106/EC	amending council directive 2001/112/EC relating to fruit juices and certain similar products intended for human consumption 修订关于人类消费的果汁及类似产品的 2001/112/EC 欧盟理事会指令
果酱、果冻	
编号	法规名称
2001/113/EC	relating to fruit jams, jellies and marmalades and sweetened chestnut purée intended for human consumption 关于供人类食用的水果果酱、果冻、柑橘酱和甜栗子酱的欧盟理事会指令
可可和巧克力产品	
编号	法规名称
2000/36/EC	relating to cocoa and chocolate products intended for human consumption 关于供人类食用的可可和巧克力产品的欧洲议会和欧盟理事会指令
咖啡提取物和菊苣提取物	
编号	法规名称
1999/4/EC	relating to coffee extracts and chicory extracts 关于咖啡提取物和菊苣提取物的欧洲议会和欧盟理事会指令
食糖标签	
编号	法规名称
2001/111/EC	relating to certain sugars intended for human consumption 关于某些供人类使用的糖类的欧盟理事会指令
蜂蜜标签	
编号	法规名称
2001/110/EC	relating to honey 关于蜂蜜的欧盟理事会指令
部分或完全脱水可保存乳品标签	
编号	法规名称
2001/114/EC	relating to certain partly or wholly dehydrated preserved milk for human consumption 关于供人类食用的某些部分或完全脱水保存乳品的欧盟理事会指令

续表

速冻食品	
编号	法规名称
89/108/EEC	on the approximation of the laws of the member states relating to quick-frozen foodstuffs for human consumption 关于供人类消费的速冻食品的成员国相似法案
转基因食品	
编号	法规名称
50/2000/EC	on the labelling of foodstuffs and food ingredients containing additives and flavourings that have been genetically modified or have been produced from genetically modified organisms 关于食品或食品配料中添加含有转基因成分的添加剂和调味料的标签要求
1829/2003/EC	on genetically modified food and feed 转基因食品和饲料
1830/2003/EC	concerning the traceability and labelling of genetically modified organisms and the traceability of food and feed products produced from genetically modified organisms and amending 关于转基因生物体的可溯性和标签及由转基因生物体生产的食品和饲料产品的可溯性，并对指令 2001/18/EC 进行修改
1139/98/EC	concerning the compulsory indication of the labelling of certain foodstuffs produced from genetically modified organisms of particulars other than those provided for in Directive 79/112/EEC 关于对某些转基因物质食品的强制性标签，指令 79/112/EEC 中规定食品除外
有机食品标签	
编号	法规名称
344/2011/EU	amending regulation（EC）No 889/2008 laying down detailed rules for the implementation of council regulation（EC）No 834/2007 on organic production and labelling of organic products with regard to organic production，labelling and control 修订条例（EC）889/2008，为关于有机生产、标签和控制的有机生产及有机产品的标签的理事会条例（EC）No 834/2007 制定实施细则
889/2008/EC	laying down detailed rules for the implementation of council regulation（EC）No 834/2007 on organic production and labeling of organic products with regard to organic production，labeling and control 就有机生产、标签和监管为关于有机生产和有机产品标签的理事会条例（EC）No 834/2007 制定实施细则
834/2007/EC	on organic production and labelling of organic products and repealing regulation（EEC）No 2092/91 关于有机生产及有机产品标签并废除法规（EEC）2092/91

二、美国食品包装法规和标准

1. 美国食品包装的主要机构及操作

美国关于食品安全的法律法规包括两个方面的内容，一是议会通过的法案，称为法令（ACT）；二是由权力机构根据议会的授权制定的具有法律效力的规则和命令，如行政当局颁布的有关食品安全的法规。

美国国会通过了若干关于食品、药品法规的条文。对可能从包装材料或其他与食品接触的表面转移到食品上的任何物质在内的一切食品添加剂提出了要求，还规定了某些例外情况。食品在销售前的加工处理，必须符合有关食品添加剂的法律要求。在有关食品添加剂相关法规颁布不久，又颁布了食品着色剂实行事前报批手续的法律条文。

食品添加剂分为直接添加剂和间接添加剂两类：直接添加剂是指直接添加进食品中的物质；间接添加剂指的是由包装材料转移到食品中去的物质。两种类型之间没有严格的界限，都必须按照食品添加剂法律程序报批。

（1）美国食品药品管理局（FDA）　由美国国会授权，是专门从事食品与药品管理的最高执法机关。在食品包装方面，主要负责产品销售前的食品添加剂的安全性检测和监督；制定美国食品法典、条令、指南和说明；建立良好的食品加工操作规程和其他的相关生产标准；对行业和消费者进行食品安全知识方面的培训等工作。

美国的食品添加剂修正案规定：包装材料的组成部分与直接添加到食品中的食品添加剂一样，必须符合食品添加剂的有关规定，并实行事前报批制度。因此，包装材料的组成成分如果未经 FDA 所公布的食品添加剂法令认可，不得使用。

① 包装材料按食品添加剂法令处理的情况　食品添加剂的法律定义是决定包装材料的组成成分，以及其它与食品接触的物质是否需要受法令制约的出发点。《美国联邦法典》第 21 卷对食品添加剂的定义：某种物质在使用之后能够或有理由证明，可能会通过直接或间接的途径成为食品的组分，或者能够及有理由证明会直接或间接地影响食品特色，而又未经有资格的专家通过科学的方法或凭经验确认其在拟议中的使用场合下是安全的，则可认为该物质是食品添加剂（包括所使用的包装材料和容器）。

根据这个定义，与食品接触的包装材料中只有 3 种物质不属于食品添加剂，可以不受 FDA 所颁布的法规限制：

a. 有理由证明不可能成为食品组分的物质；

b. 其安全性已经得到普通认可的物质；

c. 事先已被核准使用的物质。

FDA也已经确认，凡由功能性阻隔材料与食品隔开而不与食品接触的物质，也不属于食品添加剂，因而在使用时可以不受任何法律的限制。

美国食品添加剂法第170.3（c）节对此说明如下：必须清楚包装容器和包装材料生产过程中所使用的物质，是否可能直接或间接地成为该包装容器或包装材料所包装的食品的组成成分。如果包装材料中的成分不会转移到食品上，不会成为食品成分时，该物质不应被视为食品添加剂。

实际上，与食品接触并预料将成为食品组分的物质，必须超过某个最低含量限值时，才被认为是食品添加剂。这个观点虽在有关法律条款上已有所体现，但不论是联邦法院还是FDA，未能给出准确而可靠的最低含量限值。

② 食品添加剂申请　如果已经确认某种物质是一种良好的添加剂，不涉及违禁或特殊处理的问题，则可提出食品添加剂申请书。申请书中必须提交按照预期的最大饮食摄入量（EDI）考虑时该食品添加剂安全性的详尽数据；还需包括与食品添加剂有关的一切数据资料，如添加剂的化学名称和成分、正确使用条件、使用方法、添加剂的标注、添加剂成为产品组分后对产品理化和技术特性影响的准确数据、最终产品中所需的添加量、添加剂在食品中含量的实用测定方法、有关添加剂安全性研究报告等。

关于添加剂的安全性试验，如果估计每日摄入量（EDI）小于0.05mg/kg，FDA通常只要求进行急性毒性试验；如果新添加剂的EDI大于0.05mg/kg时，则要求进行包括两个物种的妊娠期亚急性毒性试验；若EDI超过1～2mg/kg，则需进行长期食用试验，包括一个为期2年的食用研究和一个为期3年以上的试用期，这种长期研究费用一般为125万～150万美元。可见，作为食品添加剂处理的新的食品包装材料的研究开发费用在美国是非常昂贵的。

FDA将以申请书中所提出的食品添加剂的数据为依据，确定包装材料在预定使用场合下的安全性、添加剂准备使用的场合、添加剂在人和动物食用过程中的累积性影响，这些均是FDA评价包装材料安全性必须考虑的因素。法律规定FDA在收到申请书之日起的90d内，必须做出批准使用或驳回申请的决定，并以法令形式予以公布。

包装材料一经批准，就必须遵守食品法中与食品包装材料相关生产质量管理规范（GMP），即良好操作规范。该规范的主要内容包括与食品接触的包装材料组分、用量不应超过为实现所希望的物理特性和技术特性所必需的数量；所用原料的纯度应适合于预定的用途；同时应符合食品、药品、化妆品法中有关不宜食用的食品方面的规定。

（2）美国农业部食品包装的管理　美国FDA对食品与包装管理具有一般性的权力，而美国农业部（USDA）对肉类、家禽等食品的管理具有国会所赋予的主要司法权。

① 食品包装材料法规　美国农业部通常倾向于对接受联邦政府检查的肉类、家禽加工厂中使用的包装材料运用法律的手段进行管理，检查管理按下列3项原则操作。

a. 由包装材料供货方提交信用卡或保证书，明确声明其产品符合联邦食品、药品、化妆品法和有关食品添加剂的法规。

b. 供货方必须提交美国农业部食品安全检查处签发的化学成分认证书。

c. 上述美国农业部的认证书只有随同供货方的信用卡或保证书一同递交才能有效。

法规要求对与食品直接接触的包装材料，供货厂商应该提交信用卡或保证书。而肉类和家禽加工过程中所使用的包装原料用包装不必提交任何形式的保证书，同样地，如抗氧化剂、黏合剂、调味料的包装材料也可不必提交信用卡或保证书。

② 包装材料的着色剂　关于着色剂在食品包装材料中的使用，肉类和家禽食品制造厂商必须向包装材料供应商问明所用的着色剂是否已被FDA所批准。有些着色剂只经过美国农业部批准而未经FDA批准，而根据美国农业部的现行法规，只有美国农业部批准是不够的。

从1984年起，FDA要求着色剂制造商填写正式的申请书报批，而这个批准过程可能需要18个月至2年。由着色剂制造商提出的申请书中，还要提交一份着色剂的抽提量或通过各种途径的转移量不超过0.001mg/kg的分析报告。

2. 美国有关食品包装的法规

美国有关食品包装的法规如表8-11所示。

表8-11　美国部分食品包装法规

序号	法规名称	序号	法规名称
1	美国联邦法典 第21卷 食品、药品与化妆品法	8	包装材料
2	食品质量保护法（FQPA）	9	毒害预防包装法案
3	美国国家公示法案　包装中的毒物	10	食品包装中的再生塑料
4	联邦肉类检查法（FMIA）	11	食品类别的定义和食品接触材料的使用条件
5	禽类食品检验法（PPIA）	12	一次性容器和封盖的运输和包装
6	蛋类产品检验法（EPIA）	13	USDA PPP-F-685 B CANC-1991 新鲜水果和蔬菜；包装、装箱和标记
7	美国联邦法典 第16卷 销售包装和标签法		

3. 美国及其它国际组织有关包装标准

除了FDA和美国农业部外，还有一些由专业团体、包装制造者协会、政府代理机构制定的标准，见表8-12和表8-13。

表8-12 国际其他标准组织及标准实例

标准组织名称	标准类型	标准组织名称	标准类型
美国纸箱协会（FBA）	纸箱包装	欧洲瓦楞纸板制造商协会（FEFCO）	纸箱标准
美国材料试验学会（ASTM）	包装盒包装材料的检验方法	欧洲实心纸板箱制造商协会（ASSCO）	国际纸箱编码、纸板检验方法、纸箱检验法
美国制浆造纸工业技术协会（TAPPI）	材料的检验方法和纸基包装材料标准	国际制瓶技术中心（CETIE）	啤酒、酒类等玻璃瓶的标准

表8-13 美国其它组织的部分食品包装标准

标准号	标准名称	标准号	标准名称
ANSI/UL 969	美国国家/美国保险商实验室标准《标识和标签系统安全标准》	ASTM D3951	美国材料试验学会标准《商业包装规程》
ASTM D4169	美国材料试验学会标准《运输包装箱及其系统性能测试规范》	ASTM F1640	美国材料试验学会标准《选择和使用辐照灭菌食品包装材料指南》
ASTM D6198	美国材料试验学会标准《运输包装设计指南》	ASTM D 3892	美国材料试验学会标准《塑料包装和包装件规程》

4. 美国食品标签管理

美国对食品标签有严格要求。美国政府一直高度重视食品标签标识的管理，不断修订完善食品营养标注方面的法规，使之符合形势发展的要求，最大限度地保障消费者的饮食健康与安全。1994年5月，美国出台了《食品标签法》，要求所有预包装食品必须加贴内容复杂而繁琐的强制性标签。美国的食品标签必须标注的内容除食品名称、净含量、配料表、食品制造商、包装商、经销商的商业名称和地址外，尤为突出营养标签。营养标签是美国食品标签法中的重要内容，为强制性标注。通过营养标签对食品中含有营养素的描述，消费者可以从中得知所消费食品中的营养成分与每天实际的营养需求之间的关系，从而正确消费食品。营养标签在特定情况下可以豁免。

除此之外，美国农业部强制性规定：牛肉、羊肉、猪肉的切块肉、碎牛肉、碎羊羔肉、碎猪肉，饲养的鱼和甲壳类动物，易腐烂的农产品以及花生，必须在零售时标明原产地。

随着形势的发展，美国对有机食品也实行了标签制度，要求经美国农业部批准的、专门机构认证的有机程度达到或超过 95% 的食品，必须加贴印有英文“有机”和“美国农业部”字样的绿色圆形标记；有机程度在 70%～95%之间的食品不能加贴专门标记，但可以在标签上注明本产品“包含有机成分”。

为了保障人体的健康，防止由于胆固醇过高而影响健康，美国规定在传统食品和膳食补充品的营养标注中，标注反式脂肪酸（TFAS）的含量，TFAS 与饱和脂肪酸一样，都会导致人体胆固醇提高，特别是低密度脂蛋白胆固醇对心血管健康有很大的危害。为了给消费者提供充分的食品营养成分信息，指导消费者健康安全饮食，美国规定自 2006 年 1 月 1 日起，在食品营养标注中必须标注产品中饱和脂肪酸和反式脂肪酸的含量。

美国的标准、法律和法规为食品安全打下了坚实的基础，违反这些标准和法律法规，会受到严惩。食品企业一旦被发现违反法律法规会面临严厉的处罚和数目惊人的巨额罚款。

食品标签适用于除酒类外的所有预包装食品。按食品标签上标示的内容来分，食品标签可以分为主要展示版面和信息版面两大部分。主要展示版面上标注食品名称以及净含量等内容，信息版面标注除规定必须在主要展示版面上标注之外的其他内容。

美国食品标签标准如表 8-14 所示。

表 8-14　美国食品标签标准

主要展示版面
(1) 在通常条件下零售时展示的标签上最可能被表示、出示或观察到的部分。应大到足以清晰并引人注目地容纳所要求必须在其上显示的所有法定的标签信息，并且不得带有使内容不清楚的设计图案、花边图像，或图文过密而不清楚。如果包装带有另外可使用的几个“主要展示版面”，则要求在“主要展示版面”上显示的信息应在各版面上重复出现 (2) 主要展示版面面积：长方形是包装侧面的高度与宽度的乘积；圆柱体（或近似圆柱体）是容器高度与周长的乘积的 40%；其他任何形状的容器全部表面的 40% (3) 在该版面上标注的任何字母、数字的高度均不得低于 1/16in
信息版面
(1) 信息版面处在主要展示版面右边紧邻的位置 (2) 在该版面上标注的任何字母和（或）数字的高度均不得低于 1/16in

续表

食品名称
（1）食品名称陈述包括：任何适用的联邦法律、法规规定或要求的名称；没有规定名称时，则应用该食品的通用或常用名称；没有名称时，则应用一个恰当的描述性的术语，如该食品性质明显时，使用公众贯指的理想的名称。 若一食品以多种可供选择的形式销售时（如整块、切片、切成丁状等），其特殊的外形应被用作品名陈述的必要部分，其字体应与品名陈述中其他部分所用字形规格一致；但如其形状是可以通过容器观察到的或系以一恰当图饰描绘出的，则其形状无需包含在陈述中。可以在通用的食品名称中加入某种或多种配料名称作为食品名称的一部分 （2）食品名称标注在主要展示版面 （3）食品名称采用黑体字，其字形规格应与该版面上最显著的印刷文体相一致，并应处在以设计的位置展示包装时与所放位置的底部相平行的线上 （4）如果一种食品是另一种食品的模仿物，则它将被视为冒牌，除非其标签附有用统一显著的字体印制的“仿制品”的字样，并在其后附上所模仿的食品名称
净含量
（1）以质量、体积、数量来表达，或以数量和质量或体积的组合形式表达。如果食品是液体，应用液态体积单位表达；如果食品是固体、半固体或黏质体，或固体和液体的混合物，则应用质量表达。标注在主要展示版面最下端的30％面积内，字行应与容器底部基本平行。 净含量声明应作为一个鲜明的项目出现，应与该声明之上方或下方出现的其他标签印刷信息分开，间隔高度至少要等于内容物净含量所使用印刷字体的字母高度，左、右间隔宽度至少应等于内容物净含量所使用印刷字体2倍的宽度。 （2）净含量应为黑体字、清晰地印刷在具有较强反差的背景上，净含量所使用的数字或字母的印刷字体应与包装的主要展示版面相适应，对于大致相当尺寸的所有包装，其印刷字体应基本保持一致。 主要展示版面$\leqslant 5in^2$时，字体高度$\geqslant 1/16in$；$>5in^2$、$\leqslant 25in^2$时，字体高度$\geqslant 1/8in$；$>25in^2$、$\leqslant 100in^2$时，字体高度$\geqslant 3/16in$；$>100in^2$时，字体高度$\geqslant 1/4in$；当主要展示版面$>400in^2$时，字体高度$\geqslant 1/2in$。 字母的高度不得大于宽度的3倍。使用分数时，分数中每一数字应达到最低标准高度的一半。 （3）质量的声明应以常衡制“磅”和“盎司”计量；液态食品的体积说明应以$231in^3$的美国加仑和夸脱、品脱和液体盎司为单位。干态计量食物的体积声明应以体积为$2150.42in^3$的美国蒲式耳和配克、干夸脱、干品脱为计量单位。 内容物净含量可以用普通分数或小数来表达。普通分数可以用1/2，1/4，1/8，1/16，1/32表示，应化为最简分数；小数的使用最多不超过2位。 有关内容物净含量的附加声明不得含有任何趋于夸大包装内食品的质量、体积和数量的形容词
配料表
（1）配料表以通用名称按重量递减顺序标示 （2）配料表标注在主要展示版面或信息版面。配料的名称应是具体的名称而非集合（种类）名称，香料、调味料、色素及化学防腐剂除外，复合配料按规定标示
食品制造商、包装商、经销商的商业名称及地址
（1）包装食品上的标签应标明制造商、包装商或经销商的商业名称及地址 （2）在制造商、包装商或经销商为公司的情况下，应使用其真实公司名称，其真实公司名称后或前可加上公司具体分支机构的名称。在个人、合伙人或合营组织情况下，应使用其业务经营时使用的名称。商业地址应标示区号（邮政编码）、州名、城市名及街道地址。如果街道地址在现行的城市手册或电话簿中可以查到，则可以省略。如果食品是在主要营业场所以外的其他地点制造、包装或经销，则标签上可标示主要营业场所来代替实际的制造、包装或经销地点，除非这种标示将产生误导

续表

营养标签
所有供人食用并用以销售的食品，均应提供与食品相关的营养信息。标注在主要展示版面或者信息版面。
营养信息应在一方框内用细线分隔，并根据实际情况用黑色字体印在白色背景上或用其他颜色字体印在与其有鲜明对比的其他素色背景上。
营养标签内的所有信息应使用单一易读的字形、大小写字母。两行文字之间至少间隔 1 点（1 点＝1/72in），但所有营养素的信息应当至少间隔 4 点。相邻字母间排版最密不能超过 4 点。
营养标签标注的主要内容为：每餐分量及包装内的份数；热量、来自脂肪的热量、总脂肪、饱和脂肪、胆固醇、钠、总碳水化合物、食用纤维、糖、蛋白质以及维生素 A、维生素 C、钙和铁，以及以 8360kJ 热量的食谱为基础的每日食用量的百分比。
1. 每餐分量
每餐分量意指 4 岁或 4 岁以上的消费者每次进食时的习惯消费量，并用适宜该食品的通常家用计量方法表示。若该食品是专门为婴儿或学步幼儿生产或加工的，“每餐分量”应为满 12 个月的婴儿或 1～3 岁的幼儿每次进食的习惯消费量。
如果一个食品单元的质量大于参考量的 67%且小于 200%，则应以一个单元作为一次食用量。如果一个食品单元的质量大于参考量的 50%且小于 67%，则制造商可将一个单元作为每餐分量。如果一个食品单元的质量大于参考量的 300%以上，而整个单元可合理地在一次进食中消费尽，则制造商亦可将整个单元作为每餐分量。
2. 每餐分量、份数的标注
如标明所含每餐分量、份数，则应随后用相同的字形来标注每次食用量的净数量（质量、体积或数量）；该说明也可以用与净数量（如一杯、一汤匙等）不同的词语来表示。
包装内小包装的数量与包装中所含每餐分量份数不一定等同。
每餐分量应是最接近于该类食品参考量的整个单元的数量。外形规格有不同的其他产品的每餐分量应表示为与该类产品参考量最接近的盎司数。
凡通常消费时将大的食品分成小块进食的（如，蛋糕、馅饼、比萨饼、甜瓜、卷心菜等），每餐分量应是该食品最接近此类食品参考量的小份额（如：1/12 蛋糕、1/8 甜馅饼、1/4 比萨饼、1/4 甜瓜、1/6 卷心菜等）；在表示“小份额”时，制造商应使用 1/2，1/3，1/4，1/5，1/6 或再用 2 或 3 除之而得出的更小的分数。
“常用家庭计量单位”指杯、汤匙、茶匙、块、薄片、小块（如：1/4 块比萨饼），盎司（oz），液体盎司（floz）或其他用于盛装食品的家用器皿（如罐子、托盘）。
一茶匙指 5mL，一汤匙指 15mL，一杯指 240mL，液体盎司为 30mL，质量盎司为 28g。
通常家用计量单位的量值在大于 5g 的情况下应修约到最靠近该值的整数，2～5g 之间的数值应以 0.5g 的增量修约，而小于 2g 的量值则应以 0.1g 的增量修约。
如果存在根据商业部联邦法规的程序公布的产品标准，并且它从数量角度对涉及某具体食品的“每餐分量”做出了定义，那么包装食品的有关食用量份数的标示应与该数量定义相一致。
3. 豁免要求
营养标签在特定情况下可以豁免。
每年向消费者进行的总销售额或营业额不超过 500000 美元或每年向消费者进行的食品总销售额或营业额不超过 50000 美元的制造商、包装商或经销商销售的食品。
餐馆内提供的食品；其他地点提供的即食食品（例如学校、医院等机构内的食品服务点和自助餐厅；交通运输工具；在室内有供立即消费设施的面包店、熟食店及糖果零售店；其食品通常是买后立即食用或消费者携走时，边走边食用的食品；售货商店以及将立即可食用的食品送到家中或办公室中的食品；送货店或送货系统）；仅为在上述场所销售或食用而出售的食品等。但是本免除条款不适用于由经销商制造、加工或再包装而销售给不是当场食用的餐馆或其他场所的那些食品。如果该食品存在被消费者直接购买的可能性，则该食品的制造商应负责在其上提供营养信息。
向消费者供应但不是立即食用的食品；在零售场所加工和制备的食品；在无食用场所的现场分成一定份额或包装的，并由独立的熟食店、面包店和糖果零售店销售的即食食品，或由商场内熟食部、面包部、糖果部或在诸如沙拉柜台等的自助食品柜台销售的食品。这些食品可以不标注营养标签。
所有的营养物与食品成分的含量均为微量的食品。
可供印制标示的表面总面积小于 $12in^2$ 的小包装食品，这些食品的标签上可以不带营养声明或其他营养信息，但其制造商、包装商或经销商应在符合并运用该免除要求的包装标签上提供所在地址或电话号码，使消费者可借以获取所需的营养信息。

三、加拿大食品包装法规和标准

1. 加拿大食品安全管理体制

加拿大实行联邦、省和市三级食品安全行政管理体制，采取分级管理、相互合作、广泛参与的模式。联邦、各省和市政当局都有管理食品安全的责任，负责实施法规和标准，并对有关法规和标准的执行情况进行监督。省级政府的食品安全机构提供在自己管辖权范围内，本地销售的小食品企业的产品检验。市政当局则负责向经营食品成品的饭店提供公共健康标准，并进行监督。

1997 年，加拿大整合了国内的食品安全管理机构，把农业与农业食品部、渔业与海洋部、卫生部、工业部的食品安全监督管理职能整合在了一起，成立了加拿大食品监督署（CFIA），是加拿大负责食品安全、动植物卫生的执行机构。加拿大卫生部负责制定食品安全与营养的相关标准，并对食品监督署的食品安全工作情况进行评估，同时负责食源性疾病的监测和预警。加拿大部分包装法规见表 8-15。

表 8-15　加拿大部分包装法规

序号	法规名称	序号	法规名称
1	消费品包装和标签法令	6	有机食品法
2	农业产品法令	7	食品与药品管理法规
3	消费品包装和标签法规	8	食品包装陈述的信息要求
4	新鲜水果和蔬菜条例	9	关于在食品包装中接受和使用再生塑料制品决定的指南
5	食品与药品法令		

2. 有关食品包装的主要法律

由加拿大国会制定的法令和由政府机构为主制定的法规是加拿大的主要法律形式，法规是对法令的详细阐述，涉及食品包装的主要法令如下。

(1)《食品与药品法令》 规范有关食品、药品、化妆品和医疗器械的安全卫生，以及防止在这些商品领域的商业欺诈行为。为与其相配套，加拿大制定了《食品与药品管理法规》，该法从小处着眼，建立了诸多健康和安全条款。

(2)《消费品包装和标签法令》 规定包装食品和某些非食用产品在包装、标识、销售、进口和广告等方面应遵守的原则。

为防止包装食品和某些非食用产品在包装、标识、销售、进口和广告方面的商业欺诈（食品检验署只负责食品部分），加拿大在《消费品包装和标签法令》、

《消费品包装和标签法规》以及其他许多法规中，都对产品（包括农产品）的标记和标签做了明确的规定。

加拿大《食品和药品法令》以及《消费者包装和标签法令》为加拿大标签规范提供了最基本的原则。总的来说，加拿大标签的相关规定可以分为标签基本内容、产品特定内容和附加推介信息三类。原则上，对产品的标签有三项要求：标签上必须标明产品的通用名称、数量、生产厂家的名称和地点，但具体到各种产品又有不同的具体要求。卫生部和食品监督署负责制定食品标签准则。该准则要求对可能引起过敏或可能造成毒性、成分及营养改变的实行强制性标签。要求生产商在标签上标识是否含有某种成分，但这种标识应是真实的且不造成误导的。

（3）《农业产品法令》 监督在联邦登记注册的企业生产农业产品（例如乳制品、枫叶产品、其他农产品）的基本原则，并制定了省级贸易和外贸进出口食品的安全和质量标准。与《农业产品法令》相配套，加拿大制定了十余套配套法规，如《新鲜水果和蔬菜条例》《有机食品条例》《乳制品条例》《蜂蜜条例》等，对法令所涉及的产品或领域进行详细的阐述并提出具体的要求。为保证农产品质量在运输、销售过程中不受影响。加拿大对农产品包装的方法和材料及容器的卫生普遍做了规定。此外，还根据农产品的具体特点，对一些农产品的容器提出了具体要求。

3. 维护食品安全的执法机构

在联邦范围内，加拿大食品监督局和卫生部共同负责食品安全。主要的卫生和安全政策属于卫生部的职能范围，包括制定营养标准、危险性分析、产品标识问题，以及发生食品安全事件时的产品召回。食品监督局为企业和公众提供所有与联邦食品安全有关的服务，主要是对在联邦注册管理的食品生产者、制造商、经销商和进口商进行监督，以核实其产品是否能够满足安全、质量、数量、成分、同一性，以及操作、加工、包装、标签的标准。

四、日本食品包装法规和标准

1. 与食品接触包装材料的法规

日本拥有较完善的食品安全法律法规体系以及食品标识制度，主要有《食品卫生法》和《食品安全基本法》。根据相关的法律规定，分别由厚生劳动省与农林水产省承担食品卫生安全方面的行政管理职能。其中，厚生劳动省负责稳定的食物供应和食品安全，农林水产省负责食品生产和质量保证。日本以《食品安全基本法》和《食品卫生法》为依据，制定了大量的食品包装法规和标准，如表 8-16 所示。

表 8-16　日本部分食品包装法规和标准

序号	法规名称	序号	法规名称
1	食品卫生法	10	容器包装的基本想法
2	食品卫生法实施规则	11	聚碳酸酯树脂制器具及容器包装
3	食品卫生法施行相关事项	12	使用了抗菌剂的聚碳酸酯树脂器具及容器包装
4	火腿、香肠等的包装纸使用的着色剂	13	根据《食品卫生法》制定的食品和食品添加剂标准规范
5	食品用塑料容器进口总体	14	要求关于食品、添加物、器具及容器包装的规格及标准的一部分修改
6	食品、添加物等的规格标准	15	JIS Z1571—2005　食品和饮料用密封金属罐
7	市场上牛奶销售用容器	16	JIS Z1707—2019　食品包装用塑料薄膜的通则
8	装清凉饮用水的聚乙烯制容器的热封口强度	17	JIS Z1509—2004　马铃薯淀粉用牛皮纸袋
9	包装纸的消毒方法	18	JIS S2302—1994　汽水饮料瓶的抗内压力试验法

(1)《食品卫生法》　日本的《食品卫生法》颁布于 1947 年，由 36 个条款组成。该法规定食品卫生的宗旨是防止因食物消费而受到健康危害。因此，该法涉及的食品十分广泛，不仅涉及食物和饮料，还涉及包括天然调味料在内的添加剂，以及用于处理、制造、加工或输送食物的且与食物直接接触的设备、容器和食品包装。此外，该法还涉及与食物有关的企业活动、食品制造和食品进口的人员等。自 1995 年以来日本先后对《食品卫生法》进行了多次的修订。

(2)《食品安全基本法》　在《食品卫生法》不断完善的同时，2003 年 5 月日本又颁布了《食品安全基本法》。该法规定：保护国民健康是首要任务，在食品供应的每一阶段都应采取相应的管理措施，政策应当建立在科学的基础上，并考虑国际趋势和国民意愿。同时设立的食品安全委员会依据《食品安全基本法》，作为独立的机构负责开展危险性评估并向管理部门提供管理建议、与社会各界开展危险性信息交流、处理突发的食源性事件。

2. 标签要求

日本对食品标签的要求非常严格，制定食品标签要求的总原则是使食品标签的内容更加详尽，以保护消费者的利益。根据规定，在日本市场上销售的各种蔬菜、水果、肉类、水产类等食品，必须加贴标签，标签上应提供产品的名称、产地、生产日期、保质期等多方面的信息。一般来讲，食品标签应包含以下信息。

（1）消费指导信息　市场上销售的鱼类水产品和蔬菜等生鲜食品必须标明产地和品牌等信息，其中鱼类水产品的信息提供要符合农林水产省《水产品内容提示指导方针》的规定，应在上市过程中加贴标签。除此以外，还要标明产品是否属于养殖品、天然品、解冻品等具体细节，其中进口产品要求标明原产国名和具体产地名。对进口蔬菜等生鲜食品的要求必须标明产品名称、原产国等内容。尽管日本官方尚未要求所有进口蔬菜标注上述内容，但目前的市场发展趋势是，各蔬菜商店对所有进口蔬菜都主动注明上述内容。

（2）安全保障信息　新鲜食品和加工食品均须标注使用的添加剂，对于有外包装的加工食品，使用的添加剂无论是天然的还是合成的，均须详细注明。对鸡蛋、牛奶、小麦、荞麦、花生等食品须注明所含的过敏性物质，即使对加工工艺中使用过的，在成品中已消失的过敏性物质也须注明。另外，还要求在进口的肉食产品上提供产地、有无污染、保质期、安全处理等信息。

（3）营养含量信息　食品标签上应标明食品的营养成分含量，以及是否属于天然食品、有机食品等。对果汁成分等标注要清楚，如使用浓缩果汁加水再还原而成的果汁，要注明“浓缩还原”的字样；直接用果汁加工而成的饮料，则注上“纯果汁”字样；加入糖分的果汁则注明“加糖”字样；对橘汁、苹果汁、柠檬汁、柚子汁、葡萄汁和菠萝汁等果汁饮料，禁止使用“天然果汁”的字样。并要求这些饮料必须在外包装上标明“浓缩还原”和“直接饮用”字样。

（4）原产地信息　在市场上销售的新鲜食品和加工食品均须标识原产国名，进口畜产品进行屠宰加工后再出口的，在屠宰加工国停留一定时间后，方可认定为原产地，停留时间规定为牛 3 个月、猪 2 个月，其他家畜 1 个月。水产品方面，鱼群活动经由的国家为原产地，但金枪鱼等活动海域较大的鱼类，可不标识国家，但须标识捕获水域名称。

（5）转基因食品标识　该标准规定已经通过安全性认证的大豆、玉米、马铃薯、油菜籽、棉籽等转基因农产品以及以其为主要原料的加工食品是标识的对象，加工后的食品如果还残留重组的 DNA 及由此产生的蛋白质，就必须按照标准要求进行标识。根据新的转基因食品的商品化状况及新的检验方法，每年还要对必须标识的品种进行重新审查。此外，对厚生劳动省确认的安全性转基因大豆及其加工品，从 2002 年起也必须标识为“高油酸转基因大豆食品”的标签。

五、澳大利亚和新西兰食品包装法规和标准

由于澳大利亚和新西兰特殊的地理关系，而且都属于英联邦国家，它们之间

在维护食品安全方面的合作相当密切。澳大利亚是一个联邦制的国家，根据各个州与联邦政府的协议，各个州都充分参与了联邦食品卫生法律法规的制定过程，各个州食品安全法律的实施都在联邦食品卫生法律的框架下，保证了联邦法律的统一性。

1. 食品安全法律体系

1991 年颁布的《澳大利亚新西兰食品标准法令 1991》，是两国食品安全管理的法律基础，同时制定的《澳大利亚新西兰食品标准法规 1994》是这一法令的实施细则。2002 年成立了澳大利亚新西兰食品标准局（FSANZ），其主要职责是通过制定澳大利亚和新西兰统一的《澳大利亚新西兰食品标准法典》（FSC）来保证安全的食品供应，保护澳大利亚和新西兰国民的食品安全与健康，澳大利亚新西兰食品标准局是澳大利亚和新西兰两国的一个独立的、非政府部门的机构，其制定相应的标准，包括食品标准、食品构成、标签和成分，以及各种物质成分的含量。这些标准适用于所有在澳大利亚和新西兰境内生产、加工、出售以及进口的食品。

2.《澳大利亚新西兰食品标准法典》

该法典于 2005 年正式颁布实施，标准按类别分成 4 个章节。其中与食品包装有关的主要是第一、二、三章。第一章为一般食品标准，适用于所有食品，主要包括食品的基础标准、食品标签及其他信息的具体要求；对食品添加剂的规定，污染物及残留物的具体要求；需在上市前进行申报的食品。但是，由于新西兰有自己的食品最大残留限量标准，所以该法典中规定的最大残留限量仅在澳大利亚适用。第二章为食品产品标准，具体阐述了特定食物类别的标准，涉及谷物、肉、水果和蔬菜、奶制品、特殊膳食食品及其他食品共 10 类具体食品的详细标准规定。第三章为食品安全标准，具体包括食品安全计划、食品安全操作和一般要求，食品生产企业的生产设施及设备要求。但该章节的规定仅适用于澳大利亚的食品卫生安全，因为新西兰有其特定的食品卫生规定。

该法典具有强制的法律效力，凡不遵守有关食品标准的行为在澳大利亚均属于违法行为；在新西兰则属于犯罪行为。

3. 标签要求

澳大利亚对进口食品实行裁决令管理机制。当澳大利亚检疫局在检查时发现受检食品不符合澳大利亚的标准时，将发放裁决令。裁决令监督下的食品将进行 100％检验，且接受比同类食品更高的检查频率、更多的检疫程序。一般情况下，连续 5 批货物均检验合格后方可取消裁决令。发出裁决令的主要原因之一是进口食品标签不符合《澳大利亚新西兰食品标准法典》规定，例如，食品标签没有使用英文、无进口商详细信息、无生产日期和使用期限、无代码、无产品描述、无原产地名称、食品成分表描述含糊不清等。

（1）一般标签的标准

食品的名称：《澳大利亚新西兰食品标准》对某些食品名称有统一的规定。没有统一规定名称的食品，其标签上必须有恰当的标识名称，该名称必须能够清晰地表明食品的特性，不应产生混淆和误导，或欺骗消费者。

公司名称和地址：食品的标签上必须标明在澳大利亚销售此食品的公司名称和地址。

批量代码：批量代码是指24h内在同一条件下生产的同一种产品。代码或标识由生产商自行确定，形状大小及颜色对比没有具体的规定，但需要注明包装日期和使用日期。

原产地标注：标签必须标明食品生产的国家。如果海外制造商的地址及国家名称已有，就无须再标明原产地。

日期标识：任何包装好的食品，如果其有效期在两年以内，其包装上必须注明有效期。用语必须是“在某年某月某日之前使用”“最好在某年某月某日之前使用”“某年某月某日包装”等。如需特殊贮藏食品，要在标签上说明。

重量和尺寸要求：所有标签都要显示内含物的净重。大包装食品要显示内装小包装的净重和小包装数量。

成分要求：《澳大利亚新西兰食品标准》要求大部分食品在标签中注明食品成分。食品成分表中成分的顺序应按重量由大到小顺序排列。一般来说，食品成分应提供标准名称，如果没有通用标准名称，可用适当的代名称，或提供相当于某一类成分的名称。如果食品名称已经涵盖了所有的成分，其食品标签则无须成分表。

营养表：澳大利亚规定食品必须有营养表的标识。

（2）食品包装标签的印刷要求　用英文书写，清楚易懂且不褪色，消费者容易看到，字体不能小于1.5mm（食品名称的印刷字体最小不能小于3mm），使用字体大小统一、字体与背景明显分开。有的食品标签可以同时使用其他文字，但必须符合《澳大利亚新西兰食品标准》要求，标准对某些食品标签文字大小规格、告诫或建议类的说明都有特殊的规定。

（3）食品标签禁止使用内容　食品标签中禁止表述的内容有：治疗和预防功用；有医药建议内涵的文字、陈述或设计；与疾病或生理相关的名称；特殊规定食物用途；减肥功效和分析证书摘录等。食品包装文字表述上禁止使用“纯的”“纯天然”“有机的”“低酒精含量”“不含酒精”“健康”“含丰富维生素”等文字表述。

（4）特殊食品的要求　对于特殊食品的标签有特殊规定，节食食品应该在标签上标注“节食食品”字样，同时附上配方；已经改变了碳水化合物结构的食品，应该标注“碳水化合物结构改变”字样，并附上碳水化合物成分表；对于酒

精饮料，必须标明的酒精浓度；乳制品则要求在标签上标明“应冷藏”字样；含糖精、苯基丙氨酸、咖啡因等成分的食品必须标有告诫提示；含甘露醇成分的食品须提示：食用过多会引发轻度腹泻。

第三节　中国食品包装标准与法规

一、中国食品包装标准

（一）食品包装国家标准

中国的食品包装标准大致分类如下：第一类是食品包装与标签标准；第二类是包装材料及制品标准；第三类是包装卫生标准；第四类是包装卫生试验方法标准；第五类是食品包装机械与技术标准；第六类是食品生产厂家卫生规范。目前，我国发布的食品包装国家标准有数百项。

1. 食品包装与标签标准

有关食品包装与标签的标准非常多，不仅有通用的食品包装标准，如《预包装食品标签通则》，还有专用的食品包装标准，如《食用植物油销售包装》，还囊括了地理标志产品这类标签标准，在此仅列出其中一小部分供参考，如表 8-17 所示。

表 8-17　中国食品包装与标签标准

标准号	标准名称	标准号	标准名称
GB 7718—2011	食品安全国家标准　预包装食品标签通则	GB 28050—2011	食品安全国家标准　预包装食品营养标签通则
GB 13432—2013	食品安全国家标准　预包装特殊膳食用食品标签	GB/T 31268—2014	限制商品过度包装　通则
GB 23350—2009	限制商品过度包装要求　食品和化妆品	GB/T 30643—2014	食品接触材料及制品标签通则
GB/T 16716.6—2012	包装与包装废弃物　第 6 部分：能量回收利用	GB/T 16716.7—2012	包装与包装废弃物　第 7 部分：生物降解和堆肥
GB/T 191—2008	包装储运图示标志	GB/T 14257—2009	商品条码　条码符号放置指南
GB 18455—2010	包装回收标志	GB/T 19946—2005	包装　用于发货、运输和收货标签的一维条码和二维条码
GB/T 30643—2014	食品接触材料及制品标签通则	GB/T 33986—2017	电子商务交易产品信息描述　食品接触塑料制品

续表

标准号	标准名称	标准号	标准名称
GB/T 7414—1987	主要农作物种子包装	GB/T 13607—1992	苹果、柑桔包装
GB/T 17109—2008	粮食销售包装	GB/T 17374—2008	食用植物油销售包装
GB/T 24905—2010	粮食包装 小麦粉袋	GB/T 24904—2010	粮食包装 麻袋
地理标志产品（100 多项）			
GB/T 17924—2008	地理标志产品 标准通用要求		
酒类			
GB/T 17946—2008	地理标志产品 绍兴酒（绍兴黄酒）	GB/T 18356—2007	地理标志产品 贵州茅台酒（含第 1 号修改单）
GB/T 18624—2007	地理标志产品 水井坊酒（含第 1 号修改单）	GB/T 19327—2007	地理标志产品 古井贡酒（含第 1 号修改单）
GB/T 19328—2007	地理标志产品 口子窖酒（含第 1 号修改单）	GB/T 19329—2007	地理标志产品 道光廿五贡酒（锦州道光廿五贡酒）
GB/T 19961—2005	地理标志产品 剑南春酒	GB/T 21263—2007	地理标志产品 牛栏山二锅头酒
茶叶			
GB/T 18650—2008	地理标志产品 龙井茶	GB/T 19598—2006	地理标志产品 安溪铁观音
GB/T 20354—2006	地理标志产品 安吉白茶	GB/T 22737—2008	地理标志产品 信阳毛尖茶
水果蔬菜			
GB/T 18846—2008	地理标志产品 沾化冬枣	GB/T 18965—2008	地理标志产品 烟台苹果
GB/T 19859—2005	地理标志产品 库尔勒香梨	GB/T 19742—2008	地理标志产品 宁夏枸杞
GB/T 23398—2009	地理标志产品 哈密瓜	GB/T 26532—2011	地理标志产品 慈溪杨梅
其他			
GB/T 18357—2008	地理标志产品 宣威火腿	GB/T 18623—2011	地理标志产品 镇江香醋
GB/T 19048—2008	地理标志产品 龙口粉丝	GB/T 19088—2008	地理标志产品 金华火腿
GB/T 19957—2005	地理标志产品 阳澄湖大闸蟹	GB/T 20560—2006	地理标志产品 郫县豆瓣

GB 7718—2011《食用安全国家标准　预包装食品标签通则》是强制性食品安全国家标准，2012 年 4 月 20 日起正式实施。该标准适用于两类预包装食品：直接提供给消费者的预包装食品；非直接提供给消费者的预包装食品，不适用于

为预包装食品在贮藏运输过程中提供保护的食品贮运包装标签、散装食品和现制现售食品的标识。

食品标签包括食品包装上的文字、图形、符号和一切说明物，是对食品质量特性、安全特性、食（饮）用说明的描述，包括配料、生产日期、保质期、规格等内容。

标准对预包装食品进行了定义，所谓“预包装食品”指的是“预先定量包装或者制作在包装材料和容器中的食品，包括预先定量包装以及预先定量制作在包装材料和容器中并且在一定量限范围内具有统一的质量或体积标识的食品。”。

标准要求食品加工企业必须正确标注标签。直接向消费者提供的预包装食品标签应当标示的内容包括：食品名称、配料表、净含量和规格、生产者和（或）经销者的名称、地址和联系方式、生产日期和保质期、贮存条件、食品生产许可证编号、产品标准代号及其他需要标示的内容。如果消费者发现并证实其标签的标示与实际品质不符，可以依法投诉并可获得赔偿。其主要包括以下一些内容。

① 标签上标示的（产品食品）名称　应在食品标签的醒目位置，清晰地标示反映食品真实属性的专用名称；如有相关标准规定的一个或几个名称，应选用其中的一个，或等效的名称；没有相关标准规定的名称，应使用不使消费者误解或混淆的常用名称或通俗名称。可以在标签上使用“新创名称”“奇特名称”“音译名称”“牌号名称”“地区俚语名称”或“商标名称”，但需在所示标签的邻近部位标示国家标准或行业标准中规定的名称或等效的名称；无国家标准或行业标准规定的名称时，须标示反映食品真实属性、不使消费者误解或混淆的常用名称或通俗名称。可以在食品名称前或食品名称后附加相应的词或短语，如干燥的、浓缩的、复原的、熏制的、油炸的、粉末的、粒状的等，阐明食品性质、状态和加工方法。

② 标签上标示的配料单　预包装食品的标签上应标示配料表，配料表中的各种配料应按 4.1.2 的要求标示具体名称，食品添加剂按照 4.1.3.1.4 的要求标示名称。各种配料应按制造或加工食品时加入量的递减顺序一一排列；加入量不超过 2%的配料可以不按递减顺序排列。

复合配料（不包括复合食品添加剂），应在配料表中标示复合配料的名称，并将复合配料的原始配料在括号内按加入量的递减顺序标示，已有相关标准规定，且加入量小于食品总量的 25%时，无需标示复合配料的原始配料。食品添加剂应当标示其在 GB 2760 中的食品添加剂通用名称。标示形式可为：①食品添加剂的具体名称；②功能类别名称并标示食品添加剂的具体名称或国际编码（INS 号）。

可食用的包装物也应在配料表中标示原始配料，国家另有法律法规规定的除外。

③ 配料的定量标示　如需在配料表中特别强调添加了或含有一种或多种有价值、有特性的配料或成分，应标示所强调配料或成分的添加量或在成品中的含

量；如果要特别强调一种或多种配料或成分的含量较低或无时，应标示所强调配料或成分在成品中的含量；配料表中某种配料或成分，不做特别强调时，无需标示该种配料或成分的添加量或在成品中的含量。

④ 净含量和规格　净含量的标示应由净含量、数字和法定计量单位组成；液态食品，用体积［升（L、l）、毫升（mL、ml）］或质量［克（g）、千克（kg）］；固态食品，用质量［克（g）、千克（kg）］；半固态或黏性食品，用质量［克（g）、千克（kg）］或体积［升（L、l）、毫升（mL、ml）］。净含量应与食品名称一起，在包装物或容器的同一展示版面标示；固、液混合的食品，且固相物质为主要食品配料时，除标示净含量外，还应以质量或质量分数的形式标示沥干物（固形物）的含量；同一预包装内含有多个单件预包装食品时，大包装要同时标示净含量和规格。

⑤ 生产者、经销者的名称、地址和联系方式　应当标注生产者的名称、地址和联系方式；生产者名称和地址应当是依法登记注册、能够承担产品安全质量责任的生产者的名称、地址；依法独立承担法律责任的集团公司、集团公司的子公司，应标示各自的名称和地址；依法承担法律责任的生产者或经销者的联系方式应标示以下至少一项内容：电话、传真、网络联系方式等，或与地址一并标示的邮政地址；不能依法独立承担法律责任的集团公司的分公司或集团公司的生产基地，应标示集团公司和分公司（生产基地）的名称、地址，或仅标示集团公司的名称、地址及产地，产地应当按照行政区划标注到地市级地域；受其他单位委托加工预包装食品的，应标示委托单位和受委托单位的名称和地址，或仅标示委托单位的名称和地址及产地，产地应当按照行政区划标注到地市级地域；进口预包装食品应标示原产国国名或地区区名（如中国香港、中国澳门、中国台湾），以及在中国依法登记注册的代理商、进口商或经销者的名称、地址和联系方式，可不标示生产者的名称、地址和联系方式。

⑥ 日期标示　应清晰标示预包装食品的生产日期和保质期；如日期标示采用“见包装物某部位”的形式，应标示所在包装物的具体部位；日期标示不得另外加贴、补印或篡改；如同一预包装内含有多个标示了生产日期及保质期的单件预包装食品时，外包装上标示的保质期应按最早到期的单件食品的保质期计算；外包装上标示的生产日期应为最早生产的单件食品的生产日期，或外包装形成销售单元的日期；也可在外包装上分别标示各单件装食品的生产日期和保质期；应按年、月、日的顺序标示日期，如果不按此顺序标示，应注明日期标示顺序。

⑦ 贮存条件　预包装食品标签应标示贮存条件。

⑧ 食品生产许可证编号　预包装食品标签应标示食品生产许可证编号的，标示形式按照相关规定执行；在国内生产并在国内销售的预包装食品（不包括进口预包装食品）应标示产品所执行的标准代号和顺序号。

⑨ 其他标示内容

a. 辐照食品　经电离辐射线或电离能量处理过的食品，应在食品名称附近标示“辐照食品”，经电离辐射线或电离能量处理过的任何配料，应在配料表中标明；

b. 转基因食品　转基因食品的标示应符合相关法律、法规的规定；

c. 营养标签　特殊膳食类食品和专供婴幼儿的主辅类食品，应当标示主要营养成分及其含量，其他预包装食品如需标示营养标签，标示方式参照相关法规标准执行；

d. 质量（品质）等级　食品所执行的相应产品标准已明确规定质量（品质）等级的，应标示质量（品质）等级。

e. 非直接提供给消费者的预包装食品标签标示　非直接提供给消费者的预包装食品标签应按照“直接向消费者提供的预包装食品标签标示内容”项下的相应要求标示食品名称、规格、净含量、生产日期、保质期和贮存条件，其他内容如未在标签上标注，则应在说明书或合同中注明。

f. 酒精度大于等于10%的饮料酒，食醋，食用盐，固态食糖类，味精可免标保质期；预包装食品包装物或包装容器的最大表面积小于10cm^{2}时，可以只标示产品名称、净含量、生产者（或经销商）的名称和地址；根据产品需要，可以标示产品的批号；根据产品需要，可以标示容器的开启方法、食用方法、烹调方法、复水再制方法等对消费者有帮助的说明；容易导致过敏的原料如果用作配料，宜在配料表中使用易辨识的名称，或在配料表邻近位置加以提示；如加工过程中可能带入上述过敏源食品或其制品，宜在配料表临近位置加以提示；其他按国家相关规定需要特殊审批的食品，其标签标示按照相关规定执行。

2. 包装材料及制品

（1）包装材料及制品标准　有关包装材料及其制品的部分国家标准如表8-18所示。

表8-18　包装材料及制品

包装材料		
纸包装材料国家标准		
标准编号	标准名称	主要内容
GB/T 28119—2011	食品包装用纸、纸板及纸制品 术语	食品包装用纸、纸板及纸制品的相关术语 适用于所有食品包装用纸、纸板及纸制品
GB/T 18192—2008	液体食品无菌包装用纸基复合材料	液体食品无菌包装用纸基复合材料的分类、要求、试验方法、检验规则、标志、包装、运输和贮存 适用于以原纸为基体，与塑料、铝箔或其他阻透材料复合而成，以卷筒形式或以单个产品形式供应的供无菌灌装液体食品用的材料

续表

标准编号	标准名称	主要内容
GB/T 18706—2008	液体食品保鲜包装用纸基复合材料	液体食品包装用纸基复合材料的分类、要求、试验方法、检验规则、标志、包装、运输和贮存 适用于以原纸为基体，与塑料经复合而成，供液体食品保鲜包装用的复合材料 适用于以原纸为基体，与塑料、铝箔或其他阻隔材料等经复合而成，供液体食品热灌装用的复合材料
GB/T 24695—2009	食品包装用玻璃纸	食品包装用玻璃纸的分类、要求、试验方法、检验规则和标志、包装、运输、贮存 适用于医药、食品等商品透明包装用玻璃纸
GB/T 24696—2009	食品包装用羊皮纸	食品包装用羊皮纸的分类、要求、试验方法、检验规则和标志、包装、运输、贮存 适用于供食品、药品、消毒材料的内包装用纸，适用于其他具有不透油性和耐水性的包装用纸
GB/T 36392—2018	食品包装用淋膜纸和纸板	食品包装用淋膜纸和纸板的分类、要求、试验方法、检验规则、标志、包装、运输和贮存 适用于以纸为基材，单面或双面淋 PE (PP 或 PET) 膜后加工而成的用于食品包装的淋膜纸和纸板
GB/T 31123—2014	固体食品包装用纸板	固体食品包装用纸板的产品分类、技术要求、试验方法、检验规则及标志、包装、运输、贮存 适用于与食品直接接触的固体食品用包装纸板，不适用于冷冻食品包装用纸板、食品包装用瓦楞纸板、淋膜纸板
GB/T 31122—2014	液体食品包装用纸板	液体食品包装用纸板的产品分类、技术要求、试验方法、检验规则及标志、包装、运输、贮存 适用于制作液体食品包装用纸板
GB/T 31550—2015	冷链运输包装用低温瓦楞纸箱	冷链运输包装用低温瓦楞纸箱（以下简称为纸箱）产品的分类、要求、试验方法、检验规则、标志、包装、运输和贮存 适用于冷链运输与贮存商品包装用低温单瓦楞纸箱、双瓦楞纸箱的设计、生产及检验
塑料包装材料国家标准		
标准编号	标准名称	主要内容
GB/T 4456—2008	包装用聚乙烯吹塑薄膜	规定了包装用聚乙烯吹塑薄膜的产品分类、要求、试验方法、检验规则以及标志、包装、运输、贮存

续表

标准编号	标准名称	主要内容
GB 10457—2009	食品用塑料自粘保鲜膜	食品用塑料自粘保鲜膜的术语和定义、产品分类、标识、要求、试验方法、检验规则及标志、包装、运输、贮存 适用于以聚乙烯、聚氯乙烯、聚偏二氯乙烯等树脂为主要原料，通过单层挤出或多层共挤的工艺生产的食品用塑料自粘保鲜膜
GB/T 15267—1994	食品包装用聚氯乙烯硬片、膜	规定了食品包装用聚氯乙烯硬片、膜（以下简称片、膜）的技术要求、试验方法、检验规则及标志、包装、运输、贮存 适用于以卫生级聚氯乙烯树脂为主要原料，添加符合卫生要求的各种助剂，用压延或挤出法制得的片、膜
GB/T 17030—2019	食品包装用聚偏二氯乙烯（PVDC）片状肠衣膜	规定了食品包装用聚偏二氯乙烯（PVDC）片状肠衣膜的技术要求、试验方法、检验规则、标志、包装、运输和贮存 本标准适用于以聚偏二氯乙烯树脂为原料，采用吹塑法制成的食品包装用聚偏二氯乙烯（PVDC）肠衣膜（以下简称肠衣膜）
GB/T 17931—2018	瓶用聚对苯二甲酸乙二醇酯（PET）树脂	瓶用聚对苯二甲酸乙二醇酯（PET）树脂的产品分类、要求、试验方法、检验规则、标志、包装、运输和贮存等 适用于以精对苯二甲酸、乙二醇为主要原料，采用直接酯化连续缩聚或间歇缩聚生产的均聚PET树脂和以精对苯二甲酸、乙二醇及间苯二甲酸为主要原料，采用直接酯化连续缩聚或间歇缩聚生产的共聚PET树脂
GB/T 24334—2009	聚偏二氯乙烯（PVDC）自粘性食品包装膜	规定了聚偏二氯乙烯（PVDC）自粘性食品包装膜的术语和定义、要求、试验方法、检验规则、标识、包装、运输和贮存等 适用于以偏二氯乙烯-聚乙烯共聚树脂为原料，经吹塑制成的具有自粘性的薄膜。该薄膜主要用于冷藏、冷冻食品的保鲜包装和微波炉加热食品的覆盖

复合包装材料

标准编号	标准名称	主要内容
GB/T 21302—2007	包装用复合膜、袋通则	由不同材料用不同复合方法制成的包装用复合膜、袋的术语、定义、符号、缩略语、分类、要求、试验方法、检验规则、标志、包装、运输和贮存 适用于食品和非食品包装用复合膜、袋，不适用于药品包装用复合膜、袋

续表

标准编号	标准名称	主要内容
GB/T 28118—2011	食品包装用塑料与铝箔复合膜、袋	食品包装用塑料与铝箔复合膜、袋的缩略语、符号和定义、分类、要求、试验方法、标志、包装、运输和贮存 适用于厚度小于0.25mm、使用温度在70℃以下的以塑料、铝箔为基材复合而成，供食品包装用的膜、袋
GB/T 30768—2014	食品包装用纸与塑料复合膜、袋	规定了食品包装用纸与塑料复合膜、袋的术语、定义、缩略语和符号、分类、要求、试验方法、检验规则、标志、包装、运输和贮存 适用于厚度小于0.30mm，以食品级包装用原纸与塑料为基材，经复合工艺生产的食品包装用纸塑复合包装材料的膜、袋
其他包装材料标准		
标准编号	标准名称	主要内容
GB/T 34344—2017	农产品物流包装材料通用技术要求	规定了农产品物流包装材料的基本要求、质量要求等内容。适用于农产品物流过程相关包装材料的制造、销售和检测
GB/T 35773—2017	包装材料及制品气味的评价	规定了包装材料及制品气味评价的评测组、仪器和设施、样品制备、评价、结果计算和试验报告 适用于纸和纸板、塑料、金属、木材复合材料等包装材料及制品的气味感官分析及评价
包装制品		
标准编号	标准名称	主要内容
GB/T 23508—2009	食品包装容器及材料 术语	规定了与食品直接接触的以及预期与食品直接接触的食品包装容器及材料基本术语、食品包装容器术语、食品包装材料术语、食品包装辅料材料和辅助物术语、质量安全和检验术语及其定义
GB/T 23509—2009	食品包装容器及材料分类	规定了食品包装容器及材料的类别和名称 适用于与食品直接接触的以及预期与食品直接接触的食品包装容器及材料的分类
纸包装容器		
标准编号	标准名称	主要内容
GB/T 27589—2011	纸餐盒	纸餐盒的要求、试验方法、检验规则及标准、包装、运输、贮存 本标准适用于淋膜纸餐盒
GB/T 27590—2011	纸杯	纸杯的分类、要求、试验方法、检验规则及标志、包装、运输、贮存 适用于表面覆有石蜡、聚乙烯膜等物质的各类用于盛装冷、热饮料和冰淇林的纸杯

续表

标准编号	标准名称	主要内容
GB/T 25436—2010	热封型茶叶滤纸	规定了热封型茶叶滤纸的产品分类、技术要求、试验方法、检验规则及标志、包装、运输、贮存 适用于热封型包装机包装茶叶、咖啡或中成药等的过滤包装袋用纸
GB/T 28121—2011	非热封型茶叶滤纸	规定了非热封型茶叶滤纸的产品分类、技术要求、试验方法、检验规则及标志、包装、运输、贮存 适用于非热封型茶叶自动包装机用的滤纸，也适用于手工包装茶叶、咖啡、中成药用的滤纸
GB/T 28120—2011	面粉纸袋	规定了面粉纸袋的分类、规格、标记、技术要求、试验方法、检验规则、标志、包装、运输和贮存 适用于装载质量不超过25kg的各种规格的面粉纸袋，也适用于相对密度与面粉相近的粉状食品和食品添加剂等包装用纸袋
GB/T 36787—2018	纸浆模塑餐具	规定了纸浆模塑餐具的术语和定义、分类、要求、试验方法、检验规则、标志、包装、运输和贮存 适用于纸浆通过成型、模压、干燥等工序制得的纸餐具，包括模塑纸杯、模塑纸碗、模塑纸餐盒、模塑纸盘、模塑纸碟、模塑纸托等
GB/T 5406—2002	纸透油度的测定	规定了食品包装用纸和纸板耐油性能的测定方法 适用于油脂类食品包装用的防油纸
	塑料包装容器	
标准编号	标准名称	主要内容
GB/T 5737—1995	食品塑料周转箱	食品塑料周转箱（简称食品箱）的产品分类、技术要求、试验方法、检验规则及标志、包装、运输、贮存 适用于以聚烯烃塑料为原料，采用注射成型法生产的无内格的食品箱
GB/T 5738—1995	瓶装酒、饮料塑料周转箱	瓶装酒、饮料塑料周转箱的产品分类、技术要求、试验方法、检验规则及标志、包装、运输、贮存 适用于以聚烯烃塑料为原料，采用注射成型法生产的有内格的瓶酒、饮料箱
GB/T 17876—2010	包装容器 塑料防盗瓶盖	饮料用塑料防盗瓶盖的定义、产品分类、要求、试验方法、检验规则和标志、包装、运输和贮存 适用于以聚烯烃为主要原材料，经注塑、热压或其他工艺成型的塑料防盗瓶盖

续表

标准编号	标准名称	主要内容
GB/T 32094—2015	塑料保鲜盒	塑料保鲜盒的术语和定义、分类、要求、试验方法、检验规则、标志、标签、包装、运输和贮存 适用于以聚丙烯（PP）、聚丙烯腈-苯乙烯（AS）、聚乙烯（PE）、聚苯乙烯（PS）、聚碳酸酯（PC）为主要原料，以硅橡胶为密封材料，经注射成型的日用塑料保鲜盒
GB/T 18006.1—2009	塑料一次性餐饮具通用技术要求	塑料一次性餐饮具定义和术语、分类、技术要求、检验方法、检验规则及产品标志、包装、运输、贮存要求 适用于以各种热塑性材料制作的一次性餐饮具
复合包装容器		
标准编号	标准名称	主要内容
GB/T 10004—2008	包装用塑料复合膜、袋干法复合、挤出复合	规定了由不同塑料材料用干法复合和挤出复合工艺制成的包装用复合膜、袋的分类、要求、试验方法、检验规则、标志、包装、运输和贮存 适用于食品和非食品包装用塑料与塑料复合膜、袋 不适用于塑料材料与纸基或铝箔复合制成的塑料薄膜、袋 不适用于湿法复合以及直接用共挤复合工艺制成的塑料薄膜、袋
GB/T 10440—2008	圆柱形复合罐	规定了圆柱形复合罐分类、要求、试验方法、检验规则及标志、包装、运输和贮存 适用于主要采用纸板和纸、塑、铝等组成的复合材料制成的罐身，且一端已有端盖密封的圆柱形小型包装容器
GB 18454—2019	液体食品无菌包装用复合袋	规定了液体食品无菌包装用复合袋的技术要求、检验方法、检验规则、包装、标志、运输和贮存 适用于由塑料与塑料或塑料与铝箔、金属蒸镀膜等材料制成的，并配有灌装口等密封件，经过灭菌供液体食品无菌包装用的复合袋
GB 19741—2005	液体食品包装用塑料复合膜、袋	液体食品包装用塑料复合膜、袋的分类、要求、试验方法、检验规则、标志、包装、运输和贮存 适用于厚度小于 0.2mm 的、由塑料与塑料、塑料与纸和铝箔（或其他阻透材料）复合而成的包装材料 适用于用上述材料制成的包装袋

续表

标准编号	标准名称	主要内容
GB/T 28117—2011	食品包装用多层共挤膜、袋	规定了食品包装用多层共挤膜、袋的原料术语、定义及缩略语和符号、分类、要求、试验方法、检验规则、标志、包装、运输和贮存 适用于厚度小于0.30mm、以食品级包装用树脂通过共挤工艺生产的多层食品包装用非印刷膜、袋

玻璃、陶瓷包装容器

标准编号	标准名称	主要内容
GB 4544—1996	啤酒瓶	规定了啤酒瓶的产品分类、技术要求、试验方法及标志、包装要求 适用于盛装啤酒的玻璃瓶
GB/T 24694—2009	玻璃容器　白酒瓶	规定了白酒玻璃瓶的术语和定义、产品分类、要求、试验方法、检验规则、标志、包装、运输和贮存等要求 适用于盛装白酒的晶质料玻璃酒瓶、高白料玻璃酒瓶、普料玻璃酒瓶和乳浊料玻璃酒瓶 其他料种的玻璃酒瓶可参照本标准的有关规定
GB/T 4545—2007	玻璃瓶罐内应力检验方法	规定了测定与玻璃瓶罐退火状态有关的相应光程差的试验方法 适用于评价玻璃瓶罐的退火质量，控制玻璃瓶罐或类似玻璃成分组成的其他产品的质量
GB/T 4546—2008	玻璃容器 耐内压力试验方法	规定了测定玻璃容器耐内压力的两种试验方法 方法A—在预定的时间内施加恒定内压力的试验 方法B—在预定的恒定速率下增加内压力的试验 适用于玻璃容器的耐内压力试验
GB/T 4547—2007	玻璃容器 抗热震性和热震耐久性试验方法	测定玻璃容器的抗热震性和热震耐久性试验方法 不适用于实验室玻璃仪器的测定 等同采用ISO 7459：2004
GB/T 4548—1995	玻璃容器内表面耐水侵蚀性能测试方法及分级	玻璃容器在经受(121±1)℃水侵蚀(60±1)min内表面耐水性的测定方法 适用于一般玻璃瓶、小玻璃瓶、安瓿、烧瓶和烧杯等玻璃容器 不适用于双联安瓿

续表

标准编号	标准名称	主要内容
GB/T 6552—2015	玻璃容器抗机械冲击试验方法	用固定质量的摆锤冲击试样，测量玻璃容器的抗冲击强度的机械试验方法 适用于测定玻璃瓶罐及类似玻璃容器的抗冲击强度 不适用于扁平玻璃容器抗冲击强度的测定
GB/T 20858—2007	玻璃容器 用重量法测定容量的试验方法	适用于盛装食品、酒、饮料、药品、化妆品和化工试剂等玻璃容器的容量测定
GB/T 17449—1998	包装 玻璃容器 螺纹瓶口尺寸	螺纹玻璃瓶口的定义、分类、尺寸 适用于盛装非充气物的螺纹瓶口玻璃容器
GB/T 21299—2015	玻璃容器 瓶罐公差	横截面为圆形、公称容量为 50～5000mL 的各类玻璃瓶罐的公差 适用于盛装食品、酒、饮料、药品、农药等各类固体和液体的各种玻璃瓶罐
GB/T 22934—2008	玻璃容器 耐垂直负荷试验方法	玻璃容器承受垂直方向附加力的测定方法
GB/T 8452—2008	玻璃瓶罐垂直轴偏差试验方法	玻璃瓶罐垂直轴偏差的测试方法 适用于测量玻璃瓶罐的垂直轴偏差
GB/T 10813.4—2015	青瓷器 第 4 部分：青瓷包装容器	青瓷包装容器的产品分类、技术要求、试验方法、检验规则和包装、标志、运输、贮存规则
GB/T 3301—1999	日用陶瓷的容积、口径误差、高度误差、重量误差、缺陷尺寸的测定方法	日用陶瓷器的容积、口径误差、高度误差、重量误差、缺陷尺寸的测量方法、测量工具以及计算公式 适用于日用陶瓷器，不包括陈设艺术陶瓷制品和大型陶瓷器制品

金属包装容器

标准编号	标准名称	主要内容
GB/T 9106.1—2019	包装容器 两片罐 第 1 部分：铝易开盖铝两片罐	规定了铝易开盖铝（两片罐）的要求、试验方法、检验规则及标志、包装、运输、贮存 适用于盛装啤酒、充碳酸气及充氮饮料的未经使用的铝易开盖和铝罐体的制造、使用、流通和监督检验
GB/T 9106.2—2019	包装容器 两片罐 第 2 部分：铝易开盖钢罐	用于盛装啤酒、充碳酸气及充氮软饮料的未经使用的铝易开盖和钢制罐体的制造、流通和监督检验，盛装其他内装物和两片罐可参考使用
GB/T 29345—2012	包装容器 铝易开盖钢制两片罐	规定了铝易开盖钢制两片罐的分类、技术要求、试验方法、检验规则及标志、包装、运输、贮存 适用于盛装啤酒、充碳酸气及充氮软饮料的未经使用的铝易开盖钢制两片罐的制造、使用、流通和监督检验 盛装其他内装物的两片罐可参照使用

续表

标准编号	标准名称	主要内容
GB/T 17590—2008	铝易开盖三片罐	铝易开盖三片罐的要求、试验方法、检验规则及标志、包装、运输、贮存 适用于以镀锡（铬）薄钢板为原料，用以灌装非充气饮料，经密封杀菌后达到商业无菌要求的铝易开盖三片罐的制造、使用、流通和监督检验
GB/T 13879—2015	贮奶罐	贮奶罐的术语和定义、型式与基本参数、技术要求、试验方法、检验规则及标志、包装、贮存与运输 适用于贮存冷却温度在4℃左右的乳液及液态乳制品用贮奶罐
GB/T 14251—2017	罐头食品金属容器通用技术要求	罐头食品金属容器的术语和定义、产品分类、质量要求、食品安全要求、试验方法、检验规则、标志、包装、运输与贮存等要求 适用于以镀锡或镀铬薄钢板、铝合金薄钢板制成的罐头食品空罐和实罐容器
GB 13042—2008	包装容器 铁质气雾罐	铁质气雾罐的术语、分类、材料、要求、试验方法、检验规则、标志、包装、运输和贮存 适用于口径为25.4mm、容积不大于1000mL，用镀锡（铬）薄钢板制成的气雾罐
GB/T 36003—2018	镀锡或镀铬薄钢板罐头空罐	罐头食品用镀锡或镀铬薄钢板制成的空罐（以下简称罐头空罐）的术语和定义、分类、材料、要求、试验方法、检验规则及标志、包装、运输、贮存要求 适用于以镀锡或镀铬薄钢板为原材料用于畜类、禽类、水产动物类、水果类、蔬菜类、谷类和豆类及其他类食品包装，且经密封杀菌后达到商业无菌要求的罐头空罐的制造、使用、流通和监督检验
GB/T 25164—2010	包装容器 25.4mm 口径铝气雾罐	铝气雾罐的术语、分类、材料、要求、试验方法、检验规则、标志、包装、运输和贮存 适用于口径为25.4mm的、容积不大于1000mL，用铝材制成的气雾罐
GB/T 29603—2013	镀锡或镀铬薄钢板全开式易开盖	以镀锡或镀铬薄钢板制成的全开式易开盖的术语和定义、产品分类、代码及主要尺寸符号、要求、试验方法、检验规则、标志、包装、运输及贮存的基本要求 适用于食品包装用镀锡或镀铬薄钢板全开式易开盖

续表

标准编号	标准名称	主要内容
GB/T 13521—2016	冠形瓶盖	由电镀锡（或镀铬）薄钢板制成的用于啤酒、饮料等食品包装的冠形瓶盖（以下简称“瓶盖”）的尺寸、要求、试验方法、检验规则和标志、包装、运输和贮存 适用于瓶口符合 QB/T 3729 的封口用瓶盖。其他材质容器的封口用瓶盖可参照执行
木制包装容器		
标准编号	标准名称	主要内容
GB/T 17714—1999	啤酒桶	规定了啤酒桶的产品分类、技术要求、试验方法、检验规则、标志、包装、运输、贮存及产品质量合格证要求 适用于灌装啤酒的啤酒桶。产品用于灌装啤酒，也适用于灌装其他饮料
其他包装容器标准		
标准编号	标准名称	主要内容
GB/T 6981—2003	硬包装容器透湿度试验方法	得量较轻的硬质包装容器透湿度的测定 适用于硬质包装容器在单项或多项的运输包装件试验后的透湿度测定
GB/T 6982—2003	软包装容器透湿度试验方法	密封软包装容器透湿度的测定 适用于密封软包装容器进行单项或多项的运输包装件试验后的透湿度测定
GB/T 23778—2009	酒类及其他食品包装用软木塞	酒类及其他食品包装用软木塞的相关术语和定义、要求、试验方法、检验规则及标志、标签、包装、运输和贮存的要求 适用于酒类、饮料及其他食品包装容器使用的软木塞
GB/T 10346—2006	白酒检验规则和标志、包装、运输、贮存	白酒产品的检验规则和标志、包装、运输、贮存要求 适用于白酒产品的出厂检验、验收与检查
GB/T 34343—2017	农产品物流包装容器通用技术要求	农产品物流包装容器的基本要求、质量要求、标志要求等内容 适用于农产品物流包装容器的设计、制造、销售和检测
GB/T 33320—2016	食品包装材料和容器用胶黏剂	食品包装材料和容器用胶黏剂的术语和定义、分类、技术要求、试验方法、检验规则、标志、包装、运输和贮存 适用于食品包装材料和容器用胶黏剂的生产、管理和检测等

续表

标准编号	标准名称	主要内容
GB/T 25006—2010	感官分析 包装材料引起食品风味改变的评价方法	由包装材料引起的食品（或模拟食品）感官特性变化的评价方法。可用于对产品适宜包装材料的初步筛选，也可用于在个别批次或生产环节中对包装材料进行后续的验收筛选（参见附录A） 适用于所有的食品包装材料（如纸、纸板、塑料、箔材、木材等）以及任何可能与食品接触的材料与制品（如厨房器具、包装涂层、印刷品或设备的某些部分如密封处或管道等），以根据强制性法规用感官分析技术方法来保证食品与其包装材料的兼容性
GB/T 31354—2014	包装件和容器氧气透过性测试方法 库仑计检测法	在稳态条件下采用库仑计法对包装件和容器氧气透过性进行测试的试验方法 适用于塑料及其复合材料包装件和容器（以下简称"包装件"）的氧气透过性的测试
GB/T 28765—2012	包装材料 塑料薄膜、片材和容器的有机气体透过率试验方法	利用氢火焰离子检测器检测塑料薄膜、片材和容器对有机气体的阻隔性的试验方法 适用于塑料薄膜（包括复合塑料薄膜）、片材和容器等的有机气体透过率的测定
GB/T 4768—2008	防霉包装	防霉包装的等级、技术要求、试验方法、检验规则 适用于产品在流通过程中防止霉菌侵袭的包装
GB/T 4879-2016	防锈包装	包装的防锈等级、要求、包装方法、试验方法和标志 适用于产品的金属表面在流通过程中为防止锈蚀而进行的包装
GB/T 5048—2017	防潮包装	防潮包装等级、一般要求、包装材料和容器、包装方法 适用于防潮包装的设计、生产和检验

（2）食品容器与包装材料卫生标准　食品容器、包装材料卫生标准主要有：塑料制品类、搪瓷、不锈钢、涂料类卫生标准等。我国的食品包装卫生标准在制定时，参照国际食品法典委员会（CAC）等国际标准，原则上分类制定为国家强制性标准，以进一步提高通用性，便于其他标准引用。具体的食品产品标准原则上不再单独制定卫生指标，所涉及的卫生要求引用相应的强制性国家卫生标准。有关食品容器与标准材料、食具卫生的国家标准如表8-19所示。

表 8-19 食品容器与包装材料、食具卫生标准

标准编号	标准名称
GB 9685—2016	食品安全国家标准 食品接触材料及制品用添加剂使用标准
GB 4806.3—2016	食品安全国家标准 搪瓷制品
GB 4806.4—2016	食品安全国家标准 陶瓷制品
GB 4806.5—2016	食品安全国家标准 玻璃制品
GB 4806.6—2016	食品安全国家标准 食品接触用塑料树脂
GB 4806.7—2016	食品安全国家标准 食品接触用塑料材料及制品
GB 4806.8—2016	食品安全国家标准 食品接触用纸和纸板材料及制品
GB 4806.9—2016	食品安全国家标准 食品接触用金属材料及制品
GB 4806.10—2016	食品安全国家标准 食品接触用涂料及涂层
GB 4806.11—2016	食品安全国家标准 食品接触用橡胶材料及制品
GB 14936—2012	食品安全国家标准 食品添加剂 硅藻土
GB 14967—2015	食品安全国家标准 胶原蛋白肠衣
GB 17762—1999	耐热玻璃器具的安全与卫生要求
GB 4806.1—2016	食品安全国家标准 食品接触材料及制品通用安全要求
GB 4806.2—2015	食品安全国家标准 奶嘴
GB 9683—1988	复合食品包装袋卫生标准
GB 14891.7—1997	辐照冷冻包装畜禽肉类卫生标准

(3) 包装材料及制品卫生试验方法　食品理化检验是卫生检验工作的一个重要组成部分，为食品卫生监督和卫生行政执法提供公正、准确的检测数据。我国现已颁布实施的食品安全理化检验方法标准共有三大族群，GB/T 5009 族标准、GB/T 23296 族和 GB 31604 族标准。其中与食品包装相关的标准详见表 8-20。

表 8-20 包装材料及制品卫生试验方法

食品接触材料卫生测试方法	
标准编号	标准名称
GB 31604.1—2015	食品安全国家标准 食品接触材料及制品迁移试验通则
GB 31604.2—2016	食品安全国家标准 食品接触材料及制品 高锰酸钾消耗量的测定
GB 31604.3—2016	食品安全国家标准 食品接触材料及制品 树脂干燥失重的测定
GB 31604.4—2016	食品安全国家标准 食品接触材料及制品 树脂中挥发物的测定
GB 31604.5—2016	食品安全国家标准 食品接触材料及制品 树脂中提取物的测定
GB 31604.6—2016	食品安全国家标准 食品接触材料及制品 树脂中灼烧残渣的测定
GB 31604.7—2016	食品安全国家标准 食品接触材料及制品 脱色试验

续表

标准编号	标准名称
GB 31604.8—2016	食品安全国家标准 食品接触材料及制品 总迁移量的测定
GB 31604.9—2016	食品安全国家标准 食品接触材料及制品 食品模拟物中重金属的测定
GB 31604.10—2016	食品安全国家标准 食品接触材料及制品 2,2-二(4-羟基苯基)丙烷（双酚A）迁移量的测定
GB 31604.11—2016	食品安全国家标准 食品接触材料及制品 1,3-苯二甲胺迁移量的测定
GB 31604.12—2016	食品安全国家标准 食品接触材料及制品 1,3-丁二烯的测定和迁移量的测定
GB 31604.13—2016	食品安全国家标准 食品接触材料及制品 11-氨基十一酸迁移量的测定
GB 31604.14—2016	食品安全国家标准 食品接触材料及制品 1-辛烯和四氢呋喃迁移量的测定
GB 31604.15—2016	食品安全国家标准 食品接触材料及制品 2,4,6-三氨基-1,3,5-三嗪（三聚氰胺）迁移量的测定
GB 31604.16—2016	食品安全国家标准 食品接触材料及制品 苯乙烯和乙苯的测定
GB 31604.17—2016	食品安全国家标准 食品接触材料及制品 丙烯腈的测定和迁移量的测定
GB 31604.18—2016	食品安全国家标准 食品接触材料及制品 丙烯酰胺迁移量的测定
GB 31604.19—2016	食品安全国家标准 食品接触材料及制品 己内酰胺的测定和迁移量的测定
GB 31604.20—2016	食品安全国家标准 食品接触材料及制品 醋酸乙烯酯迁移量的测定
GB 31604.21—2016	食品安全国家标准 食品接触材料及制品 对苯二甲酸迁移量的测定
GB 31604.22—2016	食品安全国家标准 食品接触材料及制品 发泡聚苯乙烯成型品中二氟二氯甲烷的测定
GB 31604.23—2016	食品安全国家标准 食品接触材料及制品 复合食品接触材料中二氨基甲苯的测定
GB 31604.24—2016	食品安全国家标准 食品接触材料及制品 镉迁移量的测定
GB 31604.25—2016	食品安全国家标准 食品接触材料及制品 铬迁移量的测定
GB 31604.26—2016	食品安全国家标准 食品接触材料及制品 环氧氯丙烷的测定和迁移量的测定
GB 31604.27—2016	食品安全国家标准 食品接触材料及制品 塑料中环氧乙烷和环氧丙烷的测定
GB 31604.28—2016	食品安全国家标准 食品接触材料及制品 己二酸二(2-乙基)己酯的测定和迁移量的测定

续表

标准编号	标准名称
GB 31604.29—2016	食品安全国家标准　食品接触材料及制品　甲基丙烯酸甲酯迁移量的测定
GB 31604.30—2016	食品安全国家标准　食品接触材料及制品　邻苯二甲酸酯的测定和迁移量的测定
GB 31604.31—2016	食品安全国家标准　食品接触材料及制品　氯乙烯的测定和迁移量的测定
GB 31604.32—2016	食品安全国家标准　食品接触材料及制品　木质材料中二氧化硫的测定
GB 31604.33—2016	食品安全国家标准　食品接触材料及制品　镍迁移量的测定
GB 31604.34—2016	食品安全国家标准　食品接触材料及制品　铅的测定和迁移量的测定
GB 31604.35—2016	食品安全国家标准　食品接触材料及制品　全氟辛烷磺酸(PFOS)和全氟辛酸(PFOA)的测定
GB 31604.36—2016	食品安全国家标准　食品接触材料及制品　软木中杂酚油的测定
GB 31604.37—2016	食品安全国家标准　食品接触材料及制品　三乙胺和三正丁胺的测定
GB 31604.38—2016	食品安全国家标准　食品接触材料及制品　砷的测定和迁移量的测定
GB 31604.39—2016	食品安全国家标准　食品接触材料及制品　食品接触用纸中多氯联苯的测定
GB 31604.40—2016	食品安全国家标准　食品接触材料及制品　顺丁烯二酸及其酸酐迁移量的测定
GB 31604.41—2016	食品安全国家标准　食品接触材料及制品　锑迁移量的测定
GB 31604.42—2016	食品安全国家标准　食品接触材料及制品　锌迁移量的测定
GB 31604.43—2016	食品安全国家标准　食品接触材料及制品　乙二胺和己二胺迁移量的测定
GB 31604.44—2016	食品安全国家标准　食品接触材料及制品　乙二醇和二甘醇迁移量的测定
GB 31604.45—2016	食品安全国家标准　食品接触材料及制品　异氰酸酯的测定
GB 31604.46—2016	食品安全国家标准　食品接触材料及制品　游离酚的测定和迁移量的测定
GB 31604.47—2016	食品安全国家标准　食品接触材料及制品　纸、纸板及纸制品中荧光增白剂的测定
GB 31604.48—2016	食品安全国家标准　食品接触材料及制品　甲醛迁移量的测定
GB 31604.49—2016	食品安全国家标准　食品接触材料及制品　砷、镉、铬、铅的测定和砷、镉、铬、镍、铅、锑、锌迁移量的测定
GB/T 23296.1—2009	食品接触材料　塑料中受限物质　塑料中物质向食品及食品模拟物特定迁移试验和含量测定方法以及食品模拟物暴露条件选择的指南

续表

标准编号	标准名称
GB/T 23296.5—2009	食品接触材料 高分子材料 食品模拟物中2-(*N*,*N*-二甲基氨基)乙醇的测定 气相色谱法
GB/T 23296.6—2009	食品接触材料 高分子材料 食品模拟物中4-甲基-1-戊烯的测定 气相色谱法
GB/T 23296.16—2009	食品接触材料 高分子材料 食品模拟物中2,2-二(4-羟基苯基)丙烷（双酚A）的测定 高效液相色谱法
GB/T 23296.19—2009	食品接触材料 高分子材料 食品模拟物中乙酸乙烯酯的测定 气相色谱法
GB/T 23296.23—2009	食品接触材料 高分子材料 食品模拟物中1,1,1-三甲醇丙烷的测定 气相色谱法
GB/T 23296.24—2009	食品接触材料 高分子材料 食品模拟物中1,2-苯二酚、1,3-苯二酚、1,4-苯二酚、4,4′-二羟二苯甲酮、4,4′-二羟联苯的测定 高效液相色谱法
GB/T 23296.26—2009	食品接触材料 高分子材料 食品模拟物中甲醛和六亚甲基四胺的测定 分光光度法（部分有效）
GB/T 31479—2015	与食品接触染色纸和纸板色牢度的测定
GB 5009.156—2016	食品安全国家标准 食品接触材料及制品迁移试验预处理方法通则
包装制品卫生分析标准	
标准编号	标准名称
GB/T 5009.127—2003	食品包装用聚酯树脂及其成型品中锗的测定
GB/T 5009.166—2003	食品包装用树脂及其制品的预试验
GB/T 35772—2017	聚氯乙烯制品中邻苯二甲酸酯的快速检测方法 红外光谱法
GB/T 35595—2017	玻璃容器 砷、锑溶出量的测定方法

3. 食品包装机械与技术标准

有关食品包装机械与技术的部分国家标准如表8-21所示。

表8-21 食品包装机械与技术的部分国家标准

食品包装机械			
标准编号	标准名称	标准编号	标准名称
GB/T 9177—2004	真空、真空充气包装机通用技术条件	GB/T 19063—2009	液体食品包装设备验收规范
GB/T 24570—2009	无菌袋成型灌装封口机	GB/T 24571—2009	PET瓶无菌冷灌装生产线
GB/T 24854—2010	粮油机械 产品包装通用技术条件	GB/T 26993—2011	奶粉定量充填包装机

续表

标准编号	标准名称	标准编号	标准名称
GB/T 26994—2011	塑杯成型灌装封切机	GB/T 26995—2011	塑料瓶冲洗灌装旋盖机通用技术条件
GB/T 29016—2012	直线式粘流体灌装机	GB/T 29018—2012	软管灌装封尾机
GB/T 30638—2014	杯装果冻包装机	GB/T 30639—2014	全自动金属罐浓酱(浆)灌装封罐机通用技术条件
GB/T 33467—2016	全自动吹瓶灌装旋盖一体机通用技术要求	GB/T 33472—2016	含气饮料灌装封盖机通用技术要求
GB/T 33753—2017	回转式全自动粘流体灌装封盖机通用技术要求	GB/T 34268—2017	啤酒玻璃瓶灌装生产线通用技术要求
罐头食品			
标准编号	标准名称	标准编号	标准
GB/T 13207—2011	菠萝罐头	GB/T 13208—2008	芦笋罐头
GB/T 13209—2015	青刀豆罐头	GB/T 13210—2014	柑橘罐头
GB/T 13211—2008	糖水洋梨罐头	GB/T 13212—1991	清水荸荠罐头
GB/T 13213—2017	猪肉糜类罐头	GB/T 13214—2006	咸牛肉、咸羊肉罐头
GB/T 13515—2008	火腿罐头	GB/T 13516—2014	桃罐头
GB/T 13517—2008	青豌豆罐头	GB/T 13518—2015	蚕豆罐头
GB/T 14151—2006	蘑菇罐头	GB/T 14215—2008	番茄酱罐头
GB/T 22369—2008	甜玉米罐头	GB/T 24402—2009	豆豉鲮鱼罐头
GB/T 24403—2009	金枪鱼罐头	GB/T 31116—2014	八宝粥罐头

4. 食品生产厂家卫生规范

有关食品生产厂家卫生规范的部分国家标准如表 8-22 所示。

表 8-22 部分食品生产厂家卫生规范国家标准

生产卫生规范			
食品安全国家标准			
标准编号	标准名称	标准编号	标准名称
GB 7098—2015	食品安全国家标准 罐头食品	GB 8950—2016	食品安全国家标准 罐头食品生产卫生规范
GB 8951—2016	食品安全国家标准 蒸馏酒及其配制酒生产卫生规范	GB 8952—2016	食品安全国家标准 啤酒生产卫生规范
GB 8953—2018	食品安全国家标准 酱油生产卫生规范	GB 8954—2016	食品安全国家标准 食醋生产卫生规范

续表

标准编号	标准名称	标准编号	标准名称
GB 8955—2016	食品安全国家标准　食用植物油及其制品生产卫生规范	GB 8956—2016	食品安全国家标准　蜜饯生产卫生规范
GB 12693—2010	食品安全国家标准　乳制品良好生产规范	GB 12694—2016	食品安全国家标准　畜禽屠宰加工卫生规范
GB 12695—2016	食品安全国家标准　饮料生产卫生规范	GB 12696—2016	食品安全国家标准　发酵酒及其配制酒生产卫生规范
GB 13122—2016	食品安全国家标准　谷物加工卫生规范	GB 14881—2013	食品安全国家标准　食品生产通用卫生规范
GB 17403—2016	食品安全国家标准　糖果巧克力生产卫生规范	GB 17404—2016	食品安全国家标准　膨化食品生产卫生规范
GB 18524—2016	食品安全国家标准　食品辐照加工卫生规范	GB 19303—2003	熟肉制品企业生产卫生规范
GB/T 20938—2007	罐头食品企业良好操作规范	GB/T 20940—2007	肉类制品企业良好操作规范
GB 20941—2016	食品安全国家标准　水产制品生产卫生规范	GB/T 20942—2007	啤酒企业良好操作规范
GB 21710—2016	食品安全国家标准　蛋与蛋制品生产卫生规范	GB 31603—2015	食品安全国家标准　食品接触材料及制品生产通用卫生规范
GB 19304—2018	包装饮用水生产卫生规范	GB/T 23887—2009	食品包装容器及材料生产企业通用良好操作规范
GB/T 35999.4—2018	食品质量控制前提方案　第4部分：食品包装的生产	GB/T 24616—2009	冷藏食品物流包装、标志、运输和储存
GB/T 26544—2011	水产品航空运输包装通用要求	GB/T 28640—2012	畜禽肉冷链运输管理技术规范
GB/T 28843—2012	食品冷链物流追溯管理要求	GB/T 30354—2013	食用植物油散装运输规范
GB/T 31080—2014	水产品冷链物流服务规范	GB/T 33129—2016	新鲜水果、蔬菜包装和冷链运输通用操作规程
GB/T 36080—2018	条码技术在农产品冷链物流过程中的应用规范		

（二）食品包装行业标准

中国食品包装行业标准分为轻工、商业、包装、进出口商检、交通、民航、汽车、铁路运输、水产、烟草、供销共11类，主要介绍以下几种。

（1）食品包装行业标准　表8-23列举了部分食品包装行业标准。

表 8-23 部分食品包装行业标准

标准编号	标准名称	标准编号	标准名称
通用标准			
标准编号	标准名称	标准编号	标准名称
BB/T 0078—2018	茶叶包装通用技术要求	BB/T 0079—2018	热带水果包装通用技术要求
包装材料			
标准编号	标准名称	标准编号	标准名称
BB/T 0011—1997	聚乙烯低发泡防水阻隔薄膜	BB/T 0012—2014	聚偏二氯乙烯(PVDC)涂布薄膜
BB/T 0030—2019	包装用镀铝薄膜	BB/T 0041—2007	包装用多层共挤阻隔膜通则
BB/T 0049—2008	包装用矿物干燥剂	BB/T 0054—2010	真空镀铝纸（工业和信息化部）
BB/T 0070—2014	包装用单向热收缩型聚酯薄膜	BB/T 0077—2018	包装用双向热收缩型聚酯薄膜
包装容器			
标准编号	标准名称	标准编号	标准名称
BB/T 0013—2011	软塑折叠包装容器	BB/T 0014—2011	夹链自封袋
BB/T 0015—1999	纸浆模塑蛋托盘	BB/T 0018—2000	包装容器 葡萄酒瓶
BB/T 0019—2013	包装容器 方罐与扁圆罐	BB/T 0029—2004	包装玻璃容器 公差
BB/T 0032—2006	纸管	BB/T0039—2013	商品零售包装袋
BB/T 0052—2017	液态奶共挤包装膜、袋	BB/T 0055—2010	包装容器 铝质饮水瓶
BB/T 0064—2015	包装容器 钢制手提罐	BB/T 0067—2014	包装容器 钢塑复合桶
BB/T 0069—2014	包装容器 铝箔易撕盖	BB/T 0071—2017	包装 玻璃容器 卡式瓶口尺寸
BB/T 0073—2017	包装容器 一片式铝质瓶	BB/T 0076—2018	包装容器 自立袋
瓶盖			
标准编号	标准名称	标准编号	标准名称
BB/T 0025—2004	30/25mm 塑料防盗瓶盖	BB/T 0048—2017	组合式防伪瓶盖

(2) 食品包装轻工行业标准 如表 8-24 所示。

表 8-24 部分食品包装轻工行业标准

包装材料			
纸包装材料			
标准编号	标准名称	标准编号	标准名称
QB 1014—2010	食品包装纸	QB/T 4032—2010	纸杯原纸
QB/T 4033—2010	餐盒原纸	QB/T 4631—2014	食品包装用淋膜纸和纸板

续表

标准编号	标准名称	标准编号	标准名称
QB/T 4819—2015	食品包装用淋膜纸和纸板	QB/T 5050—2017	咖啡袋滤纸
QB/T 5051—2017	模塑纸餐具专用纸浆	QB/T 5297—2018	干燥剂包装袋用纸
塑料包装材料			
标准编号	标准名称	标准编号	标准名称
QB/T 1231—1991	液体包装用聚乙烯吹塑薄膜	QB 1956—1994	聚丙烯吹塑薄膜
QB/T 2358—1998	塑料薄膜包装袋热合强度试验方法	QB 2388—1998	食品包装容器用聚氯乙烯粒料
QB/T 3531—1999	液体食品复合软包装材料	QB/T 3632—1999	聚氯乙烯热收缩薄膜，套管
QB/T 2666—2004	双向拉伸聚丙烯包装标签	QB/T 4012—2010	淀粉基塑料
其它包装材料			
标准编号	标准名称	标准编号	标准名称
QB/T 2455—2011	陶瓷颜料	QB/T 2456—2010	陶瓷贴花纸
QB/T 2763—2006	涂覆镀锡（或镀铬）薄钢板	QB/T 1704—2010	铝箔衬纸
包装制品			
纸容器			
标准编号	标准名称	标准编号	标准名称
QB/T 4592—2013	纸容器缺陷在线检测仪	QB/T 5023—2017	纸杯杯身挺度测定仪
塑料容器			
标准编号	标准名称	标准编号	标准名称
QB 2197—1996	榨菜包装用复合膜、袋	QB 2357—1998	聚酯（PET）无汽饮料瓶
QB 2460—1999	聚碳酸酯（PC）饮用水罐	QB/T 4634—2014	聚丙烯（PP）和双向拉伸聚丙烯（BOPP）面包袋
QB/T 4635—2014	双向拉伸聚酰胺（BOPA）/低密度聚乙烯（PE-LD）复合膜盒中袋	QB 1123—1991	纸-塑不织布复合包装袋
金属容器			
标准编号	标准名称	标准编号	标准名称
QB/T 2681—2014	食品工业用不锈钢薄壁容器	QB/T 2466—1999	镀锡（铬）薄钢板圆形全开式易拉盖

续表

标准编号	标准名称	标准编号	标准名称
QB/T 1878—1993	包装装潢镀锡（铬）薄钢板制罐产品	QB/T 1877—2007	包装装潢镀锡（铬）薄钢板印刷品
玻璃陶瓷容器			
标准编号	标准名称	标准编号	标准名称
QB 2142—2017	玻璃容器　含气饮料瓶	QB 2437—2015	啤酒计量杯
QB/T 3562—1999	500毫升冠形瓶口白酒瓶	QB/T 4254—2011	陶瓷酒瓶
QB/T 3729—1999	玻璃容器　冠形瓶口尺寸	QB/T 4622—2013	玻璃容器　牛奶瓶
QB/T 4594—2013	玻璃容器　食品罐头瓶		
包装机械			
标准编号	标准名称	标准编号	标准名称
QB/T 1080—2007	啤酒玻璃瓶灌装生产线	QB/T 1245—1991	防盗盖玻璃瓶封口机
QB/T 1247—1991	B.DZ.F型自动颗粒包装机	QB/T 1248—1991	DC320型包装机
QB/T 1302—1991	消毒乳自动软包装机	QB/T 1487—2005	不含气液体玻璃瓶装生产线
QB/T 2248—1996	枕式糖果包装机	QB/T 2369—2013	装罐封盖机
QB/T 2370—1998	易拉罐灌装生产线	QB/T 2371—1998	饮料灌装旋盖机
QB/T 2372—1998	饮料灌装拧盖机	QB/T 2373—2018	制酒机械　灌装压盖机
QB/T 2503—2000	不含气饮料冲瓶灌装拧盖机	QB/T 2632—2004	饮料热灌装拧盖机
QB/T 2633—2004	饮料热灌装生产线	QB/T 2734—2005	聚酯（PET）瓶装饮料生产线
QB/T 2736—2005	桶装水饮料全自动冲洗灌装封口机	QB/T 2737—2005	制酒饮料机械　热收缩塑模包装机
QB/T 2868—2018	饮料机械PET瓶全自动吹瓶机	QB/T 2869—2007	聚酯（PET）瓶装饮料冲瓶灌装拧（旋）盖机
QB/T 2870—2007	生啤酒无菌灌装生产线	QB/T 2928—2007	饮料机械　饮料装瓶压盖机
QB/T 4211—2011	瓶装饮料全自动喷淋式冷却机	QB/T 4212—2018	饮料机械　包装饮用水（桶装）旋转式灌装封盖机

续表

标准编号	标准名称	标准编号	标准名称
QB/T 4213—2011	饮料机械 聚酯(PET)瓶装饮料无菌冷灌装生产线	QB/T 4214—2011	棒糖扭结包装机
QB/T 4277—2011	瓶装饮料全自动喷淋式暖瓶机	QB/T 4918—2016	含气饮料玻璃瓶装生产线
QB/T 5024—2017	罐头食品机械 罐身补涂烘干机		
包装与标签标准			
标准编号	标准名称	标准编号	标准名称
QB/T 2683—2005	罐头食品代号的标示要求	QB/T 4631—2014	罐头食品包装、标志、运输和贮存
QB/T 1117—2014	混合水果罐头	QB/T 1351—2015	云腿罐头
QB/T 1359—2014	五香肉丁罐头	QB/T 1360—2014	排骨罐头
QB/T 1361—2014	红烧猪肉类罐头	QB/T 1363—1991	红烧牛肉罐头
QB/T 1364—2014	禽类罐头	QB/T 1374—2015	贝类罐头
QB/T 1375—2015	鱼类罐头	QB/T 1378—2019	烤麸类罐头
QB/T 1384—2017	果汁类罐头	QB/T 1386—2017	果酱类罐头
QB/T 1397—1991	猴头菇罐头	QB/T 1398—1991	金针菇罐头
QB/T 1402—2017	榨菜类罐头	QB/T 1410—2017	坚果类罐头
QB/T 1701—1993	灌酱机	QB/T 2221—2019	粥类罐头

(3) 食品包装商业行业标准 部分标准如表8-25所示。

表8-25 部分食品包装商业行业标准

标准编号	标准名称	标准编号	标准名称
SB/T 229—2013	食品机械通用技术条件 产品包装技术要求	SB/T 231—2007	食品机械通用技术条件 产品的标志、运输和贮存
SB/T 10035—1992	茶叶销售包装通用技术条件	SB/T 10036—1992	紧压茶运输包装
SB/T 10037—1992	红茶、绿茶、花茶运输包装	SB/T 10094—1992	毛茶运输包装
SB/T 10158—2012	新鲜蔬菜包装与标识	SB/T 10290—1997	粮食定量包装机
SB/T 10369—2012	真空软包装卤蛋制品	SB/T 10370—2005	抽空软包装卤豆制品
SB/T 10380—2005	冷藏包装豆腐丝、片	SB/T 10381—2012	真空软包装卤肉制品
SB/T 10447—2007	水果和蔬菜 气调贮藏原则与技术	SB/T 10448—2007	热带水果和蔬菜包装与运输操作规程

续表

标准编号	标准名称	标准编号	标准名称
SB/T 10827—2012	速冻食品物流规范	SB/T 10890—2012	预包装水果流通规范
SB/T 10891—2012	预包装鲜梨流通规范	SB/T 10892—2012	预包装鲜苹果流通规范
SB/T 10893—2012	预包装鲜食莲藕流通规范	SB/T 10894—2012	预包装鲜食葡萄流通规范
SB/T 10895—2012	鲜蛋包装与标识	SB/T 10889—2012	预包装蔬菜流通规范

(4) 食品包装出入境商检行业标准　部分标准如表 8-26 所示。

表 8-26　部分食品包装出入境商检行业标准

包装及标签标准			
标准编号	标准名称	标准编号	标准名称
SN/T 1886—2007	进出口水果和蔬菜预包装指南	SN/T 2499—2010	中型食品包装容器安全检验技术要求
SN/T 2567—2010	食品及包装品无菌检验	SN/T 2824—2011	食品接触材料　高分子材料　总迁移试验条件和方法选择指南
SN/T 2957—2011	出口水果果园、包装厂管理规程	SN/T 3141—2012	出口食品包装物微生物检测指南
SN/T 1642—2005	进出口预包装食品检验通则		
检验规程			
标准编号	标准名称	标准编号	标准名称
SN/T 0400.1—2005	进出口罐头食品检验规程　第1部分：总则	SN/T 0400.4—2005	进出口罐头食品检验规程　第4部分：容器
SN/T 0400.5—2005	进出口罐头食品检验规程　第5部分：灌装	SN/T 0400.8—2005	进出口罐头食品检验规程　第8部分：包装
SN/T 0400.9—2005	进出口罐头食品检验规程　第9部分：标签	SN/T 0400.10—2002	出口罐头检验规程　蒸煮袋食品
SN/T 0400.11—2002	出口罐头检验规程　玻璃容器	SN/T 0263—2015	出口商品运输包装　聚苯乙烯泡沫相检验规程
SN/T 0264—1993	出口商品运输包装　柔性集装袋检验规程	SN/T 0265—1993	出口商品运输包装　闭口钢桶检验规程
SN/T 0266—1993	出口商品运输包装　钙塑瓦楞箱检验规程	SN/T 0267—2014	出口商品运输包装　麻袋检验规程

续表

标准编号	标准名称	标准编号	标准名称
SN/T 0268—2014	出口商品运输包装 纸塑复合袋检验规程	SN/T 0269—2012	出口商品运输包装 钢塑复合桶检验规程
SN/T 0270—2012	出口商品运输包装 纸板桶检验规程	SN/T 0271—2012	出口商品运输包装 塑料容器检验规程
SN/T 0273—2014	出口商品运输包装 木箱检验检疫规程	SN/T 0274—1993	出口商品运输包装 塑料编织袋检验规程
SN/T 0275—1993	出口商品运输包装 复合塑料编织袋检验规程	SN/T 3390—2012	食品用塑料、铝箔复合自立袋 检验规程
SN/T 0714—1997	出口金属罐装食品类商品运输包装 检验规程	SN/T 0715—1997	出口冷冻食品类商品运输包装 检验规程
SN/T 0719—1997	出口粮谷类商品运输包装 检验规程	SN/T 0774—1999	出口鲜活水产品类商品运输包装 检验规程
SN/T 0787—1999	出口液体类商品运输包装 检验规程	SN/T 0890—2000	（出口商品）冷藏舱检验规程
SN/T 0912—2000	进出口茶叶包装检验方法	SN/T 0988—2001	出口水煮笋马口铁罐检验规程
SN/T 2139—2008	进出口塑料制品规程	SN/T 2196—2008	食品接触材料检验规程 活性及智能材料类
SN/T 2274—2015	食品接触材料检验规程 高分子材料类	SN/T 2275—2009	食品接触材料检验规程 纸、再生纤维素薄膜材料类
SN/T 2336—2009	食品接触材料检验规程 无机非金属材料类	SN/T 2389.2—2009	进出口商品容器计重规程 第2部分：动植物油岸上立式金属罐静态计重
SN/T 2389.7—2011	进出口商品容器计重规程 第7部分：岸上立式金属压力罐（非冷冻）液位的自动测量	SN/T 2495—2010	食品接触材料检验规程 纺织材料类
SN/T 2549—2010	食品接触材料检验规程 辅助材料类	SN/T 3250.1—2013	进出口纸质用品检验规程 第1部分：纸杯、盘及类似物
SN/T 4549—2016	出口商品运输包装 开口马口铁罐检验规程	SN/T 4607—2016	出口商品运输包装 塑料薄膜袋检验规程

续表

食品容器、包装用塑料原料	
标准编号	标准名称
SN/T 1504.1—2014	食品容器、包装用塑料原料　第1部分：聚丙烯均聚物中酚类抗氧化剂和芥酰胺爽滑剂的测定方法　液相色谱法
SN/T 1504.2—2017	食品容器、包装用塑料原料　第2部分：聚乙烯中抗氧化剂和芥酸酰胺爽滑剂的测定　液相色谱法
SN/T 1504.3—2014	食品容器、包装用塑料原料　第3部分：乙烯聚合物和乙烯-醋酸乙烯酯（EVA）共聚物中丁基-羟基甲苯（BHT）的测定　气相色谱法
SN/T 1504.4—2005	食品容器、包装用塑料原料　第4部分：高密度聚乙烯中酚类抗氧化剂的测定　液相色谱法
SN/T 1504.5—2017	食品容器、包装用塑料原料　第5部分：聚烯烃中杂质元素含量的测定　X射线荧光光谱法
SN/T 1778—2006	PVC食品保鲜膜中DEHA已二酸酯增塑剂的测定　气相色谱法
SN/T 1877.1—2007	脱模剂中多环芳烃的测定方法
SN/T 1877.2—2007	塑料原料及其制品中多环芳烃的测定方法
SN/T 1877.3—2007	矿物油中多环芳烃的测定方法
SN/T 1877.4—2007	橡胶及其制品中多环芳烃的测定方法
SN/T 2198—2008	食品接触材料　塑料　水状食品模拟物总迁移量试验方法　袋装法
SN/T 2199—2008	食品接触材料　塑料　水状食品模拟物总迁移量试验方法　填充法
SN/T 2201—2008	食品接触材料　辅助材料　油墨中多环芳烃的测定　气相色谱-质谱联用法
SN/T 2202—2008	食品接触材料　蜡　食品模拟物中多环芳烃的测定
SN/T 2203—2008	食品接触材料　木制品类　食品模拟物中多环芳烃的测定
SN/T 2204—2015	食品接触材料　木制品类　食品模拟物种五氯苯酚的测定　气相色谱-质谱法
SN/T 2205—2008	食品接触材料　纸、再生纤维类　瓦楞纸箱的评价方法
SN/T 2249—2009	塑料及其制品中邻苯二甲酸酯类增塑剂的测定　气相色谱-质谱法
SN/T 2250—2009	塑料原料及其制品中增塑剂的测定　气相色谱-质谱法
SN/T 2276—2009	食品接触材料　纸浆、纸和纸板水提取液中五氯苯酚的测定　气相色谱-质谱法
SN/T 2277—2009	食品接触材料　复合包装袋中二氨基甲苯的测定　气相色谱-质谱法
SN/T 2278—2009	食品接触材料　软木中五氯苯酚的测定　气相色谱-质谱法
SN/T 2279—2009	食品接触材料　塑料　食品模拟物中多环芳烃的测定　高效液相色谱法
SN/T 2280—2009	食品接触材料　塑料中受限物质　塑料中物质向食品及食品模拟物特定迁移试验方法和含量测定以及食品模拟物暴露条件选择的指南
SN/T 2282—2009	食品接触材料　高分子材料　食品模拟物中双酚A的测定　高效液相色谱法
SN/T 2284—2009	食品接触材料　高分子材料　总迁移量的测定方法　替代试验：用试验介质异辛烷和95%乙醇测定与脂肪类食品接触的塑料中的总迁移量

续表

标准编号	标准名称
SN/T 2334—2009	食品接触材料 高分子材料 橄榄油中总迁移量的试验方法 全浸没法
SN/T 2335—2009	食品接触材料 高分子材料 水性食品模拟物中总迁移量的试验方法 全浸没法
SN/T 2551—2010	食品接触材料 高分子材料 食品模拟物中3,3-双(3-甲基-4-羟苯基)-2-吲哚酮的测定 高效液相色谱法
SN/T 2691—2010	塑料制品中二噁英类多氯联苯的测定 气相色谱-高分辨磁质谱法
SN/T 2692—2010	塑料制品中二噁英的测定 气相色谱-高分辨磁质谱法
SN/T 2735—2010	食品接触材料 高分子材料 橄榄油模拟物中总迁移量的试验方法 袋装法
SN/T 2738—2010	出口食品接触材料 高分子材料 聚甲基丙烯酸甲酯食品模拟物中紫外吸光度的测定
SN/T 2808—2011	食品接触材料 高分子材料 食品模拟物中3-氯-1,2环氧丙烷的测定 气相色谱-质谱法
SN/T 2809—2011	出口食品接触材料 高分子材料 高温下总迁移量的试验方法
SN/T 2810—2011	出口食品接触材料 高分子材料 二苯砜和4,4′-二氯二苯砜的测定 高效液相色谱法
SN/T 2811—2011	出口食品接触材料 高分子材料 橡胶制品中提取物的测定
SN/T 2813—2011	食品接触材料 高分子材料 三聚氰胺-甲醛树脂、尼龙树脂和聚碳酸酯树脂中提取物的测定
SN/T 2814—2011	食品接触材料 高分子材料 食品容器密封用垫圈提取物的测定
SN/T 2815—2011	食品接触材料 高分子材料 聚甲醛聚合物提取物的测定
SN/T 2816—2011	出口食品接触材料 高分子材料 低温下总迁移量的试验方法
SN/T 2817—2011	食品接触材料 高分子材料 橄榄油模拟物中总迁移量的试验方法 测试池法
SN/T 2818—2011	食品接触材料 高分子材料 橄榄油模拟物中总迁移量的试验方法 填充法
SN/T 2819—2011	食品接触材料 高分子材料 食品模拟物中BADGE、BFDGE及其羟基和氯化衍生物的测定 高效液相色谱法
SN/T 2820—2011	食品接触材料 高分子材料 水基食品模拟物中总迁移量的试验方法 测试池法
SN/T 2821—2011	食品接触材料 高分子材料 食品模拟物中苯甲醛的测定 高效液相色谱法
SN/T 2822—2011	出口食品接触材料 高分子材料 塑料及制品在微波炉或传统炉加热过程中塑料与食品界面温度的测定
SN/T 2823—2011	出口食品接触材料 高分子材料 受限的某些环氧衍生物NOGE及其羟基和氯化衍生物的测定
SN/T 2825—2011	食品接触材料 高分子材料 丙烯酸类塑料总非挥发性提取物的测定

续表

标准编号	标准名称
SN/T 2826—2011	食品接触材料 高分子材料 食品模拟物中己二酸酯类增塑剂的测定 气相色谱-质谱法（部分有效）
SN/T 2830—2011	食品接触材料 纸和纸板 水萃取物中干物质的测定
SN/T 2831—2011	食品接触材料 纸和纸板 二异丙基萘（DIPN）测定 气相色谱-质谱法
SN/T 2832—2011	出口食品接触材料 纸和纸板 接触水性或油性食品的纸和纸板提取物的测定
SN/T 2887—2011	出口食品接触材料 高分子材料 非奶嘴用含氯橡胶制品中2-巯基咪唑啉的测定 气相色谱法
SN/T 2888—2011	出口食品接触材料 高分子材料 高密度聚乙烯中锑的测定 原子荧光光谱法
SN/T 2889—2011	出口食品接触材料 高分子材料 聚苯乙烯中甲苯、乙苯、丙苯、异丙苯、苯乙烯、总挥发性物质的测定 气相色谱法
SN/T 2891—2011	出口食品接触材料 高分子材料 聚乙烯、聚丙烯中铬、锆、钒和铪的测定 电感耦合等离子体原子发射光谱法
SN/T 2892—2011	出口食品接触材料 高分子材料 食品模拟物中4,4′-二氨基二苯甲烷的测定 液相色谱-质谱/质谱法
SN/T 2893—2011	出口食品接触材料 高分子材料 食品模拟物中芳香族伯胺的测定 气相色谱-质谱法
SN/T 2895—2011	出口食品接触材料 高分子材料 食品模拟物中偏二氯乙烯的测定 顶空气相色谱法
SN/T 2896—2011	出口食品接触材料 金属材料 表面涂层中苯酚的测定 高效液相色谱法
SN/T 2899—2011	出口食品接触材料 纸、再生纤维材料 37种有机氯农药残留的测定
SN/T 2941—2011	塑料原料及制品中三聚氰胺含量的测定
SN/T 3006—2011	包装材料用油墨中有机挥发物的测定 气相色谱法
SN/T 3018—2011	塑料及其制品中六溴环十二烷的测定 液相色谱-质谱/质谱法
SN/T 3041—2011	出口食品接触材料 高分子材料 硼酸及四硼酸钠的测定 ICP-MS法
SN/T 3042—2011	出口食品接触材料 高分子材料中抗氧化剂的测定 气相色谱法
SN/T 3043—2011	出口食品接触材料 纸、再生纤维材料 抗氧化剂的测定 气相色谱法
SN/T 3044—2011	出口食品接触材料 纸和纸板聚合涂层 总迁移物试验条件和试验方法选择指南
SN/T 3045—2011	出口食品接触材料 高分子材料 有害芳香胺迁移量的检测方法 高效液相色谱法
SN/T 3046—2011	出口食品接触材料 高分子材料 偏二氯乙烯的测定 顶空气相色谱法
SN/T 3047—2011	出口食品接触材料 高分子材料 总乳酸迁移量的测定方法 高效液相色谱法
SN/T 3048—2011	出口食品接触材料 高分子材料 1,4-二苯基-1,3-丁二烯（DPBD）迁移水平的测定 高效液相色谱法

续表

标准编号	标准名称
SN/T 3049—2011	出口食品接触材料　高分子材料　磷酸三甲苯酯的测定　高效液相色谱法
SN/T 3050—2011	出口食品接触材料　纸、再生纤维材料　食品模拟物中抗氧化剂的测定　气相色谱-质谱法
SN/T 3051—2011	出口食品接触材料　纸、再生纤维材料　杂酚油的测定　气相色谱-质谱法
SN/T 3052—2011	出口食品接触材料　高分子材料　聚氯乙烯（PVC）制品中磷酸甲苯酯的测定　气相色谱法
SN/T 3145—2011	出口食品接触材料　高分子材料　ABS、PET、EVA及制品中提取物的测定
SN/T 3179—2012	食品接触材料检测方法　纸和纸板　感官分析　气味
SN/T 3180—2012	食品接触材料　高分子材料　塑料薄膜中残留溶剂的测定　气相色谱法
SN/T 3182—2012	食品接触材料　高分子材料　橄榄油模拟物中总迁移量的试验方法　橄榄油不完全抽提时的改进方法
SN/T 3184—2012	食品接触材料　高分子材料　食品模拟物中双（羟苯基）甲烷-双（2,3-环氧丙基）醚的测定　气相色谱-质谱法
SN/T 3385—2012	食品接触材料　高分子材料　聚对苯二甲酸乙二醇酯（PET）树脂及其制品中乙醛的测定　顶空气相色谱法
SN/T 3386—2012	食品接触材料　高分子材料　迁移到14C标记合成甘油三酯混合物的总迁移量试验方法
SN/T 3388—2012	食品接触材料　高分子材料　食品模拟液中二苯甲酮和4-甲基二苯甲酮的测定　高效液相色谱法
SN/T 3389—2012	食品接触材料　金属基聚合物涂层　总迁移试验条件和方法选择指南
SN/T 3481.1—2013	食品接触材料　高分子材料　六溴环十二烷的测定　第1部分：液相色谱-质谱/质谱法
SN/T 3481.2—2014	食品接触材料　高分子材料　六溴环十二烷的测定　第2部分：气相色谱-质谱法
SN/T 3549—2013	食品接触材料　高分子材料　食品模拟物中环氧大豆油的测定　气相色谱-质谱法
SN/T 3550—2013	食品接触材料　纸、再生纤维材料　4,4′-双(二甲氨基)二苯酮和4,4′-双(二乙基氨基)二苯酮的测定　气相色谱-质谱法
SN/T 3551—2013	食品接触材料　纸、再生纤维材料　二苯甲酮和4-甲基二苯甲酮的测定　气相色谱-质谱法
SN/T 3651—2013	食品接触材料　高分子材料　食品模拟物中十二内酰胺的测定　高效液相色谱法
SN/T 3652—2013	食品接触材料　高分子材料　食品模拟物中碳酸二苯酯的测定　高效液相色谱法
SN/T 3653—2013	食品接触材料　无机非金属材料　水模拟物中氟离子的测定　离子色谱法
SN/T 3654—2013	食品接触材料　纸、再生纤维材料　二硬脂基二甲基氯化铵、双(氢化牛油烷基)二甲基氯化铵、二(硬化牛油)二甲基氯化铵总量的测定　液相色谱-质谱/质谱法

续表

标准编号	标准名称
SN/T 3655—2013	食品接触材料　纸、再生纤维材料　异噻唑啉酮类抗菌剂的测定　液相色谱-质谱/质谱法
SN/T 3694.13—2013	进出口工业品中全氟烷基化合物测定　第13部分：食品接触材料　液相色谱-串联质谱法
SN/T 3694.14—2013	进出口工业品中全氟烷基化合物测定　第14部分：塑料制品　液相色谱-串联质谱法
SN/T 3875—2014	食品接触材料　高分子材料　偶氮二甲酰含量的测定　高效液相色谱法
SN/T 3876—2014	食品接触材料　高分子材料　食品模拟物中2,4-二氨基-6-羟基嘧啶的测定　高效液相色谱法
SN/T 3877—2014	食品接触材料　高分子材料　食品模拟物中2-氨基苯甲酰胺的测定　高效液相色谱法
SN/T 3878—2014	食品接触材料　高分子材料　食品模拟物中偶氮二甲酰胺的测定　高效液相色谱法
SN/T 3938—2014	食品接触材料　高分子材料　有机锡的测定　气相色谱-质谱法
SN/T 3940—2014	食品接触材料　木质材料　软木中三氯苯甲醚和三溴苯甲醚的测定　气相色谱-质谱法
SN/T 3941—2014	食品接触材料　食具容器中铅、镉、砷和锑迁移量的测定　氢化物发生原子荧光光谱法
SN/T 3942—2014	食品接触材料　纸、再生纤维材料　烷基酚的测定　液相色谱-质谱/质谱法
SN/T 3943—2014	食品接触材料　纸、再生纤维材料　纸和纸板　食品模拟物中亚甲基双硫氰酸酯的测定　高效液相色谱法
SN/T 3949—2014	塑料包装　有害物质双酚A的检测方法　抗原抗体结合法
SN/T 4010—2014	食品接触材料　高分子材料　食品模拟物中甲醛的测定　液相色谱法
SN/T 4068—2014	食品接触材料　再生纤维素薄膜材料　涂层中溶剂残留量的测定　顶空-气相色谱/质谱法
SN/T 4084—2014	食品接触材料　高分子材料　食品模拟物中BADGE、BFDGE及其羟基和氯化衍生物的测定　液相色谱-质谱/质谱法
SN/T 4085—2014	食品接触材料　纸、再生纤维材料　1,2-苯并异噻唑啉-3-酮、2-甲基-4-异噻唑啉-3-酮、5-氯代-2-甲基-4-异噻唑啉-3-酮的测定　高液相色谱法
SN/T 4121—2015	食品接触材料　高分子材料　橄榄油模拟物中邻苯二甲酸酯的测定　气相色谱质谱法
SN/T 4122—2015	食品接触材料　纸、再生纤维材料　硼酸的测定
SN/T 4265—2015	食品接触材料　辅助材料　油墨中4-甲基二苯甲酮和二苯甲酮含量的测定　气相色谱质谱法
SN/T 4266—2015	食品接触材料　高分子材料　食品模拟物中2,4,4-三氯-2-羟基二苯醚（三氯生）的测定　高效液相色谱法
SN/T 4267—2015	食品接触材料　高分子材料　食品模拟物中2,4-二氨基-6-苯基-1,3,5-三嗪的测定　高效液相色谱法

续表

标准编号	标准名称
SN/T 4268—2015	食品接触材料 高分子材料 食品模拟物中2,4-二羟基二苯甲酮的测定 高效液相色谱法
SN/T 4269—2015	食品接触材料 高分子材料 食品模拟物中2-羟基-4-甲氧基二苯甲酮的测定 高效液相色谱法
SN/T 4321—2015	食品接触材料 高分子材料 食品模拟物中N,N′-二(2,6-二异丙基苯基)碳二亚胺的测定 液相色谱-质谱/质谱法
SN/T 4322—2015	食品接触材料 高分子材料 双酚A残留量的测定 酶联免疫法
SN/T 4381—2015	食品接触材料 纸、再生纤维材料 使用改性聚苯醚测定纸和纸板迁移物的试验方法
SN/T 4382—2015	食品接触材料 纸、再生纤维材料 荧光增白的纸和纸板牢度的测定
SN/T 4383—2015	食品接触材料 糯米纸 聚乙烯醇(PVA)含量的测定 紫外-可见分光光度法
SN/T 4503—2016	塑料及其塑料制品中2-苯基-2-丙醇的测定 气相色谱-质谱法
SN/T 4606—2016	食品接触材料 高分子材料 食品模拟物中邻苯二甲酸酯类增塑剂的测定 液相色谱-质谱/质谱法
SN/T 4765—2017	食品接触材料 高分子材料中六氯-1,3-丁二烯的测定 气相色谱-质谱法
SN/T 4895—2017	食品接触材料 纸和纸板 食品模拟物中矿物油的测定 气相色谱法
SN/T 4944—2017	食品接触材料 高分子材料 使用聚(2,6-二苯基-1,4-苯醚)作为干性食品模拟物测定迁移量的条件
SN/T 4945—2017	食品接触材料检测方法 高分子材料 食品模拟物中N-羟甲基丙烯酰胺的测定 液相色谱法
SN/T 4946—2017	食品接触材料检测方法 纸、再生纤维素材料 纸和纸板抗菌物质判定抑菌圈定性分析测试法
SN/T 5079—2018	食品接触材料 高分子材料 食品模拟物中4种荧光增白剂的测定 液相色谱-质谱/质谱法

辐照食品包装容器及材料卫生标准

标准编号	标准名称
SN/T 1888.1—2007	进出口辐照食品包装容器及材料卫生标准 第1部分:聚丙烯树脂
SN/T 1888.2—2007	进出口辐照食品包装容器及材料卫生标准 第2部分:聚丙烯成型品
SN/T 1888.3—2007	进出口辐照食品包装容器及材料卫生标准 第3部分:尼龙成型品
SN/T 1888.4—2007	进出口辐照食品包装容器及材料卫生标准 第4部分:聚乙烯成型品
SN/T 1888.5—2007	进出口辐照食品包装容器及材料卫生标准 第5部分:聚氯乙烯成型品
SN/T 1888.6—2007	进出口辐照食品包装容器及材料卫生标准 第6部分:聚苯乙烯树脂
SN/T 1888.7—2007	进出口辐照食品包装容器及材料卫生标准 第7部分:聚苯乙烯成型品
SN/T 1888.8—2007	进出口辐照食品包装容器及材料卫生标准 第8部分:偏氯乙烯-氯乙烯共聚树脂

续表

标准编号	标准名称
SN/T 1888.9—2007	进出口辐照食品包装容器及材料卫生标准　第9部分：聚氯乙烯树脂
SN/T 1888.10—2007	进出口辐照食品包装容器及材料卫生标准　第10部分：聚碳酸酯树脂
SN/T 1888.11—2007	进出口辐照食品包装容器及材料卫生标准　第11部分：聚对苯二甲酸乙二醇酯树脂
SN/T 1888.12—2007	进出口辐照食品包装容器及材料卫生标准　第12部分：玻璃制品
SN/T 1888.13—2007	进出口辐照食品包装容器及材料卫生标准　第13部分：聚对苯二甲酸乙二醇酯成型品

微波食品包装容器及材料

标准编号	标准名称
SN/T 1891.1—2007	进出口微波食品包装容器及包装材料卫生标准　第1部分：聚丙烯成型品
SN/T 1891.2—2007	进出口微波食品包装容器及包装材料卫生标准　第2部分：三聚氰胺成型品
SN/T 1891.3—2007	进出口微波食品包装容器及包装材料卫生标准　第3部分：聚乙烯成型品
SN/T 1891.4—2007	进出口微波食品包装容器及包装材料卫生标准　第4部分：聚氯乙烯成型品
SN/T 1891.5—2007	进出口微波食品包装容器及包装材料卫生标准　第5部分：聚苯乙烯成型品
SN/T 1891.6—2007	进出口微波食品包装容器及包装材料卫生标准　第6部分：玻璃制品
SN/T 1891.7—2007	进出口微波食品包装容器及包装材料卫生标准　第7部分：偏氯乙烯-氯乙烯共聚树脂
SN/T 1891.8—2007	进出口微波食品包装容器及包装材料卫生标准　第8部分：聚碳酸酯树脂
SN/T 1891.9—2007	进出口微波食品包装容器及包装材料卫生标准　第9部分：聚对苯二甲酸乙二醇酯树脂
SN/T 1891.10—2007	进出口微波食品包装容器及包装材料卫生标准　第10部分：聚苯乙烯树脂
SN/T 1891.11—2007	进出口微波食品包装容器及包装材料卫生标准　第11部分：聚丙烯树脂
SN/T 1891.12—2007	进出口微波食品包装容器及包装材料卫生标准　第12部分：聚对苯二甲酸乙二醇酯成型品
SN/T 1891.13—2007	进出口微波食品包装容器及包装材料卫生标准　第13部分：聚氯乙烯树脂

卫生规范

标准编号	标准名称
SN/T 1880.1—2007	进出口食品包装卫生规范　第1部分：通则
SN/T 1880.2—2007	进出口食品包装卫生规范　第2部分：聚对苯二甲酸乙二醇酯包装
SN/T 1880.3—2007	进出口食品包装卫生规范　第3部分：软包装
SN/T 1880.4—2007	进出口食品包装卫生规范　第4部分：一次性包装
SN/T 1880.5—2007	进出口食品包装卫生规范　第5部分：金属包装
SN/T 1892.2—2007	进出口食品包装场所与人员卫生规范　第2部分：包装人员
SN/T 2273—2015	食品接触材料安全卫生技术规范

（5）食品包装其它行业标准 表8-27列了部分有关食品包装其它行业标准。

表8-27 部分食品包装其它行业标准

标准编号	标准名称	标准编号	标准名称
CB 955—1980	潜艇远航食品外包装	CCGF 306.7—2015	接触食品用金属器皿及工具
CQC/RY 570—2005	食品包装/容器类产品——纸、塑料及复合材料	CQC 11-448001—2017	食品接触产品安全认证规则
CQC 11-448002—2018	食品接触产品安全（欧盟要求）认证规则	CQC 51-036419—2009	塑料食品包装容器环保认证规则
CQC 51-363512—2009	复合材料食品包装容器环保认证规则	CQC 51-371231—2009	玻璃钢食品包装容器环保认证规则
CQC 51-372112—2009	陶瓷食品包装容器环保认证规则	GH/T 1015—1999	蜂蜜包装钢桶
GH/T 1070—2011	茶叶包装通则	HG 2944—2011	食品容器橡胶垫片
JB/T 10797—2007	给袋式自动包装机	JB/T 10798—2007	贴体包装机
JB/T 10952—2010	粉、粒听装包装生产线	JB/T 11072—2011	肉类加工机械 自动充填结扎机
JB/T 11198—2011	纸浆模塑蛋托自动生产线	JB/T 11199—2011	自立袋充填旋盖包装机
JJF 1070.2—2011/XG1—2012	定量包装商品净含量计量检验规则 小麦粉	JJF 1070—2005	定量包装商品净含量计量检验规则
JJF 1244—2010	食品和化妆品包装计量检验规则	JJF 1222—2009	月饼销售包装计量检验规则
MH 1007—1997	水产品航空运输包装标准	LY/T 1170—2013	茶叶包装箱用胶合板
NY/T 1056—2006	绿色食品贮藏运输准则	NY/T 658—2015	绿色食品 包装通用准则
NY/T 1778—2009	新鲜水果包装标识通则	NY/T 1655—2008	蔬菜包装标识通用准则
NY/T 1999—2011	茶叶包装、运输和贮藏通则	NY/T 1939—2010	热带水果包装、标识通则
NY/T 3383—2018	畜禽产品包装与标识	NY/T 2980—2016	绿色食品 包装饮用水
YS/T 726—2010	易拉罐盖料及拉环料用铝合金板带材	YS/T435—2009	易拉罐罐体用铝合金带材
T/CNFIA 002—2018	预包装食品营养成分图形化标示指南	T/CBJ 5102—2019	保健酒生产卫生规范

续表

标准编号	标准名称	标准编号	标准名称
T/CNSS 001—2018	预包装食品"健康选择"标识规范	T/CNHAW 0002—2017	饮用天然苏打水
SC/T 6024—2003	小包装食品用压力蒸汽灭菌装置	SC/T 3035—2018	水产品包装、标识通则

（6）食品包装地方标准　除了国家标准和行业制定的标准，各地政府还根据本地区实际需求，制定了许多地方标准。这些地方标准大部分根据地区进行分类编号。如表 8-28 所示。

表 8-28　部分食品包装地方标准

标准编号	标准名称	标准编号	标准名称
河北			
DB13/T 1044—2009	真空包装熟制鲜食玉米	DB13/T 2684—2018	耐蒸煮复合膜、袋通用技术条件
DB13/T 1081 族标准	食品用包装材料及制品	DB13/T 2190 族标准	塑料包装材料
DB13/T2361—2016	多层复合食品包装膜、袋		
山西			
DB14/T 1461—2017	食品用塑料包装桶（壶）		
吉林			
DB22/T 2479—2016	蓝莓鲜果包装贮藏运输标准	DB/T 222—2005	绿色食品　岭头单丛茶生产技术规程
DB22/T 1066—2018	绿色食品　西洋参生产技术规程	DB22/T 1089—2012	无公害农产品　菜豆生产技术规程
上海			
DB31/2025—2014	食品安全地方标准　预包装冷藏膳食	DB31/2026—2014	食品安全地方标准　预包装冷藏膳食生产经营卫生规范
DB31/655—2012	食品包装纸板单位产品能源消耗限额	DB31/T 208—2014	小包装蔬菜加工技术规范
DB31/T 569—2011	冷冻小包装水产品加工技术规程	T/PDNXH 403—2017	南汇甜瓜包装标识规范（上海市浦东新区农协会）
T/PDNXH 303—2017	南汇翠冠梨包装标识规范（上海市浦东新区农协会）	T/PDNXH 203—2017	南汇水蜜桃包装标识规范（上海市浦东新区农协会）

续表

标准编号	标准名称	标准编号	标准名称
江苏			
DB32/T 1411—2009	梨包装技术规范	DB32/T 1465—2009	甜玉米保鲜包装技术规程
DB32/T 1542—2009	食品塑料包装材料中溶剂残留的测定 气相色谱法	DB32/T 1877—2011	毛豆仁软包装加工技术规程
DB32/T 333—2007	青虾 抱卵亲虾、虾苗、商品虾 标志、包装和运输		
浙江			
DB33/T 506—2004	出口茶叶类商品运输包装检验规程	DB3301/T 046—2003	食用农产品包装与标识（杭州）
T/ZZB 0727—2018	真空包装粽（肉粽、豆沙粽）（浙江省浙江制造品牌建设促进会）	T/ZZB 0808—2018	包装饮用天然水（浙江省浙江制造品牌建设促进会）
安徽			
DB34/T 285—2002	宣木瓜（鲜果）分级包装及运输	DB34/T 1906—2013	杂粮碾磨加工品包装、运输和储存技术规范
DB34/T 1769—2012	复合食品包装袋中2，4-二氨基甲苯的测定 气相色谱-质谱法	DB34/T 1994—2013	食品塑料包装材料中间苯二甲酸二(2-乙基)己酯迁移量的测定 气相色谱-质谱法
DB34/T 2993—2017	食品用纸包装材料中荧光增白剂的检测 高效液相色谱法		
江西			
DB36/T 125—2018	南丰蜜橘包装		
山东			
DB37/T 1862—2011	山东省环境友好型产品技术要求 本色食品包装原纸	DB37/T 679—2007	机制玻璃异型白酒瓶
T/ZHDZ 002—2017	沾化冬枣采收、贮藏、包装、运输、销售技术规程	T/MYXGY 005—2018	蒙阴蜜桃包装规范
T/JCCA 3—2018	胶州大白菜包装标识通则		
河南			
DB41/T 408—2005	预包装食用农产品标识规范	DB41/T 809—2013	餐用纸制品抗压性能的测定

续表

标准编号	标准名称	标准编号	标准名称
DB41/T 1572—2018	食品包装用三聚氰胺成型品三聚氰胺单体迁移量的分析方法	DB41/T 479—2006	猴头菇生产技术规范
湖北			
DBS42/008—2015	食品安全地方标准 熟卤制品气调包装要求	DB42/T 317—2005	罗田板栗罐头
DB42/T 949—2014	蔬菜净菜加工和包装技术规范		
湖南			
DBS43/009—2018	食品安全地方标准 气调包装酱卤肉制品生产卫生规范	DB43/082—2009	保靖紫砂陶食品包装容器
DB43/T 447—2009	食品复合塑料包装袋中二氨基甲苯的测定	DB43/471—2009	食品包装用粽叶
DB43/T 654—2011	安化黑茶包装标识运输贮存技术规范	DB43/T 1168—2016	多层复合食品包装膜、袋
DB43/T 1539—2018	一次性塑料餐饮具生产技术规范	DB43/T 1540—2018	食品包装用复合膜袋生产技术规范
广东			
DBS44/007—2017	食品安全地方标准 预包装冷藏、冷冻膳食	DBS44/008—2017	食品安全地方标准 预包装冷藏、冷冻膳食生产经营卫生规范
DB44/T 1443—2014	热带水果包装与标识	T/GDAQI 003—2018	食品接触用硅橡胶中挥发性甲基环硅氧烷迁移量的测定
DB440300/T 24—2003	预包装水果包装和标签要求（深圳）	DB440300/T 25.2—2003	预包装鲜苹果购销要求（深圳）
广西			
DB45/T 1648—2017	六堡茶包装标识与运输贮存技术规范	DBS45 027—2016	食品安全地方标准 白果仁罐头
DB45/T 1670—2018	甘蔗糖厂生产现场6S管理规范	DBS45 042—2017	食品安全地方标准 桂林米粉
海南			
DB46/T 23—2006	香蕉质量、包装、标志及贮运	DB46/T 25—2002	包装农产品标识
DB46/T 173—2009	芒果采收 贮运及包装规程	DB46/T 155—2009	水产干制品生产规范

续表

标准编号	标准名称	标准编号	标准名称
		四川	
DB51/T 680—2018	种蛋收集包装运输贮存技术规程	DB51/T 1331—2011	多层复合塑料膜、袋（四川）
DB510400/T 006—2015	农产品包装（攀枝花）	DB510422/T 024—2010	无公害番茄包装标准（盐边县）
		贵州	
DB52/T 648—2010	贵州茶叶包装通用技术规范	T/GGI 015—2017	岩脚面包装、标识、运输及贮存标准
		云南	
DB53 118—2009	瓶（桶）装饮用天然泉水（饮用山泉水）	DB53/T 167.7—2006	柠檬种植加工综合标准　第7部分：柠檬套袋鲜销果技术规范
		陕西	
DB61/T 379—2006	蔬菜外包装箱规格与标识标注规范	DB6169/T 029—2010	西瓜的包装、贮存和运输
		甘肃	
DB62/T 1863—2009	平凉金果　苹果贮藏分级包装运输技术规程（甘肃）	DB62/T 1878—2009	张掖市葡萄苗木质量检测及包装储存技术规程（甘肃）
DB62/T 2143—2011	铁路运输用酱类产品组合包装袋（甘肃）	DB62/T 2144—2011	静宁苹果包装用瓦楞纸箱（甘肃）
DB62/T 2463—2014	清真食品包装企业准则（甘肃）		
		宁夏	
DB64/T 546—2009	中宁枸杞分级包装标志（宁夏）	DB64 258—2003	脱水蔬菜　番茄
		新疆	
DB65/T 2688—2009	预包装杏包装和标签通则（新疆）	DB65/T 2830—2007	一次性鲜果塑料包装箱
DB65/T 2941—2009	无公害食品　阿魏菇保鲜包装技术规程	DB65/T 3029—2009	无公害农产品　温室番茄采收、分级、包装、贮运技术规程（新疆）
DB65/T 3294—2011	预包装库尔勒香梨包装与标识	DB65/T 3744—2015	食品用塑料包装容器（新疆）
		天津	
T/TJWL 001—2018	食品冷链用塑料蓄冷包（天津）	T/TJWL 002—2018	食品冷链用塑料蓄冷板
T/TJWL 003—2018	食品冷链用塑料软包材		

续表

标准编号	标准名称	标准编号	标准名称
辽宁			
DB21/T 1259—2004	无公害食品　樱桃番茄生产技术规程	DB21/T 1315—2004	有机食品　番茄生产技术规程
T/DLQG 2003.3—2018	食品可追溯体系　第3部分：预包装食品证票登记规范（大连）	T/DLQG 2003.4—2018	食品可追溯体系　第4部分：预包装食品风险和供应商信用的评价规范
T/HSEA 005—2018	黑山褐壳鸡蛋　包装通用准则（黑山县禽蛋协会）	T/SYWLXH 0009—2018	大米包装与储存运输规范（沈阳物流行业协会）
地理标志产品（部分）			
DB11/T 992—2013	地理标志产品　昌平草莓		
DB12/T 430—2010	地理标志产品　七里海河蟹	DB12/T 493—2018	地理标志产品　芦台春酒
DB13/T 998—2008	地理标志产品　魏县鸭梨	DB13/T 1313—2010	地理标志产品　沧州金丝小枣
DB15/T 428—2018	地理标志产品　苏尼特羊肉	DB15/T 490—2018	地理标志产品　西旗羊肉
DB21/T 2068—2013	地理标志产品　铁岭榛子	DB21/T 2865—2017	地理标志产品　大连海参
DB22/T 1186—2011	地理标志产品　乾安黄小米	DB22/T 1787—2013	地理标志产品　黄松甸黑木耳
DB23/T 1503—2013	地理标志产品　北大仓酒	DB23/T 1727—2016	地理标志产品　克东天然苏打水
DB31/T 546—2018	地理标志产品　仓桥水晶梨	DB31/T 908—2018	地理标志产品　松江大米
DB34/T 635—2006	地理标志产品　铜陵白姜	DB34/T 988—2009	地理标志产品　五城茶干
DB34/T 2049—2014	地理标志产品　金种子酒	DB34/T 3040—2017	地理标志产品　宁国山核桃
DB35/T 943—2009	地理标志产品　福建乌龙茶	DB35/T 955—2009	地理标志产品　莆田桂圆
DB36/T 531—2017	地理标志产品　高安腐竹	DB36/T 712—2018	地理标志产品　靖安白茶
DB37/1219—2009	地理标志产品　威海海带	DB37/T 1638—2010	地理标志产品　莱阳梨
DB41/T 613—2010	地理标志产品　淮阳黄花菜	DB41/T 988—2014	地理标志产品　长葛枣花蜜

续表

标准编号	标准名称	标准编号	标准名称
DB42/T 210—2014	地理标志产品　英山云雾茶	DB42/T 352—2011	地理标志产品　罗田板栗
DB43/T 1443—2018	地理标志产品　临澧黄花鱼	DB43/T 1452—2018	地理标志产品　祁东黄花菜
DB44/T 615—2017	地理标志产品　化橘红	DB44/T 1604—2015	地理标志产品　九江双蒸酒
DB45/T 391—2017	地理标志产品　梧州龟苓膏	DB45/T 1114—2014	地理标志产品　六堡茶
DB46/T 63—2006	地理标志产品　兴隆咖啡	DB46/T 110—2007	地理标志产品　东山羊
DB52/T 469—2011	地理标志产品　梵净山翠峰茶	DB52/T 738—2013	地理标志产品　鸭溪窖酒
DB52/T 532—2015	地理标志产品　石阡苔茶	DB52/T 542—2016	地理标志产品　顶坛花椒
DB52/T 543—2016	地理标志产品　连环砂仁	DB52/T 986—2015	地理标志产品　凯里红酸汤
DB53/T 186—2014	地理标志产品　程海螺旋藻	DB53/T 677—2015	地理标志产品　腾冲红花油茶油
DB54/T 0138—2018	地理标志产品　索多西辣椒酱	DB61/T 372—2005	地理标志产品　延川红枣
DB61/T 1238—2019	地理标志产品　靖边胡萝卜	DB62/T 1192—2018	地理标志产品　靖远羊羔肉
DB62/T 1789—2019	地理标志产品　民乐紫皮大蒜	DB62/T 2584—2015	地理标志产品　民勤羊肉
DB64/T 1545—2018	地理标志产品　盐池滩羊	DB65/T 2254—2005	地理标志产品　库尔勒香梨专用包装物
DB65/T 3503—2013	地理标志产品　阿克苏苹果	T/BLTJBX 01—2018	地理标志产品　罗浮山荔枝
T/BLTJBX 02—2018	地理标志产品　观音阁红糖（观音阁黑糖）	T/CAI 001—2018	地理标志产品　乌兰浩特大米
DB511100/T 20—2010	地理标志产品　峨眉山茶	DB511500/T 36—2012	地理标志产品　兴文山地乌骨鸡

二、中国食品包装法律法规

从20世纪80年代开始，我国制定了一系列与食品包装有关的法律法规和管理条例（办法），已形成了一套与国际接轨的食品包装法规和标准体系。

1. 国家法规体系

(1)《中华人民共和国食品安全法》(简称《食品安全法》) 有关食品包装的限制性条款　作为食品的“贴身衣物”，食品包装的安全性直接影响着食品的质量，不合格的食品包装在使用过程中会对人体的健康产生不良的影响。自 2009 年 6 月 1 日起，历经全国人大常委会 4 次审议的《食品安全法》开始施行，至 2018 年，经过了 2 次修订。这部法律将食品包装纳入其范畴，明确提出安全标准应当包括“对与卫生、营养等食品安全要求有关的标签、标志、说明书的要求”，将食品包装的重要性提升到了与食品安全同等的高度，对食品包装提出了明确要求：“餐具、饮具和盛放直接入口食品的容器，使用前应当洗净、消毒，炊具、用具用后应当洗净，保持清洁；贮存、运输和装卸食品的容器、工具和设备应当安全、无害，保持清洁，防止食品污染，并符合保证食品安全所需的温度、湿度等特殊要求，不得将食品与有毒、有害物品一同贮存、运输；直接入口的食品应当使用无毒、清洁的包装材料、餐具、饮具和容器；销售无包装的直接入口食品时，应当使用无毒、清洁的容器、售货工具和设备”。明确规定禁止生产经营“被包装材料、容器、运输工具等污染的食品、食品添加剂”“无标签的预包装食品、食品添加剂”。

①《食品安全法》监管对象　在《食品安全法》第一章第二条中规定，在中华人民共和国境内从事“食品生产和加工，食品流通和餐饮服务”“食品添加剂的生产经营”“用于食品的包装材料、容器、洗涤剂、消毒剂和用于食品生产经营的工具、设备的生产经营”“食品生产经营者使用食品添加剂、食品相关产品”“食品的贮存和运输”“对食品、食品添加剂、食品相关产品的安全管理”等活动，应当遵守本法。

②《食品安全法》中对食品包装标签等的要求　《食品安全法》第三章第二十六条第（四）款规定，食品安全标准应当包括“对与卫生、营养等食品安全有关的标签、标志、说明书的要求”。

③《食品安全法》针对食品生产经营活动对食品包装的要求　《食品安全法》第四章第三十三条规定食品生产经营应当符合食品安全标准，并符合（一）、（五）、（六）、（七）款的规定：“具有与生产经营的食品品种、数量相适应的食品原料处理和食品加工、包装、贮存等场所……”“餐具、饮具和盛放直接入口食品的容器，使用前应当洗净、消毒，炊具、用具用后应当洗净，保持清洁”“贮存、运输和装卸食品的容器、工具和设备应当安全、无害，保持清洁，防止食品污染，并符合保证食品安全所需的温度、湿度等特殊要求……”，“直接入口的食品应当使用无毒、清洁的包装材料、餐具、饮具和容器”。

第三十四条规定禁止经营“被包装材料、容器、运输工具等污染的食品、食

品添加剂”“标注虚假生产日期、保质期或者超过保质期的食品、食品添加剂”“无标签的预包装食品、食品添加剂”。

第五十四条规定食品经营者贮存散装食品，应当在贮存位置标明食品的名称、生产日期或者生产批号、保质期、生产者名称及联系方式等内容。

第六十五条规定食用农产品销售者应当建立食用农产品进货查验记录制度，如实记录食用农产品的名称、数量、进货日期以及供货者名称、地址、联系方式等内容，并保存相关凭证。记录和凭证保存期限不得少于六个月。

第六十六条规定进入市场销售的食用农产品在包装、保鲜、贮存、运输中使用保鲜剂、防腐剂等食品添加剂和包装材料等食品相关产品，应当符合食品安全国家标准。

第六十七条规定预包装食品的包装上应当有标签，标签应当标明下列事项：

a. 名称、规格、净含量、生产日期；

b. 成分或者配料表；

c. 生产者的名称、地址、联系方式；

d. 保质期；

e. 产品标准代号；

f. 贮存条件；

g. 所使用的食品添加剂在国家标准中的通用名称；

h. 生产许可证编号；

i. 法律、法规或者食品安全标准规定必须标明的其他事项。

专供婴幼儿和其他特定人群的主辅食品，其标签还应当标明主要营养成分及其含量。

第六十八条规定食品经营者销售散装食品，应当在散装食品的容器、外包装上标明食品的名称、生产日期或者生产批号、保质期以及生产经营者名称、地址、联系方式等内容。

第六十九条规定生产经营转基因食品应当按照规定进行显著标示。

第七十条规定食品添加剂应当有标签、说明书和包装。标签、说明书应当载明本法第六十七条第一款第一项至第六项、第八项、第九项规定的事项，以及食品添加剂的使用范围、用量、使用方法，并在标签上载明“食品添加剂”字样。

第七十一条规定食品和食品添加剂的标签、说明书，不得含有虚假内容，不得涉及疾病预防、治疗功能。生产经营者对提供的标签、说明书的内容负责。食品和食品添加剂的标签、说明书应当清楚、明显，生产日期、保质期等事项应当显著标注，容易辨识。食品和食品添加剂与其标签、说明书的内容不符的，不得上市销售。

第七十二条规定食品经营者应当按照食品标签标示的警示标志、警示说明或者注意事项的要求销售食品。

④《食品安全法》对特殊食品包装的要求 《食品安全法》第三章第四节明确规定国家对保健食品、特殊医学用途配方食品和婴幼儿配方食品等特殊食品实行严格监督管理。规定保健食品的标签、说明书不得涉及疾病预防、治疗功能，内容应当真实，与注册或者备案的内容相一致，载明适宜人群、不适宜人群、功效成分或者标志性成分及其含量等，并声明“本品不能代替药物”。保健食品的功能和成分应当与标签、说明书相一致，“还应当声明“本品不能代替药物”。

⑤《食品安全法》食品进出口中对食品包装的要求 《食品安全法》第六章对食品进出口做了细致的规定，其中与食品包装相关的有如下条款。

第九十七条规定进口的预包装食品、食品添加剂应当有中文标签；依法应当有说明书的，还应当有中文说明书。标签、说明书应当符合本法以及我国其他有关法律、行政法规的规定和食品安全国家标准的要求，并载明食品的原产地以及境内代理商的名称、地址、联系方式。预包装食品没有中文标签、中文说明书或者标签、说明书不符合本条规定的，不得进口。

(2)《中华人民共和国产品质量法》(简称《产品质量法》) 有关包装的限制性条款《产品质量法》自1993年施行，至今经过3次修订。与食品包装相关的主要条款如下。

第十四条规定国家根据国际通用的质量管理标准，推行企业质量体系认证制度。企业根据自愿原则可以向国务院市场监督管理部门认可的或者国务院市场监督管理部门授权的部门认可的认证机构申请企业质量体系认证。经认证合格的，由认证机构颁发企业质量体系认证证书。国家参照国际先进的产品标准和技术要求，推行产品质量认证制度。企业根据自愿原则可以向国务院市场监督管理部门认可的或者国务院市场监督管理部门授权的部门认可的认证机构申请产品质量认证。经认证合格的，由认证机构颁发产品质量认证证书，准许企业在产品或者其包装上使用产品质量认证标志。

第十八条（四）规定对有根据认为不符合保障人体健康和人身、财产安全的国家标准、行业标准的产品或者有其他严重质量问题的产品，以及直接用于生产、销售该项产品的原辅材料、包装物、生产工具，予以查封或者扣押。

在第三章第一节第二十六条（三）规定，产品质量应当符合在产品或者其包装上注明采用的产品标准，符合以产品说明、实物样品等方式表明的质量状况。

第二十七条规定产品或者其包装上的标识必须真实，并符合下列要求：

a.有产品质量检验合格证明；

b.有中文标明的产品名称、生产厂厂名和厂址；

c.根据产品的特点和使用要求，需要标明产品规格、等级、所含主要成分的

名称和含量的，用中文相应予以标明；需要事先让消费者知晓的，应当在外包装上标明，或者预先向消费者提供有关资料；

d. 限期使用的产品，应当在显著位置清晰地标明生产日期和安全使用期或者失效日期；

e. 使用不当，容易造成产品本身损坏或者可能危及人身、财产安全的产品，应当有警示标志或者中文警示说明。

裸装的食品和其他根据产品的特点难以附加标识的裸装产品，可以不附加产品标识。

第二十八条规定易碎、易燃、易爆、有毒、有腐蚀性、有放射性等危险物品以及贮运中不能倒置和其他有特殊要求的产品，其包装质量必须符合相应要求，依照国家有关规定作出警示标志或者中文警示说明，标明贮运注意事项。

第三十一条规定生产者不得伪造或者冒用认证标志等质量标志。

第三十八条规定销售者不得伪造或者冒用认证标志等质量标志。

2. 食品包装相关的其他法律法规

为了确保《食品卫生法》的顺利实施，各部委出台了许多与之配套的法律法规，部分法规如表 8-29 所示。

表 8-29　我国部分食品包装法规

序号	法规名称	序号	法规名称
1	中华人民共和国环境保护法（2014）	7	食品相关产品新品种行政许可管理规定
2	定量包装商品计量监督管理办法	8	食品用塑料包装容器工具等制品生产许可审查细则
3	食品标识管理规定	9	食品用包装容器工具等制品生产许可通则
4	保健食品管理办法	10	出入境口岸食品卫生监督管理规定
5	绿色食品标志管理办法（2012）	11	进出口食品包装容器、包装材料检验监管工作规范（试行）
6	农产品包装和标识管理办法	12	进出口食品包装备案要求

3. 食品用包装、容器、工具等制品市场准入制度

食品用包装、容器、工具等制品市场准入制度是国家为了保证食品质量安全，由食品生产加工主管部门依照法律、法规、规章技术规范的要求，对食品直接接触的包装、容器、工具等制品的生产加工企业，进行必备生产条件、质量安全保证能力审查及对产品进行强制检验，确认其产品具有一定的安全性，企业具备持续稳定生产合格产品的能力，准许其生产销售产品的行政许可制度。

根据《中华人民共和国产品质量法》《中华人民共和国工业产品生产许可证管理条例》等法律法规的规定，食品用包装、容器、工具等制品市场准入制度规定了4项具体制度：生产许可制度、强制检验制度、市场准入标志制度和监督检查制度，共同构成了市场准入制度。

实施准入制度后，凡是生产食品用塑料包装、容器、工具等制品的企业必须经过国家有关审查，取得市场准入资格后才可以生产，获证产品外包装、说明书或产品上加贴“QS”标志，没有取得准入资格、没有获准加贴“QS”标志的产品不能用于食品包装和生产中。获证产品在包装或标签上注明“食品用”字样，同时有产品说明书及产品标签，需注明使用方法、使用注意事项、用途、使用环境、使用温度、主要原辅材料名称等内容。

第四节 食品质量保证的包装技术规范

技术规范是产品和工艺过程的技术规定及说明，在食品包装技术中，涉及食品、包装材料和包装工艺，包括5种技术规范：食品技术规范、包装材料规范、包装工艺规范、包装成品规范及质量保证（QA）规范。

技术规范质量保证的实施包括：食品企业的经营理念、政策与相应法规和标准的建立和贯彻；组织机构，即研究开发、生产、采购、销售部门的内部关系、权限、责任及质量保证与管理任务的确立；技术管理，即各级技术人员的定期抽样检验、验收、数据整理分析的统计研究，技术规范和标准的贯彻修正，并且具有与相关供应商及技术管理监督部门联系协调的能力。

一、食品技术规范

食品极易腐败变质，食品加工过程中的技术规范和质量控制（QC）对食品包装成品的质量保证非常关键。因此，世界各国食品管理监督机构及食品制造企业制定了一系列食品技术规范和标准来控制包装食品的卫生安全和风味质量，其中最为重要的一类是食品卫生规范。

1. 良好操作规范（GMP）

GMP是美国FDA首创的一种保障产品质量的管理规范。1963年FDA制定了医药品的GMP，1969年公布了“食品制造、加工、包装、贮存的现行良好制造规范” （current good manufacturing practice in manufacuring, processing, packing or holding human food, code of federal regulation, part 110），一般称为“食品的GMP基本规范”，并以该基本规范为依据制定不同食品的GMP。食品的GMP很快被CAC（国际食品法典委员会）采纳并作为国际规范推荐给CAC各

成员国。

食品 GMP 是一种品质保证规范。为保障食品安全而制定的贯穿食品生产全过程的措施、方法和技术要求和自主性管理制度。其宗旨是使食品企业在制造、包装及贮运食品过程中，有关人员、建筑、设施、设备等设置及卫生、制造过程、质量管理均能符合良好条件，防止食品在不良卫生或易污染的环境下操作，确保食品安全卫生和质量稳定。中国也颁布了 相关的食品 GMP 标准。

2. 危害分析和关键控制点（HACCP）

HACCP（hazard analysis-critical control point）是危害分析与关键控制的管理体制，是对可能发生在食品加工环节中的危害进行评估，进而采取控制的一种预防性的食品质量控制体系。HACCP 是对原料、各生产工序中影响产品安全的各种因素进行分析，确定加工过程中的关键环节，建立并完善监控程序和监控标准，采取有效的纠正措施，将危害预防、消除或降低到消费者可接受水平。

HACCP 建立在许多操作规范之上，自然就成为一个比较完整的食品质量保证体系。作为体系的实施基础它有七条原则。

（1）分析危害　检查食品所涉及的流程，确定何处会出现与食品接触的生物、化学或物理污染体。

（2）确定临界控制点　在所有食品有关的流程中鉴别有可能出现污染体的、并可以预防的临界控制点。

（3）制定预防措施　针对每个临界控制点制定特别措施，将污染预防在临界值或容许极限内。

（4）监控　建立流程，监控每个临界控制点，鉴别何时临界值未被满足。

（5）纠正措施　确定纠正措施以便在监控过程中发现临界值未被满足。

（6）确认　建立确保 HACCP 体系有效运作的确认程序。

（7）记录　建立并维护一套有效系统，将涉及所有程序和针对这些原则的实施记录，并文件化。

HACCP 已被国际食品安全协会认定为保证食品安全与卫生的最佳方法，CAC 已将其批准为世界范围的食品卫生基本准则。

二、包装材料规范

包装材料规范实质上就是包装材料的质量保证规范，其基本作用是向有关部门提出各种包装方面的要求，使材料生产厂能够按要求制造材料，从而使材料买卖两方达成订货要求，且质检部门也可据此检查包装材料是否符合规范质量要求。

第九章 食品包装迁移理论

食品包装材料及容器中常常会出现加工、印刷中产生的有害成分向食品中迁移的情况。有害成分的迁移途径包括包装物与食品的接触迁移、包装物加热杀菌时的热迁移、真空包装中的压差迁移、光照射下的热迁移等，这些迁移的量虽然很少，但对食品造成的安全隐患不可忽视。迁移理论的研究是一个新的食品包装热点，其原理与技术在探索阶段。因此本章仅仅对迁移理论相关内容进行简要分析。

第一节 食品包装迁移前提条件

食品包装迁移的前提条件就是介质包装材料的透过性，包括各种气体、水蒸气、材料及包装内部中各种可能流动的成分及包装产品（如食品等）中可能流动的成分。食品包装迁移就是食品与包装成分之间的流动与渗透。

一、包装材料透过性问题

1. 包装材料气体透过性

气体对包装材料的渗透可能会引起食品的变质、腐蚀，对食品的保质期有很大的影响。单从氧气的透过率考虑，如果包装材料阻隔性不好，进入包装的氧气足以使微生物大量生长，从而使食品变质的可能性提高，以肉制品的真空包装为例，如果包装材料阻氧性差，氧气很快使肉质腐败。另外，由于氧气的渗入，致使食品发生氧化和褐变等化学变化而产生异味，同样引起食品变质，如若含油脂食品的包装容器密封不严或所使用的包装薄膜透气性过大，则在贮运过程中，氧气容易透过包装渗透到容器内导致食品产生氧化酸败。还有一些食品包装（如碳酸饮料、咖啡等）对 CO_2 的透过量也有严格的要求，因此控制食品包装材料的透气性以及包装物内部的有机气体含量就成了食品包装的主要任务之一，表 9-1 为各种聚合物薄膜的氧气、二氧化碳气体的透过率。

气体透过对食品内容物质量的影响主要有以下几方面。

① 使食品中的油脂发生氧化，这种氧化即使是在低温条件下也能进行。油脂氧化产生的过氧化物，不但使食品失去食用价值，而且会发生异臭，产生有毒

物质。

② 食品中的大部分细菌由于氧的存在而繁殖生长，造成食品的腐败变质。

③ 生鲜果蔬在贮运流通过程中如不采取必要保护措施，果蔬会因呼吸作用而吸收氧放出 CO_2 和水，并消耗一部分营养，使得蔬菜、水果出现过熟、发软、风味变化等情况。

④ 在常温下，氧化褐变的反应速度比加热褐变快得多。对于风味食品，如浓缩肉汤及易氧化褐变变色的食品，即使有少量的残留氧，也能引起褐变，使食品的风味丧失或变化。

⑤ 碳酸饮料、啤酒、咖啡、果汁等产品除对氧气敏感外，CO_2 也对其品质有很大影响。

表 9-1 各种聚合物薄膜的氧气、二氧化碳气体透过率

(25℃或 35℃，湿度为 30%的干燥条件下，24h)

聚合物	厚度/μm	O_2 透过率/(g/m²)		CO_2 透过率/(g/m²)	
		25℃	30℃	25℃	30℃
EVOH	15	0.2	0.5	1.1	
PVDC	25	1			
PA6 (BO)	20	85	140	450	
PA66	25	77	140	140	
PET (BO)	12	64	165	175	820
PU	25	2700		14000	
PC	50	1800	1010		
PS	25	8100	37000	45000	
PP	50	29900			
ABS	50	960			
PE (相对密度 0.92)	50	3900	7200	16500	45000
PE (相对密度 0.95)	25	2900		7600	9400

2. 包装材料光线透过性

对于包装产品来讲，直接暴露在阳光下的概率很小，但是物品在包装后，在橱窗中、柜台里、货架上展示销售过程中无不受到可见光、白光灯的照射。由于紫外光 UVA 具有穿透玻璃的能力，日光灯也能发出紫外光，因此光线对包装产品保质期的影响是不能忽视的。如油脂类食品的包装流通过程中，受橱窗和商店内的荧光灯产生的紫外光影响，油脂会产生酸，从而导致商品变质，风味受损；药品中的生物碱、维生素 B_1、维生素 B_2、维生素 C 等，也由于光的作用很快和氧发生反应，出现变色及营养成分含量下降等各种变化，这就要求包装材料必须具有一定的避光性。

3. 包装材料水蒸气透过性

防潮包装其中一种类型是通过高阻湿的包装材料防止包装中的水分向外排出，其防潮能力主要取决于包装材料的透湿性。如果包装材料选择不当，就会使包装产品受到一定量水蒸气的影响而造成损害，降低产品的性能，甚至完全失去使用价值，尤其在食品和医药行业最为明显。因此，对包装材料透湿性的要求也越来越高。如某些干燥食品吸收水分后，不但会改变和丧失其固有性质（如香性和酥脆性），甚至容易导致食品的氧化腐变反应，加速食品的腐败；面粉贮存时的适宜含水量为11%～13%，如果含水量超过13%，霉菌将会迅速增殖，使面粉发生霉变，表9-2为各种聚合物薄膜的水蒸气透过率，表9-3为部分复合膜的阻氧、阻水蒸气数据。

表9-2 各种聚合物薄膜的水蒸气透过率

（40℃，相对湿度90%，24h，常温）

聚合物	厚度/μm	水蒸气透过率/(g/m^2)
PAN共聚物	25	82
PVDC	25	1
PA6（BO）	15	250
PA66	25	607
PET（BO）	12	55
PU	25	850
PC	50	24
PS	25	120
PE（相对密度0.92）	25	19
PE（相对密度0.935）	25	11
PE（相对密度0.955）	25	5
PP	20	15

表9-3 部分复合膜的阻氧、阻水蒸气数据

（阻氧：38℃，相对湿度90%；阻水蒸气25℃，相对湿度0%）

产品结构	透氧率/[mL/（m^2·24h）]	透湿率[g/（m^2·24h）]
BOPP/PE	1280	5.0
BOPP/CPP	900	4.1
BOPP/VMCPP	12.5	0.3

续表

产品结构	透氧率/[mL/(m² · 24h)]	透湿率[g/(m² · 24h)]
BOPP/VMPET/PE	1.6	0.52
BOPP/PA/PE	8.5	4.2
KBOPP/PE	9.5	3.1
PA/PE	180	6
PA/CPP	150	2.5
PA/PE/CPP	130	2
KPA/PE	12	8
PT/PE/EVA	0.2	11
PET/PE/EVOH/PE	3.6	4.5
PA/Al/PET/CPP	0.9	0.5
Ny/PE/Ny/PE	35	3.2
Ny/VMPET/CPP	0.9	1.8
PA/EVOH/PE	0.68	1.9
PA/Al/PE	0.5	0.43
PET/PE	200	7
PET/EVA/PE	4	7
PET/VMPET/CPP	0.8	0.5
PET/Al/CPP	0.1	0.2
PET/Al/PA/CPP	0.3	0.1
PET/VMCPP	5.0	0.2
PT/PE	0.4	20.0
PT/PE/CPP	0.8	4.1
PT/PE/EVA	0.2	11
PET/PE/EVOH/PE	3.6	4.5

二、包装材料阻隔结构问题

1. 软包装材料的阻隔结构

对塑料软包装材料除要求它能满足不同产品包装质量和效率等日益提高的要求外，还进一步要求其必须以节省资源、节约能源、用后易回收利用或易被环境降解为技术开发的出发点，为此塑料软包装材料正向高性能、多功能、环保及拓宽应用领域等方向发展。以典型的三层结构复合软包装材料为例，对软包装材料各复合层的作用及要求见表 9-4。

表 9-4　软包装材料各复合层的作用及要求

要求	作用
外层基材（表面层）	
机械强度	抗拉、抗撕、抗冲击、耐摩擦
阻隔性	防湿、阻气、保香、防紫外线
稳定性	耐光、耐油、耐有机物、耐热、耐寒
加工性	摩擦、热收缩卷曲
卫生安全性	低味、低臭、无毒
其它	光泽、透明、遮光、白度、印刷性
中间层材料（功能层）	
机械强度	抗张、抗拉、抗撕、抗冲击
阻隔性	隔水、隔气、保香
加工性	双面复合强度
其它	透明、避光
内层（密封层）	
机械强度	抗拉、抗张、抗击强度、耐压、耐刺
阻隔性	保香、低吸附性
稳定性	耐水、耐油、耐热、耐寒、耐应力开裂
加工性	摩擦系数、热黏性、抗封口污染、非卷曲
卫生安全性	低味、低臭、无毒
其它	透明性、非透明性、防渗、易撕

对外层材料最重要的要求是强度高、耐摩擦性好、光泽好、耐热、阻隔性好、印刷适性好。对中间层材料的最重要要求是具有一定强度、优异的阻隔性、双面的复合性。充分了解顾客的要求之后，就可以根据各层材料的要求进行复合软包装材料的功能设计和结构设计，再进一步策划出加工工艺和生产工艺指令，完成包装材料的生产。

2. 食品性能要求的包装材料的结构

包装材料的首要功能是保证食品的质量，因此，选择一种适合产品的包装材料尤为重要，否则就易出现食品安全问题。表 9-5 为常用食品包装材料结构及设计要求。

其它常见结构还有：

新鲜肉类：BOPA/EVOH/PE，BOPA/EVOH/EVA，BOPA/沙林，PET/沙林，KPA/EVA

速食汤：PET/Al/PE，纸/Al/PE，BOPA/EVA/PE，PA/PE，KPA/PE，PA/PE/Al/PE

味精：KPA/EXPE/PE，BOPP/PE，PET/CPP

表 9-5　常用食品包装材料结构及设计

类型	产品要求	包装材料结构	设计理由
蒸煮包装袋	用于肉类、禽类等包装，要求包装阻隔性好、耐戳穿（耐骨头穿破），在121℃蒸煮条件下杀菌不破、不裂、不收缩、无异味	透明类：BOPA/CPP，PET/CPP，PET/BOPA/CPP，BOPA/PVDC/CPP，PET/PVDC/CPP，GL-PET/BOPA/CPP 铝箔类：PET/Al/CPP，PA/Al/CPP，PET/PA/Al/CPP，PET/Al/PA/CPP	PET：耐高温、刚性好、印刷性好、强度大 PA：耐高温、强度大、柔韧性、阻隔性好、耐穿刺 Al：最佳阻隔性、耐高温 CPP：为耐高温蒸煮级，热封性好，无毒无味 PVDC：耐高温阻隔材料 GL-PET：陶瓷蒸镀膜，阻隔性好，透微波
膨化休闲食品包装	阻氧、阻水、避光、耐油、保香、外观挺括、色彩鲜艳、成本低廉	BOPP/VMCPP	BOPP与VMCPP均挺括，BOPP印刷性好，光泽度高；VMCPP阻隔性好，保香阻湿，耐油性也较好
酱类包装	无臭无味，低温封口性、抗封口污染性、阻隔性好，价位适中	KPA/S-PE	KPA阻隔性极佳、强韧性好，与PE复合牢度高、不易破包、印刷性好 S-PE是多种PE共混物(共挤)，热封温度低、抗封口污染性强
饼干包装	阻隔性好、遮光性强、耐油、强度高、无臭无味、包装挺括	BOPP/EXPE/VMPET/EXPE/S-CPP	BOPP刚性好、印刷性好、成本低 VMPET阻隔性好、避光阻氧、阻水 S-CPP低温热封性好、耐油
奶粉包装	保质期长、保香保味、防氧化变质、防吸潮结块	BOPP/VMPET/S-PE	BOPP印刷性好、光泽好、强度好、价格适中 VMPET阻隔性好，避光，韧性好，具金属光泽以采用增强型PET镀铝为佳，Al层厚500Å（1Å=10^{-10}m） S-PE抗封口污染性好、低温热封性好
绿茶包装	保香保味、防氧化变质、防变色，也就是防止绿茶所含的蛋白质、叶绿素、儿茶酸、维生素C类氧化	BOPP/Al/PE，BOPP/VMPET/PE，KPET/PE	Al箔、VMPET、KPET均为阻隔性极好的材料，对氧气、水蒸气、异味的阻隔性好 Al箔、VMPET的避光性也极好，产品价格适中
食用油包装	防氧化变质、机械强度好、抗爆裂强度高、撕裂强度高、抗油、光泽高、透明性	PET/AD/PA/AD/PE，PET/PE，PE/PE/PE，PE/EVA/PVDC/EVA/PE	PA、PET、PVDC耐油性好、阻隔性高 PA、PET、PE强度高；内层PE为特殊PE，抗封口污染性好，密闭性高

续表

类型	产品要求	包装材料结构	设计理由
牛奶膜	阻隔性好、抗爆裂强度高、避光、热封性好，价格适中	白色PE/白色PE/黑色PE	外层PE光泽好，机械强度高；中间层PE为强度承担者；内层为热封层，具有避光、阻隔、热封性
研磨咖啡包装	防吸水、防氧化、耐抽真空后产品的硬块，保住咖啡挥发的、易氧化的香味	PET/PE/Al/PE，PA/VMPET/PE	Al、PA、VMPET阻隔性好，阻水、阻气；PE热封性好
巧克力包装	阻隔性好，避光，印刷美观，低温热封	纯巧克力：光油/油墨/BOPP/PVDC/冷封胶 果仁巧克力：光油/油墨/VMPET/AD/BOPP/PVDC/冷封胶	PVDC、VMPET均为高阻隔材料，冷封胶极低温度即可封合，热量不致影响巧克力，由于果仁中含有较多油脂，易氧化变质，因此结构中增加了阻氧层
饮料包装袋	酸性饮料的pH值<4.5，巴氏消毒，一般阻隔性 中性饮料的pH值>4.5，杀菌，阻隔性要高	酸性饮料：PET/PE（CPP），BOPA/PE（CPP），PET/VMPET/PE 中性饮料：PET/Al/CPP，PET/Al/PA/CPP，PET/Al/PET/CPP，PA/Al/CP	对于酸性饮料：PET、PA能提供良好阻隔性，耐巴氏杀菌，由于酸性延长了保质期 对于中性饮料：Al提供了最好的阻隔性，PET、PA强度高，耐高温杀菌
酱油、沙司包装	强度高、保质期长、防氧化、耐腐蚀、抗封口污染性好	KPA/LLDPE（EVA，BOPA/VMPET/LLDPE（EVA） PET/Al/PET/LLDPE（EVA） PET/VMPET/LLDPE（EVA）	KPA、Al、VMPET均为高阻隔材料，阻氧、阻水性极好。Al层适当远离内层，防止被腐蚀，LLDPE或EVA抗封口污染性好
果汁盒		一般结构：LDPE/纸板/LDPE/Al/EAA/LDPE，PE/纸板/EAA/Al/EAA 利乐纸盒：印刷层/纸板/PE/沙林/Al/沙林/PE PKL纸盒：PE/印刷层/纸板/PE/沙林/Al/沙林/PE	纸板是结构材料，部分纸板的成分配比和性能均为专有技术；Al是阻隔层，一般9μm厚；沙林、EAA为热封材料；PE是无毒无味的热封材料；EAA在强酸下可抗封口污染
布丁、果冻类易撕盖膜	无毒、无味，耐内容物，运输不破损、卷度好、易撕开、无残膜	透明型：PET/LTS，PET/PET/LTS，BOPA/BOPA/LTS 透明阻隔型：BOPA/PVDC/BOPA/LTS，BOPA/EVOH/LTS，KPA/PA/LTS 不透明阻隔型：PET/VMPET/LTS，PET/VMPET/LSPET/Al/LTS，PET/Al/PET/LTS，Al/PET/PE/HM	透明型：阻隔性好，不翘曲，BOPA两层型杀菌后张力效果好，易撕 透明阻隔型：增加了阻隔层，延长了保质期 不透明阻隔型：增加了遮光性，阻隔性高

各种塑料的单体分子结构不同，聚合度不同，添加剂的种类和数量不同，性能也不同，即使同种塑料不同牌号性质也会有差别。因此，必须根据要求选用合适的塑料或塑料与其它材料的组合，选择不当可能会造成食品品质下降，甚至失去食用价值。

第二节　食品包装安全迁移理论

一、食品包装安全迁移理论

1. 食品包装安全的理解

食品安全不仅指食品本身的安全，还包括包装材料的使用安全性。实际上，食品包装材料是一种“隐形添加剂”，从以往发生的少数PVC保鲜膜、一次性餐具等物品中发现致癌物质的事件可以看出，食品包装的安全不容忽视。包装材料内含大量小分子化学物质，例如功能性助剂、油墨成分、低聚物、黏合剂成分、分解产物等，在与食品接触时这些物质会向食品迁移，这不仅影响包装材料本身的使用性能及其对食品的保护功能，最为重要的是引起食品污染从而危及消费者健康。

事实上，没有哪种食品接触材料是完全惰性的，材料中的化学成分都有可能向包装食品中的迁移。当塑料、纸、金属、橡胶等包装材料与一定类型的食品接触时都会释放少量的化学物质，这种化学物质向食品中的释放在学术上被认为是迁移。按照科学的方法迁移可以定义为：通过亚微观过程从外部来源向食品中的传质。更通俗的表达是包装材料中的残留物或用以改善材料加工性能的添加剂、助剂等从包装材料内向与食品接触的内表面扩散，从而被溶剂化或溶解。迁移从理想角度的理论上讲就是一个扩散和平衡的过程，是低分子量化学物从包装材料中向所接触食品的传质过程，迁移成分通过包装材料的无定形区或通道向包装-食品系统界面扩散直到包装材料和食品这两相的化学位势相等才能达到平衡。

化学迁移受几个决定性因素的控制，首先迁移的发生依赖于包装材料中化学物的浓度和特性，包装材料是化学物迁移的来源，迁移程度取决于化学物在材料中的浓度，例如某些食品包装由于迁移化学物浓度过高，其向食品中迁移的浓度达到了直接用做食品添加剂的用量。另外，假定化学物与包装材料相容性比较好，则化学物在包装材料中的迁移率取决于分子的大小和形状；其次是接触条件下的食品特性，食品本身的特性对化学迁移有显著的影响，因为食品决定了包装材料中化学物在食品中的溶解性，这影响了可能发生的迁移的数量。如果食品与包装材料之间的相互作用比较强烈，那么通过渗透会发生高的迁移，一个极端的例子是包装与食品之间的相互作用使未涂层金属表面腐蚀，从而金属中的物质向一定的酸性食品中迁移，或釉中重金属释放，避免这种明显的不匹配，确保包装材料与所包装的食品不相容是非常重要的；再者，包装材料本身的特性应该重点考虑，如果包装材料本身为惰性材料，那么它就具有低扩散率，很可能表现出低迁移值；最后，包装材料与食品之间的接触类型和接触程度是另一个需考虑的重要参数。所有这一切取决于食品的物理特性（固体食品仅有有限的接触，液体食品有更大范围的接触）和包装的尺寸、形状，这方面主要指包装材料表面积与食品的接触比例，及具有阻隔层的包装材料可以延滞或阻止迁移的发生。包装材料中化学物迁移不是一个无关紧要的过程，随着小吃、外卖食品的增加，为满足日益丰富的饮食产品的携带与使用方便，小型包装（包装表面积/食品质量的比值比较高）的需求也正在大幅增长，相应的与我们饮食健康息息相关的包装材料中化学物迁移的控制也变得越来越迫切。

2. 包装材料中化学成分向食品中的迁移扩散机理

迁移理论上讲就是一个扩散和平衡的过程，是低分子量化合物从包装材料中向接触食品的传质过程，这里说的扩散机理主要解释迁移物在聚烯烃中的扩散，迁移成分通过包装材料的无定形区或通道向包装-食品体系界面扩散直到包装材料和食品这两相的化学位势相等才能达到平衡。渗透质迁移过程分三个不同但又相互联系的阶段：渗透质在聚合物内的扩散；渗透质在聚合物与食品界面处的溶解；渗透质溶入食品。

塑料是由许多特定结构单元通过共价键重复连接而成的高分子聚合物材料，其分子链段构象主要有线型、支链型、交联型三种。聚合物正是由这些分子链段聚集而成，而链段与链段之间在空间上又有排列和堆砌，从而形成了极其复杂的聚合物内部网络空间。尽管高分子链结构对高分子材料性能有显著影响，但聚合物的聚集态结构对聚合物材料性能的影响比高分子链结构更直接、更重要，小分子物质在高分子聚合物材料内的迁移扩散也主要是由聚合物的聚集形态决定的。多数聚合物都具有非晶结构，即使是高度结晶聚合物也同时存在结晶区和非晶区，分子链往往以折叠链的形态存在，分子链规则排列的部分是晶区，不规则部分是非晶区。通常非晶区的分子扩散要比晶区的快几个数量级，因此主要考虑聚合物非晶区的扩散。

研究的对象通常是分子量在 2000 以下的低分子量物质（各类添加剂、加工助剂、单体、低聚体、分解产物等），因此与聚合物分子链相比较在尺度上要小得多，图 9-1 从总体上展现了小分子物质在聚合物内的扩散。聚合物内部同时存在晶区和非晶区，晶区主要结构包括折叠链和折叠链缨状、伸直链结构；非晶区

则一般认为主要以无规线团为代表的无定形的形式存在。有人认为渗透物小分子在高聚物膜内的传递是通过高聚物链段间的空隙迁移进行的。然而事实上聚合物内部是一个极其复杂的空间网络结构，随着外界条件的变化（主要是温度），分子链段形态、晶区和非晶区的聚集形态等都在不断发生变化，因此小分子在实际聚合物内的迁移扩散远要复杂得多。

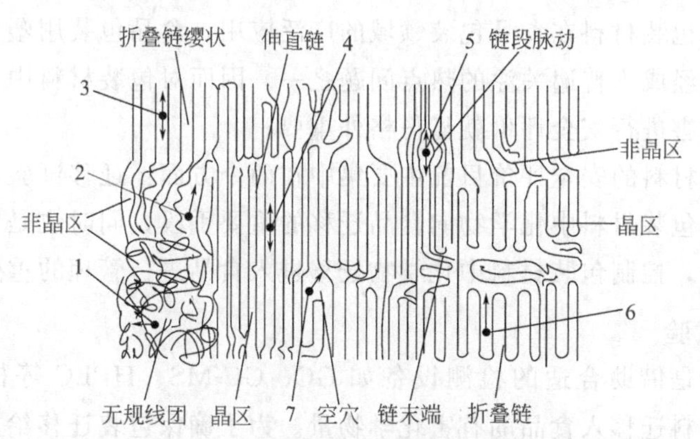

图 9-1 高分子聚合物内的扩散

1—无规线团内的空隙扩散；2—折叠链缨状无定形区的扩散；3—折叠链缨状晶区的扩散；4—晶区伸直链内的扩散；5—晶区链段脉动条件下的扩散；6—晶区折叠链内的扩散；7—无定形区空穴扩散

Guest 等把聚烯烃薄膜的内部结构分为三个区域。结晶区：聚合物链进行规则薄片状折叠，厚度为 120～150Å（Å$=10^{-10}$m）；无定形区：聚合物链比较自由地纠缠在一起；交界区：沿结晶区薄片面和折叠链表面。分子扩散只在无定形区进行，且扩散受无定形区内分子所在位置的尺寸大小和所在位置附近链的硬度影响。

Reynier 等根据迁移物分子的官能团把分子结构分为柔性部分（长的烷基链，无大体积官能团，属于线性分子）和刚性部分（分子结构中有芳基，支链上是小分子链或分子为刚性杂环，类似于球形结构）。柔性部分在聚合物中的扩散是蠕动式，而刚性部分在聚合物中的扩散是跳跃式，分子结构中既有刚性芳基又有柔性长烷基链的聚合物中的扩散包括上述两种形式。对于分子量相同的物质，蠕动式扩散系数比跳跃式的大，也就是线型分子扩散系数最大，球形分子扩散系数最小。

对分子在聚合物中的迁移机理解释最为成功的是 Vrentas 和 Duda 共同建立的 Vrentas-Duta 自由体积理论，此理论认为只有在分子周围有足够大的自由体积空间，且分子有足够大的能量实现跃迁，才能实现分子在聚合物中的迁移。认为处于高分子链段之间的自由体积，主要是由链段的整体运动构成，与链段的“柔性”和组成链段原子间相互作用有关。对于低分子溶剂在高分子中的扩散过程，可以看作小分子在自由体积所组成的不连续通道中进行的随机“跳跃”迁移过程。大量研究工作证明自由体积理论能够正确预测橡胶态高分子中溶剂的扩散系数。

二、食品包装安全迁移试验

由于塑料包装材料在食品包装领域的广泛应用，食品包装用塑料包装材料的安全性问题已经成为普遍关注的热点问题之一。因而对包装材料中化学物可能对人体产生的危害进行安全评价就显得格外重要。

食品包装材料的安全评价目前主要集中在两个方面：迁移试验和迁移预测模型。这是研究包装材料中化学物向食品迁移的重要手段，同时也是管理机构为了确保食品安全，控制包装材料中化学物迁移进入食品进行管理的重要手段。

1. 迁移试验

迁移试验是借助合适的检测设备如 GC、GC-MS、HPLC 等检测一定条件下，由包装材料迁移入食品的有害化学物量。为了确保包装迁移给人们的健康带来的影响最小，欧盟在直接接触食品包装材料方面对总迁移极限（OML，overall migration limit）和特定迁移极限（SML，specific migration limit）都有明确规定。

总迁移量指在一定的条件下污染物从与食品接触的包装材料或容器向食品或食品模拟物中迁移的质量总和。测试总迁移是因为食品接触材料很可能给食品成分带来不可接受的改变。总迁移极限（OML）要求不超过 $10mg/dm^2$，容量超过 500mL 的容器、盖子等物品，迁移到食品中的物质不得超过 60mg/kg，即每千克食品或食品模拟物内所含源自于食品接触物质的各类迁移物的总量不超过 60mg。

特定迁移极限（SML）适用于某些单独授权的物质，基于对该物质的毒物学评估，是对 OML 的一个补充，指某种迁移物质在食品或食品模拟物中允许的最大浓度。通常 SML 根据食品科学委员会（SCF）规定的容许日摄入量（TDI）设定，为了设定这一极限，假定体重 60kg 的人在一生当中每天进食 1kg 经塑料包装的食品，所用塑料包装材料内所含相关成分处于最大允许量水平，SML＝60TDI。然而某些情况下需要考虑不同的饮食习俗。亲脂性物质很容易迁移到脂肪食品中，而脂肪食品的消费通常是每天 200g 或更少。考虑到较低的脂肪消费，对于这些物质应该设定一个缩减因子以符合统一的检测要求。

（1）食品模拟物的选用　在进行迁移试验时应该直接分析哪些成分进入食品，然而由于食品本身和食品-包装系统的复杂性，直接分析食品中的迁移物质是十分困难的，也不可能总是使用食品进行食品接触材料的检测，因此引入食品模拟物。

食品的组成和结构都非常复杂，其特性直接影响迁移结果，由此美国 FDA（食品药品管理局）和欧盟 EC（欧盟委员会）都根据食品的食用特性将食品进行了具体的分类，食品模拟物通常按照具有一种或多种食品类型特征进行分类，具体见表 9-6。

表 9-6　FDA、EC 推荐的食品模拟物

食品类型	EC 推荐的食品模拟物	FDA 推荐的食品模拟物
水性食品（pH>4.5） 酸性食品（pH≤4.5）	蒸馏水或同质水 3%（质量分数）乙酸	10%乙醇水溶液
酒精类食品	10%（体积分数）乙醇水溶液超过该值必须调整到实际酒精度	10%或 50%乙醇水溶液
脂肪类食品	精炼橄榄油或其他脂肪食品模拟物	食用油（如玉米油），HB307①或 Miglyol 812②，纯或 95%乙醇

① HB 307，由合成甘油三酸酯构成的混合物，主要是 C_{10}，C_{12} 和 C_{14}。

② Miglyol 812，一种通过分馏得到的椰子油，由饱和的 C_8（50%～65%）和 C_{10}（30%～45%）类甘油三酸酯构成。

欧共体理事会指令 97/48/EC，认可美国 FDA 所选用的玉米油也可作为脂肪食品模拟物，还通过了异辛烷、95%乙醇在某些情况下可替代橄榄油进行迁移研究，而且还通过了用 MPPO（改性聚亚苯基氧化物，又称为 Tenax，一个热稳定性高，吸附性好的固相多孔聚合物），作为替代橄榄油的模拟物，要求使用温度≥100℃（试验结果显示由于对它的使用缺乏经验，而且用起来比较复杂，成本高，使用的较少），另外，在用 Tenax 进行试验时使用比率为 4g Tenax/dm^2 试样（根据 European Standard EN 1186 的第 13 部分）。实际试验中脂肪性食品模拟物的种类繁多，选用不同的脂肪食品模拟物使得试验数据存在偏差，但目的都是为了使迁移物的分析简单化、准确化。

（2）试验温度和时间的确定　温度和时间是影响迁移的两个重要因素，食品-包装体系的货架寿命与贮存条件密切相关，有些食品冷冻条件下保存时间可长达 2 年甚至几年，试验时为了有效省时根据具体情况进行了加速处理，即用高温短时代替实际食品的使用条件来进行加速迁移试验。根据欧盟指令 82/711/EEC 的规定，迁移检测条件必须是所研究的塑料材料和制品可预见的最差接触条件和最高使用温度；在室温或低于室温条件下与食品可接触无限长时间的塑料材料和制品，以及当材料和制品标明在室温或低于室温条件下使用或材料和制品本身的性质清楚地表明应在室温或低于室温条件下使用时，应在 40℃/10d 条件下进行试验检测，通常认为这个时间和温度条件是比较严酷的；当检测挥发性物质的迁移时，使用模拟物的检测应认为在可预见的最差使用条件下可能出现的挥发性迁移损失。指令中规定了使用食品模拟物的常规迁移检测条件、全部和部分迁移的替代脂肪食品模拟物的检测，如表 9-7 和表 9-8 所示。

表 9-7 使用食品模拟物的常规迁移检测条件

可预见的最差接触条件	检测条件
接触时间	检测时间
5min＜t≤0.5h	0.5h
0.5h＜t≤1h	1h
1h＜t≤2h	2h
2h＜t≤4h	4h
4h＜t≤24h	24h
t＞24h	10d
可预见的最差接触条件	检测条件
接触温度	检测温度
T≤5℃	5℃
5℃＜T≤20℃	20℃
20℃＜T≤40℃	40℃
40℃＜T≤70℃	70℃
70℃＜T≤100℃	100℃或回流温度

表 9-8 替代检测的常规条件

使用模拟物油的检测条件	使用异辛烷的检测条件
5℃/10d	5℃/0.5d
20℃/10d	20℃/1d
40℃/10d	20℃/2d
60℃/2h，70℃/2h	40℃/0.5h
60℃/2.5h，100℃/0.5h	60℃/0.5h①

① 挥发性检测介质使用的最高温度为 60℃。

图 9-2 迁移单元

(3) 迁移单元 迁移单元的使用是迁移试验领域不断发展的结果，包括单面接触和全浸泡两种试验方法，单面接触试验方法适合于多层复合材料，全浸泡试验方法适合于单层塑料材料。迁移单元如图 9-2 所示，也可根据需要自制完成。

另外，应根据实际需要，选择合适的包装材料面积，合适体积的食品（模拟物）进行接触以进行迁移试验，欧盟认为 1kg 食品应用 $6dm^2$ 的包装材料进行包装，当迁移试验中食品模拟物的密度按照 $1g/cm^3$ 进行计算时，则对于液体食品包装，包装面积/食品体积比相当于 $6dm^2/L$，即 $0.6cm^2/mL$。美国 ASTM 根据

FDA颁布的试验标准，规定食品（模拟物）与包装材料体积/面积比为155～0.31mL/cm²。

2. 迁移预测模型

（1）理论背景 大量研究表明，食品接触材料和食品之间的相互作用作为可预测的物理过程确实发生了。然而，由于试验测试过程比较复杂，加上化学物的多样性，试验费时且成本高，迫切需要别的方法来替代这个过程，其中，一个重要的方法就是迁移预测模型。

迁移属于传质过程，主要通过化学物的扩散，而热量的传导方式与扩散存在相似之处，德国生理学家Adolf Fick（1855）最早认识到这一点，将Fourier（1822）早年的热流方程应用于扩散研究，由此产生了菲克第一定律。菲克第一定律描述的是稳态的扩散过程，浓度不随时间变化，只随距离改变，然而，实际应用中大多数扩散过程都是非稳态扩散，即浓度随时间变化，此时就必须用菲克第二定律来描述。为简化分析，只考虑一维扩散，即认为迁移只发生在包装材料厚度方向上，且假定扩散系数与浓度无关，此时菲克第二定律表达为：

$$\frac{\partial C_{x,t}}{\partial t}=D\frac{\partial^2 C_{x,t}}{\partial x^2} \tag{9-1}$$

式中 D——扩散系数，cm^2/s；

$C_{x,t}$——迁移物浓度，mg/cm^3；

x——与包装材料横截面垂直的坐标，cm；

t——时间，s。

根据食品接触材料的具体使用情况，做了如下假设：

① 初始时刻，迁移物均匀分布于包装材料中；

② 迁移物经由包装材料与食品接触一侧进入食品，另一侧不发生传质；

③ 包装材料与食品界面处传质系数远大于扩散系数，不考虑传质阻力；

④ 迁移物在包装材料中的扩散系数D和分配系数$k_{P,F}$（迁移平衡时包装材料内与食品内迁移物浓度的比值，$C_e/C_{F,e}$）为常数；

⑤ 任一时刻食品中的迁移物均匀分布；

⑥ 在包装材料和食品界面上，迁移过程的任何时刻都是平衡的；

⑦ 忽略边界效应及包装材料与食品间的相互作用。

式（9-1）可以描述所有聚合物食品包装材料内物质的迁移，区别只是假设、初始条件和边界条件不同。

（2）迁移预测模型

① 单层结构迁移模型（单层塑料） 单层结构包装形式在日常生活中随处可见，如果汁、饮料瓶，油桶，袋装奶、火腿肠等，包装模型如图9-3所示，C_{in}

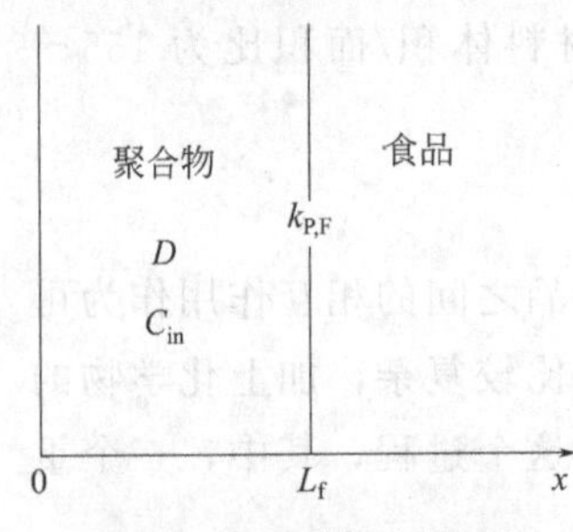

图 9-3　单层模型系统图

表示包装材料中迁移物的初始浓度，L_P 为包装材料厚度。假设迁移物的浓度为常数时，称之为“无限包装”；假设食品体积无限大，以至于迁移物浓度被认为常数 0 时，称之为“无限食品”。包装有限厚度（有限包装）是接近真实情况的，此时根据食品体积，包装可分为两类：有限包装-无限食品，即包装材料的体积远远小于食品的体积；有限包装-有限食品，即包装材料的体积与食品的体积相差不大。

a. 有限包装-无限食品迁移模型　这种食品-包装体系意味着在迁移过程中食品中迁移物的浓度一直是常数，等于其初始值 $C_{F,0}=0$。迁移过程一直进行到聚合物包装材料中迁移物的浓度由初始值降到界面值，即与食品中不存在浓度梯度为止。这一情形是一种不考虑分配行为的完全迁移过程。

初始条件（$t=0$）

$$C=C_{in}(0<x<L_f)$$

边界条件（$t>0$）

$$\frac{\partial C}{\partial x}=0,\quad x=0$$

$$C=0,\quad x=L_f$$

将初始条件和边界条件代入式（9-1），得到：t 较小时，从包装材料进入食品中的迁移量 $M_{F,t}$ 与平衡时迁移物进入食品中总量 $M_{F,e}$ 的比值为：

$$\frac{M_{F,t}}{M_{F,e}}=2\left(\frac{Dt}{L_f^{\,2}}\right)^{0.5}\left\{\frac{1}{\pi^{0.5}}+2\sum_{n=1}^{\infty}(-1)^n ierfc\left[\frac{nL_f}{(Dt)^{0.5}}\right]\right\} \tag{9-2}$$

迁移量在 t 较大时可写为式（9-2）的等价形式：

$$\frac{M_{F,t}}{M_{F,e}}=1-\sum_{n=0}^{\infty}\frac{8}{(2n+1)^2\pi^2}\exp\left[-\frac{(2n+1)^2\pi^2}{L_f^{\,2}}Dt\right] \tag{9-3}$$

当 $ierfc\ [nL_f/(Dt)^{0.5}]\rightarrow 0$ 时，式（9-2）可简化为最常用、最经典的包装材料化学物迁移预测方程：

$$\frac{M_{F,t}}{M_{F,e}}=\frac{2}{L_f}\left(\frac{Dt}{\pi}\right)^{0.5} \tag{9-4}$$

b. 有限包装-有限食品迁移模型　这种情形的迁移表示迁移物从有限体积的包装迁移入搅拌均匀、有限体积的食品中。迁移发生后，食品中迁移物浓度由零增至平衡值，可以考虑分配行为。在这种情形下，边界条件有所改变，考虑分配时，用迁移物的质量平衡来表示接触食品一侧的边界条件：

$$\left(\frac{V_F}{k_{P,F}A}\right)\frac{\partial C_{x,t}}{\partial t}=-D\,\frac{\partial C_{x,t}}{\partial x},\quad x=L_f,\quad t>0 \tag{9-5}$$

式中，V_F 为食品的体积，A 为包装材料与食品接触的表面积。

初始条件和 $x=0$ 处的边界条件分别同有限包装-无限食品模型。

将初始条件和边界条件代入式（9-1）后求得：

$$\frac{C-C_{in}}{C_{P,e}}=1+\sum_{n=1}^{\infty}\frac{2(1+\alpha)\exp(-Dq_n^2t/L_f^2)}{1+\alpha+\alpha^2q_n^2}\times\frac{\cos(q_nx/L_f)}{\cos(q_n)} \tag{9-6}$$

$$\frac{M_{F,t}}{M_{F,e}}=1-\sum_{n=0}^{\infty}\frac{2\alpha(1+\alpha)}{1+\alpha+\alpha^2q_n^2}\exp\left(\frac{-Dq_n^2t}{L_f^2}\right) \tag{9-7}$$

式中　C_{in}——迁移物的初始浓度；

$C_{P,e}$——平衡时包装材料中迁移物的浓度，mg/cm^3；

α——不考虑分配时为食品与包装薄膜的体积比 V_F/V_P，考虑分配时 $\alpha=V_F/(V_P\cdot k_{P,F})$；

q_n——方程 $\tan q_n=-\alpha\cdot q_n$ 的非零正根。

在完全迁移（$\alpha\to\infty$）或是包装体积无限（$L_f\to\infty$）时，即无限包装-无限食品，式（9-7）可简化为：

$$\frac{M_{F,t}}{M_{F,e}}=\frac{2}{L_f}\sqrt{\frac{Dt}{\pi}} \tag{9-8}$$

式（9-8）可预测最坏情况下的迁移。因为包装材料被认为是无限大的，模型过高地估计了迁移，为了保护消费者利益给出了最大的安全空间。

式（9-8）有时可由式（9-9）代替：

$$\frac{M_{F,t}}{M_{P,0}}=\frac{2}{L_f}\left(\frac{Dt}{\pi}\right)^{0.5} \tag{9-9}$$

式中　$M_{P,0}$——迁移物初始含量，mg。

式（9-8）式（9-9）常用于求取扩散系数 D。

② 带功能保护层结构迁移模型（双层同种塑料结构迁移模型）　这种包装材料指含污染物的再生利用层作为外层且污染物均匀分布，不含任何污染物的同种塑料材料原生层即功能阻隔层作为内层，内层与食品相接触，包装模型如图 9-4 所示。该类型迁移模型也是基于上面的基本假设条件，建立在单层模型基础上。不同的是该模型假设包装材料是由两层相同聚合物组成，即两层的扩散系数相同，且理想接触（不考虑层间的传质阻力及分配）。

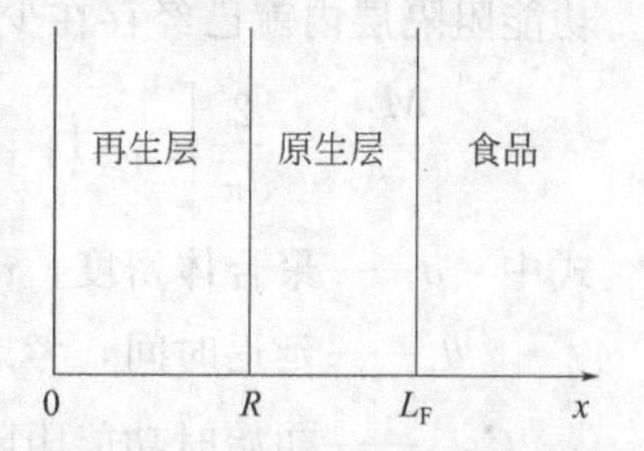

图 9-4　双层模型系统图

Laoubi 和 Vergnaud 建立了有限包装-无限食品迁移模型。该模型假设初始时刻污染物均匀分布于包装材料再生层内，污染物通过原生层向食品中进行迁移，但不通过再生层向外部空间进行扩散，包装材料另一侧的浓度为零，食品可瞬时、无限地容纳所有来自包装材料的污染物，即对于污染物而言，食品为一个瞬时无限大的池槽，该模型不考虑分配的影响。

初始条件（$t=0$）：

$$C=C_{in}, \quad 0<x<R$$

$$C=0, \quad R<x<L_F$$

边界条件（$t>0$）：

$$\frac{\partial C}{\partial x}=0, \quad x=0$$

$$C=0, \quad x=L_F$$

将初始条件和边界条件代入式（9-1），采用分离变量，得到方程的解。

$$\frac{C_{x,t}}{C_{in}}=\frac{4}{\pi}\sum_{n=0}^{\infty}\frac{1}{2n+1}\sin\frac{(2n+1)\pi R}{2L_F}\cos\frac{(2n+1)\pi x}{2L_F}\exp\left(-\frac{(2n+1)^2\pi^2}{4L_F^2}Dt\right) \tag{9-10}$$

$$\frac{M_{r,t}}{M_{in}}=\frac{8L_F}{\pi^2 R}\sum_{n=0}^{\infty}\frac{(-1)^n}{(2n+1)^2}\sin\frac{(2n+1)\pi R}{2L_F}\exp\left(-\frac{(2n+1)^2\pi^2}{4L_F^2}Dt\right) \tag{9-11}$$

式中　R——再生层厚度；

L_F——两层总厚度；

$M_{r,t}$——t 时刻材料内迁移物量；

M_{in}——再生层内迁移物的初始量。

Begley 和 Hollifield 也建立了有限包装-无限食品迁移模型。该模型假设包装材料一侧浓度是固定的，另一侧的浓度为零，食品可瞬时、无限地容纳所有来自包装材料的污染物，即对于污染物而言，食品为一个瞬时无限大的池槽。

$$\frac{M_{F,t}}{M_{F,e}}=\frac{Dt}{(L_F-R)^2}-\frac{1}{6}-\frac{2}{\pi^2}\sum_{n=1}^{\infty}\frac{(-1)^n}{n^2}\exp\left[\frac{n^2\pi^2 Dt}{(L_F-R)^2}\right] \tag{9-12}$$

Franz 等人建立的双层结构迁移模型，考虑的是包装材料与食品接触初期，功能阻隔层内就已经存在少量污染物。

$$\frac{M_{F,t}}{A}=\frac{2}{\sqrt{\pi}}\left[C_{P,e}\left(1+\frac{L_F-R}{R}\right)-C_{B/2}\frac{L_F-R}{R}\right]\rho\sqrt{D}\left(\sqrt{\theta_r+t}-\sqrt{\theta_r}\right) \tag{9-13}$$

式中　ρ——聚合体密度，mg/cm^3；

θ_r——延迟时间，考虑共挤过程中的扩散计算得到，s；

$C_{B/2}$——初始时功能阻隔层-食品分界面上的迁移物浓度，mg/cm^3。

对迁移模型的研究除了上述介绍外，还有学者研究了迁移物进入食品后与食品发生一级化学反应，从而得出迁移物发生化学反应的量的模型；Laoubi 和 Vergnaud 研究了三层迁移模型，中间层为污染物层，两边为原生层，忽略共挤

时发生的迁移，不考虑与食品接触，只考虑包装材料在包装食品前的贮存期内污染物从中间层向两边原生层的迁移；Perou 等人也研究了三层迁移模型，同样中间层为污染层，两边为原生层，作为有限包装-无限食品进行研究，考虑了共挤过程中污染物向原生层的迁移，还考虑了食品中的传质系数，用有限差分进行了数值求解；Helmroth 等人研究了聚烯烃内污染物迁移的随机模型，主要探讨了迁移物扩散系数的随机分布，如何使用扩散系数的这些随机分布得到迁移量的预测。

第十章

食品包装促销设计技术与应用

现代食品包装技术发展十分迅速。许多食品包装技术在应用时技巧很多，并且超出了单一的食品包装方法，这些方法都在社会和经济生活中表现出不同的特征。但食品包装促销设计技术与应用远远不再是传统的包装种类和形态，很多是靠思维和构思打破原有的模式。现将食品包装促销设计技术与应用的技巧加以分析。重点分析二次造型包装、搭档包装、借用包装、仿生包装和纳米包装技术应用。

第一节　食品的二次造型包装

一、概念及原理

1. 概念

很多食品其形体及特性不稳定、不规则，在包装时必须通过特殊的方法使之成为标准和稳定的形态。这样可使产品实现商品化，从而使运输、贮藏、陈列和使用更加便利。特别是二次造型构成形态有利于促销。

2. 原理

二次造型的原理是利用产品性能和内在结构而使之成为所要求的形态和结构。其实现的关键是包装，就是利用包装使之获得形态和结构，也就是用包装的形体取代原有产品的自然形态和结构，用包装形体取代产品形态。

产品的自然结构主要指无法用统一的线与面来表现的立体构成，例如陆地上的禽类与飞行动物以及鱼类等。图 10-1 为鸡和鱼类食品示意图。

图 10-1　鸡和鱼类食品示意图

在实现二次造型时，要抛开原有产品的固有形体与结构，而通过包装的空间、线与面进行组合，使其具有标准的形体，而便于陈列、运输和销售。

二、方法与技巧

食品的二次造型包装方法与技巧主要有三种：压力造型法、形体包络法和分割充填法。

1. 压力造型法

(1) 方法　主要利用包装产生一定的压力，使产品产生压缩而充实到包装内的所有空间，最终形成包装实物。

(2) 特点与要求

① 产品可压缩变形。

② 变形后的产品形成形体脱离包装后受力时产生散离。

③ 包装有一定的规则性和立体结构。

④ 形成的包装食品单件成为最小的食用单元。

⑤ 通过包装造型后，包装与食品形成一体，便于贮运和消费。

(3) 设计技巧　压力造型法包装的设计技巧按图 10-2 进行。

(4) 应用实例及分析

① 应用　压力造型法主要应用于湿性粉体食品，例如绿豆糕（图 10-3）、酥糖等。

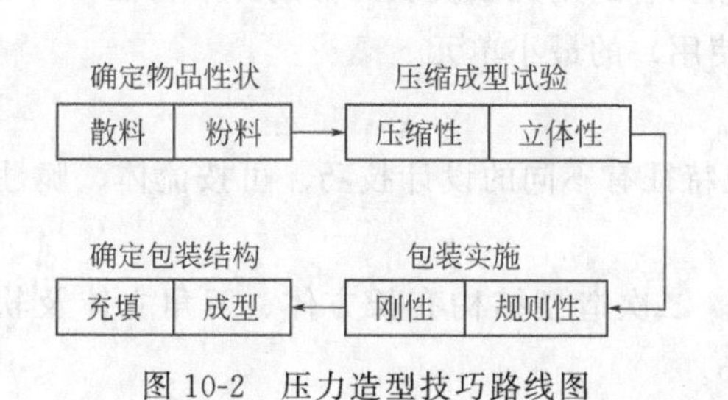

图 10-2　压力造型技巧路线图

图 10-3　绿豆糕造型

② 实例分析　以绿豆糕为例。绿豆糕是一种典型的应用压力造型法所进行的二次造型包装，其性状是湿性粉体，将其压入刚性模具中脱模后获得模具内腔形体，但受力后会散离，不利于贮运和销售。而采用具有一定刚性立体的包装（如纸盒、塑料容器等）使之具有的包装形状固定下来，再施加外包装，这时就

得到包装固定的形体，从而实现了绿豆糕的二次造型。现在看到的则是包装表现出的立体状绿豆糕。酥糖也有类似的二次造型包装。这些二次造型包装最大的特点是食品在包装作用下产生了压力而形成立体，绿豆糕的最后包装造型为长方体，有效地利用了包装空间并增加了稳定性。

2. 形体包络法

（1）方法　主要利用包装使包装的食品实体外形形成包络面，而不考虑食品个体的具体结构（各种棱角等）。通过包装形体的面对食品进行包络。包装的形体近似于食品的结构，或者食品的大量个体充满包装的内腔。图 10-4 分别为石榴饮料、辣椒酱、油炸土豆片的包络包装。

图 10-4　饮料、辣椒酱、油炸土豆片的包络包装

（2）特点与要求

① 产品（食品）不产生变形。

② 包装对产品只起固定或支承作用，而不施加附加压力。

③ 包装的外形与立体产品外形近似，有的则无法反映产品的外形特征。

④ 包装造型单个形体成为消费（使用）的最小单元。

⑤ 造型有利于外包装及贮运。

（3）设计技巧　针对食品的性能及特征有不同的设计技巧。可按流体、脆性规则体和非脆性不规则体三类进行设计。

① 流体　如饮料类、液体奶类等。二次造型结构有长方体、四角立体及软袋状。流体二次造型包装技巧见图 10-5。

② 脆性规则体　如蛋卷、蛋筒、条杆状小饼干、虾片薯片等，其二次造型结构有长方体、圆柱体、充气袋等。脆性规则体二次造型包装技巧见图 10-6。

③ 非脆性不规则体　如烤鱼、烧鸡（鸭）等，其二次造型结构主要为袋类。这种食品的二次造型设计主要考虑其含油脂和脂肪较多易氧化。常用复合包装袋

进行贴体或气调包装。贴体多选用双面软性贴体或单面贴体（另一面为刚性支承）的其它包装。

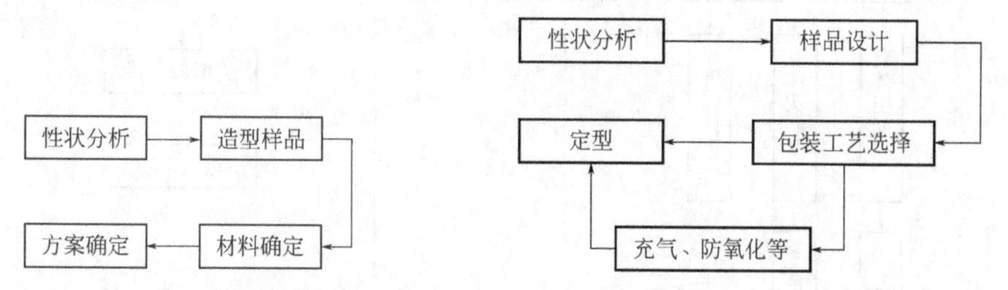

图 10-5　流体二次造型包装技巧线路图　　图 10-6　脆性规则体二次造型包装技巧线路图

（4）应用实例分析　液体类的二次造型具有代表性的是液体奶，采用利乐包为代表的长方体复合材料包装。

非脆性不规则体最有代表性的是烤鱼，均为单个鱼的二次造型。采用外表印刷质量好的复合塑料袋包装。

脆性不规则体有代表性的二次造型有硬纸盒、硬纸筒和充气复合袋等。这类食品的包装花样繁多，且多为休闲食品，销量大，广受消费者欢迎。因此它是人们研究最多的二次造型包装之一。

这三类食品之所以采用二次造型的形体包络法，是因为外形需要包装面加以包络过渡连接。同时不能受附加压力，而必须造成一种空间让食品能自由放置。

3. 分割充填法

（1）方法　针对食品原有形体复杂、立体空间大、结构大而不均，且不利于包装成型的品种，按包装结构形状、大小而加以分割，使之成为相对规整的块片状，再将其充填进行包装，在充填包装时每件包装内充填块片数不相等，主要由包装的结构和大小所决定。

（2）特点和要求

① 用机械的方式（如刀剪等）进行切断、分开等。

② 对象是立体空间大、外形结构复杂的食品（产品）。

③ 切割后的形体大小由所设计的包装而定。

④ 进行充填包装时，充填数可是单片（块），也可是多片（块）。

⑤ 造型的包装为食用的最小单元。

⑥ 切割时先将立体的食品按单面分割，即将弯曲、内腔空穴等展平后进行切割。

（3）设计技巧　针对所需二次造型的食品结构复杂程度和市场进行设计。其设计技巧见图 10-7 所示。

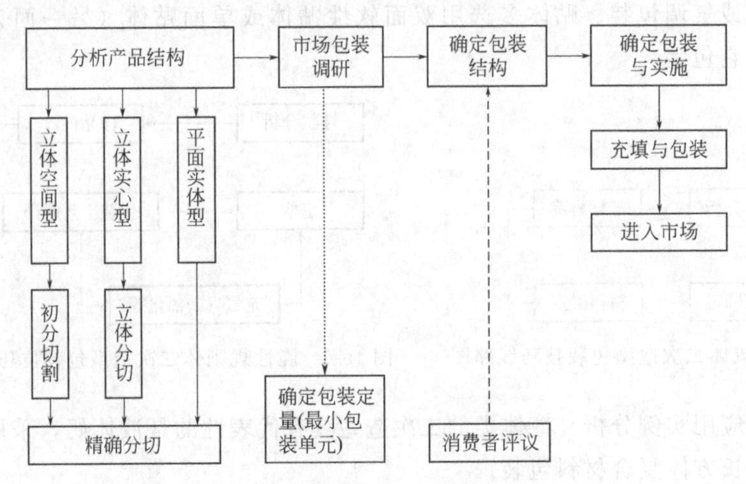

图 10-7 分割充填二次造型技巧

分析产品结构，就是确定如何进行分割。立体空间型指食品在未分割前有框架结构，如禽类食品中的鸡、鸭等，需要初分切割，即将其分成两半或三至四半，压平成为平面实体后再进行精确分切。立体实心型指体大而内无空间的肉制品，如牛、羊，猪腿等，需要立体切割，即切成几大片后再进行精确分切。精切分割指按包装的最小单元尺寸和形状切割，如条状（长方体等）、方体（正方体）、三角状（锥体等），以及其它各种立体状。

消费者评议就是根据市场调研确定了不同的最小单元立体状后，究竟选用哪种或哪几种立体状作为二次造型包装结构。则需要通过消费者评议（包括专家评议）来完成，这样就可确定其二次造型的包装结构。

确定包装与实施就是选用的包装工艺与技术，常见的有枕式包装、真空包装、扭结式包装、小盒包装、盒内分格包装等。

(4) 应用及实例分析

① 应用　分割充填法应用是很流行的二次造型法。主要用于禽、畜食品中的烤、卤制品及熟肉制品，特别是随着休闲食品的流行而得到广泛应用。此外，对于鱼类食品得到了很好的应用。

② 实例　以烤鸡制品的分割充填包装为例。现在已对传统的烧鸡、烤鸡、卤鸡、腊鸡等食品进行了包装的精细分割。鸡翅可整体真空、整体枕式充气。整体盒装外，还可分成多节鸡翅，形成类似于饼干和糖果式的扭结包装、枕式包装等。对鸡腿和鸡身也可进行多次不同形体结构的分割充填包装。例如把鸡身按不同形状结构分割成角状、方状等，并在一个包装单元充填不同类型和不同部位的块片，使之成为一个包装实例，以供一次性食用。

第二节　食品的搭档包装

一、概念及原理

1. 概念

搭档包装指为实现包装的某些功能而将两种或两种以上的食品进行巧妙组合而形成的包装。搭档时一定要实现其包装的某些功能，而不是随意将产品推向消费者。

2. 原理

利用售品不同性质使其组合后产生品质提升，使其组合搭档后更具保护性和促销性，达到比单一食品包装更好的效果。

食品的性质表现为味、色的特征。某些食品发出单一性的味，而其他食品不产生味的释放，当两者搭档后，不产生味的食品吸收别的食品的味，这种味又有利于食品的保藏或为消费者所好，那么这就有可能形成搭档包装的前提条件。

当一种食品产生的挥发性物质有利于另一种食品的品质的提高，则是两者搭档的最佳条件。

二、方法与技巧

食品搭档包装主要有机理搭档、味觉搭档和色形搭档。

1. 机理搭档

（1）方法　寻找相互作用（产生的挥发性物质）后能起到保护和促销作用的食品进行搭档包装。

（2）特点与要求

① 具有同样的食用或使用方法和使用条件。

② 具有自发的作用功能（在包装中自动产生物质）。

③ 不产生副作用（如有害性等）。

④ 搭档的食品保质期应相近或一致。

（3）设计技巧　对单一食品的成分和挥发性物质加以分析和测定，同时分析单一食品所需环境条件，找到搭档食品的搭档条件。然后进行搭档试验，最终确定能否进行搭档包装。

（4）实例与应用

① 实例　以西红柿与香蕉为例，如图 10-8 所示。西红柿和香蕉搭档是一种典型的机理搭档包装，不过这里的西红柿应为作水果食用的水果型西红柿。它们

图 10-8　西红柿和香蕉搭档包装

具有理想的搭档元素，形成多种功能和效果。

西红柿与香蕉之所以能进行搭档包装，是因为香蕉产生乙烯，乙烯具有催熟的作用。这种作用正好是西红柿在包装和贮藏过程中所需要的。很多西红柿为了运输的需要都是在未完全成熟之前采摘。于是将其与香蕉搭档包装，便可吸收乙烯，对香蕉和西红柿两者都十分有利。所以西红柿与香蕉便是一种很好的搭档包装。另外还具有色彩、味道的搭档元素，进行功能互补包装。

② 应用　根据机理搭档包装的方法和原理。很多食品都可采用搭档包装，有可能的食品搭档包装见表 10-1。

表 10-1　可能的食品搭档包装

品名	方法与机理（可能性）
水果类	苹果与梨等，产生的呼吸成分作用
蔬菜类	生姜与大蒜等，互相刺激促进保鲜
禽蛋类	鸡蛋与鸭蛋等，产生的气体物质可能有利于两者的保鲜
香料类	花椒与胡椒等气体互相抑制

2. 味觉搭档

（1）方法　利用人们对食品味道的变化需求促进消费，改变传统单一味道的食品包装。更主要的是利用人们对食品味道变化的不断需求，实现其味觉搭档的包装。

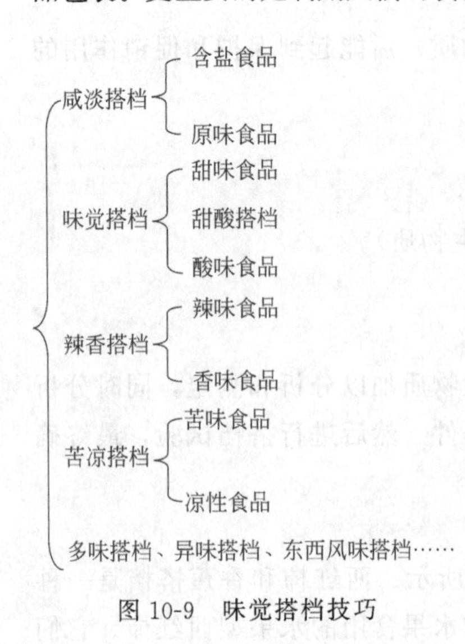

图 10-9　味觉搭档技巧

（2）特点与要求

① 不同味道的食品应分别有最小单元的独立包装。

② 不能产生串味。

③ 要求有科学的搭配，有利于消费，满足饮食要求。

④ 食品属性相同。熟食不能与生食搭档，生对生，熟对熟。

（3）设计技巧　设计技巧就是要做到四种结合：咸淡结合、甜酸结合、辣香结合、苦凉结合。关键在于打破传统单一包装，更多的是要设法满足市场变化和消费者的需求（变化）。主要围绕便利和促销而进行设计。图 10-9 为

味觉搭档技巧。

(4) 应用与实例分析

① 实例　以咸淡搭档为例。我们可将咸蛋和皮蛋进行搭档包装，这可满足搭档的各种条件要求。咸蛋也就是我们常说的盐蛋（如咸鸭蛋），而皮蛋则是淡味不含盐，人们在日常生活中也喜欢吃这两种蛋类食品，把这两种蛋类食品进行搭档包装可给消费者带来很多方便（食用、送礼等）。具体搭档时可分别在加工前后进行（指食用加工），如带壳搭档、煮熟（盐蛋需煮而皮蛋不用煮）后搭档等。所选用的包装技术可为真空包装、气调包装等。

② 应用　搭档包装应用十分广泛。只要保证其保质期相近和属性相同（熟对熟、生对生）就可进行。例如，糖果类、糕点类、休闲食品类以及各种水果和加工食品，这些都可尝试搭档包装。

3. 色形搭档

(1) 方法　利用食品自身具有的色彩和形状加以搭配，形成色差和形体的巧妙组合，突出食品个性特征，产生视觉冲击力而达到促销的目的。

(2) 特点与要求

① 利用食物本色产生强烈的色差与对比度。

② 包装透明、食品本色取代包装色彩。

③ 色形具有立体感。

④ 合理选取食品原有色形进行合理搭档。

⑤ 不同食品的色不能转移或产生传递（或染色）。

⑥ 选取的色与形应具有美感和艺术性。

(3) 设计技巧　色形搭档二次造型包装技巧主要包括如下几方面（五大技巧）。

① 技巧一，视窗设置　在色形搭档时一定要科学地在最大平面上设置视窗。如长方体形包装的视窗设在两长形的宽平面上；圆盘、圆柱形包装的视窗设在上端圆形平面上。

② 技巧二，立体与平面色形搭配　可设计成立体和平面两种。平面搭配指将单个的食品个体按色泽的不同交替布置在一个平面内，并形成不同的花纹和图案。立体搭配则将平面搭配进行重叠，形成多层，但也可使每一层用同色同形搭配。例如三层立体，上层为红、中层为黄、底层为绿等。

③ 技巧三，两相与多相色形搭配　所谓两相与多相指两种色形或多种色形搭配。例如红色的橘子与黄色的柚子进行搭配包装，就是一种两相搭配，而在这两相搭配的基础上再放入紫色的李子，则变成了多相搭配。无论是两相还是多相，所选取的色形应考虑其保持期、季节、颜色及对比度等，作为加工食品则应

图 10-10 火龙果与芒果搭档包装

注意不能相互串味。

④ 技巧四，搭配拼图艺术性 在进行色形搭配时要特别突出艺术性，使之搭配时可拼成具有象征意义的吉祥图案为最佳。例如，图10-10为火龙果与芒果搭档包装。火龙果与芒果进行搭档包装时，最好是中间为红色的单个火龙果，周边为多个黄色的芒果。这样就组成了一个光芒四射的太阳图案。很多糖果糕点之类食品也可组成多种类似图案。

⑤ 技巧五，切割组合搭配 某些食品原有的色形已固定化，而仅靠自然的搭配达不到包装促销效果，这时就需要进行切割，变成更具美感的色形再进行搭档包装。例如对水果、肉制品（凉菜）和蔬菜的拼盘，结合组合包装和气调、冷鲜包装，进行物流配送，这就是很好的切割组合搭配。另外，对中秋月饼中的象征传统团圆的大月饼，也可把月饼圆形分切成若干等分后再进行包装，仍为一种圆形。不过这里的切割不一定是现场切割，有可能是先利用模具使之预先成型，然后组合搭档。

(4) 应用与实例分析 色形搭档可广泛用于各种食品、水果、糖果及肉制品的包装。特别是节日、喜庆及礼品等场景与佳节更具应用价值。

第三节 食品的借用包装

一、概念及原理

1. 概念

生活中有很多错位的包装，都属于借用包装的范畴。例如竹筒装酒，就是将传统的竹筒装水改为了装酒，这是同性状物品的包装借用。但是否可用它去装方便面、装糖果、装饼干等，这些都需借用包装的扩展与延伸。这就是我们所研究的食品借用包装问题。

2. 原理

借助于一种本不属于自己的包装而对自己进行包装的技术与方法，也就是甲种食品抛弃自身原有的传统包装，而采用乙种食品所具有的包装（传统和公认的），达到其食品的包装创新。

食品借用包装的基本原理突出抛弃传统、选择创新，重在突破原有包装模式，形成独特风格。

二、方法与技巧

1. 方法

为了提高某种食品的包装效果和品质，广泛分析和筛选出某类非食品包装，达到优于自身（原来食品）包装的目的，重点是寻求适用某种食品类包装，或甲种食品借用非甲食品的包装方法与技术。而且非甲食品包装综合包装性能要优于甲种食品已有的包装。

2. 技巧

有关食品的借用包装技巧多种多样，现阶段主要有如下四方面的借用技巧。

(1) 肉制品对糖果包装的借用　肉制品的包装形式和结构相对其它食品的包装相对较单一，这为肉制品的市场开发带来了一定的影响，于是人们便采用了借用包装。肉制品的借用包装，首先是借用糖果包装，将肉制品包装成糖果一样变为食用更广的食品。这种借用的糖果包装主要有扭结式、枕式和真空枕式。其包装技术使用了除氧、真空、气调等。

(2) 糖果等食品对药品包装的借用　糖果包装是人们研究得最多，也是变化最快的包装。随着糖果高档化和保健化，使得糖果包装要求也越来越高。于是人们把药品包装借用到了糖果包装上，如泡罩包装、瓶式避光包装被用到了糖果包装上，很多奶糖就借用了药品专用的泡罩包装，见图 10-11。药品包装与食品包装的最大区别在于卫生、安全和成本上，一般药品包装技术要高于食品包装。

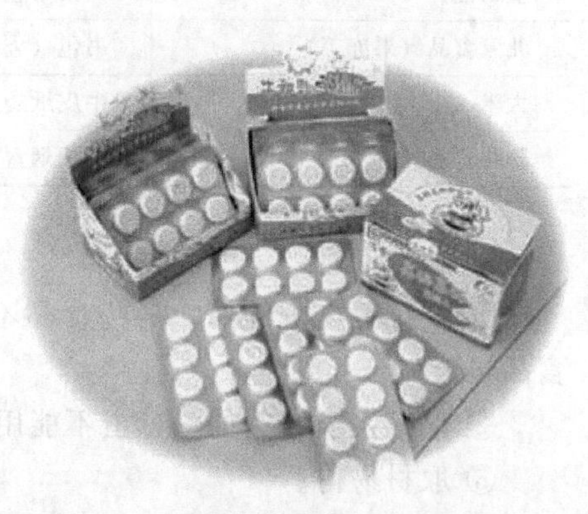

图 10-11　奶糖借用药品的泡罩包装

(3) 粒（粉）状食品对饮料包装的借用　传统的粒（粉）状食品包装多采用袋装和密封金属罐或玻璃瓶装。但这些包装给消费者使用带来不便，同时也不利于粒（粉）状食品的多样性开发，那么借用饮料包装（如饮料、易拉罐等），得到了与传统包装完全不同的粒（粉）状食品，包括使用与食用方法，目前可借用的饮料包装有塑料软吸袋、金属易拉罐（三片和两片罐）、分层瓶（上层为粉、下层为液体或矿泉水）等。

(4) 现代食品对天然包装（动、植物）的借用　主要可借用动物壳（如贝壳、海螺壳等）、植物（竹、木等）和果皮壳（如椰子壳等）。这些可分别借用给果冻、饮料、酒及各种固体食品的包装。这是非常值得研究和开发的领域。

三、借用包装的应用及注意问题

1. 借用包装的应用

借用包装的应用十分广泛，除上述几大类外，还有可能借用的有如下几种(见表10-2)。无论什么食品都有可能寻找到借用的包装，关键就是要求实现促销和产生良好效益。

表10-2　借用包装补充一览表

食用名称	借用包装	作用及解决问题
白酒	塑料瓶（可乐类饮料瓶）	重量轻、防碎
食盐	两片罐	立体状、陈列好
饼干	竹、木容器	安全卫生
茶叶和酒类	书刊形体	文化品位提升
水果	塑料提篮	美观
面条	竹筒	防碎、安全卫生
植物油	矿泉水瓶	透明
儿童食品（果冻等）	书包（袋）	方便与情趣
大米	牛皮纸袋	透气安全
膨化食品	香烟烟盒	使用方便

2. 注意问题

① 安全卫生。例如，某些食品不能用药品包装代用；农药等包装不能代作食品包装。

② 保护要求。例如鱼、蛋不能用金属包装代用。

③ 取材易得。

④ 有利于食品包装的创新。

第四节　仿生包装和纳米包装

一、仿生包装

1. 概念

仿生包装指两种概念的包装：包装的造型和结构模仿某种生物；包装的功能具有某种生物的性能和特征。

2. 原理

根据所要包装的食品特性及要求，选择某类生物外形或特性进行仿制，得到

与其生物相近似的包装效果，当今的仿生包装更多的是生物外形结构的仿制和模仿。

3. 方法与技巧

（1）方法 主要是对动物、植物或其它具体生物的形体和特性进行仿制，使之形成具有仿制生物部分或全部性状的包装。

（2）技巧 仿生包装技巧主要按消费心理和象征意义进行，具体技巧有如下几类。

① 外部仿生 这仅仅是为满足食品包装外观设计与创意的仿生包装。通过各种独特的造型使食品在销售时产生吸引力和视觉冲击力。外部仿生包装是儿童食品、老年食品和各种休闲食品包装广泛采用的方法。主要仿生包括动物、植物、花草、果品及人物卡通等。

② 内部功能仿生 这是为了实现食品品质保护的一种仿生包装。根据已有的不同生物所表现出来的保持性和生命特征，而借用到包装上对食品予以保护。如保色、保湿、保香等。例如竹筒包装是利用竹子本质的清香味和保护性，分别可作酒类、茶叶及油炸食品的借用包装。

③ 色形仿生 色形仿生包装主要是利用生物外表的颜色和形状制取包装，以便在食品品牌形象和促销上产生良好效果。儿童食品大多数采用动物（见 10-12）和水果色形仿生。

图 10-12 食品动物形体仿生包装

④ 整体仿生 整体仿生有外形整体和内部整体，这都给仿生包装带来了新的方法。一般外形整体仿生使用较多。例如，糖果可分别在内部和外部整体进行仿生包装。但作为片状食品多要用外部整体仿生包装，而不能在内部整体仿生。

⑤ 局部仿生 局部仿生指对各种动物、植物、人物及建筑物的局部进行模仿造型。以人体为例，可分别用头、手、脚等作仿生包装。建筑物也多取用某一部分有代表性局部作仿生包装。

⑥ 组合仿生 组合仿生是通过想象和构思将根本不成为有机体的部分进行组合，形成别致的创意包装。例如酒类、饮料类等，可仿制成人头马（人的头组合到马身上）、美人鱼（美人头和鱼尾组合）。这是人们研究新的仿生包装中所表现出的丰富想象。

⑦ 运动仿生（动作仿生） 运动仿生也就是动作仿生。在食品包装中可通过

这种仿生进行设计，主要是模仿人和动物有趣而有代表性的动作。这些动作有的是固定的、有的是可动的、有的成为一种雕像。

⑧ 音声仿生　音声仿生是对一些典型的声音进行录制并设置在包装中，以便在食品开包食用时带来有趣的音调和声音，这样可提高食用的情趣并增进食欲。主要是仿制动物和自然的音调，也有专设的祝贺词语，节日和礼品最常用。

⑨ 抽象仿生　抽象仿生指对现实生活中尚不存在的构思进行仿生，也可以说对一种虚构的物景进行仿生，例如太空人、恐龙以及远古时代的构思故事等。这也给食品包装带来了新的题材。同时给食品包装创造出独特的结构和形体。特别适合一些新食品的包装。

4. 应用与注意的问题

(1) 应用　包装仿生对食品新产品的开发有很大的推动作用。这里谈的应用有两层含义：包装仿生可用于包装的食品，几乎所有食品都可用仿生包装，但更多偏重于礼品、休闲食品、儿童、妇女及老人用食品；哪些方面可应用仿生技术进行包装仿生开发，也就是包装仿生的范围和领域，表 10-3 列出了常用的包装仿生范围。

表 10-3　包装仿生范围与领域简表

仿生名称	仿生内容
行走动物	熊、狗、羊、虎等整体与局部
飞行动物	鸟类及神话中的飞行动物整体与局部
水生动物	淡水及海水中的各种鱼类及动物
果蔬	瓜果、花卉等整体仿生
植物	植物（陆地与水生植物）、叶、茎等
人	现代人和古代人、伟人、名人等局部与整体
建筑物	古老和现代的，包括文物古籍等
其它工具、武器、星球	许多生活与工业用的工具、兵器、舰船、星球形色等

(2) 注意问题　包装仿生应注意问题有两点。

① 突出吉利、吉祥、欢快、有趣。

② 要注意民族风情风俗及宗教、社会心理等。

二、纳米包装

1. 概念

纳米包装是将纳米技术与科学应用于包装的统称。

2. 原理

利用纳米特性使包装材料具有包装的特殊性能。纳米包装就是纳米材料在包

装上的应用与包装功能开发。

纳米材料有纳米颗粒（粉体）、纳米纤维、纳米薄膜、纳米块体（凝聚体）等。它们可分别与其它材料（传统）复合而满足许多包装材料性能的要求。

3. 纳米包装材料的应用

(1) 导电包装材料及技术——冷冻食品包装　在有机聚合物中插入蒙脱土得到新型材料。这种材料具有导电性，是一种极有应用前景的离子导电复合材料，可用于包装中的自动加热、解冻等。

(2) 阻隔性材料——高阻性能包装　在有机聚合材料层中直接嵌入无机纳米材料，得到一种全新的复合材料，这种材料对水蒸气、气体、氧等具有良好的阻隔性，这是包装材料最需要解决的技术问题，因此，它可用于食品包装来提高阻隔性。

(3) 抗菌材料——延长货架寿命的包装材料　将纳米 TiO_2 加入聚合物中制得复合薄膜，再将其与包装膜复合，具有良好的杀菌功能。这就为食品包装的防菌、抗菌提供了方便，从而可得到抗菌、延长食品货架寿命的包装材料。

(4) 抗光材料——阻止紫外光的包装材料　将 TiO_2 纳米颗粒与各种涂布剂复合，再涂布于包装材料表面（主要是塑料或玻璃），则 TiO_2 对紫外线有很强的吸收力，用于食品包装便可防止食品的光氧化，从而提高食品保鲜、保质效果。

(5) 防伪隐性——防伪包装　纳米材料具有隐形效果，吸收光波，让视觉失真，从而制得吸波材料，这可以在国防工业上应用，同时也可以在防伪包装上得到应用。由氧化硅与纳米银复合制得的材料，在不同湿度下表现出不同的透光效果，可用于食品的防伪包装。

(6) 其它纳米包装材料　不同的材料达到纳米级后，表现出的许多性能完全背离原有材料特性。这些特性便可作为包装材料的开发基础。例如，纳米银可作为乙烯氧化的催化剂，也可作为水果和蔬菜的保鲜包装材料。

此外，在包装薄膜表面涂上一层纳米微粒后，可防止塑料包装薄膜的老化，从而提高包装效果并提高食品的保质期。

参考文献

[1] Garde J A, Catala R, GavaraR, et al. Characterizing the migration of antioxidants from polypropyleneintofatty food simulants [J]. Food Additives and Contamninants, 2001, 18 (8): 750～762.

[2] Lau O W, Wong S K. Contamination in food from packaging material [J]. Journal of Chromatography A, 2000, (882): 255～270.

[3] Vrentas JS, Vrentas C M. Prediction of the molecular weight dependance of mutual diffusion coefficientsin polymer solvent systems [J]. Journal of Applied Polymer Science, 2003, 89 (10): 2778～2779.

[4] 黄秀玲，王志伟，等.纸制食品包装的潜在危害——有毒有害化学物质的迁移 [C]. 第十三届全国包装工程学术会议，2010，武汉.

[5] Vrentas J S, Vrentas C M. Diffusion -controlled polymer dissolution and drug release [J]. Journal of Applied Polymer Science, 2004, 93 (1): 92 -99.

[6] 吕宏凌，王保国.高分子聚合物中溶剂扩散系数的预测 [J]. 化工学报，2006，57 (1)：6～12.

[7] 吕宏凌，王保国.溶剂在高分子中的扩散系数-Vrentas-Duda 模型及其发展 [J]. 功能高分子学报，2005，18 (2)：353～360.

[8] 黄秀玲.纸塑复合包装材料 UV 墨光引发剂的迁移研究 [D]. 江苏：江南大学，2009.

[9] 刘志刚.塑料包装材料化学物迁移试验及数值模拟研究 [D]. 江苏：江南大学.

[10] 黄崇杏.食品包装纸中残留污染物的分析及其迁移行为研究 [D]. 江苏：江南大学，2008.

[11] 张建浩.食品包装学 [M]. 3 版.北京：中国农业出版社，2008 年 1 月.

[12] Gordon L, Robertson. Food Packaging Principles and Practice [M]. Taylor & Francis Group, 2006.

[13] 张建浩.食品包装技术 [M]. 北京：中国轻工业出版社，2001.

[14] 徐文达等编著.食品软包装材料与技术 [M]. 北京：机械工业出版社，2003.

[15] 陈黎敏.食品包装技术与应用 [M]. 北京：化学工业出版社，2009.

[16] 张建浩.食品包装大全 [M]. 北京：中国轻工业出版社，2000.

[17] 王志伟.食品包装技术 [M]. 北京：化学工业出版社，2008.

[18] Barners K A, Sinclair C R, Watson D H. Chemical migration and food contact materials [M]. Oxford: CPC Press, 2007. 1～3.

[19] Jose A G, Ramon C, Rafael G, et al. Characterizing the migration of antioxidants from polypropylene intofatty food simulants [J]. Food Additives and Contaminants. 2001, (18) 8: 750～762.

[20] 巴氏杀菌乳的加工流程 [EB/OL].

[21] 徐绍虎，崔爽.无菌包装食品冷杀菌技术研究进展 [J]. 包装工程，2010，31 (15)：113～116.

[22] 邓理，郭松青.食品无菌包装中包装材料的灭菌方法 [J]. 农机化研究，2001 (1)：67～70.

[23] 王绍林.微波食品工程 [M]. 北京：机械工业出版社，1994.

[24] 杨福馨，杨婷，刘宇斌.微波食品包装技术的研究分析 [J]. 中外食品，2002，(4)：39～41.

[25] 黄志刚.微波食品及其包装技术的现状和发展趋势 [J]. 中国包装工业，2008，(4)：37～38.

[26] Demertzis, Franz, Welle. The Effect of γ -Irradiation on Compositional Changs in Plastic Packaging-Films [J]. Packag. Technol. Sci. 12, 119 -130 (1999).

[27] Figge K. Migration of components from plastics packaging materials into packed Goods -test methods anddiffusion models [J]. Progress in Polymer Science, 1980, (6): 187～262.

[28] Limm W, Hollifield H C. Modeling of additive diffusion in polyolefins [J]. Food Additives and Con-

taminants，1996，13（8）：949～967.

[29] Brandsch J，Mercea P，Ruter M，et al. Migration modelling as a tool for quality assurance of food packaging [J]. Food Additives and Contaminants，2002，19（Suppl.）：29～41.

[30] Begley T H，Castle L，Feigenbaum A，et al. Evaluation of migration models that might be used in support of regulations for food -contact plastics [J]. Food Additives and Contaminants，2005，22（1）：73～90.

[31] Carslaw H S，Jaeger J C. Conduction of heat in solids [M]. Oxford：Clarendon Press，1959.

[32] Piringer O G，Baner A L. Plastic packaging materials for food，barrier function，mass transport，quality assurance and legislation [M]. Wiley -VCH，Weinheim，New York，2000.

[33] Crank J. The methematics of diffusion [M]. Oxford：Clarendon Press，1975，2nd edition.

[34] Chung D，Papadakis S E，Yam K L. Simple models for assessing migration from food -packaging films [J]. Food Additives and Contaminants，2002，19（6）：611～6l7.

[35] Laoubi S，Vergnaud J M. Process of contaminant transfer through a food package mode of a recycled film and a functional barrier [J]. Packaging Technology and Science，1995，（8）：97～110.

[36] Han J K，Selke S E，Downes T W，et al. plication of a computer model to evaluate the ability of plastics to act as functional barriers [J]. Packaging Technology and Science，2003，16：107～118.

[37] Franz R，Huber M，Piringer O. Presentation and experimental verification of a physicomathematical model describing the migration across functional barrier layers into foodstuffs [J]. Food Additives and Contaminants，1997，14（6）：627～640.

[38] Laoubi s，Vergnaud J M. Food sandwich packaging with a recycled polymer between two functional barriers of diffusion thicknesses [J]. Polymer Testing，1996，（15）：269～279.

[39] Perou A L，Laoubi S，Vergnaud J M. Model for transfer of contaminant during the coextrusion of three-layer food package with a recycled polymer. Effect on the time of protection of the food of the relative thick-ness of the layers [J]. Journal of Applied Polymer Science，1999，（73）：1938～1948.

[40] Helmroth E，Varekamp C，Dekker M. Stochastic modelling of migration from polyolefins [J]. Journal of the Science of Food and Agriculture [J]，2005，（85）：90～99.

[41] 张明周，王琦，邓洋，张海. 食品包装对食品安全的影响 [J]. 食品安全导刊. 2017（21）.

[42] 王凯利，马健，王登科，安红周. 不同包装材料和包装形式对食品储藏特性的影响 [J]. 河南工业大学学报（自然科学版）. 2018（05）：58～62.

[43] 冯爱国，李国霞，李春艳. 新材料技术在食品包装中的研究进展 [J]. 农业工程. 2012（07）：35～37.

[44] 康启来. 食品包装安全与生产工艺 [J]. 湖南包装. 2008（03）：10～12.

[45] 章建浩. 食品包装学 [M]. 2 版. 北京：中国农业出版社，2005.

[46] 胡秋辉，王承明. 食品标准与法规 [M]. 北京：中国计量出版社，2006.

[47] 中国出口食品包装研究所，商务部出口商品标准技术服务中心. 北美国家与欧盟包装法规和技术标准 [M]. 中国商务出版社，2007.

[48] 陆佳平. 包装标准与质量法规 [M]. 北京：印刷工业出版社，2007.

[49] 国家质量监督检验检疫总局食品生产监管司编译. 食品接触材料及制品监管法律法规选编 [M]. 中国标准出版社，2007.